国家出版基金项目
NATIONAL PUBLICATION FOUNDATION

定向卸压
隔振爆破

张志呈○著

U0213051

重庆出版集团 重庆出版社

图书在版编目(CIP)数据

定向卸压隔振爆破/张志呈著.—重庆：重庆出版社，2013.8
ISBN 978-7-229-06818-9

Ⅰ.①定… Ⅱ.①张… Ⅲ.①定向爆破 Ⅳ.①TB41

中国版本图书馆 CIP 数据核字(2013)第 178126 号

定向卸压隔振爆破
DINGXIANG XIEYA GEZHEN BAOPO
张志呈 著

出 版 人：罗小卫
责任编辑：刘 翼 刘思余
责任校对：杨 媚
装帧设计：重庆出版集团艺术设计有限公司·陈 永

重庆出版集团
重庆出版社 出版

重庆长江二路 205 号 邮政编码：400016 http://www.cqph.com
重庆出版集团艺术设计有限公司制版
自贡兴华印务有限公司印刷
重庆出版集团图书发行有限公司发行
E-MAIL:fxchu@cqph.com 邮购电话:023-68809452
全国新华书店经销

开本:880mm×1 230mm 1/32 印张:20.125 字数:400 千
2013 年 8 月第 1 版 2013 年 8 月第 1 次印刷
ISBN 978-7-229-06818-9
定价:46.00 元

如有印装质量问题,请向本集团图书发行有限公司调换:023-68706683

作者简介

张志呈,重庆市梁平人,1930年3月出生,1955年毕业于昆明工学院采矿专业,1955年至1981年先后在冶金部新疆有色局和邯邢冶金矿山管理局从事生产技术及研究工作,主持完成科研项目17项,参与的多孔粒状铵油炸药项目,获1979年冶金部科技成果一等奖。

1981年7月调入四川建筑材料工业学院任教,从事爆破工程和控制爆破的教学和科研工作,1998年退休,先后担任非金属矿系副主任、研究所副所长等职,并兼任国家建材局高校非金属矿类专业教学指导委员会委员、国家建材局爆破安全技术考核专家组成员、中国爆破协会理事、四川硅酸盐学会理事、四川石材学会理事、绵阳市科学技术顾问团成员等职,享受国务院政府特殊津贴。多次参加国际工程爆破技术学术会议,并有五篇论文收入论文集;与重庆大学、东北工学院、昆明工学院合作培养研究生。

1981年至今先后出版《爆破原理与设计》、《爆破基础理论与设计施工技术》、《裂隙岩体爆破技术》、《定向断裂控制爆破》、《露天深孔爆破地震效应与降震方法》、《爆破地震波动力学基础与地震效应》、《矿山工程地质学》。主持研究科研项目16项,获省、部级科技进步奖13项。

作者曾在新疆,河北邯郸、邢台,广东深汕高速公路东段,

定向卸压隔振爆破

普惠高速公路,河源205国道改造,浙江余姚爆破工程公司等工作期间,设计实施两个铵油炸药厂深孔爆破500余次,设计施工或参加硐室爆破(含硐室深孔联合爆破)50吨级炸药以内50余次,50～100吨级炸药2次,100吨级炸药以上1次,200～600吨级炸药2次,参加审查1000吨炸药以内1次。设计和试验矿山开采方法近10个。饰面石材开采爆破方法研究和技术服务的主要矿山有:四川南江、宝兴、天全、泸定4个矿山,辽宁丹东、营口、盖州等5个矿山,河北阜平、涞源、银坊等4个矿山,山西大同、浑源、灵丘、华北石材总公司等4个矿山。

张志呈从事科研工作58年,在国内率先创造性提出和实践了:硐室爆破浅孔崩落充填法,爆破地震的方向性,饰面石材开采周边爆破,爆破地震波传播时岩体中初始应力场的波导效应,爆破地震波在缓倾斜层状岩体中传播的波导效应。先后共发表论文170余篇;先后于2008年7月获"护壁控制爆破用药包结构"实用新型专利证书、2010年12月获"二次切槽钻头"实用新型专利证书、2012年2月获"控制爆破用药包结构"实用新型专利证书、2012年10月获"定向卸压隔振爆破装药结构"发明专利证书。

内 容 简 介

　　本书宗旨是解决在岩土工程、采掘工程爆破施工过程中,对轮廓线保留岩体和围岩的损伤或破坏问题,这是影响或危害生产安全的重要原因,为此,作者在长期理论研究和实践工作中,以常用定向断裂控制爆破和新兴的定向卸压隔振爆破等原理和方法为基础,构建的全新工程控制爆破原理与方法。论述了以最小抵抗线为原理的定向控制岩块抛掷堆积方向和范围为目的的定向抛掷爆破,以冲击波、爆炸应力波和爆轰气体膨胀破岩为原理的定向控制爆炸波运作方向和范围为目的的定向断裂和定向卸压隔振爆破技术。以钻孔直径为依托的抵抗线和孔间距离的观点,书中较为系统地介绍了岩石爆破力学与工程实践、爆破时岩体中的应力状态、工程控制爆破不耦合装药与定向卸压隔振爆破装药结构的特点、岩体爆破损伤效应及损伤程度评价的手段和方法、台阶爆破损伤范围与累集损伤以及探地雷达测试损伤程度、地应力对爆破的影响和作用。着重分析与论述了定向卸压隔振爆破的原理、定向卸压隔振爆破的卸压机理和效应、定向卸压隔振爆破隔振材料的作用机制与效果、定向卸压隔振爆破间隔层间隔材料的技术原理和效果、数值模拟定向卸压隔振爆破应力波作用的分布规律,列举了定向卸压隔振爆破在露天边坡工程、井巷工程的应用实例及施工方法。

本书的最大特色是围绕着爆破作业中,避免对保留岩体和围岩的破坏或减轻损伤,系统论述了"定向卸压隔振爆破"理论与工程实践。办法新颖、知识实用,可以作为高等院校矿业、交通、水电、国防、土木工程、城镇建设等有关专业的教材或参考书,也可用于爆破作业人员技术培训的教材,以及相关专业研究生和高校老师的参考书,同时还可供相关科研设计、管理部门和爆破施工技术人员参考。

前 言

　　长期以来,爆破技术几乎是破碎岩石的唯一手段。在矿山开采、建筑物拆迁、铁路公路建设、水利水电、材料加工、填筑路堤、石油化工建设、城市地铁、地下管道,以及处理油井卡钻事故等工程与生产领域,工程爆破有着与其他技术相比不可替代的作用。即使是在与隧道掘进机和液压冲击锤等重型机械竞争的今天,爆破技术在中硬以上较硬岩石中的开挖中仍然没有失去其不可替代的地位。

　　但是爆破造成的主要危害还没有较好地解决,例如:

　　(1)爆破对岩质边坡保留岩体和井巷(隧道)围岩的破坏和损伤引起边坡滑塌,隧道滑落。

　　(2)爆破产生爆破地震对爆破区附近或地面建筑物、构筑物造成的破损和隐性累积效应,降低其服务年限。

　　下面仅以露天和井巷爆破为例:

　　由于爆破破坏和影响了原岩应力状态和岩体结构构造,从而影响了保留岩体和围岩的稳定性,由此而造成的边坡滑塌、井巷围岩垮塌等恶性事故不计其数,在边坡滑塌方面,引起中央、国务院关注的有大冶铁矿、海南铁矿、抚顺西露天矿等等。20世纪80年代初期,攀钢巴关河石灰矿在露天采矿爆破中曾多次诱发滑坡,最严重的一次1981年6月16日15点起爆20点40分就发生滑

定向卸压隔振爆破

坡量达416万方,给生产和安全造成严重影响。2007年,湖北恩施宜万铁路高杨寨隧道"11·20"特别重大坍塌事故,造成35人死亡、1人受伤,直接经济损失1 498.68万元,其直接原因即隧道洞口边坡岩体受爆破动力作用,沿着原生隐蔽节理面与母岩分离,在其爆破作用下失稳崩塌。2008年10月,海南昌江县七叉镇抗阻岭石灰矿发生滑坡事故,酿成3死1伤;2010年4月,四川省峨眉山市顺江采石场发生垮塌事故,共造成13人遇难。这些都是爆破频繁、岩体结构构造长期累积损伤或破坏而造成的。

由此可见,探索研究安全、高效、低耗的控制爆破技术在露天开挖岩土工程和井巷、隧道等采掘工程中的应用是很有必要的。

20世纪以来,国内外的专家学者利用导向原理,改变炮孔形状、控制药包形状以达到定向断裂控制爆破的目的,比起常规爆破,它们减少了超挖量,改变了爆破对孔壁的作用方向,在炮孔之间的连线方向上优先形成贯通裂隙,对边坡工程、采掘工程等围岩或保留岩体的稳定性起到了一定作用,但却往往在炮孔保留岩体或围岩处产生许多裂隙或破坏,在裂隙发育或低强度岩体条件下,爆破破坏和损伤更严重。根据中国科学院武汉岩土力学研究所、武汉大学水利水电学院、广西鱼峰水泥股份有限公司、四川双马水泥股份有限公司、西巴衣斯克矿、日丹诺夫斯克矿、金河磷矿、安徽新集三矿、河南车集矿、龙滩地下厂房等资料,原有控制爆破(光面、预裂爆破、定向断裂控制爆破)实施效果证明对保留岩体和围岩,均有不同程度的破坏和损伤:

(1)露天柱状药包:①f=9~12的岩石,炮孔直径100~250mm,采用耦合装药结构,即K_b=1.0,围岩损伤半径为药包直径的70~100倍;②炮孔直径90mm,损伤为药包直径的70.0倍;向下损伤深度为药包直径的20倍;③f=8~10的中硬岩石,炮孔直径90~

150mm,松动范围为炮孔直径的20~40倍;台阶下端损伤≥3.5m,上部损伤≤6.5m。

（2）隧道（井巷）掘进:①f=3~5软岩石超挖量;光面200~280mm;切缝药包80~120mm;②松弛带厚度,光面爆破K_b=1.56松弛带;0.38~0.40m;切缝药包0.25~0.28m;当K_b=1时,松弛带厚度0.8~2.0m.

（3）地下厂房保护层开挖:①保护层小梯段研究,K_b=1.56松弛带0.00m,K_b=1.3松弛带0.3~0.45m。②保护层开挖缓爆层,K_b=1.68松弛带<0.07m;K_b=1.3松弛带0.4~0.5m。③轮廓面上光面爆破,K_b=1.68松弛带0.38~0.45m,K_b=3.72松弛带0.00m。一直以来,始终没有解决爆破产物对孔壁保留岩体或围岩的损伤破裂问题。

近几年来,作者在技术服务和科学研究中提出了通过阻隔爆破冲击波、应力波降低冲击波峰值压力,使之不对炮孔保留岩体或围岩的直接作用的爆破方法,并称之为"定向卸压隔振爆破",简称"卸压隔振爆破"或称"定向卸压隔振护壁爆破"。所谓定向,是指确定事物运作过程的方向为目的,爆破作用开始与终结的一致性。20世纪50年代开始的土石方定向抛掷爆破,是以最小抵抗线为原理;建筑物、构筑物定向倒塌,是利用力学原理布置药包;定向卸压隔振爆破是以冲击波、爆炸应力波和爆轰气体膨胀共同破岩为原理的定向控制爆炸波作用方向和范围为目的的定向断裂和定向卸压隔振的爆破技术。其原理:是在轮廓线上炮孔保留岩体或围岩一侧的药包外壳加装一层或两层隔振材料,并利用隔振材料,固定成形药卷,确定孔底空气间隔层的高度,定位柱状药包在炮孔内的位置,使径向不耦合和孔底轴向不耦合装药结构得以实现。

定向卸压隔振爆破

这种方法经实验研究证明:可以使得46.95%爆炸能量被隔振护壁材料限制阻隔、吸收和滞留,入射波透射系数降低40%~50%,爆破地震强度降低至30%~60%左右,在无隔振材料的一侧主剪应力是隔振材料一侧的3.5倍,使爆炸能量集中于爆破破碎与岩块抛掷方向一侧。炮孔底部空气间隔压力降低30%以上,可将应力波在岩体中的作用时间延长2~5倍,有利于爆炸能的利用,达到好的爆炸效果。

这种方法,经广西鱼峰水泥股份有限公司、四川双马水泥股份有限公司、四川蜀渝石油建筑安装有限责任公司川西公司、山东潍坊五井煤矿、甘肃东峡煤矿、四川德阳清平磷矿等生产现场进行,浅孔、深孔、井巷推广性爆破试验以及西南科技大学环境与资源学院中心实验室爆破室土木工程与建筑学院力学教研室、实验室模型试验,数值模拟等,对定向卸压隔振护壁爆破与光面、预裂爆破在同等条件下进行对保留围岩损伤程度和震速的比较性试验。

(1)模型试验:①混凝土中,质点峰值降低43.5%;②水泥沙浆模型中质点峰值比光面、预裂爆破降低36.31%。

(2)地震规律的模型试验:有隔振护壁面一侧比无隔护壁护壁面的自由面一侧,质点振速峰值降低32%~66.9%。

(3)数值模拟:隔振护壁面质点震动速度平均降低42.6%,孔底空气间隔质点振速平均降低43%。

(4)浅孔爆破:光面爆破眼痕率≤90%,并有3条顺炮孔长度方向的裂缝;定向卸压隔振护壁爆破眼痕率95%~100%,无宏观微裂纹。

(5)露天边坡深孔卸压隔振护爆破,爆破质点峰值振速 比光面爆破质点峰值振速降低56%~63.7%。

（6）巷道掘进①f=6～8；边墙超挖量；光面爆破 2.26m³/m；卸压隔振护壁爆破 0.03m³/m。②f=4～6；边墙超挖量；光面爆破 2.25m³/m；卸压隔振护壁爆破 0.114m³/m，f=2～4泥质砂岩、泥质页岩光面爆破超挖量20%～30%,卸压隔振爆破小于10%。

实验证明,定向卸压隔振爆破克服了光面爆破、预裂爆破、定向断裂控制爆破等爆破技术的不足之处,是一项有先进性、开拓性的爆破技术。避免了爆破对保留围岩的破坏,减轻对保留围岩的损伤,增加保留围岩的稳定性,减少保留围岩的滑塌、冒落,有利于提高露天边坡角和井巷围岩的稳定性,减少井巷掘进超挖量,减少复杂矿体、多矿带矿体分采的废石混入,降低贫化损失。将获较大的经济效益和社会效益。

（1）据张四维先生测算,一座中等规模的露天矿山,若采场总体边坡角提高1°,即可减少岩石剥离量约 1 000×10⁴m³,节省成本近亿元。高磊先生指出:开采深度300m的大型露天矿,如果边坡角减少1°,则在走向1m长度上就要增加 1 000～2 000m³ 剥离量,整个周长累计起来,露天矿剥离量要增加4%左右,相反增大边坡1°,可减少剥离量,能获得较大的经济效益和社会效益。

（2）据铁道部大秦线施工中,以19km隧道统计,如果超挖10cm,相当于多挖1km的同断面隧道。我国现用光面爆破。定向断裂控制爆破中硬岩石以下平巷掘进一般超挖量都超过10cm,软岩或裂隙裂岩体超挖量在20cm左右。我国井巷工程和隧道工程量大,全国36个金属矿山的统计每采1 000吨矿石其开拓、采准、探矿工程量为15～20m,有的达30m。据不完全统计,煤炭工业年掘进岩巷量1 000km左右,如此类推,采用定向卸压隔振爆破减少超挖量可节约巨大投资。

本书的一个重要特点是:体现了继承性与前瞻性的有机结

合，既有比较成熟和经典的理论和技术知识，又有新技术和新进展，坚持了科学性、实用性和先进性，将理论与实际有机地结合了起来。

本书在写作工作中得到中国工程院院士冯叔瑜、汪旭光、古德生、鲜学福和中国科学院院士经福谦等人的大力支持，并得到西南科技大学校长肖正学教授、重庆大学李通林教授、西南科技大学环境与资源学院的领导、离退休工作处的领导和广大教职工的支持和帮助。在此，特向所有对本书的撰写与出版给予支持与鼓励的人表示衷心的感谢。

由于编写时间仓促，加之个人水平有限，书中难免会有一些缺点和错误，在此敬请各位读者批评指正。

作者

2012.6

序一

科学技术是第一生产力,社会主义的现代化建设事业需要科学技术的现代化,大力发展科学技术已成为我国的基本国策。

社会发展进步离不开科学,科学在于探索客观世界中存在的客观规律,它强调分析和结论的唯一性。工程是人们综合应用科学理论和技术的手段及方法去再造客观世界的活动,所以它强调综合性、实用性和方案的优越性,强调总结提高和发展创新。而工程爆破则是一门重实践、融理论的科学技术,因此,工程爆破技术主要特点是体现继承性和前瞻性的有机结合,既有比较成熟的理论和技术,又有新技术和新进展,坚持了科学性、实用性和先进性。

随着改革开放的不断深入和发展,基础设施和基础能源开发也在不断加快,这也给爆破技术的应用提供了新的机遇和挑战。在生产中,我们重视经济效益和社会效益。同时,对安全环保也提出了更高要求。在此情况下,力求我们的工作在爆破技术上的总结和创新具有引导性、启迪性和前瞻性。就从事爆破工作而言,学习研究实践爆破技术必须明确工程爆破的方向,拓展工程爆破现有领域的发展空间,以及如何共同把握爆破科学的未来。

西南科技大学张志呈教授数十年在工程爆破这一科学领域辛勤耕耘,硕果累累,其新著《定向卸压隔振爆破》一书汇集了张

定向卸压隔振爆破

老师对于工程爆破如何避免"对保留岩体或围岩的破坏和损伤"之理论认识、理解和实践经验，并在博采众家之长的基础上，将定向断裂控制爆破、定向卸压隔振爆破之内容，构架成工程控制爆破的创新。该书突出定向爆破技术的发展，系统化了从爆破作用原理对爆破参数的取值方法；深孔装药结构单孔不耦合系数选取方法；冲击载荷作用下岩石性质和强度变形规律；岩体节理(裂隙)与结构面和地应力对爆破的影响；岩体爆破损伤效应及评价手段和方法；同时系统分析了定向卸压隔振爆破作用机理以及卸压和隔振效应。因此，可以期待和相信，张志呈教授这部新作是一本理论与实际相结合的好书，相信其出版与发行，将有助于深化爆破理论，发展爆破技术，创新爆破方法，指导工程爆破的实践以及有志为工程控制爆破工作的理论和实践者学习、参考和受益。

中国工程院院士
铁道科学研究院教授　冯叔瑜

序二

　　爆破技术是一门迅速发展而又经久不衰的实用型跨学科专业技术。近年来，国内外在爆破理论、爆破工艺、爆破技术方面都有了新的发展和提高，其应用领域也不断扩大。爆破已广泛应用于矿山开采、道路建设、水利水电、旧城改造、楼房拆除、材料加工以及植树造林、疏通河道等众多工程与生产领域，所以爆破技术是目前大规模硬岩开挖的有效手段。但在采矿工程、岩土工程中，普遍存在爆破开挖岩石与保留围岩被损伤和破坏这一矛盾，应该得到解决，但目前尚未较好地解决。1940年苏联 H.B.缅里柯夫教授，提出间隔装药，1950年初，瑞典的哈格特、霍尔佩等人曾介绍周边爆破方法，后来霍耳姆斯发展了该方法，称为"光面爆破"、"预裂爆破"。20世纪60年代瑞典学者就改变炮孔形状后的爆破效果进行了研究，美国 W.L.Fourney 等人用有机玻璃做了试验。后来美国马里兰大学和我国有关科研院校也进行过这类研究。但目前广泛应用的还是光面爆破、预裂爆破，光面爆破、预裂爆破与常规爆破相比，孔间成缝较好，减少爆破超挖量、减少对保留围岩的破坏和损伤深度、增加围岩的稳定，获得较好的围岩壁面。但是仍然没有解决对炮孔保留围岩一侧的冲击破坏作用。

　　近二十多年来张志呈教授，秉承求真务实、发展创新之精神，根据爆炸冲击波、应力波、爆生气体的破岩原理，创造性提出"定

定向卸压隔振爆破

向卸压隔振爆破"方法与相关技术。该著作汇集了张志呈教授几十年对工程控制爆破所涉及的技术基础，设计施工方法，安全技术等问题的研究成果。

书中最突出的是全新性提出和解释了定向卸压隔振爆破之内涵及其作用机理；创造性初步建立了定向卸压隔振爆破的理论和技术体系。

第一，明确提出了定向卸压隔振爆破的原理和方法。即对露天边坡爆破，隧道(井巷)周边炮孔爆破时，在保留岩体和围岩一侧的药包外壳加装一层或两层具有韧性、硬性和无毒的隔振护壁材料，隔振护壁材料达到径向不耦合和孔底空气间层隔高度的轴向不耦合装药结构，孔底轴向间隔即是在药柱下端与孔底之间留一段不装药，在空气间隔长度的顶端开始沿隔振护壁材料捆绑成型药卷至炮孔填塞下端，隔振护壁材料的凹面朝向爆破自由面一侧，并将药包(柱)定位在炮孔轴向中心位置。

第二，分析和实验研究了定向卸压隔振爆破作用的机理。爆轰产物直接冲击隔振护壁材料内壁和炮孔底部空间，作用于材料壁上的冲击波除产生投射波外，还向药包爆炸中心方向产生反射波，并沿隔振材料凹面壁产生沟槽效应。根据冲击波的反射原理，反射瞬间的气体密度为未扰动空气密度的21倍，隔振护壁材料反射波的能量约为爆炸总能量的10%~13%，由于隔振护壁材料的存在，反射沟槽效应使应力波汇集自由面方向，又产生聚能集中效应，试验证明有隔振护壁材料一侧的质点振动速度比无隔振护壁材料一侧自由面方向质点峰值降低32%~66.9%，炮孔底部间隔质点峰值平均降低43%左右。

第三，推广性试验运用证明了定向卸压隔振爆破的理论分析和实际效果的一致性。①定向卸压隔振爆破隔振效果良好，质点峰值达到30%~60%;爆破自由面一侧主剪应力是炮孔隔振护壁面一侧的3.5倍;炮孔底部空气间隔压力降至30%以上,而应力波在岩体中的作用时间比一般爆破延长2倍以上。由此可以看出该方法既提高了爆炸能量的有效利用和爆破质量,又使保留围岩和岩体一侧避免爆破破坏和减轻爆破损伤。②著作中还列举了多种方法试验的结果:霍普金森装置的试验,一级压缩轻气炮,超动态测试,动焦散线试验,光弹性试验,有机玻璃模型高速摄影,混凝土、水泥砂浆模型实验,数值模拟等与多个露天深孔和井巷掘进推广性试验效果基本一致。

综上可以相信,张志呈教授这本理论与实际相结合的著作,内容丰富系统,反映了科研创新结果,该技术在岩石边坡工程、隧道与井巷工程、地下建筑工程等方面应用前景广阔,是一本很有实用价值的参考书。故乐于为之序。

中国爆破协会理事长
中国工程院院士
北京矿冶研究总院教授级高级工程师

序三

　　随着社会主义市场经济的蓬勃发展，与之相适应的各种工程爆破技术迅速得到应用。为推动工程爆破技术的进步和创新，对其进行系统总结就显得特别重要。

　　西南科技大学张志呈教授长期在这一科技领域辛勤耕耘，已取得卓有成效的科技成果。本书正是张教授汇集几十年的教学经验和科技成果的总结。

　　工程爆破技术追求的目标，始终是保证工程的安全、创造较高的社会和经济效益。本书围绕这一目标，对拟定阐述的内容，从原理、技术、试验、计算和工程实践等，分成四篇对工程控制爆破时应力波在岩体中的传播，爆破对岩体的损伤，控制爆破的装药结构和定向卸压隔振装药特点，以及定向卸压隔振爆破效果等几个基本层面，开展了论述，论述系统，层次分明，有较强的理论性和实用性。

　　据此，可以看出：本书是适合教学、科研、设计、生产等部门使用的重要参考书。

中国工程院院士
重庆大学教授

证书号第1058743号

发明专利证书

发 明 名 称：定向卸压隔振破爆装药结构

发 明 人：张志呈;肖正学;胡健;李显寅;李端明;唐中华;张渝疆;
　　　　　李春晓;吝曼卿;李友志

专 利 号：ZL 2009 1 0059172.5

专利申请日：2009 年 05 月 03 日

专 利 权 人：张志呈

授权公告日：2012 年 10 月 10 日

　　本发明经过本局依照中华人民共和国专利法进行审查，决定授予专利权、颁发本证书
并在专利登记簿上予以登记。专利权自授权公告之日起生效。
　　本专利的专利权期限为二十年，自申请日起算。专利权人应当依照专利法及其实施细
则规定缴纳年费。本专利的年费应当在每年 05 月 03 日前缴纳。未按照规定缴纳年费的，
专利权自应当缴纳年费期满之日起终止。
　　专利证书记载专利权登记时的法律状况。专利权的转移、质押、无效、终止、恢复和
专利权人的姓名或名称、国籍、地址变更等事项记载在专利登记簿上。

局长　田力普

2012 年 10 月 10 日

目 录

第一编　定向卸压隔振爆破技术基础

第一章 绪 论

爆破是矿产资源开发和岩土工程开挖最主要的施工工艺,矿产资源有效的开发利用推动了人类历史的发展和社会的文明进步。表1.1列出了矿产资源利用与人类历史的发展关系。

表1.1 矿产资源有效开发利用与人类历史发展的关系

人类进化谱系	直立人	早期智人	晚期智人	现代人				
时代名称(考古分期)	旧石器时代			新石器时代	青铜器时代	铁器时代	贵金属	科学技术现代化时代,人造物质时代,塑料时代,人造纤维时代
	早期	中期	晚期					
参考年代(绝对年代)	300万~30万年前	30万~5万年前	公元前5万~1万年	1万年~4000年前	公元前21世纪~公元前475年	公元前476~公元1840	公元1841~1949年9月	1949.10至现在

续表

人类进化谱系	直立人	早期智人	晚期智人	现代人			
矿产资源利用程度	以石料为工具			刀耕→锄耕→犁耕	锄耕→犁耕→人畜金属制品和金属工具有较大发展	锄耕→犁耕→人畜	有色金属、稀有金属、稀土金属、放射性元素、钢铁、煤炭、石油、化工、建材、贵重金属、轻金属、碱金属、半金属
	打制成型			磨制石器	金属工具		
社会制度	原始人群	原始人群	原始人群	原始社会、初级氏族公社	奴隶社会	中国处在封建社会	中国处在半封建半殖民地社会	民主与法制

所以人类的历史是矿产资源开发利用的历史,科学技术发展的历史,也是社会文明进步的历史。

矿业是国民经济的基础产业,矿产资源是人类赖以生产和发展的物资基础。但是矿产资源开发和岩土开挖的爆破中,对保留岩体和围岩受到破坏或损伤。因此,避免爆破对保留岩体或围岩的破坏、减轻损伤,将是爆破工作者的长期追求和责任。

第一节　矿业是国民经济的基础产业,矿产资源是人类赖以生存和发展的物质基础

矿业是国民经济的基础产业,矿产资源是人类赖以生产与发展的物质基础,矿业是古老而又年轻的产业,矿业活动在中国已有几千年的历史,但矿业的发展则是在新中国成立之后的事。

一、我国主要矿产量在世界上居第一位

1950年毛泽东主席就发出"开发矿业"的伟大号召,经过广大地质工作者半个世纪的努力[4],中国已发现171种矿产,158种探明有储量,发现矿产地20多万处,经不同地质勘查工作的矿产地有2万多处。中国是世界上矿产比较齐全的几个少数矿业大国之一。

目前建设有各类矿山145 406座,港澳台资矿山166座,外商投资矿山221座。内资矿山中国有矿8 000多座,余为乡镇集体小矿[4]。

2004年各类矿石采掘量近60亿吨,其中煤炭19.56亿吨,铁矿石3.85亿吨,石油1.75亿吨,天然气414.9亿 m^3,磷矿石2 617.4万吨,硫矿石1 065.8万吨,钾盐206.3万吨,近几年我国的矿石产量远远大于以上的产量,成为世界上矿产资源利用的第一大国。

二、中国矿业的历史贡献

矿业的大发展为中国成功进行现代化建设提供了矿产资源保障[4]。目前90%以上的一次能源,80%的工业原材料和70%以上的农业生产资料为矿业所提供。

矿业的大发展促进了能源材料工业的大发展。主要矿产品产量在世界上占第一位。2004年中国钢产是高达2.72亿吨,十种有色金属1 397.85万吨,水泥9.7亿吨,硫酸3 994万吨,化肥4 469.55万吨,平板玻璃30 058万重量箱。

矿业的大发展为国家增强了经济实力。2003年全国矿业产值达7 356.82亿元,占全国GDP6.26%。若将矿产初加工产品产值计算在内,则占全国GDP30%以上[4]。

矿业的大发展促进了中国城镇化进程。由于一大批大型矿产地的发现和勘查开发的成功,在那些原本是荒凉偏僻,人烟稀少的地区有426座矿业城镇拔地而起,其中属于国家建制市的矿业城市有178座[4]。矿业城镇的兴起,为促进区域经济的发展和贫困地区脱贫致富发挥了重要作用。

矿业的大发展为劳动就业,社会稳定和人民生活水平的提高发挥了积极的作用。据称有2 100万人在矿业战线从事各种不同的劳动。

第二节 "爆破"是矿产资源开发和岩土工程开挖最主要的施工工艺,但给保留岩体或围岩造成破坏、损伤与滑塌

在矿业开发的固体原料开采和岩土工程开挖中对于中硬以上硬岩,最有效的施工方法是凿岩爆破,根据20世纪90年代中后期全球年采掘和岩土工程搬运量5 000亿吨,其中8成以上是露天采掘工程需要凿岩爆破。2004年我国的各类矿石采掘量60亿吨,除石油1.75亿吨,天然气41.9亿 m^3,煤炭19.56亿吨,钾盐206.3万吨除外,约有60%的中硬以上固体原料开采需用爆破方法开采。不难看出"爆破"在矿业开发和土石方开挖中的重要作用。

但是,爆破对保留岩体或围岩又造成了破坏、损伤,影响了露天边坡保留岩体和井巷、隧道围岩的长期稳定;诱发露天边坡、井巷及地下采空区围岩滑塌。所以爆破对围岩的影响分两个方面:其一是对爆区附近被保留围岩的直接破坏,其二是地震效应直接触发滑体滑落。

一、爆破对保留岩体或围岩的破坏与损伤范围

纵观国内外实践，一般深孔爆破对岩体的破坏、损伤半径为药包直径的70～100倍，但由于爆破方法、装药结构、岩体结构构造、岩石强度等不同，差别较大。

1.露天深孔爆破对保留围岩破坏和损伤范围

表1.2列出部分岩体破坏和损伤范围

表1.2　露天深孔爆破对保留岩体或围岩破坏、损伤范围

矿山名称及经验总结	炮孔直径φ(mm)	岩石名称及性质	爆破方法	振动地点震速(V=cm/s)	损伤半径(药包直径的倍数)	破坏范围(m)
C.O.Brawner教授经验		石膏类软岩		5		发生破坏
				30		坡面发生崩解
				250		压缩破坏
			齐发	药量10t		距离边坡50m发生破坏
			微差	3孔1t药		边坡18m发生破坏
B.H.M.OCHHeK等						钻孔周围裂隙延深20m左右
苏M.F巴伯等			预裂		75~100	
330工程		裂隙发育(或有软弱夹层)				后冲表面120~190；底部水平140；底部垂直破坏15~36
		中等裂隙				后冲表面60~100；台阶底部水平20~40；台阶底部垂直5.5~10

定向卸压隔振爆破

续表

矿山名称及经验总结	炮孔直径φ(mm)	岩石名称及性质	爆破方法	振动地点震速(V=cm/s)	损伤半径(药包直径的倍数)	破坏范围(m)
夏祥、李俊如等	90					损伤半径平均6.58m,向下深度2.25m
金川矿区,矿山院韩子荣						后冲裂隙25m;微裂纹发展更远
大冶铁矿	310			爆区后方200m处,V=75cm/s		围岩需保护的范围R=(2~25)m
				爆区后方存在平行坡面的节理时,V=42cm/s,台阶表面可出现沿层理面的错动。		
广东普宁高铺镇石场	160	花岗岩f=10~14	三排齐发	165kg/个孔	参数16.5m×6.5m×5.5m	与台阶坡面平行节理:后冲4m,裂隙宽5cm左右;后冲15~20m,裂隙宽1~2cm
广西鱼峰水泥股份公司水牯山石灰石矿	130 90	石灰岩f=8~11	排间微差一般3排	最大段药量1 356~4 124kg	16.5m×6.5m×4m	后冲7~9m左右
			单排耦合	45kg/孔	11.5m×4m×3.5m	后冲3~4m,裂隙宽度1~2cm左右
			光爆(4次)		11.5m×2.5m×3.5m	后冲3m左右,裂隙宽度1cm左右
			定向卸压隔振爆破		11.5m×2.5m×3.5m	4次均无后冲

2. 平巷掘进爆破对岩体的损伤和超挖量

平巷掘进松弛厚度一般在1~2m,与岩石性质、破碎程度、地质构造、爆破方法有关,当采掘工程地下深部,深度≥900m平巷掘进后,巷道还存在离层现象,离层范围及分区距离,与平巷跨度有关,跨度大离层范围大,离层的厚度与层间间距一般也大,但与岩体结构构造、地应力、爆破振动大小等有关系。

（1）部分矿山常用光面爆破、切缝药包爆破、切槽爆破的挖掘量和松弛范围。

根据安徽新集三矿、河南车集矿、协庄煤矿、四川金河磷矿等过去的试验列于表1.3所示。

表1.3 周边孔常用爆破的效果

矿山名称	安徽新集三矿		河南车集矿		协庄煤矿		四川金河磷矿	
岩石名称	泥岩、沙质泥岩		泥岩、沙质泥岩		砂质页岩		花斑状白云岩	
硬度系数(f)	4~6		4~6		4~6		4~8	
爆破方法	光爆	切缝药包	光爆	切缝药包	光爆	切缝药包	光爆	切槽爆破
超挖量(mm)	200	95	250	80	200	95	280	110~120
周边孔痕率(%)	20	90	10	87.5	20	85	31~53	69~76
爆破损伤范围(m)							0.38~0.40	0.25~0.28
循环进尺(m)	1.3	1.5	1.14	1.71	1.6	1.8	1.43	1.6~1.65

（2）平巷掘进不同爆破方法对岩体的松弛厚度与超挖量

不同爆破方法对岩体的超挖量和松弛厚度,见表1.4。

定向卸压隔振爆破

表1.4 不同爆破方法对岩体的超挖量和松弛厚度

矿山名称	四川清平磷矿		甘肃华亭东峡煤矿		山东潍坊五井煤矿		巴昆水电站		
断面尺寸（m×m）	3×2.8		3.4×3.3		2.3×2.4				
岩石名称	磷块矿	花斑状白云岩	砂岩		泥质砂岩		砂页岩	砂岩	页岩
硬度（f）	8~10	4~6	4~6		2~4				
爆破方法	光爆	隔振护壁	光爆	隔振护壁	光爆	隔振护壁	光爆	光爆	光爆
每米进尺超挖量（m³/m）	2.26	0.03	0.52	0.03					
按设计断面超挖百分率（%）	27.3				20~30	<10			
孔痕率（%）			20~30	60.5	30	55			
松弛厚度（m）							0.8~2.0	1.0左右	1.0左右
岩体完整性（%）							55.8	58.7	
每米成本比光爆节约（元）		比光爆节约44.50		55.50		53.86			

（3）地下采掘工程深度≥900m平巷掘进后，围岩的离层现象及分区。

地下采掘工程深度≥900m平巷掘进后，围岩的离层及分区见图1.1、1.2所示。

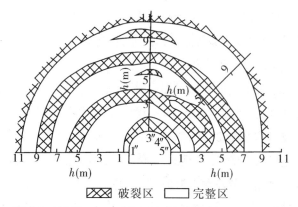

图 1.1 俄罗斯 Mark 矿分区破裂化现象(I.shemyakin 等)

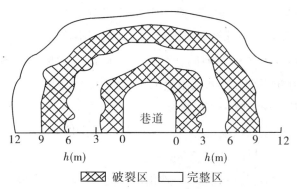

图 1.2 金川镍矿区深部巷道分区破裂现象(李述才等)

二、爆破造成保留岩体和围岩破坏、损伤影响岩体稳定而发生边坡滑塌井巷围岩冒落

一般工程爆破中使用的常规爆破方法,和原有的定向断裂控制爆破,如光面爆破、预裂爆破、切槽爆破等,也都会给需要保留的岩体或围岩带来不同程度的破损和爆破地震作用,往往达不到爆破的技术和安全要求。由于爆破破坏了原岩应力状态和岩体

结构构造,从而影响保留岩体和围岩的稳定性,由此而造成的边坡滑塌、井巷围岩垮塌等恶性事故不计其数。

1.露天边坡滑塌事例

现以露天矿边坡典型滑塌事例为例[5]:

从20世纪60年代初至70年代中期,我国大型露天铁矿发生过的边坡滑塌事故29次;铁路部门的宝成、兰新、鹰夏等铁路线边坡稳定情况的统计发现边坡变形的工点有198处;煤炭系统1977年10日止,多处发生滑坡,滑塌的土石方量达8 200万 m³以上。最典型的抚顺西露天矿边坡走向长6km,1914年至1980年发生滑坡48次,仅1964年、1978年、1979年滑坡量达1 218万 m³,1945年南帮滑坡,使南帮全部采煤工作面被埋,直至20世纪50年代中期才清理出电铲。其他典型事例有:

(1)美国怀俄明州的一个高磷土矿产生滑坡,大约滑落了3 800万 m³岩土,堵塞了附近的一个河谷,使之形成了一个60m长的湖泊,导致整个矿山报废。

(2)捷克东拉维亚的一个黏土矿,由于全坡面失稳,产生整体滑坡,淹没了村庄,死亡2 000多人。

(3)美国利波尔铜矿,一次滑坡量达600万 m³,造成矿山停产半年。

(4)美国宾汉康绪露天矿,采深467m,滑坡量608万 m³,掩埋露天矿场一半以上的深度和大部分宽度。

(5)苏联马格尼托哥斯克露天矿,在200m长的工作线上,8个台阶同时滑落,总量达200万吨。

(6)菲律宾阿塞来联合公司,1981年采深达100m,滑坡体积达5 500万 m³,该矿是世界上最大的采矿联合公司,日采出10万吨矿石。

（7）加拿大捷曼斯格石棉矿，每剥离一段深度，由于应力释放，岩石回弹打断排水管，大量水潜入采场而引起滑坡，深度达350m，滑动量3 000万m^3，将四幢房屋滑入坑内。

（8）白银厂露天矿，1971年3月20日发生滑坡，公路受阻，1 793m水平掘沟被迫停止，露天矿寿命缩短2年。

（9）大冶铁矿自1967年以来发生了25次规模不等的滑坡，给生产带来很大危害，最严重的一次是1973年1月6日狮子山北帮西口，从156m水平下至84m水平共6个台阶，长117m、高72m的大滑坡，滑坡量达36 460m^3，影响72m，60m，48m水平正常推进达一年半之久，滑坡后清方处理达两年之久，清方量59万m^3。

（10）义乌北露天矿自20世纪60年代初扩建以来，底帮沿走向线滑坡达20余次，致使设计内排未能实现。1982年顶帮发生顺层滑坡，滑坡量达30万m^3，危及矿山公路及陇海铁路。

（11）自然地震诱发露天大滑坡：加拿大西部一露天矿，一天清晨5点钟，由地震引起6 000万m^3岩体滑落，冲毁了高速公路，掩埋了4辆汽车，5人丧生。成因是边坡岩体中有连续光滑面节理，其倾角小于边坡。不难看出，地震是发生露天边坡滑塌的起因之一。

2. 井巷冒落事故以金属地下矿山为例

采掘工业是国民经济的基础工业，井巷掘进则是先行工程。同样，要发展冶金工业、加工工业以及其他工业，如果没有采掘工业，那就是搞"无米之炊"。在发展采掘工业的同时，又必须实行"采掘并举掘进先行"的方针。平巷在一个矿山的井巷工程量中占了最大的比重，一个中型矿山，其井巷工程量达5万~10万m^3，据全国36个金属矿山的统计，每采1 000吨矿石，其开拓、采准、探矿工程量为20.8m。随着采矿强度的提高，矿山开采的年平均下降速度也在不断增加，一般矿山为15~20m，有的甚至达30m。掘进工程相应增多，花时间多，所需劳动力也多，安全事故也多。成为地下矿山采掘工业的企业和个人是值得重视的主要问题之一。

采掘工业的爆破工序使岩石的完整性受到爆破破坏，井下形成大小不等的空间，破坏了原岩的应力平衡关系，由于地质条件、生产技术和组织管理等原因，在强大的地压作用下，可能导致巷道和采场出现冒顶、片帮、底鼓、支架变形甚至大面积塌落、地表移动以及煤和瓦斯喷出等一系列事故。

（1）松石冒落事故是冶金矿山事故的主流

从国内外冶金矿山的岩石冒落大致可分为大面积地压活动、局部岩体冒落和松石冒落三种。从国内外的文献报导来看，大面积地压活动和局部岩体冒落引起的事故并不多，主要是松石冒落引起的事故在矿山占有很大的比重。而且严重威胁着工作人员的生命安全。据冶金部安全技术研究所的统计，我国冶金矿山松石冒落事故约占矿山事故总和的30%~40%。1964年以前，几个主要矿山的冒落比率如表1.5所示。

表1.5　我国几个地下矿山松石冒落比率

矿山名称	邯邢矿山管理局	锡矿山	大厂矿务局
松石事故比率(%)	35	33	37

而国外金属矿山松石冒落也不例外。

国外冶金矿山的情况见表1.6。这些国家工业都比较发达，技术比较先进，但松石冒落事故的比率也是很高的。此外，深矿井和超深矿井的不断出现也是松石冒落事故的原因之一。随着我国工业化的进程,治理松石冒落对减少矿山工伤事故具有越来越重要的意义。

表1.6 国外发达国家20世纪冶金矿山井下冒落事故比率

国名	日本	波兰	美国	加拿大
年份	1967	1975	1975	1978
松石事故比率(%)	35	38	45	46

(2)松石冒落实例

①湘西金矿:巷道中间冒落事故占25%;巷道工作面10m以内占62.5%;其他事故占12.5%。

②锡矿山矿务局:1952~1980年顶板冒落事故中巷道占24%,松石工占28%。

③邯邢冶金矿山局玉石洼矿,1978年平巷掘进放炮前,除放炮工外,其他4人在距离爆破工作面以远的同一水平巷道旁坐下避炮,爆破响后一瞬间,4人背靠着巷道帮的一块岩体因爆破动力振下,4人当场死亡。

原有的控制爆破对轮廓线保留岩体和围岩的破坏、损伤和爆震没有得到有效的解决。

三、露天岩石边坡及平巷、隧道掘进爆破对保留围岩的影响和塌落原因

众所周知,爆破对保留围岩的影响分两个方面,其一是对爆区附近被保留围岩的直接破坏;其二是爆破地震效应直接触发滑体滑落。

定向卸压隔振爆破

1. 露天边坡、地下巷道本身是一个不稳定的构筑物

采掘工程是利用地质体建筑成的露天开采场所和地下采矿区,矿山和地下洞穴的主体是岩体直接组成的构筑物。如露天矿是由露天边坡、坑底、采场等岩体开挖形成;地下采矿区域直接由竖井、斜井、平巷、采场等岩体构成,岩体即地质体,是采掘工程的对象。岩体是非均质,各向异性,岩体内存在原岩应力,岩体存在一个裂隙系统。因此,可以认为:边坡本身是一个不稳定的边坡,地下平巷及采场围岩本身也是一个不稳定的平巷及采场。其所以失稳、变形破坏是由于边坡和地下平巷及采场岩体内存在不稳定的因素决定的。至于发生的时间、地点、方式及形成的规模等等,又往往取决于外界的诱发因素。

大量研究和生产实践表明,爆破振动是影响边坡和巷道稳定的众多因素中最为重要的因素之一,因此,如何降低爆破振动效应及其对保留边坡岩体和巷道围岩稳定的影响。

2. 爆破对保留围岩诱发塌落的原因

爆破地震效应对远距离的破坏是间接破坏,一般的有以下几种。

爆破对近区的影响:靠近边坡爆破时,爆破产生的质点振动速度达到一定值时,振动就会直接破坏边坡岩体和巷道周边围岩。

爆破对较远区的影响:爆破地震波对远区岩体施加动载荷,使岩体强度低的节理、裂隙、层理等弱面引起松裂、扩张、延伸,形成爆破松动区,使岩体层间的依托和承载作用降低[10]。

爆破振动加速破坏了岩层层面、节理面、泥化夹层等结构面的粘结力,在爆破振动波和岩体分离自重的共同作用下产生滑塌。

爆破地震波作用使保留围岩特别是露天边坡围岩中的剪切力增加,使原生结构面、构造结构面、原有裂纹、裂隙扩展和延伸,甚至产生多个的爆破裂纹和微裂隙,从而影响边坡的整体稳定性[10]。

矿山生产中各种爆破,长期反复对保留围岩产生荷载冲击作用,使上述效应得到加强和延续,这种长期周而复始的作用,在岩石中可能会产生损伤积累效应,当这种损伤积累效应超过围岩稳定的临界值时,就会有失稳、破坏的现象发生。

"爆破"不仅是采掘工业不可缺少的重要工艺,还渗透到国民经济建设的许多领域,如铁路、公路、水利、电力、国防工程、城市地铁、城镇建设等等。在这许多建设的岩土工程爆破开挖和采掘过程,要求在露天边坡和井巷轮廓线外保留岩体和围岩的稳定免受爆破破坏和损伤,减轻爆震,获得平整的岩体开挖面,减少超挖量;并要降低爆破地震波能量对附近建筑物的影响。而被爆破破坏抛掷部分地岩体要求爆破成适合装运的岩块。为解决这个矛盾,1905年C.F.Foster就提出过在孔壁作预切槽,以获得定向断裂的方法。20世纪50年代初,瑞典人提出了光面爆破和稍后的预裂爆破;20世纪50年代苏联学者提出聚能爆破;20世纪70年代至80年代前后,国内外实验研究多种控制爆破。一个世纪以来,从事爆破工作的生产现场指挥者、爆破工作的研究者都在探索研究如何解决这个矛盾。但由于科学研究手段缺乏,对岩石爆破机理的认识还远远不能揭示其爆炸成缝断裂的实质,因而仍未得到较好的解决。

由此可见,探索研究安全、高效、低耗的控制爆破技术在露天岩土工程和井巷工程施工是很有必要的。作者经过多年爆破工作实践,博采众家之长,曾于2000年5月在重庆出版社大力支持

定向卸压隔振爆破

下出版《定向断裂控制爆破》一书;为了探索出一种更为优越的控制爆破方法,使得在炮孔爆破中完整硬岩需保留的部分岩石不受爆破破坏,宏观不见裂隙,减少软岩和松散岩体需保留的部分岩体受爆破影响的深度,减轻或避免爆破地震对建构筑物的损伤。作者在多年工程控制爆破的教学科研和技术服务的实践的前提下,近十余年作者提出了多种卸压隔振的爆破。

经实验和生产应用比以往国内外控制爆破又有了较新、较好的效果,现将总结如下,以达到抛砖引玉,共同探讨和提高的目的。

第三节　定向卸压隔振爆破的技术原理和应用范围

一、技术原理

定向卸压隔振爆破的技术原理是在岩体轮廓线上进行炮孔爆破时,对轮廓线外炮孔一侧保留部分的岩体或围岩采取阻隔爆炸冲击波、应力波、定向削减爆炸压缩应力的控制爆破方法。简称卸压隔振爆破或称定向卸压隔振护壁爆破。其实质是在炮孔保留岩石或围岩一侧的药包外壳包装一层或两层具有弹塑性、硬性和无毒、无污染,价格便宜的隔振护壁材料,材料的背面朝向保留岩体一侧,凹面朝向爆破临空面(自由面)一侧,并利用隔振护壁材料达到确定孔底空气间隔层高度,固定柱状药包的成形药卷,准确定位药包在炮孔中的位置,使径向不耦合和孔底轴向(间隔)不耦合装药结构得以有效地实现。孔底轴向间隔是在药柱下端与孔底之间留一段不装药,其上连续径向不耦合装药至堵塞物下端的一种装药结构,其技术原理如图1.3所示。

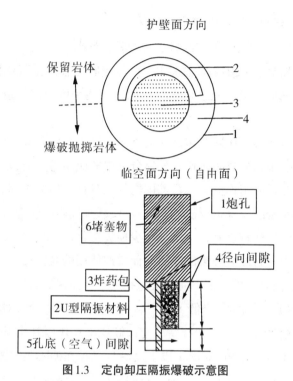

图1.3 定向卸压隔振爆破示意图

1—炮孔；2—U 型隔振材料；3—炸药包；4—径向间隙；5—孔底（空气）间隙；6—堵塞物

二、定向卸压隔振爆破应用范围

定向卸压隔振爆破主要用于露天边坡工程和井巷·隧道工程、地下建筑工程周边孔爆破以及复杂多变难采矿体围岩与矿体爆破的分采法。对轮廓线炮孔保留岩体和围岩一侧的药包外壳加装一层或两层隔振护壁材料，炮孔爆破时避免受冲击波、应力波的直接作用补充光面爆破、预裂爆破和其他各类定向断裂控制爆破不足之处。

定向卸压隔振爆破

三、定向卸压隔振爆破的特点

定向卸压隔振爆破的特点是，将部分爆炸冲击波、应力波阻隔在保留岩体或围岩轮廓线以内，并向底部轴向空气间隔卸掉部分压缩应力波。且使爆破自由面方向达到应力波能量集中的目的。

所以定向卸压隔振爆破在露天矿边坡工程和井巷、隧道工程以及复杂难采矿体和多矿带矿体分采中的应用与研究，是一项创新技术和科研工作内容。目前国内外在各种类型的工程爆破中，一直存在着既要降低爆破冲击波强度、减少爆破区轮廓线以外保留岩石的损伤程度和避免破坏减少损失贫化，又要提高爆破区轮廓线以内岩石爆破效果的矛盾。而普遍使用的光面爆破、预裂爆破、断裂控制爆破等都不能解决炮孔爆破所需保留岩体不受破坏和降低损伤的难题，降低了保留岩体或围岩的稳定性，对人民的生命和财产安全带来了威胁。定向卸压隔振爆破技术基本有效地解决了这一矛盾，克服了以上爆破技术存在的不足之外，既能做到不因爆破区轮廓线以内岩石的爆破使需要保留部分的岩体不产生宏观裂隙，又能将70%以上的爆破能量汇集于轮廓线以内需要爆破的岩石，达到国内外目前所有常用的控制爆破方法都无法达到的效果。

第四节　工程控制爆破

一、工程控制爆破的目的

在岩土工程及采掘工程中，普遍都存在爆破开挖岩石和保护保留岩石不被破损这一对矛盾，目前尚没有有效的解决方案。这是因为,炸药在岩石体内爆炸时,在将开挖范围内的岩石爆破破碎的同时,必然要对保留的岩石造成损伤和破坏,从而使围岩的力学性能劣化。这种劣化在外界压力作用下,会使损伤进一步演化,从而使围岩的承载力及稳定性降低,这对城市建设和重大设施的影响尤其巨大。因此,评价围岩稳定性不仅要考虑岩石本身的力学性质和地质构造,还要考虑爆破对围岩的损伤或破坏的作用。对爆破工程进行精准控制,以准确预测其对保留岩体和围岩的损伤程度,就成了爆破行业的重中之重。所以工程控制爆破的目的是为了保护爆破时炮孔轮廓线外保留岩体和围岩不被炮孔爆破时破坏、减轻损伤。

实验研究表明[7],爆轰波传播与光波传播相类似,遵从几何学的Huygen-Snell原理。点爆炸时,爆轰波波阵面以球面形式展开,并且波传播方向总是垂直于波阵面,对于无限大的均质炸药,中心点引爆所产生的爆轰波是球形爆轰波,这种情况下爆轰波形的曲率半径随着爆轰波向外扩展而不断增加,如图1.4所示;对于均质圆柱形炸药一端中心点引爆所产生的爆轰波,开始阶段波形曲率半径随爆轰波传播距离的增加而增加,实验结果表明当药柱长度为药柱直径3倍左右时,波形曲率半径为一恒定值,如图1.5所示,所以工程控制爆破即控制爆破的波形,即冲击波、应力波。

定向卸压隔振爆破

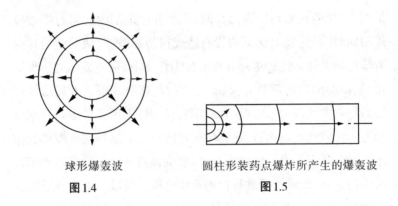

球形爆轰波 圆柱形装药点爆炸所产生的爆轰波

图1.4 图1.5

二、工程控制爆破的定义

工程控制爆破,是指通过一定的技术措施,严格地控制爆炸能量的释放过程和爆破破坏范围,以达到预期的破碎效果的同时,又能使保留区的岩体不致破坏和轻微损伤,对由于爆破产生的危害效应控制在爆破安全规程规定的范围之内的更小范围,这种对爆破效果和爆破危害进行双重控制的爆破方法称为工程控制爆破。

与一般控制爆破不同,工程控制爆破特指的是露天边坡工程、复杂多矿带矿体分采爆破和井巷工程、隧道工程、地下建筑工程周边炮孔爆破。

三、工程控制爆破的内容结构

对工程爆破国内外目前还没有统一的分类,在控制爆破方面也没有统一的定义。作者将岩土工程、采掘工程开挖施工中对轮廓线外保留岩体、和围岩免受爆破破坏、减轻爆破损伤、降低爆破地震对附近建构(筑)物的损伤、降低飞石距离、降低噪声分贝。将有利于这方面的控制爆破方法,如定向断裂控制爆破所含爆破方法,与定向卸压隔振爆破所含爆破方法。技术原理、应用范围和目的相同。概括为工程控制爆破,其框架结构如图1.6所示。

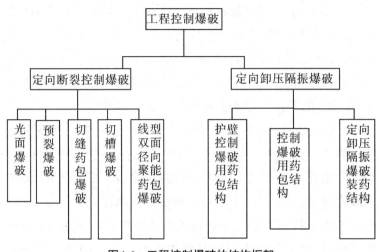

图1.6　工程控制爆破的结构框架

第五节　定向卸压隔振爆破与现用光面、预裂爆破、断裂控制爆破技术原理的相同点和不同点

一、相同点

1. 定向卸压隔振爆破和光面、预裂爆破、断裂控制爆破的相同点都是用于岩体爆破轮廓线保留围岩的爆破方法,即露天边坡工程爆破和井巷、隧道掘进周边炮孔爆破。

2. 技术原理:采用不耦合装药,并控制爆轰波的作用方向和位置,达到引导爆炸冲击波、应力波的目的,避免对保留围岩的破坏,减轻保留围岩的损伤程度。

3. 减少超、欠挖量,节省工程投资,开挖面光洁平整有利于后期作业,有利于保留岩体或围岩长期稳定。

二、不同点

1. 定向断裂控制爆破:光面、预裂爆破等除在炮孔之间形成有用的贯穿裂纹外,也在炮孔其他方向形成随机分布的裂纹,这些随机分布的裂纹,造成围岩的损伤、降低岩石强度,不利于爆破围岩的长期稳定,而且,在某些强度较低或裂隙发育的岩石条件下,爆破效果不能令人满意,超挖量达20cm左右。

2. 定向卸载隔振爆破:①在炮孔轮廓线保留围岩一侧的药包外壳加装一层或两层具有韧性、硬性和无毒的隔振护壁材料,阻隔爆炸冲击波、应力波直接对保留围岩的作用。②定向卸压隔振爆破原理:炮孔中同时采用径向和轴向不耦合相结合的装药结构。③由于孔底不耦合装药降低爆炸脉冲初始压力延长了爆炸产物在介质内部的作用时间达2~5倍。根据脉冲原理 $I = \int_0^t pm(t)$ 当脉冲压力一致作用时间愈长,爆破脉冲量愈大,有效克服了孔底部分的岩体抗力最大的特点,增大了炮孔底部的作用力,增大了炮孔底部的作用范围。④由于炮孔轮廓线一侧药包外壳具有隔振护壁材料,炸药爆炸时除产生应力波反射外,还产生沟槽效应,使爆炸应力波在临空面方向产生应力集中、增加临空面的爆炸能量及其有效利用。⑤台阶爆破岩体的抗爆强度,随孔深而增大。炮孔底部空气间隔顶端以上采用塔型不耦合装药结构,炸药爆炸瞬间释放的能量规律符合岩体抗爆能力的变化规律。故爆破效果好,对保留岩体或围岩避免爆破破坏和减轻损伤。

第六节　定向爆破技术展望

一、定向

定向的泛指意义是确定事物运作过程的方向与目的一致性。爆破作用开始于终结的目的和结果与定向的意义、目的和内容均为一致。

二、原有的定向爆破技术的原理

20世纪50年代前后兴起的定向爆破技术是使爆破后土石方碎块按预定的方向飞散、抛掷和堆积,通常称为定向抛掷爆破。或者使被爆破的建筑物和构筑物按设计在一个方向倒塌和堆积,都属于定向爆破范畴。土石方的定向抛掷爆破原理即最小抵抗线原理。建筑物的定向倒塌偏心失稳来形成铰链的力学原理,布置药包和考虑起爆时差的受力状态达到定向倾倒的目的。

三、定向断裂控制爆破、定向卸压隔振爆破技术

爆破技术的多方控制探索和研究是爆破工作者多年来努力的方向,虽然工程爆破中的拆除爆破、抛掷爆破、松动爆破等都已成功实现。在爆破时间、爆破能量、爆破顺序、爆破环境、爆破有害效应、爆破效果等安全与效果的双面控制并未完全、有效地解决。

定向断裂控制爆破和定向卸压隔振爆破技术的实质是准确控制爆轰波的作用方向与位置达到阻隔或引导爆炸冲击波、应力波的作用,满足控制爆破的破坏范围和碎石飞散距离达到降低地震波和空气冲击波的强度的效果。

定向卸压隔振爆破

定向卸压隔振爆破正是以冲击波、爆炸应力波和爆轰气体膨胀共同破岩为原理的定向控制爆炸波运作方向和范围为目的的定向断裂和定向卸压隔振爆破技术。

随着科学技术的发展,定向爆破技术不断创新的发展,新技术、新工艺不断出现,对提高劳动生产率、降低生产成本、改善安全和环保条件提供了有利条件。

时代在前进,技术也在不断发展,展望未来,今后尚有很多课题,需待研究解决。

第一编
定向御压隔振爆破技术基础

第二章 岩石力学在定向卸压隔振爆破工程实践中的重要性

第一节 岩石的力学性质、岩体结构特征在定向卸压隔振爆破施工中的重要影响

一、岩石的力学性质和岩体的结构在施工中的重要性

采掘工程、岩土工程的工作对象是岩石,过去工程中遇到的岩石工程问题多凭经验解决。

但工程实践表明,单凭经验越来越难适应日益发展的工程规模及工程的复杂性。随着露天开采技术的发展,露天矿山开采的合理深度也将不断增加;随着山坡露天矿转入深凹露天开采,有些矿山(如齐大山,司家营,南芬)设计的最终边坡高度将达500m以上。根据测算,一座中等规模的露天矿若采矿总体边坡角提高1°,即可减少岩石剥离量约 $1\ 000 \times 10^4 m^3$,节约成本近亿元[6],可获巨大的经济效益。然而一旦边坡出现失稳,将造成难以估量的经济资源损失。在水电建设中大型电站的坝高可达300m,地下厂房边墙高达50m,跨度达25m,修建过程中常会遇到复杂的地基、

软弱夹层、地下水发育、大的喀斯特溶洞和高地应力等问题,这些都会给施工带来巨大的安全隐患,并会造成巨大的经济损失。因此,在考察施工前对岩石的力学性质和岩体的结构构造进行全面考察显得尤为重要。

二、岩体非均质性对采掘施工的影响

众所周知,岩体是一种非均质材料,这一特性具体表现在以下几个方面:不同方向的力学特性不同,同一方向拉压特性不同,而且随尺寸变化,各向异性主应力方向还会发生变化;应力状态不同,其破坏方式不同,破坏的临界条件也不同,即屈服准则不同,一方面岩体是由包含断层、软弱夹层、节理面等自然间断面相互组合形成的具有初始损伤特性的地质体,其中岩石块体存在微细裂纹等等,岩体的这些初始损伤不仅改变了岩体的强度,也改变了岩体的弹性模量,爆破波的衰减及侧向应力系数等物理力学参数。另一方面,岩体爆破时,临近爆源的岩体受到爆破作用的影响,使后面岩体的损伤不同程度地加剧,并对爆破效果产生影响。所以对工程的设计和施工都要求系统考虑岩石的变形形状、破坏机制及力学模型,从而在工程设计中预测岩石工程的可靠性和稳定性,并使工程具有尽可能的经济性。

三、设计施工中重视岩体结构面的地质特点和力学效应

古德根教授提出的"工程地质力学"观点认为,岩体与一般岩石的差别在于它是受结构面纵横切割的多裂隙体,岩体结构面控制着岩体变形、破坏机制及力学法则,因此必须重视结构面力学效应的研究和岩体内结构面力学特征的研究,并以地质成因为基础对结构面自然特性做细致的研究,掌握结构面的地质特点来指

导岩石力学的研究工作是岩体基本力学特性研究的基础。在此基础上提出岩体分为块裂结构、完整结构、碎裂结构和散体结构。按照岩体结构不同类型分别研究其力学特性和工程的设计、施工依据。

从工程实践所取得的经验和教训，使得许多从事采掘工程、岩土工程的相关技术人员认识到：必须充分了解岩石的力学性质、岩体结构特性，才能解决好岩石工程的技术问题。

第二节　岩石的动态特性

岩石在破碎前不会产生明显的塑性变形，由此可以认为岩石是弹性的。其弹性常用5个常数来表示，即弹性模量 E、泊松比 μ、体积压缩模量 K、剪切模量 G、拉梅常数 λ。5个常数中只要知道其中任意2个，便可知道其余3个的值。工程中很容易得到 E 与 μ 的值，因此有：

$$K = \frac{E}{3(1-2\mu)} \tag{2.1}$$

$$G = \frac{E}{2(1+\mu)} \tag{2.2}$$

$$\lambda = \frac{E\mu}{(1+\mu)(1-2\mu)} \tag{2.3}$$

岩石的动态特征归纳为：

（1）动弹性常数除泊松比外，其余 K、G、E 均比静载大。

（2）在 $\sigma = 1\,500$ MPa，$\varepsilon = 250 s^{-1}$ 之内，任何一种岩石的应力、应变均为线性变化，且均在弹性范围内。除极靠近爆区外，其余均近似按弹性波处理。

（3）动载条件、岩性不同，其强度和动弹模量的增长规律也不相同。

（4）不同岩石，体积压缩百分率的差别也很大。

一、弹性波波速的应用

弹性波波速是岩石动载特性中的重要因素，主要用于以下4个方面：

1. 由纵波和横波波速，可导出岩体的动弹性常数。

2. 用弹性波速度可测出岩体的状况，即完整性程度。

3. 波速的测定可掌握爆破振动对岩体的影响范围和受影响程度。

4. 波速可作为岩石分级的依据。

二、岩石的动态弹性参数

已知介质的纵波波速 C_p、横波波速 C_s，根据弹性力学的波动方程，岩石的动弹模和动态模量（即根据岩石动态弹性常量与波速的关系，可以方便求出各个弹性模量）：

1. 岩石的动态弹性参数[8]

（1）动态弹性模量 E_d

在三维状况下：$E_d = \dfrac{C_p^2(1+\mu_d)(1-4\mu_d)}{(1-\mu_d)} = 2C_s^2\rho(1+\mu_d)$ （2.4）

在二维状况下：$E_d = \rho C_p^2(1-\mu_d)$ （2.5）

在一维状况下：$E_d = \rho C_p^2$ （2.6）

（2）动态剪切模量 G_d

$G_d = \rho C_s^2$ （2.7）

定向卸压隔振爆破

（3）动态泊松比 μ_d

$$\mu_d = \frac{C_p^2 - 2C_s^2}{2(C_p^2 - C_s^2)} \qquad (2.8)$$

（4）岩石的动态体积模量：

$$K_d = \rho\left(C_p^2 - \frac{4}{3}C_s^2\right) \qquad (2.9)$$

（5）岩石的动态拉梅常数：

$$\lambda_d = \rho\left(C_p^2 - 2C_s^2\right) \qquad (2.10)$$

其他参数的意义同前。

纵波、横波速度可通过实测方法得到。部分岩石的动静态弹性常数见表2.1。

表2.1　几种岩石的静、动态弹性参数

岩石名称	$E \quad E_d$ （10^3MPa）	$G \quad G_d$ （10^3MPa）	$\mu \quad \mu_d$
页 岩	67.5　87.2	26.9　37.0	0.27　0.180
砂 岩	25.5　26.2	9.60　11.6	0.28　0.133
石英岩	66.2　87.5	28.9　40.4	0.17　0.083
砾 岩	24.5　86.0	31.7　37.1	0.19　0.156

综上，在爆破荷载作用下，岩石有以下动态特性：

（1）岩石爆破由弹塑性、塑性向脆性转变。

（2）岩石的弹性模量增大。

（3）岩石的强度提高。

2.岩石的冲击参数

（1）动应力强度 σ_d

$$\sigma_d = E_d \varepsilon = \rho C_p v \qquad (2.11)$$

式中：v——岩石质点在破碎时的飞散速度。

（2）比能 a

比能 a 表示破碎单位体积所消耗的能量。

$$a = \frac{W}{V} \qquad (2.12)$$

式中：W——破碎岩石所消耗的总能量；

V——破碎的岩石体积。

比能又可分为静载比能 a_s 和动载比能 a_d，一般来说，$a_s =$（55%~63%）a_d，也就是说，在能量相等时，静载破碎的岩石体积大，这一现象同加载速度有关。冲击加载是瞬时性的，一般为 ms 级，而静载通常超过 10 s，因此静载破碎时，应力可以分布到较深、较大的范围，变形和裂隙的发展也比较充分。

三、岩体的完整系数

岩体传播的弹性波波速越高表明岩体裂隙较小，风化程度轻，岩石致密坚硬，强度大，否则相反。利用弹性波波速可以表示岩体完整性、裂隙发育和风化程度。

完整系数：$K_V = \left(\dfrac{C_{pm}}{C_{pr}} \right)^2 \qquad (2.13)$

裂隙系数：$K_{V1} = C_{pr}^2 - C_{pm}^2 / C_{pr}^2 \qquad (2.14)$

风化系数：$K_{V2} = \dfrac{C_0 - C}{C_0} \qquad (2.15)$

式中：C_{pm}，C_{pr}，C_o，C——分别为岩体的纵波波速，岩石试件的纵波波速，新鲜岩石的纵波波速，风化岩石的纵波波速。

以上的公式可对围岩的性质进行定量的评价。除以上常数之外，岩石的波阻抗Z也是表示岩石动态特性的重要参数。

$$Z = \rho C_p = \frac{\sigma}{v_p} \qquad (2.16)$$

波阻抗的物理意义是指在岩石中引起扰动使质点产生单位振动速度必需的应力。

第三节　不同装药结构传入岩石的爆炸载荷

装药结构是指炸药装入炮孔（或药室）内的集中程度与孔壁的耦合情况以及药包相对炮孔位置的几何关系。

炮孔装药结构有耦合装药与不耦合装药之分，如果炸药充满整个药室径向空间，不留有任何空隙，则称为耦合装药。如果装入药室的炸药包（卷）与药室壁之间留有一定的径向空隙，则称为不耦合装药。除不耦合装药外，也采用轴向留有空气柱的空气间隔装药。分别用装药不耦合系数和装药系数来表述各自的装药充满程度。

一、耦合装药时传入岩石中的爆炸载荷

1. 炸药爆轰参数

根据爆轰理论，可以建立炸药正常爆轰条件下的爆轰参数计算式。目前普遍采用的炸药爆轰参数的简明计算式如下[9]：

$$\begin{cases} D_V = 4\sqrt{Q_V} \\ p = \dfrac{1}{4}\rho_0 D_V^2 \\ \rho = \dfrac{3}{4}\rho_0 \\ u = \dfrac{1}{4}D_V \\ c = \dfrac{3}{4}D_V \end{cases} \quad (2.17)$$

式中:Q_V 是炸药的爆热;ρ_0 是炸药的密度;D_V 是炸药的爆速;p,ρ,u,c 分别是爆轰波阵面上的压力、产物密度、质点速度和声速。

式(2.17)中的5个方程含有6个未知数,因此需要事先确定其中之一方可得到确定解。较易实现的做法是,通过实验手段测定炸药的爆速,而后由式(2.17)求出其余参数。需要指出:式(2.17)的计算结果是近似的,炸药的爆轰过程是十分复杂的物理、化学过程,准确确定爆轰参数仍需要进行大量的深入研究。

2. 耦合装药条件下爆轰波对炮孔壁的冲击

耦合装药条件下,炸药与岩石紧密接触,因而爆轰波将在炸药岩石界面上发生透射、反射。利用炮孔装药爆破岩石时,通常炸药药柱在一端用雷管引爆,这时的爆轰波不是平面波,而是呈球面形,而且爆轰波对炮孔壁岩石的冲击也不是正冲击(正入射),而是斜冲击,如图2.1所示。目前,确定炸药爆轰传入岩石的载荷采用的是近似方法。由于在装药表面附近,球面爆轰波的曲线半径已减小到很小,波头与炮孔壁间的夹角——爆轰波的入射波头与岩石面的夹角不大[9],因而近似将爆轰波对炮孔壁的冲击看成正冲击,可按正入射求解岩石中的透射参数。

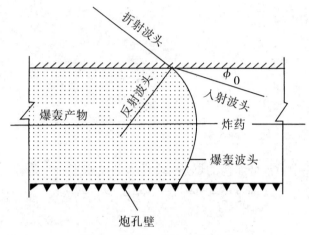

图2.1　爆轰波对炮孔壁的冲击

　　如图2.2所示,平面爆轰波在炸药内从左向右传播,到达炸药岩石分界面时,发生透射和反射,透射波在岩石中继续向各方传播,反射波则在爆轰产物内向左传播。

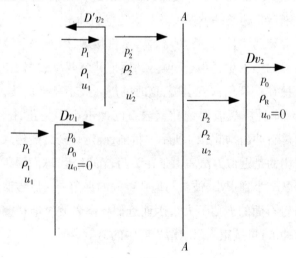

图2.2　爆轰波的透射和反射

设炸药的初始参数为 $P_0, \rho_0, u_0 = 0$；爆轰波速度为 D_{V1}；爆轰波即爆轰产物初始参数为 P_1, ρ_1, u_1；岩石的初始参数 $P_r = P_0$；$\rho_r, u_0 = 0$；反射波参数为 P_2', ρ_2', u_2'，波速为 D_{V2}'，透射参数为 P_2, ρ_2, u_2，波速为 D_{V2}，在炸药与岩石的分界面上有连续条件 $P_2' = P_2, u_2' = u_2$。分别对入射波、反射波和透射波建立连续方程和运动方程，并利用界面上的连续条件即可得。

$$\frac{P_2 - P_0}{P_1 - P_0} = \frac{1 + N}{1 + N\rho_0 D_{V1} / \rho_r D_{V2}} \tag{2.18}$$

式中：$N = \dfrac{\rho_0 D_{V1}}{\rho_1 (D_{V2}' + u_1)}$ \qquad (2.19)

由于 $P_2 \gg P_0$，$P_1 \gg P_0$，P_0 可忽略，因此式(2-19)可化为

$$P_2 = P_1 \frac{1 + N}{1 + N\rho_0 D_{V1} / \rho_r D_{V2}} \tag{2.20}$$

式中：$\rho_0 D_{V1}$，$\rho_1 (D_{V2}' + u_1)$，$\rho_r D_{V2}$ 分别称为炸药的冲击阻抗、爆轰产物的冲击阻抗和岩石的冲击阻抗，它们都是物质受扰动前的密度与波相对于受扰动物质传播速度的乘积。若 $\rho_r D_{V2} > \rho_0 D_{V1}$，即岩石的冲击阻抗大于炸药的冲击阻抗，则反射波为压缩波，$P_2 > P_1$；若 $\rho_r D_{V2} < \rho_0 D_{V1}$，则反射波为稀疏波，$P_2 < P_1$。压缩波是指波通过后，介质受压缩，得到密度增大的波；稀疏波则是指波通过后，介质受膨胀，得到密度减小的波。

为求得岩石中透射波的其他参数（ρ_2, D_2, u_2），人们需要知道岩石的 Hugoniot 曲线，一般应通过岩石的冲击实验确定，其中之一为[9]：

$$P_2 = \frac{\rho_r C_P^2}{4}\left[\left(\frac{\rho_2}{\rho_r}\right)^4 - 1\right] \tag{2.21}$$

式中：C_P 是岩石中的弹性波速度；ρ_r 是岩石的密度。

实践表明，并非在所有岩石中都能生成冲击波，这取决于炸药与岩石的性质。对大多数岩石而言，即便生成冲击波，冲击波也会很快衰减成弹性应力波，作用范围很小，故有时也近似认为爆轰波与爆孔壁岩石中的碰撞是弹性的，使得岩石中直接生成弹性应力波(简称应力波)，进而可按弹性波理论或声学近似理论确定岩石界面上的初始压力。根据声学近似理论可推得：

$$P_2 = P_1 \frac{2}{1 + \rho_0 D_1 / \rho_r C_p} \tag{2.22}$$

式中：D_1 是炸药的爆轰速度，单位为m/s；其他符号意义同前。

二、不耦合装药时传入岩石中的爆炸载荷[10]

不耦合装药情况下，爆轰波首先压缩装药与药室壁之间间隙内的空气，引起空气冲击波，而后再由空气冲击波作用于药室壁，对药室壁岩石加载。为求得这一载荷值，先假设：

(1)爆炸产物在间隙内的膨胀为绝热膨胀，其膨胀规律为 $PV^3 =$ 常数，遇药室壁激起冲击压力，并在岩石中引起爆炸应力波。

(2)忽略间隙内空气的存在。

(3)爆轰产物开始膨胀时的压力按平均爆轰压 P_m 计算，即有：

$$P_m = \frac{1}{2}P_1 = \frac{1}{8}\rho_0 D_1^2 \tag{2.23}$$

由以上假设，爆轰产物撞击药室壁前的压力即入射压力为：

$$P_i = P_m \left(\frac{V_c}{V_b}\right)^3 = \frac{1}{8}\rho_0 D_1^2 \left(\frac{V_c}{V_b}\right)^3 \tag{2.24}$$

式中:V_c,V_b分别是炸药体积和药室体积;其他符号意义同前。

根据有关研究,爆轰产物撞击药室壁时,压力将明显增大,增大倍数 n 在8~11之间。因此,不耦合装药时,药室壁受到冲击压力为

$$P_i = \frac{1}{8}\rho_0 D_1^2 \left(\frac{V_c}{V_b}\right)^3 n \tag{2.25}$$

对炮孔柱状装药,$V_c = \frac{1}{4}\pi d_c^2$,$V_b = \frac{1}{4}\pi d_b^2$,其中,$d_b$,$d_c$分别为炮孔直径和装药直径,则炮孔岩石壁受到的冲击压力为

$$P_i = \frac{1}{8}\rho_0 D_1^2 \left(\frac{d_c}{d_b}\right)^6 \left(\frac{l_c}{l_b}\right)^3 n \tag{2.26}$$

式中:l_b 是炮孔长度;l_c 是装药长度;其他符号意义同前。

如果装药与药室之间存在较大的间隙(如硐室爆破装药),则爆轰产物的膨胀宜分为高压膨胀和低压膨胀两个阶段。当气体产物压力大于临界压力时,为高压膨胀阶段,膨胀规律为 $PV^3 =$ 常数;当气体产物压力小于临界压力时,为低压膨胀阶段,膨胀规律为 $PV^x =$ 常数($x = 1.2 \sim 1.3$)。临界压力 P_{cri} 可如下式计算:

$$P_{cri} = 0.154 \sqrt{\left(E - \frac{P_m}{2\rho_0}\right)^2 \frac{\rho_0^2}{\rho_m}} \tag{2.27}$$

式中:E 是单位质量炸药含有的能量;其他符号意义同前。

作为一种近似,也可取 $P_{cri} = 100\text{MPa}$。

三、不同耦合条件的应力的变化

岩体爆破中的爆破应力波在不同耦合界质中压力的变化,可以采用相似材料模型,爆破试验能否基本反映模型的真实过程,关键在于相似性准则的确定。根据文献资料[10]模型试验的相似性准则:①几何相似;②材料力学性质相似;③匹配相似;④临界条件相似。

1. 水泥砂浆模型试验

模型采用425#硅酸盐水泥和筛选后的细砂浇注而成,水、水泥和砂其重量配比为0.5:1:2,养护28d。并浇注成70mm×70mm×70mm的标准试块,测量材料的物理力学参数,经测试,密度ρ=2.91g/cm³,纵波速度C_P=3 108m/s;弹性模量为E=1.66GPa;抗压强度为17.5MPa。台阶爆破几何相似C_c=0.05。炮孔直径5mm,炮孔深度150mm,先装入黑索金,再装入30mgDDNP,用电引火头引爆,采用锰铜压阻应力计。

(1)空气耦合爆破压力测试,测试结果如图2.3,表2.2所示。

表2.2　空气耦合爆破试验测试结果

试验号	测点	RDX炸药(g)	传感器			峰值压力(GPa)	压力脉宽(μs)
			电阻(Ω)	距孔壁距离(mm)	埋深(mm)		
14-1	1	0.8	51.0	20	70	0.252 6	53
15-1	1	0.8	50.6	20	70	0.226 3	38
18-2	2	0.8	50.6	40	70	0.124 2	40
23-2	2	0.8	51.4	40	70	0.079 1	28
18-3	3	0.8	49.8	60	70	0.045 1	28
22-3	3	0.8	50.1	60	70	0.036 8	30
15-4	4	0.8	51.2	80	70	0.029 3	28
22-4	4	0.8	53.3	80	70	0.026 5	22
22-5	5	0.8	52.1	100	70	0.012 2	57

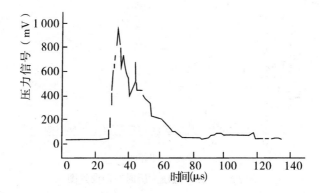

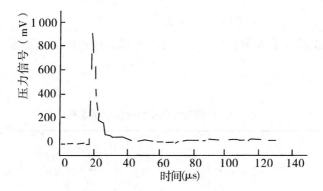

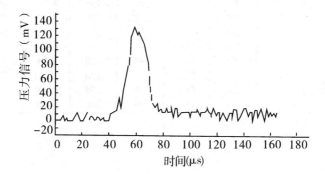

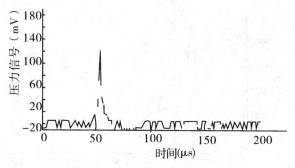

图2.3 干孔爆破压力历时典型曲线图

（2）水耦合爆破压力测试结果

试验参数及测试结果见表2.3，水耦合爆破压力波形见图2.4所示。

表2.3 水耦合爆破压力试验测量结果

试验号	测点	RDX炸药(g)	传感器			峰值压力(GPa)	压力脉宽(μs)
			电阻(Ω)	距孔壁距离(mm)	埋深(mm)		
3	2	2.4	51.2	21	135	0.27	58.0
16	2	2.4	52.0	22	120	0.22	57.0
13	3	2.4	51.3	36	125	0.086	24.5
14	3	2.4	51.4	33	160	0.084	28.6
2	3	2.4	50.5	33	120	0.13	25.0
5	4	2.4	52.0	48	130	0.095	23.7
11	4	2.4	51.5	47	134	0.060	24.9
12	4	2.4	51.6	46	146	0.041	19.0

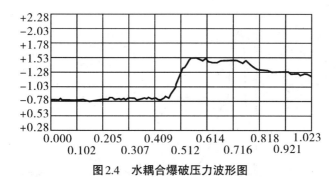

图2.4 水耦合爆破压力波形图

2. 石膏模型试验不同耦合介质的应力波幅的变化

石膏模型配比为水∶石膏=80∶100,立体模尺寸为20cm×20cm×25cm,中心留有一个深为15cm,孔径φ15mm的装药孔,平面模型的尺寸为15cm×20cm,厚2cm的薄板,板中间预制一长为5cm的狭缝。模型经长时间干燥后,石膏块的抗压强度平均为5.8MPa,抗拉强度平均为1.5MPa,弹性模量 $E=7\,900$MPa,泊松比约为0.13[11]。

(1)空气耦合条件下的试验

试验将药柱直接装入装药孔中,药柱尺寸比药孔尺寸略小一些,且孔壁四周无任何充填物,将压力传感器也置于孔内,封填至孔口。试验结果如图2.5所示。

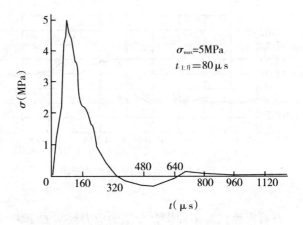

图2.5 空气耦合条件下爆炸应力波幅值变化曲线

(2)水耦合条件下的试验

水耦合条件下的试验如图2.6所示。

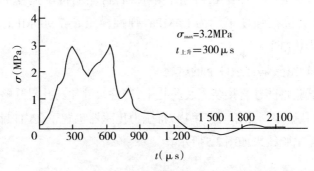

图2.6 水耦合条件下爆炸应力波幅值变化曲线

3. 不同类型的模型试验不同介质耦合爆破压力衰减规律的比较

(1)水泥砂浆模型试验

通过空气耦合和水耦合爆破时的压力测试,其结果如图2.7

所示。由此可以发现,相同距离处水耦合爆破所产生的爆炸峰值压力均大于空气耦合爆破,且其衰减较慢,峰值压力作用时间长,有平缓平台,说明水耦合爆破的作用压力大,且时间长,炸药利用率高,但对炮孔壁破坏相对大。

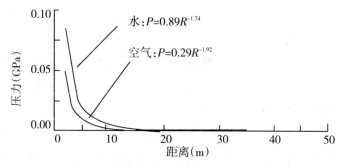

图2.7　不同介质耦合爆破压力衰减曲线

(2)石膏模型

从试验结果所表示出的不同情况耦合条件下应力波幅值的变化来看,比较明显的差别有以下3点[12]:

①空气耦合条件下应力峰值比水耦合条件下要大;

②空气耦合条件下应力峰值上升时间比水耦合条件下要短;

③空气耦合条件下应力峰值的持续时间比水耦合条件下短,且基本上属于一脉冲信号。

正是由上述差异,导致不同的爆炸结果:

①在空气耦合情况下,模型沿径向产生的裂纹比较多,且孔壁已完全破碎,在孔壁周边附近出现微裂区,有些径向裂纹出现分叉状,模型底部出现一锥状脱落体。

实验结果表明,由于应力脉冲σ值的迅速变化,使应力幅值在较短时间内超过材料本身的屈服点,导致环向拉应力引起的微裂纹在孔壁出现。

应变率的变化受着压力峰值上升时间的控制,压力峰值上升时间短。则σ就大,引起孔壁破碎;随着应力幅值的衰减,材料中的卸载波在孔壁周围形成残余应力场,它妨碍了裂纹的进一步扩展,而反射的应力波与裂纹间的相互作用,引起裂纹前沿出现分叉,爆炸能量得到释放。

②在水耦合情况下,模型沿径向产生的裂纹比较少,在本批实验中,一般仅3条,且整个孔壁面无破损,也未见微裂区。在模型底部也形成一锥状脱落体。

由于水耦合的影响,使作用于孔壁的应力峰值较平缓,幅值的上升时间变长。孔壁面上受环向拉应力较长时间的作用,在它的薄弱面处首先产生几条裂纹,随应力作用时间的延长,爆炸的能量都逐步提供给应力集中点一裂纹尖端,导致单个裂纹的迅速扩展,减少和降低了孔壁面上的冲击力,故而孔壁面完整。

第四节　岩石在动载荷作用下的性质和强度

一、动载荷

对某一物体来说,外部的作用力称为外力,也称载荷。随时间变化缓慢且不显著的外力和不变的外力称为静载荷;经常变化或有突变性以至于带有冲击性质的外力,通常会在物体内引起振动或波动,称为动载荷。

物体内部的各质点之间存在着相互作用的力。固体未受载荷作用时,质点之间处于相对平衡和稳定状态,可以认为这时相互作用的力为零。受载时,这种作用力将发生变化,这种变化的内部作用力简称内力。

二、岩体在爆炸荷载作用下的力学反应

当岩体在冲击荷载的作用下产生应力波或冲击波,它在岩体中传播,引起岩石变形乃至破坏。这种力学反应有以下特点:

(1)炸药爆炸首先形成应力脉冲,使岩石表面产生变形和运动。由于爆轰压力瞬间高达数千乃至数万兆帕,从而在岩石表面形成冲击波,并在岩石中传播。其特点是波阵面压力突然上升,峰值高,作用时间短,并伴随着能量的迅速消耗,冲击波很快衰减为应力波。

(2)岩体中某局部被激发的应力脉冲是时间和距离的函数。由于应力作用时间短,往往其前沿扰动才传播了一小段距离而载荷已作用完毕。因此在岩体中产生明显的应力不均现象。

(3)岩体中各点产生的应力呈动态,即所发生的变形、位移和运动均随时间而变化。

(4)载荷与岩体之间有明显的"匹配"作用。当炸药与岩体紧密接触时,爆轰压力值与作用在岩体表面所激发的应力值,两者并不一定相等。这是由于介质或岩体的性质不同,在不同程度上改变了载荷作用的大小。换言之,由于加载体与承载体性质不同,匹配程度也不同,从而改变了爆炸作用的结果和能量传递效率。

三、爆破荷载作用下岩石的强度特性

岩石强度是指岩石受外力作用发生破坏前所能承受的最大应力值。

岩石强度的一般规律同一岩石在不同受力状态下的强度一

定向卸压隔振爆破

般符合以下规律:

三轴等压强度>三轴不等压强度>双轴抗压强度>单轴抗压强度>抗剪强度>抗拉强度。

岩石的抗拉强度远小于抗压强度。研究表明,岩石的破坏形式主要是拉伸破坏和剪切破坏。不同岩石,其强度差别很大,即使同一种岩石,由于其内部颗粒小、胶结情况和生产条件的差异,强度变化也往往不亚于不同的岩石。这也正是岩石爆破问题复杂性的关键所在。

不同的岩石,其强度差别很大,例如石英岩的单轴抗压强度高达500MPa,而页岩的单轴抗压强度只有5MPa。抗拉强度的判别也同样很大,辉绿岩最高抗拉强度能达40MPa,而页岩抗拉强度可低到1MPa。

即使是同一种岩石,因其内部颗粒大小,胶结情况和生成条件的不同,强度差异往往不亚于不同的岩石。例如同类页岩单轴抗压强度的变化范围为5~80MPa,石灰岩的变化范围为10~225MPa,石英岩的变化范围是90~150MPa。页岩抗拉强度的变化范围是1~40MPa,石灰岩的变化范围是1~25MPa。这些实测数据足以说明同种岩石的强度差异[8][14]。

四、岩石的动态强度

当荷载的加载速度大于3~5kg/(cm^2·s)时岩石所呈现的强度称为岩石的动载强度[8]。

提高加载速度,提高了岩石的应变效率岩石将由弹塑性、塑性向脆性软化、弹性模量增大,强度也随之提高。动载荷作用下岩石强度与加载速度有关,两者有如下关系:

$$\sigma_d = k\lg V + \sigma_J \tag{2.28}$$

式中:σ_d——岩石的动态单轴抗压强度或抗拉强度;

σ_j——岩石的静态单轴抗压强度或抗拉强度;

k——比例系数;

V——加载速度。

上式表明,岩石的动态强度与加载速度的对数成线性关系,而系数k与岩石的种类和强度有关。研究表明,加载速度提高,岩石的破坏形式向弹塑性、塑性和脆性转变,弹性模量增大,强度也随之提高。但加载速度仅对岩石的抗压强度影响,而对抗拉强度影响很小。表2.4列出了部分岩石的动态强度。

表2.4　几种岩石的动态强度

岩石名称	密度（kg·m⁻³）	波速（m·s⁻¹）	加载速度（MPa·s⁻¹）	荷载持续时间（s）	抗压强度（MPa）	抗拉强度（MPa）
大理岩	2 700	4 500~6 000	$10^7 \sim 10^8$	10~30	120~200	20~40
砂 岩	2 600	3 700~4 300	$10^7 \sim 10^8$	20~30	120~200	50~70
辉绿岩	2 800	5 300~6 000	$10^7 \sim 10^8$	20~50	700~800	50~60
石英闪长岩	2 600	3 700~5 900	$10^7 \sim 10^8$	30~60	300~400	20~30

第五节　岩石在不同加载条件下的应力、应变

动载荷的加载率比静载荷大10^6倍,而破坏应力则大3~4倍。在炸药爆破的动载荷作用下,加载率、应变率、破坏应力和破坏应变都很高。这里,可以用动态指标来表征岩石破坏的动态特性。

加载率应变率表征施加载荷的快慢,亦即表示在dt时间内,外载荷所引起的岩石应力增加$d\sigma$或应变增量$d\varepsilon$与dt的比值,

即：

$$加载率：\dot{\sigma} = \frac{d\sigma}{dt} \qquad (2.29)$$

$$应变率：\dot{\varepsilon} = \frac{d\varepsilon}{dt} \qquad (2.30)$$

应变率与冲击速度的关系：应变率是试件中一个质点相对于另一质点的位移速度与两质点之间的间距之比。冲击速度是试件的一端相对于另一端的位移速度。可见，应变率 $\dot{\varepsilon}$ 与冲击速度 v 成正比，即

$$\dot{\varepsilon} = \frac{d\varepsilon}{dt} = \frac{d(l/L)}{dt} = \frac{l}{L} \qquad (2.31)$$

式中：l——试件伸长长度；

L——试件原始长度。

加载率与应变率的关系：在弹性变形范围内，应变率 $\dot{\varepsilon}$ 与加载率 $\dot{\sigma}$ 成正比，即

$$\dot{\varepsilon} = \frac{d\varepsilon}{dt} = \frac{1}{E} \times \frac{d\sigma}{dt} = \frac{\dot{\sigma}}{E} \qquad (2.32)$$

通常，可以用变形过程中的平均加载率或平均应变率来证明评价载荷的动态特性。根据试验研究结果，不同载荷的应变率有表2.5所述的区别。

表2.5 载荷动态种类比较

应变率 $\dot{\varepsilon}$	$<10^{-6}$	$10^{-6} \sim 10^{-4}$	$10^{-4} \sim 10$	$10 \sim 10^{3}$	$>10^{4}$
载荷状态	流变	静态	准静态	准动态	动态
加载方式	稳定载荷	液压机	压气机	冲击杆	爆炸冲击

现场岩体在爆炸作用下的应变率受爆源强度及距离大小的影响变化范围很大,例如,测得爆炸应力波的应变率为$5 \times 10^4 s^{-1}$,爆炸冲击波的应变率为$10^{11} s^{-1}$(冲击波阵面厚$m=10^{-6}$cm,质点速度$\nu=100$m/s,按$\dot{\varepsilon} = \dfrac{\nu}{m}$求得)。

岩石的变形性质随加载速度的不同而变化。当低速加载时,岩石呈静态、低应变率,许多岩石的应力—应变曲线表现出明显的塑性,弹性模量小。提高应变率,岩石由塑性向脆性转化,弹性模量增大。当岩石处于中应变率状态时,岩石表现为明显的弹性,应力—应变曲线为一直线,随着应变率的提高,弹性模量增大。图2.8、图2.9分别为低应变率和中应变率下岩石的应力—应变曲线。

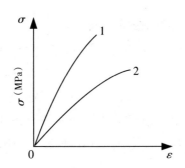

图2.8　低应变率时砂岩的应力–应变曲线

1—$\dot{\varepsilon}$为10^{-2}/s时;2—$\dot{\varepsilon}$为10^{-5}/s时

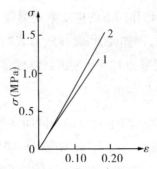

图2.9　中应变率时花岗岩的应力−应变曲线

1—$\dot{\varepsilon}$为10^{-4}/s时；2—$\dot{\varepsilon}$为10^{-1}/s时

第六节　工程爆破参数的取值与定向卸压隔振爆破参数的取值依据

一、工程爆破参数值的取值依据

工程爆破的理论与经验数据表明,保证获得最优爆破效果的孔网参数随炮孔直径而变。首选的是抵抗线,国外抵抗线的计算早就以炮孔直径为依据,如表2.9所示。然而,苏联和我国长时间在台阶爆破底盘抵抗线计算采用以作业安全条件、台阶高度和经济技术指标等作为依据,也有采用以炮孔直径作为计算依据,如表2.6所示。

表2.6　国外部分矿山抵抗线与孔径的经验公式

露天或地下	公式性质	提出单位或个人	公式	备注
露天矿山	线性公式	兰格福斯	$W_{max} = 0.958d\sqrt{\rho_c s / c_0 \overline{fca}B_d}$　(1)	d 为炮孔直径(m)；ρ_c 为炸药密度(kg/m³)或(T/m³)；S 为炸药的重量威力；c_0 为可爆性修正系数(kg/m³)，$B=1.4\sim1.5m$ 时，$c_0=c+0.05$，$B\leqslant 1.4m$时，$c_0=c+0.07/B$，$B=W$。c 为可爆性系数，即仅破碎岩石但不抛岩时的炸药单耗(kg/m³)，B_d 为排距(m)；a 为孔距(m)；f 为炮孔的约束系数；ρ_m 为岩石密度(kg/m³)；P_d 为最大爆轰压力(MPa)；σ_t 为岩石最大抗拉强度。ρ_c 为装药密度(kg/L)；d 为底部装药直径(mm)；s 为炸药相对重量威力；W 为 $\phi4\sim15m$ 时，$\overline{c}=c+0.5$，c 为岩石常数(kg/m³)；f 为炮孔倾斜度系数；m 为炮孔密集系数。
			$W = (14\sim76)d$　(2)	
		皮尔斯(1955年)	$W_{max} = 8.5d\sqrt{P_d / \sigma_t}$　(3)	
		亚西	$W = K_b \times d$　(4) K_b 为岩石和炸药性能参数有关的系数，其取值介于 20~40 之间	
		科思雅	$W = 38d\sqrt{\rho_c / \rho_m}$　(5)	
		罗斯坦	$W = fcd\sqrt{\rho_c / \rho_m}$　(6)	
		炸药密度和岩石密度对抵抗线的影响	$\rho_m = (1.67\sim5.07)t/m^3$；$\rho_c = (0.8\sim1.6)t/m^3$。 代入(5)式得：$W = (15\sim37)d$　(7) 如果 ρ_m、ρ_c 分别取常见值，即 $\rho_m=1$ 和 $\rho_m=2.8$，代入(5)式得：$W=23d$　(8)	
		瑞典 Langë for sorsu 王电功、陈宏兴	$W = \dfrac{d}{33} \times \sqrt{\rho_c s / \overline{C}fm}$　(9)	
	指数公式	阿特拉斯普柯公司称抵抗线与孔径之间并不是线性关系	$W = 19.7d^{0.79}$　(10)	适合 $\phi50\sim300mm$ 孔径的露天矿
		露天矿的统计公式	$W = 18.1d^{0.689 + 52\% \atop -37\%}$　(11)	相关系数 $R=0.78$，适合于孔径 89~380mm
地下矿山	指数公式	瑞典地下磁铁矿山	$W = 8.5d^{0.525}$　(12)	抵抗线与孔径成指数函数关系，实际抵抗线与孔径的关系见表2.13
		实际抵抗线计算公式的统计推导	$W = 23.4d^{0.855 + 53\% \atop -33\%}$　(13)	相关系数 $R=0.90$，公式后面的数据为最大期望值和最小期望值
		地下矿的统计公式	$W = 11.8d^{0.630 + 40\% \atop -25\%}$　(14)	相关系数 $R=0.94$，适合于孔径 48~165mm

定向卸压隔振爆破

表 2.7　国内钻孔作业部分矿山底盘抵抗线的确定方法

计算方法分类	计算式	备注
根据钻机作业安全条件	$W \leqslant Hct_g\alpha + B$	W 为炮孔底盘抵抗线 (m)；H 为台阶高度 (m)；B 为从孔中心至坡顶线的安全距离，α 为台阶坡面角；Δ 为装药密度 (1.1g/mL)；τ 为装药系数；d 为炮孔直径；q 为炸药单耗 (kg/m³)；m 为钻孔邻近系数，前排孔约为 1.2；Q 为前排孔装药量 (kg)；a 为前排孔孔间距 (m)。
按台阶高度和钻孔值	$W = (0.6 \sim 0.9)H$	
按每孔装药条件	$W = d(0.75\Delta\tau / qm)^{\frac{1}{2}}$	
按经济技术指标	$Q = qWaH$	

二、抵抗线上应力波的变化

1. 抵抗线在爆破中的重要性

在台阶爆破中，抵抗线过小可能导致发生爆破飞石和炮孔利用率降低；孔底底盘抵抗线过大可能导致爆破质量较差，底部出现岩墙或根底，但底盘抵抗线受许多因数影响，变动范围较大。要结合实际情况，认真分析研究，力争在爆破设计时确定合理的底盘抵抗线。

抵抗线的确定，在不同时期不同条件下是不一样，国外在较早以前均以孔径为基础，孔径与抵抗线成正比的关系。

2. 不同抵抗的圈径与应力波能量的关系

文献[15]利用ADINA计算程序，计算单孔爆破半无限岩体内应变能的数值，其中对不同圈径的应力波能量见表2.8所示。

计算结果表明[15],岩体内的应变能占炸药的总能量很少,不同抵抗线时,应力波总量基本相同。但其分配关系不同,抵抗线较小时,应力波能量分配均匀,块度均匀,抵抗线较大时,炮孔附近能量较大,易于形成沿炮孔方向的漏斗,且抵抗线较小时,用于破碎的应变能较大。因此,采用小抵抗线布眼可使应力波能量分布均匀,且应力波能量得到充分利用,如表2.8,该表是徐颖、吴得义经过模型试验和计算得:

表2.8

$W=210mm$	圈径(mm)	26	47	68	10	13
	能量(J)	1 992	159	35	24	5
$W=120mm$	圈径(mm)	17	29	41	59	–
	能量(J)	1 699	230	111	67	–

小结:岩体内应力波能量占总能量的百分比较小,采用小抵抗线布眼可以使能量得到充分和合理的运用,并可抑制沿炮孔方向漏斗的产生。

3. 应力波入射角和抵抗线的关系

抵抗线即自由面。当岩体中存在自由面时,爆破应力波到达自由面时,会发生反射现象。

使自由面处的岩体处于拉伸状态,但能否导致该处岩体的破坏,则依抵抗线大小而定,抵抗线相对大时,虽然这一反射现象也会发生,但因达到自由面历时长,压缩波到达自由面时,其所携带的能量已耗损太多,不足以使该处的岩石破碎。但抵抗线小时,压缩波到达的历时变短,波能量耗损减少,到达自由面时仍具有

定向卸压隔振爆破

较高的数值,经自由面反射,压缩波变为拉伸波。由于自由面处的岩体处于易破坏状态,同时,脆性岩体的抗拉强度远小于抗压强度,因而此时是以拉伸应力波为主的破碎介质[16][17]。

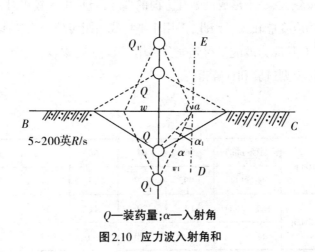

Q—装药量;α—入射角

图2.10 应力波入射角和

图2.10表示两个装药量相同的药包 Q 和 Q_1,其抵抗线 $W < W_1$,两个药包在介质面 a 的入射角 $\alpha > \alpha_1$,因而药包 Q 在 a 点的应力波能量的反射率大于药包 Q_1 在 a 点处的折射率。介质界面其他点也同样如此,反射拉应力波能量的增强,使爆破介质加强了破碎,并具有更大的初始速度向前运动,加强了介质碰撞的动能及介质内的破坏应力,提高了爆破效果。

4.应力波能量随抵抗线大小的变化

炸药爆炸在岩体中引起应力波,应力波中一部分能量转化为破碎能和抛掷能。假定单孔爆破漏斗内的应力波能量全部转化为岩体的破碎能和岩体抛掷能,爆破漏斗的应力波能量仅与爆破漏斗角和应力波总能量有关[15][18]。

由于抛掷动能较少,岩体内的破碎能和总能量的关系为:

$$E_{破} = (2\alpha/360°)E \tag{2.33}$$

式中,$E_{破}$ 为岩体的破碎能;E 为爆破漏斗内应力波总能量;α 为爆破漏斗角度。

可以看出,岩石的夹角和抵抗线成显著的线性关系,随抵抗线的增大而线性减小,表2.9为应力波能量随抵抗线的变化。

表2.9　应力波能量随抵抗线变化规律

抵抗线(mm)	100	120	150	180	210
能量(J)	2 052	2 107	2 298	2 456	2 096

三、光面预裂孔间距离与定向卸压隔振爆破孔间距离的计算

1. 光面爆破

光面爆破最重要的问题是周边眼在连心线上裂缝产生和贯通,因此从裂缝形成机理上看,过去、现在都认为通过拉应力来实现炮孔间连线上每一点的切向拉应力都不能小于围岩的抗拉强度。因此,从眼间距离来讲,如果孔距过小,由于相邻两孔起爆时差的存在,容易出现"空孔效应"[20]即其中一个孔由于先爆而使应力集中产生的裂纹可能使保留岩体出现压碎现象,而且容易出现大块。如果孔距过大,应力波叠加后的拉应力小于炮孔连心线面上岩石的抗拉强度,则只形成两炮孔各自的径向裂缝,难以形成贯通裂缝及平整的开裂面。另一方面,为了使光面爆破层脱离原岩体,并防止在反射波作用下产生超挖,要合理确定最小抵抗线,即光面层的厚度。

最小抵抗线过大,光爆层岩石得不到适当的破碎,甚至不能

定向卸压隔振爆破

使其沿炮眼底部最小抵抗线切割下来;反之,最小抵抗线过小,在反射波作用下,围岩内将较多较长的裂隙,影响巷道围岩的稳定性,造成围岩片散落、超挖和壁面的凹凸不平。因此,合理的炮孔间距和抵抗线,应根据围岩性质、节理裂隙发育程度、炸药性质、不耦合系数等来确定。

(1)国内一些矿山对光面爆破主要参数的取值方法如表2.10所示

表2.10　光面爆破周边炮孔孔间距和最小抵抗线的计算

公式性质	提出单位或个人		备注
经验取值或按断裂力学理论取值	韩鸿彬[73]	$a=(10\sim20)d$	P_d 为作用在孔壁上的初始应力峰值;$P_d=K_b Sc$;K_b 为体积应力状态下岩石抗拉强度增大系数,$K_b=10$;ψ 为装药系数,装药长度与炮孔长度之比;m 为炮孔密集系数;η 为炮孔利用率;r_b 为炮孔半径;r_k 为裂隙区半径;f 为岩石坚固系数;K_l 为调整系数,$K_l=10\sim16$;g 为重力加速度(m/s²);d_b 为孔径;σ_{td} 为岩石动态抗剪强度;S_{td} 为岩石动态抗拉强度;S_t 为岩石抗拉强度。
	田会礼等[72]深孔立井施工	$a=(\dfrac{2bP_d}{\sigma_t})^{\frac{1}{\alpha}}d_b$; $W=\dfrac{a}{m}$;$m=0.8\sim1.0$	
	马芹光[64]	$a=16d_b$;日本新奥法,$a=15d_b$; $W=\dfrac{Q_b}{qaL_b}$;$W=r_0\sqrt{(\varphi\pi P_0)/(mqn)}$;$W=\dfrac{a}{m}$ $a=2r_k+2r_b\dfrac{P_b}{S_{td}}$;$a=K_1f^{1/3}r_b$	
	闻全、杨立云[65]	$a=2r_k+\dfrac{P}{\sigma_t}d_b$;$W=\dfrac{a}{m}$;$m=0.8\sim1.0$	
	刘英杰、何庆志、高中生[78]	$a=2r_k+\dfrac{P_b}{\sigma_{td}}r_b$;$W=\dfrac{Q_b}{qaL_b}$;$W=\dfrac{a}{m}$	
	汪学清、单仁亮、黄宝龙[79]	$a=4d_b(\dfrac{10^8f}{P_rg})^{\frac{1}{4}}$;$W=\dfrac{Q_b}{qaL_b}$	

续表

公式性质	提出单位或个人		备注
常用公式	彭刚建[66]	$a = d_b[(\dfrac{\lambda P_r}{S_t})^{\frac{1}{\alpha}} + (\dfrac{P_k(P_0/P_k)^{r/k}K_d^{-2r}K_L^{-r}}{S_t})]$	P_r 为眼壁初始压力，P_k 为临界压力；α 为应力波衰减指数 $\alpha = 2\lambda$；P_0 为爆生气体初始平均压力；K_b 为动载荷下岩石强度提高系数（$D=10$）；K_L 为轴向不耦合系数；k 为熵指数，$k=3$；r 为绝热指数，$r=1.2\sim1.3$。
爆破损伤后应用公式		$a = d_b[(\dfrac{\lambda P_r}{(1-\xi)S_t})^{(1-\frac{\xi}{\alpha})} + (\dfrac{P_k(P_0/P_k)^{r/k}K_d^{-2r}K_L^{-r}}{(1-\xi)S_t})]$	
常用公式		$W = \dfrac{Q_b}{qaL_b}$ ；$m = \dfrac{a}{w} = 0.6\sim1.2$	

（2）裂隙半径的计算

根据公式得裂隙区半径[64][65][66]：

$$r_k = (\frac{bP_r}{S_{td}})^{\frac{1}{\alpha}} r_b \qquad (2.34)$$

2. 预裂爆破

在预裂爆破中，跑孔间距的大小直接影响预裂缝的宽度和坡面的平整度，是保证裂缝贯通的主要参数。在国内，一般按经验取值较多，即孔径与孔间距的比值，如表2.11所示。另一种按岩石强度与炮孔直径确定，如表2.12。少数单位按炸药波阻抗和炮孔直径确定。

定向卸压隔振爆破

表 2.11

公式性质	提出单位或个人	岩石名称及性质,钻孔直径（mm）	炮孔间距(m)
经验取值	大冶露天铁矿[21]	大理岩,闪长岩	$a=9d$
	歪头山铁矿	铁矿,250	$a=(10\sim12)d$
	紫金山矿西采区	中细粒花岗岩 $f=10\sim12,150$	$a=(8\sim12)d$
	张正宇,杨明渊[22]		$a=(8\sim12)d$
	铁建所李彬峰		中硬: $a=(8\sim12)d$; 软岩: $a=(6\sim8)d$
岩石强度	铁建所李彬峰[72]		$a=3.2d\left(\dfrac{\sigma_c}{\sigma_t}\times\dfrac{\mu}{1-\mu}\right)^{\frac{2}{3}}$; $a=KR^{0.25}d^{0.25}$ 式中 R 为岩石强度;K=0.03。
	据 Coates 的岩石力学原理[23]		$a=d\left(\dfrac{P_b}{\sigma_{td}}+1\right)$; $a=d\left(\dfrac{\sigma_{cd}}{\sigma_{td}}+1\right)$; $a=d\left(\dfrac{P_b}{\sigma_{cd}}+1\right)$
	八洋河料场,杨秋奎等	轻变质泥炭砂岩,夹砂岩和少量板岩	$a=r\sqrt{P/\sigma_{td}}+2P_tr_0\sigma_t$,式中 r_0 为初始裂纹半径,r 为炮孔半径;P_t 为作用于孔壁上的静压;K_f 为压力增大系数,K_f=1.1~1.2;p' 为炮孔周围岩石上的综合压,$P=p'K_f$
	开挖工程周边控制		$a=d(B_p+\sigma_t)$, $a=(9\sim14)d$ 式中,B_p 为非耦合 σ_t 装药的压力。
	美国 P.N. Norsey[24]		$a=2L$,式中 L 为单孔爆破产生最长裂纹
	张奇		$a=r_b\left(\dfrac{\sigma_b}{\sigma_t}\times n\right)^{\frac{1}{\alpha}}=r_b\left(\dfrac{P_b}{\sigma_t}\times n\right)^{\frac{1}{\alpha}}$ 式中,r_b 为爆孔半径;P_b 为孔壁压力;n=2~3,为应力集中系数;α 为应力衰减系数,一般 α=1.2~1.8。

四、定向卸压隔振爆破的参数

露天台阶式深孔爆破,钻孔直径与最小抵抗线和孔间距离密切相关,也与炸药性能、岩石性质、地质构造、装药结构等有关。

1. 底盘最小抵抗线(W_d)

抵抗线的大小是爆破效果和爆破安全最重要的参数,其值应当正确选取。过大的底盘抵抗线造成残留根底,后冲大;过小的底盘抵抗线爆炸能量得不到充分利用,不仅浪费炸药,还可能产生飞石,造成不安全因素。

选择抵抗线大小,必须适合矿岩性质、岩石结构、地质构造、炸药性质,还应满足安全作业。合理选择抵抗线的目的:既要提高爆破效率,又要降低炸药耗量,保证爆破安全。

确定抵抗线常用的方法较多,但最广泛的是采用最小抵抗线长度为炮孔直径的倍数:

$$W_d = K \times d \quad \text{(m)} \tag{2.35}$$

试验中的取值(孔径90~100mm)见表2.12。

表2.12　试验取值

岩石坚固性系数(f)	≤6	8~10	12~14
K	40~45	35~40	32~35

2. 炮孔间隔距离(a)

孔间距是指同一排炮孔中相邻炮孔中心线间距,它是深孔爆破中的一个很重要的参数,因为它控制了炮孔间的相互应力效应。一排炮孔同时起爆时,两炮孔间的介质受到来自两侧的高温高压气体的冲击,将产生压碎圈及其裂隙,它们处于两炮孔爆破所激起的应力场中,且岩石还将有相互碰撞作用。如果两孔间采用间隔和微差爆破,先爆孔还为后爆孔开创了辅助自由面,并使先爆孔在介质中的剩余应力为后爆孔所利用,从而为破碎孔间岩石创造了更加有利的条件。

孔间距的大小与炸药性能和岩石性质有关,并受破碎快影响。孔距与底盘抵抗线(最小抵抗线)有关,表达式为:

$$a = m \times W \tag{2.36}$$

式中:m 为邻近系数;即 $m = a/W$,定向卸压隔振爆破相似于光面预裂爆破,实验中一般取 $m = 0.6 \sim 0.7$。

第七节　地应力对爆破的影响和作用

为了保证地表工程特别是地下工程的安全性和经济性,了解和掌握岩体初始应力状态是必要的。岩体初始应力,就是天然岩体在工程建设开挖之前所具有的自然状态通常也叫做地应力,主要决定于重力场和构造应力场。

岩体应力主要由自重应力,构造应力以及工程开挖引起的二次应力组成,二次应力也是一种对初始应力场的改造,它的大小受到初始应力场,开挖方式的很大影响。

也就是说,矿床埋藏于岩体之中。从力学的观点,地下岩体在一般情况下,例如在没有自然地震或人类工程活动的条件下,基本处于相对平衡状态。如果由于矿山或其他岩体工程活动,在岩体开挖一定的空洞,势必扰乱它原有的平衡状态,引起空洞周围围岩体中的应力发生重新分布的活动。围岩随之发生变形、移动。甚至破坏崩塌。至于是否会造成地下工程的失稳、破坏,这就决定于工程围岩的物理力学属性及其所处的地质环境工程结构的空间形态及其开挖与支护状态。

岩体的应力状态主要取决于原岩应力、采矿应力及其相互叠加,原岩应力大小与方向对围岩应力分布有很大影响。引起地应力的主要原因是重力作用和构造运动,其中尤以水平方向的构造运动对地应力形成及其分布特点影响很大。岩体自重引起自重应力场相对比较简单,而影响构造应力场的因素则非常复杂,它在空间的分布极不均匀,而且随着时间的推移在不断变化,属于非稳定应力场。

现在,国内外许多矿山进入深部开采,南非、印度金矿最深开采深度超过4 000m,俄罗斯金属矿最深开采深度超过2 000m,我国煤矿开采深度以每年2~12m的速度增加。徐州、平顶山、开滦、新汶等矿区部分煤矿已经超过1 000m[25]。在深部高应力环境中,在浅部表现为硬岩的特性的岩层也表现为软岩特性。

实践表明:随着矿山开采深度的加大,主应力随深度变化比较明显,由于地应力场的变化,尤其是水平方向的构造应力变化,岩体移动变形范围明显扩大,将有可能引起竖井、巷道、硐室、采场的变形、破坏和坍塌。因此,深部采矿必须了解和研究地应力的大小、方向、分布规律及其与地质构造的关系。

本节旨在探讨岩体中地应力存在的条件,爆破会是何种效果及其相关的问题。

一、地应力与深度的关系

实例表明,岩体中的初始应力往往大于自重应力,这是普遍规律。即使是在构造运动不发育的软岩中也是如此。也即构造应力超过自重力,构造应力大小取决于岩体的力学特性、构造运动的历史和上覆岩层的厚度。

1.地应力与深度的关系

许多研究人员对地应力与深度的关系进行统计分析。根据世界范围的地应力实测资料统计,在深度25~2 700m范围内,实测垂直应力(σ_V)呈线性增大,大致相当于按平均体重r=27kN/m³

定向卸压隔振爆破

计算出来的重力 rH，一般分散度不大于5%。同时，最大水平主应力和最小水平主应力也随深度呈线性增长关系，与垂直应力不同的是，在水平应力线回归方程中的常数项比垂直应力线性回归方程中的常数项的数值要大些，这反映了某些地区近地表处仍存在显著水平应力的事。文献[26]给出最大主应力与深度关系的图2.11所示。图2.12是潞安矿区地应力值延深的变化[27]。

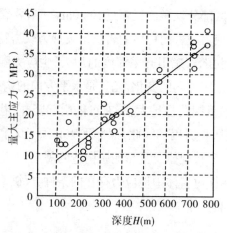

图2.11 最大主应力与深度的关系图

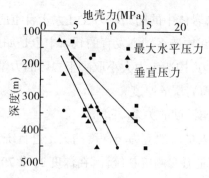

图2.12 潞安矿区地应力值随深度的变化

从图中可以看出,最大主应力与深度有着良好的线性关系,其回归方程为:

$$\sigma_1 = 0.04229H + 5.3342(MPa) \qquad (2.37)$$

式中,H为深度(m)。

2. 最大主应力与岩体性质的关系

岩体应力的大小,受到岩体强度的影响。根据岩体的力学特性和结构参数来归纳主应力特性,是很有意义的。一般认为,弹性模量较大而又完整性较好的岩体有利于积累为高应力。而最大主应力的大小又最能反映岩体中应力积累的程度。这一现象可以用地壳的极限应变学说来进行解释。板块构造理论认为,上地慢岩石圈的对流使地壳不断发生应变,应变的积累有一个极限,超过这个极限就将使岩体破裂。各点的最大主应力与弹性模量E的关系见图2.13所示。

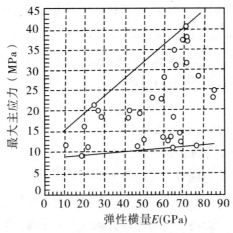

图2.13 最大主应力与弹性模量的关系

定向卸压隔振爆破

二、初始应力场对爆破的影响和作用

在20世纪50至60年代或更早的时间,国外的采掘工作者认识到原岩应力在采掘工作中的作用和意义。例如,1961年1月日本兰德(Rand)矿山有限公司在F竖井东长壁的顶部用了半年时间进行岩爆监测[28]。1973年由英美联合股份有限公司同南非矿山院,采矿工作试验室一起提出岩爆研究课题[29],苏联克里活罗格铁矿、卡洛布科夫矿、智利特尼因特矿[30]、莫斯科近郊煤田、开滦唐山煤矿、金川有色金属矿、中条有色金属公司胡家山谷铜矿等地,先后相继利用地应力选择采矿方法,设计工艺参数。20世纪末21世纪初,水电矿业行业的专家进一步总结地应力场在岩土工程,特别是在地下工程的重要性。但地应力对爆破的作用和影响还不多。而且均属于探讨性质。

目前看来深部开采从爆破这一工艺受到地下深部温度的影响和地应力的影响。因此,深井热环境下爆破器材的安全使用和开发新的爆破器材的研究;高应力条件下岩石的致裂理论的研究与爆破设计施工的创新技术。高应力条件下隧洞开挖过程地应力运动卸载所诱发围岩的振动。

1. 初始应力场对爆破应力场的作用和影响

文献[31]在平板模型边界附加压应力(即初始应力场)在模型中爆破,采用动光弹记录爆破过程。

(1)初始应力场对爆破动应力场的影响

根据文献[31],动光弹试验在具有初始应力场的介质中应力波传播时,初始应力条纹与爆炸应力条纹发生干涉,相互作用,具有相强或相消作用。一般规律是:相同应力状态时的叠加为应力分量之间的相加,条纹极次增加,相反应力状态时的应力叠加为应

力分量之间的相消,条纹级次降低。应力叠加一般按矢量叠加,与时间、应力大小、方向有关。

（2）具有初始应力的裂纹介质中爆破应力波的作用

初始应力场对爆破应力场的影响很大,干涉明显。其中平行于裂纹尖端方向入射的爆破应力与裂纹作用较小,引起的应力值变化较小。垂直入射应力波与裂纹的静应力场相互作用较大,引起的应力较大。当入射能量足够大时,二者都能使裂纹扩展,但垂直入射比平行入射更易使裂纹扩展。后期多次反射后,应力波形成的应力集中较大,裂纹并不在入射波阶段起裂,而是在后期反射波作用下起裂。

（3）初始应力场在爆破中的导向作用

炮眼中炸药爆炸产生的巨大压力在岩石中引起压缩应力波,炮眼壁上应力状态以柱面波形式向外传播,沿眼壁的切线方向产生拉应力。当地应力足够大,主应力方向与爆炸应力波方向相同时,爆炸应力必然与地应力相碰并发生叠加作用[32]。由于碰撞的切向伴生拉应力,合成拉应力值超过岩石介质的抗拉强度,岩石将沿主应力方向起裂和拉裂。

（4）爆破时加载（初始应力）与未加载试验[31]

具有初始应力与无初始应力的有机玻璃板的试验结果只计算5mm以上裂纹数。

试验结果见表2.13。

表2.13　具初始应力场与不具初始应力场的爆破效果

药量(mg)	加载状况(MPa)	平均裂纹长度(mm)	最长裂长度(mm)	裂纹数
15	未	9.5	20	16
16	未	10.75	21	16
15	5	10.87	30	16
15	5	19.08	67.45(与自由面贯通)	12
15	10	24.82	60.45(与自由面贯通)	11
20	未	10.58	17	17
20	50	12.67	25	14
20	10	15.50	>45(与自由面贯通)	13

2. 初始应力

为了证明初始应力的导向作用,本节引入陈宝兴先生用静态破碎剂释放的压力代替地应力进行的爆破实验。实验用水泥试块(600mm×600mm×200mm)在试块的中心钻一个爆破炮孔(φ20mm,孔深150mm)在中心孔以外等距离(120mm),等角度(90°)对称布置4个炮孔(φ15mm,孔深150mm)其中2个对称炮孔为空孔,另2个对称炮孔为装入静态破碎剂的炮孔,爆破炮孔装2个火雷管用细砂充填。在静态破碎剂装入炮中25h,抗拉强度2.8MPa起爆,爆后沿对称的装有静态破碎剂炮孔,连线方向裂开裂纹平整裂纹宽8~14mm,孔壁上不见宏观裂纹。说明采用预应力代替初始应力场一样起到导向作用。

3. 水泥砂浆模型试验[33]

2002年5月广西鱼峰集团水泥有限公司矿山部爆破试验研

究组,采用预应力的方法。模型与地平线平行,模型规格
(700mm×700mm×250mm)和(1 500mm×1 500mm×400mm)。采
用空孔和装有静态破碎剂的炮孔在相同条件进行对比试验。炮
孔深150~200mm,炮孔直径20mm,孔间距200mm和600mm,试
验传感器距离爆源距离相等,即每个模型的中央布置一个装炸药
的炮礼,四周相向布置同等深度同等距离的2个空孔、2个装静态
破碎剂的炮孔。中央爆炸孔。

从图2.14不难看出:①空孔与装炸药炮孔之间无宏观破裂现
象;②装有炸药的炮孔与装药静态破碎的炮孔之间,无论是孔间
距200mm和600mm,均出现较宽裂缝相连通,并继续呈放射状向
模型自由方向产生三条裂缝,说明初始应力场有导向的作用。装
入2号岩石炸药,火雷管装入后用黄土堵塞在静态破碎剂装入炮
孔后2~4小时,即膨胀破碎剂在孔内开始上拱,抗拉强度大约为
1.5~2MPa。起爆装炸药的中央炮孔试验结果见图2.14。

图2.14 两个空孔与两个装膨胀剂孔中间孔装药爆破
膨胀剂孔起到导向作用的照片

1—空孔;2—静态破碎剂孔;3—装炸药炮孔

三、地应力动态卸载振动和爆破振动[34]

1. 现有研究的主要成果

根据文献[45]卢文波等通过理论分析证实隧洞开挖时,初始地应力的卸载是一个动态卸载过程,它将在围岩中激起动态卸载波。张正宇等在龙滩地下厂房的地应力和爆破振动监测也表明爆破过程中的动效应包括爆炸冲击波和地应力瞬态释放两个方面。徐则明等则认为,爆破开挖过程中掌子面上初始地应力的瞬态卸载所激起的卸载应力波是岩爆发生的重要触发机制之一。

2. 地应力动态卸载和爆破振动

开挖轮廓面上的爆破荷载所透发的振动和岩体初始应力动态卸荷对岩体的动态影响,均不能忽视。W.B.Lu等[34]比较了静水应力场中圆形硐室开挖时初始地应力和爆炸荷载所分别诱发的峰值振速,见图2.15,图中B_L-V表示爆炸荷载的诱发的峰值振速,I_s表示地应力动态卸载所诱发的峰值振速,后面的数据为不同的地应力水平。

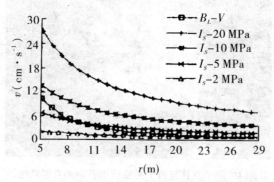

图2.15 静水应力场中爆炸荷载和初始应力动态卸载所分别诱发的围岩峰值振速与距离的关系

从图2.15中可以看出,在一定的地应力水平(如图2.15中所示的20MPa)下,距离卸载边界一定深度的围岩中,初始地应力的动态卸载所引起动态卸载振动有可能超过爆炸荷载所诱发的振动而成为围岩总体振动的主要成分。由此可见,爆破开挖过程中的初始地应力动态卸载效应无论是对下洞室开挖过程中岩爆的发生,还会对硐室围岩的稳定,均具有重要影响[45]。

四、工程(试验)实例[30][35]

具有利用地应力条件的矿山,地应力与爆炸应力波相作用可提高爆破质量,降低炸药消耗量。

1. 中条山有色金属公司某铜矿的地下采矿,随着开采深度的增加,当地应力由上部采场的水平应力为主,逐渐过渡为垂直应力为主时,其爆破参数基本不变,其爆破效果的结论[46]:在应力很大的地方,沿平行于原岩体最大主应力方向上布置炮孔排面,在爆破瞬间,应力来不及释放,爆破方向与最大主应力方向垂直,必然产生力的扰动,岩体易爆裂成块,而沿与最大主应力垂直方向上布置炮孔排面时,爆力受到主应力的阻碍,岩体不易爆破成块,而且经常出现爆破岩体过挤现象。

2. 苏联克里沃罗格铁区各地下矿用扇形孔崩落铁矿石时,爆破与矿山压力作用方向一致的炮孔,崩落矿石的破碎质量提高20%~25%。而二次破碎大块的炸药消耗降低30%~33%。

3. 卡洛布科夫矿床开采主矿体范围30个矿房时,把爆破落矿分成两类。

(1)类矿房:最大水平应力向量在方向上与梯段崩落矿方向相一致。这类矿崩矿的一次炸药单耗平均为214.3 g/t。破碎大块的平均炸药单耗27.9 g/t。

定向卸压隔振爆破

(2)类矿房:最大水平应力向量在方向上与梯段崩矿方向不相一致,这一类崩矿的一次炸药单耗平均为227.2 g/t。破碎大块的平均炸药单耗为31.8 g/t。

由此可见,(1)类矿房崩矿总的炸药单耗比(2)类矿房崩矿总的炸药单耗低20%。也就是(1)类矿房爆破质量好,大块率比(2)类矿房低。这是因为爆破崩落矿石方向与最大水平应力向量一致的矿房中,出现了爆破产生的动应力场对由矿山压力形成的静应力场的叠加。与梯段崩矿方向一致的静应力场有利于崩落部分矿石脱离岩体,从而释放出部分能量补充破碎矿石。

第三章 岩体的节理(裂隙)对定向卸压隔振爆破的影响和作用

　　岩体结构特点和岩石力学特性在爆破施工中,占据第一位的重要。它不仅影响生产效率、生产成本,还影响到生产安全。

　　节理是岩体中的一种裂隙,是没有明显位移的断裂,而断层是岩层或岩体顺破裂面发生明显位移的构造。工程爆破最常见的不连续结构面是节理,节理面的不连续性能引起爆破荷载分布的不平衡,导致不规则破碎和破裂,特别是影响孔间成缝效果与装药柱相交的节理面能在爆轰气体能量的作用下张开,并因此引起炮孔内压力急剧下降;岩石中在节理面阻抗比的增加,还能导致应变波的大幅度衰减;有时节理面的作用类似于自由面,特别是张开的节理面反射的应变能和入射的应变能相互作用,更增加了在这一区域的破碎。所以爆破效果虽然依赖于炸药的几何结构和岩石性质,但起重要作用的是岩体构造的不连续性影响,其作用常常超过其他物理力学性质。

第一节　岩体缺陷分级及其对岩体变形与破坏的控制

岩体作为一种天然材料,其内部存在各种层次的缺陷,例如:断层、裂缝、裂隙、孔洞、孔隙等,统称为岩体缺陷。其中断层、裂缝、裂隙与岩体工程尺度相当,或略小于岩体工程尺度,为高层缺陷;孔洞、孔隙、微裂隙等缺陷的尺度远小于岩体工程尺度,为低层缺陷[36]。它们以不同的空间尺度和形式存在于岩体之间,而对于不同尺度的岩体工程,上述各种层次的缺陷,空间什么层次的缺陷对相应岩体工程的变形、破坏和稳定性起主导控制作用,各种层次缺陷空间在控制岩体工程的变形、破坏和稳定性中占有多大的份额,这是岩体力学与岩体工程所面临的较艰难的课题,尽管许多学者早已注意到了这一现象,但限于研究手段,相关的研究工作却很少开展。

一、岩体中的裂隙层次分级表达式[36]

$$N(\delta) = N_0 \delta^{-D} \tag{3.1}$$

式中:δ为每级层次的裂隙长度;$N(\delta)$为每级层次的裂隙数量;N_0为裂隙数分布初值,其数值为观测尺度等于L_0的裂隙数量。

二、岩石颗粒强度服从韦泊(weibull)随机函数

$$\varphi = \frac{m}{R_{c0}} \left[\frac{R_c}{R_{c0}} \right]^{m-1} \exp \left[-\left[\frac{R_c}{R_{c0}} \right] m \right] \tag{3.2}$$

式中:m为非均质参数,反映组成岩石材料的非均质程度,孔隙率越小,均质越高,岩块强度越大;R_c为岩石颗粒的单轴抗压强度;R_{c0}为岩石颗粒的单压强度的平均值;φ为强度的密度函

数值[37]。

三、采用数值计算逐级研究各种尺寸缺陷对岩石变形破坏的控制作用

通常情况下,裂缝、裂隙、微裂隙以及孔隙共同存在于岩石中,岩石强度是这些尺寸不一的裂隙以及孔隙等缺陷的综合效应。

采用上述方法[36]模拟出孔隙和裂隙缺陷的岩石试样,再用等位移加载方法计算岩石试样单轴抗压强度,计算的加载步长为1/3 000m。破坏前后的图形为包含0~8级裂隙的岩石试样图形,分别为第0、30步的计算结果。数值计算力算模型如图3.1所示。

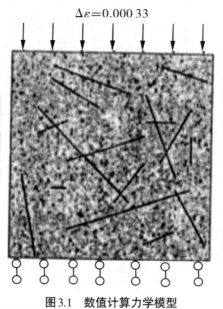

图3.1　数值计算力学模型

定向卸压隔振爆破

1. 缺陷层次对岩体变形与破坏的控制作用数值计算结果

岩体缺陷层次对岩体变形与破坏的控制作用数值计算结果见表3.1,图3.2,图3.3所示。

表3.1　缺陷层次对岩体变形与破坏的控制作用数值试验结果表

裂隙级数	模型1 ($m=1.5, N_0=0.164, D=1.6$)			模型2 ($m=3.0, N_0=0.164, D=1.6$)			模型3 ($m=30.0, N_0=0.500, D=1.5$)		
	$N(\delta)$	试样强度 (MPa)	强度变化率(%)	$N(\delta)$	试样强度 (MPa)	强度变化率(%)	$N(\delta)$	试样强度(MPa)	强度变化率(%)
L_0	0	13.546 0	—	0	17.206	—	0	19.371	—
L_1	0	13.546 0	—	0	17.206	—	1	13.704	41.35
L_2	2	10.020 0	35.18	2	11.288	52.42	4	8.885	54.24
L_3	5	9.619 3	4.17	5	9.795	15.24	11	8.376	6.07
L_4	14	9.158 7	5.03	14	9.345	4.82	32	7.309	14.60
L_5	42	9.037 9	1.35	42	8.579	8.92	91	6.434	13.60
L_6	127	8.973 2	2.07	127	8.200	4.63	256	5.871	9.60
L_7	386	8.927 0	0.52	386	7.990	2.58	724	5.593	4.96
L_8	1170	8.810 0	1.32	1170	7.717	3.59	2048	5.437	2.87

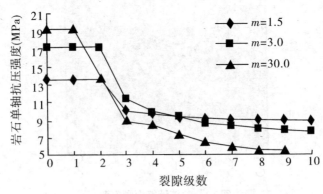

图3.2　岩石单轴抗压强度随裂隙级数的变化曲线

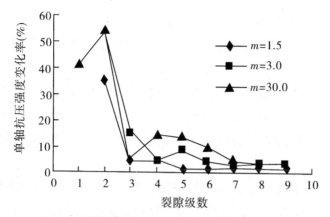

图3.3　裂隙级数与岩石单轴抗压强度变化率曲线

2. 数值试验结果与分析[36]

计算结果看出：

(1)按照由大到小的顺序增加裂隙时,每增加一级裂隙,岩石单轴抗压强度就会有所降低,见图3.2。

(2)第一级裂隙对岩石单轴抗压强度的影响较其他级别的裂隙影响大得多。

(3)虽然微裂隙的数量众多,但由于裂隙尺度小,微裂隙对岩石抗压强度的影响程度降低。图3.3给出了裂隙级数与岩石单轴抗压强度变化率曲线。

从表3.1和图3.2可知：

模型1,2的结果可以看出,在无裂隙情况下,岩石单轴抗压强度差异是岩石非均质程度(即岩石孔隙率)产生的,且模型1比模型2的强度似降低了21.30%。比较模型2,3的结果可以看出,随着非均质参数的增大,由非均质引起的强度差异迅速减小。在无裂隙情况下,模型2相对模型3,强度仅降低了12.58%。而对模型2而言,增加1级裂隙后,与完整岩石相比,岩石单轴抗压强度降低了34.40%;增加2级裂隙后,岩石单轴抗压强度降低了43.10%;增加4级裂隙后,岩石单轴抗压强度降低了50.14%。模型1增加4级裂隙后岩石单轴抗强度降低了33.3%,模型3增加4级裂隙后岩石单轴抗压强度降低了62.30%。由此可以看出,当孔隙与裂隙共存时,高层次缺陷的裂隙对岩体变形与破坏起决定控制作用。

相邻级别的裂隙对岩石单轴抗压强度的影响;从表3.1及图3.3中可以看出,第1,2级裂隙对岩石单轴抗压强度有显著的控制作用。模型1增加第1级裂隙后,岩石单轴抗压强度降低了35.18%;增加2级裂隙后,与前一级相比强度降低了4.17%;模型2增加第1级裂隙后,岩石单轴抗压强度降低了52.42%;增加第2级裂隙后,与前一级相比强度降低了15.42%。模型3增加第1级裂隙后,岩石单轴抗压强度降低了41.35%;增加第2级裂隙后,与前一级相比强度降低了54.24%。而其他级别的裂隙对岩石单轴抗压强度的控制作用随级别增加显著降低;模型1的第3~7级裂隙对岩石单轴抗压强度的影响最大仅为5.03%,模型2的第3~7级裂隙对岩石单轴抗压强度的影响最大,仅为5.03%;模型2的第3~7级裂隙对岩石单轴抗压强度的影响最大仅为8.92%;模型3的第3~8级裂隙对岩石单轴抗压强度的影响最大仅为14.60%,与第1,2级裂隙的控制作用相比,显然很小。因此,可以认为第7级及其以下的裂隙对岩石单轴抗压强度的控制作用极其微弱。

岩石的非均质参数m不同时,高层次缺陷对岩石试样强度的控制作用不同。岩石的非均质参数m值越大,裂隙对强度的影响程度越大。从模型1,2的结果可以看出,尽管2个模型数量相同,但第1,2级裂隙对岩石试样强度的控制作用迥异。模型1增加两级裂隙后,岩石试样的强度降低了40.82%;而模型2增加两级裂隙后,岩石试样的强度降低了75.66%。说明尽管低层次的岩石缺陷对岩石试样强度的控制作用弱,但对高层缺陷的控制作用具有重要的影响。

3. 从以上结果分析不难得出结论:

(1)岩体中同时分布有断层、裂缝、裂隙、孔洞、孔隙等各种不同层次缺陷,当不同层次的缺陷共存于岩体时,高层次缺陷对岩体变形与破坏起决定控制作用,而低层次缺陷的作用则十分微弱。

(2)按照裂隙数量分布的分形规律对裂隙尺度进行分级时,第1,2级裂隙控制岩体强度,其控制程度至少在35%以上,第7级及其以后的裂隙对岩石强度的程度十分微弱,其控制程度小于5%。

(3)尽管低层次的岩石缺陷对岩石强度的控制作用极其微弱,但它影响高层次岩石缺陷对岩体强度的控制作用。高均质度岩石内的裂隙对岩体强度的控制作用远远大于低均质度岩石内的裂隙。

(4)岩体中含有各种尺度缺陷,在绝大多数情况下,高层次缺陷尺度与工程尺度相当,甚至大于工程尺度,这就决定了岩体力学介质性态是相对的,因而必须认真分析后再决定采用什么样的理论在工程施工中进行技术指导。

第二节 裂隙岩体动载荷作用下的变形性质

节理裂隙岩体的力学性质,国内外学者做过不少工作,李宇教授[38]采用100mm×100mm×200mm石膏板模型试验非贯通裂

定向卸压隔振爆破

隙,得到多种变形性质。试验结果与分析成果为:

一、不同加载频对岩体不同裂隙倾角的动态变形性质

图3.4为裂隙倾角为90°,30°和无裂隙试样在三种设加载频率下的动应变。从图中可以看出,三种试样在频率0.2Hz时加载第一周就发生了破坏,应变值急剧增加。频率为21Hz时达到破坏的循环次数比频率为2Hz时多,动应变值承受循环次数的增加而逐渐增加,承受加载频率的提高而减小[38]。

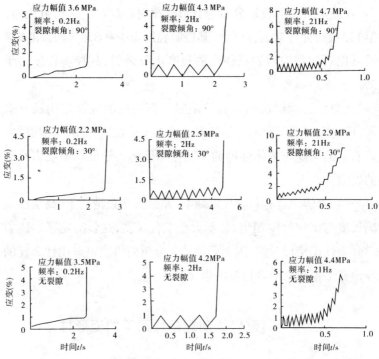

图3.4 不同动载频率下试样破坏时的动变形性质

二、动载荷作用下裂隙岩体变形承受动载荷幅值的变化规律

动载荷作用下裂隙岩体变形随动载荷幅值的变化规律如图3.5所示[38]。

图3.5(a)是频率为0.2Hz,裂隙倾角为30°,裂隙密度为2排的非贯通裂隙岩体在应力水平分别为0.6,1.0以下的不逆应变—循环次数曲线;图3.5(b)是频率为0.2Hz,无裂隙完整岩体在应力水平分别为0.6,1.2下的不可逆应变—循环次数曲线。可以看出,无裂隙完整岩体和非贯通裂隙岩体具有相同的变形阶段,不可逆应变经历了两个明显的变化过程:

（1）当应力水平很低时,就产生显著的不可逆应变;

（2）当应力水平达到某一"门槛"值后,随着循环次数的增加,不可逆应变加速增长。有裂隙时,在低应力水平下的"损伤量"(不可逆应变)是裂隙试样的2~3倍;无裂隙试样达到损伤聚增时的"门槛"应力约为裂隙试样的1.2倍。

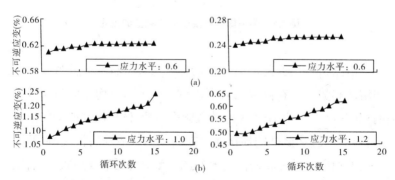

图3.5　裂隙对不同应力水平下的不可逆应变的影响

三、裂隙岩体参量随动应力幅值的变化规律

裂隙岩体不同动载频率下不可逆应变ε',总应变ε、变形模量E及耗散能U'随动应力幅值的变化规律,如图3.6所示。

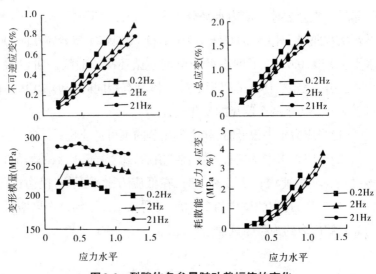

图3.6 裂隙体各参量随动载幅值的变化

由图3.6可见,随动载幅值的提高,ε',ε及U'均呈明显单调递增的趋势。且在高频动载下,三者(ε',ε,U')均比低频动载下的相应值小。这说明①无论动载频率高低,试样内部的损伤演化一直在发展;②试样的损伤演化在高频动载下发展较慢,在低频动载下相应的量发展较快。图3.6中,无论对低频或高频动载,试样的变形模量E均随动载幅值的提高而降低;高频下的动变形模量均比低频下的高。

四、动载荷作用下非贯通裂隙岩体动变形随裂隙几何特征的变化规律

1. 岩体裂隙密度和裂隙倾角对变形模量的影响

岩体裂隙密度和裂隙倾角对变形模量的影响,如图3.7所示。

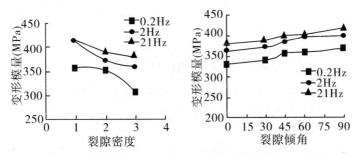

(a)裂隙密度对变形模量的影响　(b)裂隙倾角对变形模量的影响

图3.7　裂隙密度和裂隙倾角对变形模量的影响

从图3.7中可以看出,采用应力控制方式加载时,非贯通裂隙岩体的变形模量随裂隙密度的增加而减小,随裂隙倾角的增加而增加。非贯通裂隙岩体和无裂隙完整岩体的变形模量均随加载频率的提高而增加。具体试验和值见表3.2、表3.3。

表3.2　不同裂隙密度对应的变形模量

荷载频率	裂隙密度(排)		
	1	2	3
0.2	358	340	307
2	415	373	360
21	416	390	356

表3.3 不同裂隙倾角对应的变形模量

荷载频率 （Hz）	裂隙倾角（°）					无裂隙 完整岩体
	0	30	45	60	90	
0.2	332	340	357	360	369	372
2	364	373	385	397	401	410
21	381	390	401	405	425	425

2. 不同应变速率对应的变形模量

有用应变控制方式加载时，非贯通裂隙岩体的变形模量也随应变速率的提高而增加。具体试验数值见表3.4。

表3.4 不同应变速率对应的变形模量

应变速率(s^{-1})	裂隙密度（排）	裂隙倾角（°）	变形模量（MPa）
1×10^{-3}	2	60	260
1×10^{-2}	2	60	310
1×10^{-1}	2	0	343

第三节 节理(裂隙)岩体对应力波能量耗散的规律

节理裂隙岩体对应力波能量的耗散，20世纪30年代 Jdffreys[39]进行过研究，20世纪80年代 Crampin[40]研究指出，当应力波通过有向排列的裂隙时，应力波的能量衰减比相应波速改变表现出更大的各向异性，这表明波的能量衰减比波速对存在的裂隙更敏感。Hudson[41]揭示能量衰减系数与裂隙密度及平均裂隙半径对波长之比成正比。他们(Kachanov)指出，弹性波通过岩体裂隙时,波的能量衰减是由磨擦滑移和散射导致的。李业学等[42]进一步采用随机分散裂隙的参量,即粗糙表面的分维数,建立粗糙表面的分级数与能耗的关系,并采用SHPB实验来研究其能量耗散的规律。

一、岩石试件冲击试验结果与耗能值计算

试件的耗能值E_S采用下式计算

$$E_S = E_I - E_T - E_R \tag{3.3}$$

式中入射能E_I、反射能E_R、透射能E_T分别为:

$$E_I = \frac{A_e}{\rho_e C_e} \int_0^t \sigma_I^2(t) \mathrm{d}t \tag{3.4}$$

$$E_R = \frac{A_e}{\rho_e C_e} \int_0^t \sigma_R^2(t) \mathrm{d}t \tag{3.5}$$

$$E_T = \frac{A_e}{\rho_e C_e} \int_0^t \sigma_T^2(t) \mathrm{d}t \tag{3.6}$$

式中:$\sigma_I(t)$、$\sigma_R(t)$、$\sigma_T(t)$分别为某一时刻t的入射、反射和透射应力,入射应力和透射应力取压应力为正,反射应力取拉应力为正;ρ_e、C_e分别为弹性杆的波阻抗;τ为应力波延续时间;A_e为弹性杆的截面积。根据时间应变曲线计算出能耗值如表3.5。0为消除冲击速度差异对实验结果的影响,进行归一化处理,即,把入射波能量换算为160×10^4J,并将透射波能量、反射波能量、能耗也换算为对应值(如表3.5),拟合出维数与能耗关系曲线(如图3.8,图3.9)。为剔除岩性的影响,现将所有能耗值减去这些能耗值中的最小值,获取能耗相对值(如表3.5)。基于表3.5,拟合出维数与能耗相对值关系曲线2(如图3.8,图3.9)[42]。

二、试验计算结果的分析

分析图3.8、图3.9可知:①对于粗糙表面的分形维数与波的能耗关系,从拟合曲线可知,裂纹的分形维数越大,则波的能耗越大,也就是说,岩石的断裂表面越粗糙,波穿过该裂纹时,产生的能量耗散将越大。②在图3.8、图3.9中,无论是花岗岩还是大理岩,虽然分形维数对波的能耗影响规律是一致的,但不难发现通过减去对应的最小能耗值来剔除岩性和其他参数的影响后,仍存在:在图3.8中的曲线2中,能耗的增大幅度随维数的增大而增大,而在图3.9的曲线2中,能耗的增大幅度随维数的增大而减小[42]。这一现象正好从另一个侧面证明了分形理论的一个结论:对于给定粗糙表面,依据同一种分形维计算方法,维数是确定的,但反过来是不成立的,也就是说,当给出一个分维值可以作出无数个分形曲面。在这一实验中,虽然两个甚至几个曲面算出的维数一致,但它们仍然具有不同特征的曲面,相同的是这些曲面具有相同的粗糙程度(即相同的维数)。

表3.5 花岗岩能耗值及分形维数统计表(单位:$J \times 10^{-4}$)

岩石种类	试样编号	入射波能量	透射波能量	反射波能量	能耗	分形维数	减去最小能耗后的能耗值
大理岩	M 1	160	96.72	39.40	25.07	2.055 1	0.00
	M 2	160	109.19	20.54	30.27	2.074 7	5.20
	M 3	160	105.97	19.74	33.25	2.103 2	8.18
	M 4	160	99.56	24.89	35.56	2.107 1	10.49
	M 5	160	106.28	15.18	38.54	2.114 4	13.47
	M 6	160	98.72	18.16	43.12	2.122 5	18.05
	M 7	160	101.33	16.00	43.73	2.124 4	18.66
	M 8	160	96.97	13.58	49.45	2.146 0	24.38

续表

岩石种类	试样编号	入射波能量	透射波能量	反射波能量	能耗	分形维数	减去最小能耗后的能耗值
花岗岩	G1	160	102.50	33.75	23.75	2.047 4	0.00
	G2	160	98.06	34.84	27.10	2.056 0	3.35
	G3	160	100.00	24.44	35.56	2.083 3	11.81
	G4	160	99.31	24.28	35.31	2.097 5	11.56
	G5	160	104.00	18.00	38.00	2.100 8	14.25
	G6	160	107.40	12.05	40.55	2.113 0	16.80
	G7	160	99.15	20.28	40.56	2.120 1	16.81
	G8	160	105.95	9.73	44.32	2.143 0	20.57
	G9	160	101.62	14.05	45.41	2.152 9	21.66

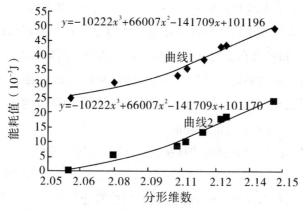

图3.8 大理岩能耗维数关系曲线

定向卸压隔振爆破

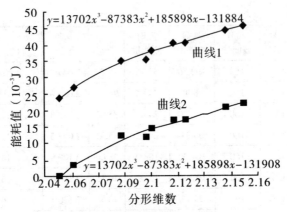

图3.9 花岗岩能耗维数关系曲线

三、应力波穿越岩石节理面的耗能机理

组成岩石的基元粒子(原子、分子、离子等)并非固定不动,而是在一定的平衡位置作往复振动。大量基本粒子的振动是十分复杂的,包括线形谐振和非谐振的相互影响,这种振动在宏观上表现为一定的平均动能[42]。当应力波传至断裂面时,断裂面的基本粒子振动加剧,在宏观上的表现就是温度升高,波的机械能转化成动能,导致波的能量耗散。

由于试样中断裂面的存在,使得岩石在应力波作用下更易发生塑性变形,例如矿物晶粒内位错运动所产生的滑移和孪生,以及岩石微料沿断裂面的剪切移动。塑性料变形是不可逆的,其微观根源在于岩石组织结构发生不可逆的畸变,而宏观表现为体积或形状的永久变形。塑性变形是在应力波的作用下产生的。消耗与塑性变形的能量有一部分转化成热量,例如位错增殖散热,沿微缺陷面移动的磨擦生热等等,还有一部分则以形变累积的形式表现为岩石的塑性变形能。也就是说:波的机械能转化为两部分能量而被耗散,其一是:热能;其二是:塑性变形能[42]。

从以上的能耗微观机理不难知道,应力波的能量主要是以热能和塑性变形能而耗散。表面越粗糙,即分形维数越大,比表面积越大,粒子相互摩擦和挤压程度也相应增加,导致波的机械能转化成热能和塑性变形能部分增加,因而在宏观上表现为断面越粗糙,波通过该断面时能量耗散就越大。

总之,通过三点弯曲和断面扫描实验,研究了粗糙表面的分形特性,利用SHPB实验手段,研究并提出了应力波通过粗糙断面的波动规律,即:应力波能耗随着分维增大呈非线性增大。通过两种岩样的能耗与分维关系曲线对比可知,分维不能完全表征粗糙面的几何特性,还需要辅之以参量——分形截距。

第四节 多层固体介质对应力波传播特性的影响

多层组合介质作为吸能减压装置已有近几十年的应用,国内外对多层介质的性能,从不同角度进行了研究,如Guruprsad等人[43]提出了一种新型的吸能装置,在爆炸载荷作用下对其性能进行了分析讨论,Gupta与Din[44]借助于数值模拟对冲击波在多层介质中的衰减性能进行表征,提出了探讨性的判定法。

应力波在多层介质中的传播研究,作为多层介质应用于国防和民用工程的基础,弄清应力波在多层介质中的传播规律具有重要意义。

一、不同性质的多层固体介质的冲击实验

试验采用口径为$\phi 37mm$的气实炮实验装置[45]。通过子弹冲击输入杆,分析在低速冲击载荷下,应力波在多层组合固体介质

中的传播,比较不同组成的多层介质对应力波传播特性的影响,以及软材料在多层介质中的吸能作用。实验通过激光测速仪确定子弹速度,采用压力式压电传感器(PVDF),记录压力随时间的变化。测量时PVDF经过电荷放大器连接到数据采集仪(型号为CS20000)对信号进行采集。

实验采用的多层介质的试样分别由岩石、钢纤维混凝土(SFRC)、泡沫混凝土与泡沫铝组成。每个试样加工成与输入杆和输出杆等直径的圆柱体,直径为60mm(大于粗骨料和材料缺陷的4~5倍)。钢纤维混凝土强度等级为CF80,钢纤维含量为2%的体积率,剪切螺纹形钢纤维,长为30mm,长细比为50。泡沫铝由东北大学材料加工实验室提供。由于子弹为ϕ36.5mm,输入杆与输出杆均为ϕ60mm,所以实验中输入杆设计为前端带有变截面的过渡段。

组合 I 花岗岩、花岗岩、钢纤维混凝土。

组合 II 花岗岩、泡沫铝、钢纤维混凝土。

组合 III 花岗岩、泡沫砼、钢纤维混凝土。

二、数值计算模型

数值计算通过模拟不同组成的多层介质在低速冲击下的响应,分析应力波通过多层组合介质的传播特性。计算采用2D轴对称模型,采用有限元商业软件DWNA进行模拟。子弹的轴向速度取值与实验相同,为7.3m/s。

各材料的主要参数见表3.6,其中ρ为密度,E为杨氏模量,V为泊松比,δ_s为材料屈服强度,E_t为硬化模量。

表3.6 主要材料参数

Material	$\rho(\text{g/cm}^3)$	$E(\text{GPa})$	V	$\delta_S(\text{MPa})$	$E_t(\text{GPa})$
Steel	7.80	210.00	0.30	–	–
Granite	2.60	5.00	0.27	117.0	–
SFRC	2.50	40.00	0.29	80.0	–
Foamed aluminum	0.80	3.00	0.21	15.0	1.0
Foamed concrete	0.72	0.27	0.18	6.0	0.2

三、实验与数值计算结果分析

应力波通过不同组合介质时的应力幅值,作用时间与能量分配等方面来比较组合介质对应力波传播特性的影响。

实验与数值计算结果如图3.10[45]。

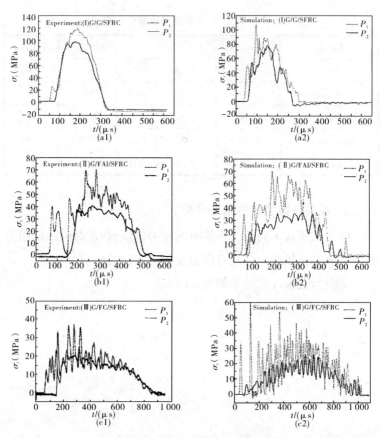

图3.10　实验与仿真结果曲线对比图

图中，P_1、P_2——为冲击压力经$S_1 \rightarrow S_3$后的应力；a_1、b_1、c_1——分别为Ⅰ、Ⅱ、Ⅲ模型的实验曲线；a_2、b_2、c_2——分别为Ⅰ、Ⅱ、Ⅲ模型的数计算的曲线。

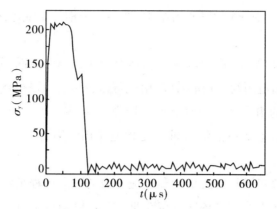

图3.11 数值计算的子弹应力波形

1. 硬—硬—较硬

由图3.10中组 I 的实验与数值仿真结果可以看出,当组成多层介质的材料均为较硬的花岗岩和钢纤维混凝土时,在相同的子弹速度下,应力波幅由输入杆与子弹接触位置P_0点约为200MPa(见图3.11)。在 P_1 点下降为约 120MPa,在 P_2 点下降为约100MPa,由此可见通过组合 I 的各层介质冲击后,P_2点的应力幅值下降为P_0点入射波幅的约1/2,这除了由于入射杆过渡段变载面与入射杆的大直径引起的不可忽略的几何弥散和多层组合介质的几何弥散之外,还包括多层组合介质引起的非线性物质弥散[45]。从图3.10多层介质的实验与仿真结果可以得出,不同的多层介质组合形式在相同的位置得到不同的应力幅值,进一步说明多层介质本身的材料力学行为对应力波的衰减作用,下面将对此作进一步的分析。

2. 硬—软—硬的冲击效果

如图3.10中(b1)、(b2)、(c1)、(c2)所示,当多层介质的组成

定向卸压隔振爆破

为硬—软—硬的三明治结构,即夹层为泡沫铝或泡沫砼软材料时:

(1)幅值:应力波在P_1和P_2处的应力幅值降低,分别下降到P_0点幅值的约1/5和1/10。由此可以看出,含软材料泡沫铝和泡沫砼的组合Ⅱ与组合Ⅲ的多层介质,波幅下降要大于组合Ⅰ,并且含泡沫砼的组合Ⅲ要比含泡沫铝的组合Ⅱ具有较大的波幅下降。

(2)时间历程:从P_1和P_2应力波的时间历程来看,应力波作用时间由大到小依次为组织Ⅲ、组合Ⅱ、组合Ⅰ,而应力波与作用时间直接影响系统内动量、能量的分配。由此看出,软材料在多层介质中改变了整个结构的受载情况,包括应力波幅值与作用时间。

3. 波形振荡分析

由图3.10可以看出,无论是实验测试曲线还是计算所得曲线,应力波在介质中传播时,波形都存在振荡现象。

(1)由大直径杆的二维效应引起的;

(2)由于每个试样厚度仅为20mm,应力波在传播过程中,在多层介质上要进行多次反射和透射,直到每层介质应力均匀为止。因此振荡中起伏的周期与所在介质的波速与厚度相关,而每一点处应力的作用时间除与各介质的力学性能、介质厚度和相邻介质的波阻抗匹配特性相关外,还与入射波的波长有关。入射波的波长相同,各介质厚度相同。

4. 多层介质波阻抗匹配特性对作用时间的影响

参考应力波垂直入射(见图3.12)时的反射与透射系数:

$$R_{ij} = \frac{(\rho C)_j - (\rho C)_i}{(\rho C)_j + (\rho C)_i} \tag{3.7}$$

$$T_{ij} = \frac{2(\rho C)_j}{(\rho C)_j + (\rho C)_i} \qquad\qquad (3.8)$$

对于波阻抗不匹配程度较大的组合介质,由图 3.13 可以看出,一种情况是反射系数小,透射系数大;另一种情况是透射系数小,反射系数大。无论哪种情况,都会造成相邻介质之间在达到平衡前需要进行多次的反射和透射。这说明介质越不匹配,在多层介质中的反射和透射次数越多。

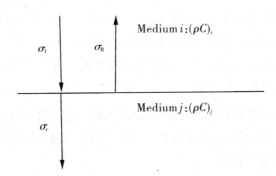

图 3.12　界面处波的反射和透射示意图

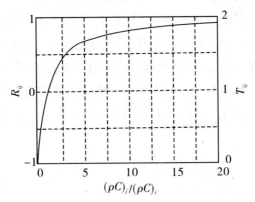

图 3.13　垂直入射时反射率与透射率随阻抗比的变化

定向卸压隔振爆破

（1）如组合Ⅲ泡沫砼与岩石比组合Ⅱ中泡沫铝与岩石的波阻抗不匹配程度大，所以在多层介质达到与周围介质应力平衡时，反射和透射次数多，需要的时间长。

（2）组织Ⅰ中为材料较硬（波阻抗大）的岩石与SFRC，二者之间不匹配程度小，从而反射和透射次数少、达到应力平衡所需的时间短。

5. 应力波通过相同厚度不同性质的介质所需的时间不同

根据实验采用子弹的长度，可以推算出脉宽约为 $120\mu s$（与数值结果一致，见图 3.11）组合Ⅰ中 P_1 和 P_2 点的作用时间约为 $250\mu s$，相当于子弹产生的应力波对多层介质的一次加卸载过程，为入射波脉宽的两倍，而含有泡沫铝组合Ⅱ的作用时间约为组合Ⅰ的2倍，含有泡沫砼组织Ⅲ的作用时间约为组织Ⅰ的3倍。不同介质具有不同的弹性波速（当载荷超过材料的弹性有限时，其波速将不再是弹性波速），因而应力波通过相同厚度的介质时所需的时间不同。

6. 不同组合的多层介质导致不同的吸能效果

图 3.14 为数值仿真结果中输出杆的总能量 E_{out} 与子弹动能 E_{in} 之比随时间的变化曲线。不同组合的多层介质导致不同的吸能效果。从能量吸收的角度看，在低速情况下，含泡沫铝组织Ⅱ的吸能性能最好，其次是含泡沫砼的组织Ⅲ，吸能最少的是不含泡沫材料的组合Ⅰ。由于输出杆是弹性杆，所以对于不同组合的多层介质，输出杆的动量与能量在变化趋势与排序大小次序上是相同的。

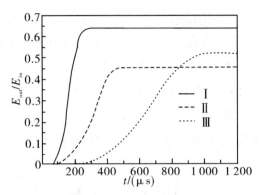

图3.14 不同组合的多层介质输出能量对比图

综合上述分析,从多层介质对应力波幅值的衰减看,衰减效果的优劣依次为含泡沫砼的组合Ⅲ、含泡沫铝的组合Ⅱ、花岗岩与SFRC的组合Ⅰ。从应力波对多层介质的作用时间看,达到应力平衡所需时间值的大小排列仍为:组合Ⅲ、组织Ⅱ、组合Ⅰ;从多层介质吸能的角度来看,各组合吸能多少依次为组合Ⅲ、组合Ⅱ、组合Ⅰ。由此可见,在工程中选用什么样的多层介质组合,需要根据工程结构的特点和防护要求来选择,为了较大的削减应力峰值,要选用能够最大幅度衰减应力波的材料组合,为了减少传给被防护结构的动量与能量,则选用具有较好吸能性能的多层介质组合[45]。

第五节 节理裂隙对应力波阵面曲率的影响

一、裂隙对应力波阵面曲率的影响

在对岩石介质爆破效果有影响的各种因素中,文献[46]特别强调应该注意应力波阵面的曲率,它尤其与成组装药爆破的效果有

定向卸压隔振爆破

关,因为确保主体范围破碎量的切向拉应力与应力波阵面曲率有关。此外,炸药在岩石介质中爆破引起的应力波阵面曲率,除了与爆心距有关外,还取决于介质的特性。当应力波穿过天然的或人为的裂隙时,应力波阵面率将有很大变化。假定应力波在岩石介质中传播速度为 C_1,在裂隙充填材料中的速度为 C_2,裂隙距爆心力为 R,裂隙宽度为 b,药包在 A 点起爆,如图3.15所示。

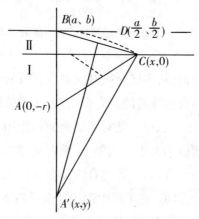

图3.15　应力波阵面穿过裂隙时曲率的变化

经推算,得到波阵面曲率半径的值为:

$$r = b/2 \cdot (C_1/C_2)^2 + R \cdot (C_1/C_2) + b/2 \approx C_1/C_2(R + bC_1/2C_2)$$

（3.9）

以上说明:应力波阵面曲率与岩石介质裂隙材料中波速的比成正比。从式(3.9)中可见应力波阵面穿过裂隙时,若 $C_1 > C_2$(一般情况下岩体裂隙内的充填物的波速总是低于岩石中的波速),裂隙越宽,波阵面曲率半径越大,这意味着有很大稀疏波峰、波速和波频等具有很大的衰减。

二、岩体中的夹层对应力波传播的阻隔作用

岩体中的夹层种类很多,大多数的夹层较两侧围岩软弱、其弹性模量、波阻较两侧围岩小,表3.7列出了乌江渡玉龙山灰岩夹层中含有碳质页岩的夹层,其波速随夹层厚度的变化。

表3.7　乌江渡玉龙山灰岩夹层中波速随碳质页岩夹层厚度的变化

夹层编号	1	2	3	4	5	6	7
夹层的厚度比(%)	0	13	15	19	29	51	100
波速(m/s)	5 340	4 450	4 120	3 950	3 270	3 190	1 560

三、裂隙面对爆破震动强度的影响

戈德史密斯(Goldsmith)[47][48]用钢球冲击岩石杆,观察在应变幅值1 000~4 000 μs 的范围内应力波传播的衰减情况,发现闪长岩、淡色花岗岩和砂岩对应力波有很大的衰减作用,实验中还发现大约20倍脉冲作用时间后,与初始振幅相比,应变振幅的递减量级达20:1,这说明破裂扩展时,裂隙表面间的互相摩擦等在应力波传播中起着很大的作用。实验证明,地质材料与构成这种地质材料的单晶对应力波的衰减可以差到一个量级。可见裂隙面的相互摩擦、运动、扩展是衰减过程的能量吸收源,是宏观上均质介质中最重要的耗散机制。另外,应力波向介质内部传播时,若遇到裂隙,将发生反射、折射、挠射等现象,其过程也将对应力波的传播起衰减作用,特别是在无限体介质中,应力波传播遇到一条有限长非贯穿性裂隙时,在裂隙的两端将分别形成新的波,其现象就相当复杂。

四、岩体结构面状态对岩体稳定性的影响

1. 结构面方位与巷道轴线的关系

结构面与巷道轴线的关系见表3.8。

表3.8　结构面方位(走向)与巷道轴线关系

倾角α(°)	正交 70~90		斜交 20~70		平行 0~20		不考虑 走向
倾角β(°)	49~90	20~45	45~90	45~45	45~90	45~45	0~20
影响程度	最有利	有利	一般	不利	最不利	不利	不利

2. 结构面方位与露天台阶(路基)走向的关系:采场和露天边坡(路基)的稳定性与岩质和结构面产状有关(表3.9):

表3.9　结构面方位与台阶(路基)走向(交角为Q)的关系

关系	顺向采空区						背向采空区			
Q(°)	0~30		31~45		<45		≤ 1~30		≥ 30~50	
倾角β(°)	12~15		>50		0~90					
岩石	硬	软	硬	软	硬	软	硬	软	硬	软
影响程度	不利	最不利	一般	不利	最有利	有利	最有利	有利	有利	一般

第六节　炮孔之间节理(裂隙)面对孔间成缝的影响

天然岩体中有大量节理、裂隙、断层破碎带及软弱夹层等结构面。这些软弱结构面严重地阻碍着应力波的传播,加剧了应力波能量的衰减。岩体中各种结构面对应力波传播的影响早已引起国内外研究者的重视。国内外已有人从理论和试验上就节理

裂隙对岩体性质的影响做了一些工作。Seinov 和 Chevkin[49]早就指出,应力波的衰减取决于裂隙的数量、宽度以及充填物的波阻抗。对于裂隙长度比裂隙间距为小的非贯穿裂隙的理论研究是20世纪60年代开展的,有代表性的是 J.B Walsh[50][51]的工作。

对于裂隙中可能有填充物的情况,由张奇[52]的研究表明,由于$\Delta r/\lambda$趋近于零($r\Delta$为裂隙宽,λ为应力波波长)充填物介质的力学性质对应力波传播影响没有作用。

通过实验指出[53]当结构面与断裂控制面夹角小于60°,光面爆破效果难以保证。Hagan 等人[54]根据实践经验指出,结构面与断裂控制夹角在25°～40°时,预呈"之"字形路径,部分沿片理,部分横切构造。Mckown 进一步提出,当结构面与断裂面夹角为20°～30°时,为了得到良好的控制爆破效果,必须采取一定的技术措施,减小炮孔间距和装药量。

一、节理裂隙带对应力波传播的影响

(1)应力波在平行裂隙面的平面上引起的剪切力等于或大于裂隙面上的磨擦阻力时裂隙面才对波的传播起阻碍作用[49]。

(2)裂隙条数越多,波的透射系数越小,即能量耗损越多,说明断层节理越密集对耗能越有效。

(3)当裂隙条数为4,若断裂倾角$\alpha=30°$(即入射角$\theta_1=60°$)则透射系数$M=0.59$;若$\alpha=45°$(即$\theta_1=45°$)时,则$M=0.92$这说明缓倾角断层的倾角越缓越好。

二、节理裂隙结构面方位对孔间成缝的影响

在工程控制爆破过程中,装药爆破后沿相邻两孔连心方向形成贯通裂缝,如果两孔之间存在结构面,那么贯通裂缝的形成将受到影响。

（1）文献[53]的实验结果和文献[54]的工程经验曾指出，当结构面与断裂控制面夹角小于60°时，结构面对工程控制爆破效果才有不利的影响。

（2）结构面的抗剪能力越强（内磨擦角越大），结构面与断裂控制夹角对工程控制爆破效果的影响范围就越小。当结构面与断裂控制面近于垂直时，结构面的强度特性对控制爆破效果无影响[52]。

（3）各种结构面的内摩擦角φ一般的取值范围是20°~40°，因此断裂控制爆破效果最难控制的角度α为$(90-\varphi)/2=55°~65°$。再根据几何关系，结构面与断裂控制面相应的夹角为$\alpha'=90°-\alpha=35°~25°$。即当结构面与断裂控制面的夹角为35°~25°时，结构面对断裂控制爆破理想光滑壁面的形成最为不利。

三、结构面与控制爆破断裂控制面的夹角是影响断裂控制爆破效果的重要因素

当结构面与断裂控制面的夹角大于某一数值（一般为60°）时，结构面对断裂控制爆破光滑壁面的形成在强度方面无影响。一般岩体，当结构面与断裂控制爆破理想断裂面夹角约为30°时，断裂控制爆破效果最难控制。无法形成理想的光滑壁面。

断裂控制爆破在层状岩体内形成非理想光滑壁面的原因是，结构面破裂以后，与其垂直或近似垂直面上的应力状态发生变化，从而形成"之"字形的断裂壁面[52]。史秀志认为[55]：岩石泊松比为0.25时，两孔之间的斜裂纹和两孔连线的垂直夹角为0°~60°时原生裂纹扩展方向背离两孔连线，孔间破裂面破坏得严重，夹角60°~90°时，原生裂纹向两孔连线方向扩展性大，形成"之"字形路径。

第四章 定向卸压隔振爆破实行单排多孔同时起爆的破岩原理

定向卸压隔振爆破与常用的微差爆破和逐孔毫秒间隔起爆不同,它必须采用单排多孔同段雷管同时起爆。以利于边坡保留岩体和围岩免受爆破破坏和损伤。因此,爆破作用机理常用的毫秒微差爆破爆炸应力波的破岩作用有差异。熟悉岩体爆炸应力波的作用原理更有利于实施定向卸压隔振爆破设计施工。

第一节 炮孔内压缩应力波遇自由的作用机理

1. 岩体爆破的自由面(即临空面)

岩体爆破只有当自由面存在时,才能产生霍金逊效应,且霍金逊效应对岩石的破碎作用影响是明显的。

霍金逊效应:入射的压缩应力波传播到达自由面时能从自由面反射回来,并变成性质相反的拉伸应力。这种效应叫霍金逊效应。

由于爆破存在着自由面,压缩应力波反射生成的拉伸应力波阵面,在岩石内的一定位置,即受到入射压缩应力波的压应力作用,又同时受到反射拉伸波的拉应力作用。两种应力波的合成应力为拉应力(即反射波的头部与入射波的尾部叠加,使岩石在自由面附近处于受拉状态)。当合成的拉应力达到岩石的动态抗拉强度时,岩石就将被拉断而发生片落。

当然片落过程不是岩石破碎的主要过程。而且,在爆破时不总是一定有片落现象出现,片落现象的产生主要与药包的几何形状、药量的大小、入射波的波长和岩石的完整性有关。如药量较大的片落现象就不甚明显。入射波的波长大于最小底线的5倍时,在自由面和最小抵抗线近旁就不会发生霍金逊效应。

即使反射拉伸波已经衰减到不足以引起"片落"时,也可以同径向裂隙尖端处的应力场相互叠加而使径向裂隙大大地向前延伸。

关于反射拉伸波可以同径向裂隙尖端处的应力场相互叠加而促进径向裂隙大大向前延伸的条件:①当径向裂隙与反射拉伸应力波传播方向相切,特别是成90°交角时,这种裂隙延伸的效果最明显。②当径向裂隙与反射拉伸应力波传播方向成θ角相交时,或者以一个$\sin\theta$的拉应力分量促使径向裂隙的尖端继续伸展,或者造成一个分支裂隙。③根据观察,那些与自由面大约成了60°角的径向裂隙在反射拉伸波的作用下,扩展速度和延伸距离最大。

至于垂直自由方向的径向裂隙,则完全不会因反射拉伸应力波的影响而继续延伸发展。相反地,由于反射波在切向上是压缩应力状态,这就促使垂直自由方向的径向裂隙不但不会张开,反而会重新闭合。

2.入射波和反射波在自由面的作用

当装药爆炸产生的应力波在岩体内部自装药中心周围传播

时,会强烈压缩周围的岩石质点沿径向运动,但波前方的外层岩石必然阻止这种运动,当应力波到达自由面时,自由面上的岩石质点的这种径向运动,由于没有外层的阻力,所以,自由面上的岩石质点可以向自由面外自由地运动。当这种运动相当强烈时,自由面附近的质点就会相继从自由面上飞离脱落,形成爆破的外部作用破坏区。岩体的自由面实际上是两种不同介质的分界面。入射的压缩应力波抵达自由面后,将变成反射的拉伸应力波从自由面向岩体内部反射。入射波和反射波的叠加作用,构成了自由面附近的岩体中非常复杂的动态应力场,该应力场对爆破漏斗的形成起着决定性的作用。

入射波遇自由面时发生反射,并产生两种波(反射纵波和反射横波),从自由面向岩体内部传播。由于纵波波速大于横波波速,故随时间的推移,反射纵波将超前于反射横波传播。反射波可看做是位于自由面空气一侧的虚拟波源所发出的波,如图4.1所示。

因反射波的应力与入射角有关,所以波面上各点的应力值不同。对反射纵波来说,最小抵抗线上的应力值最大,偏离最小抵抗线时,随入射角的增大,应力值减小,而且在大多数岩体中,无论入射角多大,反射纵波的径向应力和切向应力均为拉应力,但当岩石泊松比较小且入射角较大时,反射纵波的径向应力将变为压应力。对反射横波来说,最小抵抗线上的剪应力值为零,即在正入射(入射角为零)的情况下,没有反射横波产生,剪应力随入射角的增大而增大,但增大到一定程度后,剪应力将随入射角的继续增加而减小。

定向卸压隔振爆破

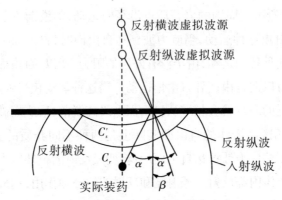

α—入射角和纵波反射角；β—横波反射角

图4.1 应力波遇自由面时的反射

由于各种反射介质与入射介质的波阻抗之差不同,所以不同介质对波反射增强的倍数不同。这可用于平面波条件下,反射波应力σ_r与入射波应力σ_i之间的关系式加以定性说明:如公式4.1和图4.2。

$$\sigma_r = \frac{\rho_2 Cp_2 - \rho_1 Cp_1}{\rho_2 Cp_2 + \rho_1 Cp_1} \sigma_i = K_r p_i \qquad (4.1)$$

式中,$\rho_2 Cp_2$——分别为反射介质的密度和纵波速度;

$\rho_1 Cp_1$——分别为入射介质的密度和纵波速度;

K_r——界面反射系数;

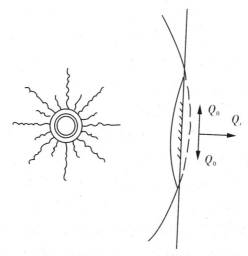

图4.2　入射波和反射波在自由面作用示意图

第二节 定向卸压隔振爆破采取单排多孔
同时起爆的应力波破岩机理

一、同时起爆时应力波破岩机理

爆破采用同时起爆,由于相邻两药包爆炸后应力波相互叠加,岩体中的应力状态和岩体的破坏情况比单药包爆破要复杂得多。根据高速摄像记录表明,当两个或两个以上药包齐发爆破时,在最初几微秒的时间内,应力波以同心球状各自从起爆点向外传播。经过一定时间后,相邻两药包爆轰引起的应力波相遇,并产生相互叠加。于是在模拟材料中出现了负载的应力变化情况,炮孔连心线上的应力得到加强,而炮孔连心线中部两侧附近则出现应力降低区。

当两个药包齐发爆破时所引起的应力加强和应力降低的原

定向卸压隔振爆破

因可作如下解释[49]：如图4.3所示，A药包爆炸时，见图4.3（a），岩石中Ⅰ、Ⅱ点单元体受到炮孔径向方向的压应力，分别在此两点的法线方向上产生拉伸应力。同理B药包爆炸时，见图4.3（b），也将产生同样的应力状态。A、B炮孔药包同时爆破时，见图4.3（c），Ⅰ点岩石单元体受到了A、B药包爆炸引起的压缩应力波的叠加作用，其结果是波阵面的切线方向上的拉伸应力增大，形成应力增高现象，如图4.4所示。从而使沿炮孔连心线上的岩体首先产生径向裂隙，炮孔间距越远，这种裂隙就越多。但是不能认为炮孔间距越近，爆破效果就越好，因为炮孔连心线上产生裂隙后，爆生气体就会沿裂隙逸散，而使其他方向上的径向裂隙得不到足够的发展，从而降低了岩体的破碎程度。

在AB药包同时起爆时，Ⅱ点岩石单元体受到A药包爆炸引起的径向压缩应力与切向拉应力的作用，正好分别被B药包引起的切向拉应力与径向压应力所抵消，所以出现应力降低现象。应力的降低将导致岩体爆破后产生大块。因此，实际爆破中应适当增大孔距，并相应减小最小抵抗线，使应力降低区位于自由面之外，这样可以减少大块的产生。

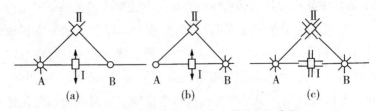

图4.3　应力增高与降低区力学分析示意图

（a）药包A爆炸；（b）药包B爆炸；（c）药包A、B同时起爆

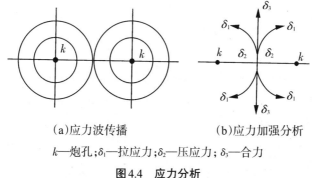

(a)应力波传播　　　　　　(b)应力加强分析

k—炮孔;δ_1—拉应力;δ_2—压应力;δ_3—合力

图4.4　应力分析

二、相邻炮孔同时起爆孔间的应力波传播规律的实验

目前生产的雷管存在一定的起爆时间漂移,因此工程实际中,实现工程控制爆破的相邻炮孔同时起爆十分困难,即使采用同段雷管,大多数情况相邻炮孔之间也存在起爆时差,另外,由于爆炸荷载作用下炮孔的膨胀变形、炮孔壁周围裂纹的产生、堵孔炮泥的运动等,炮孔内爆炸载荷是随时间而衰减的。为保证良好的工程控制爆破效果,应该充分考虑相邻炮孔起爆时差和炮孔内爆炸载荷随时间衰减速度的影响,设计出更接近于工程实际的工程控制的爆破参数要求。

为了获得良好的工程控制爆破效果,国内外学者一方面对现有的工程控制爆破如:光面爆破,预裂爆破,定向断裂控制爆破等激励和参数设计等问题进行了深入的试验研究。但不足的是相邻炮孔起爆时差和炮孔内爆炸载荷随时间的衰减考虑不多,研究相邻炮孔之间的应力波特征。有鉴于此,进行炮孔之间爆炸应变场的实验。

炮孔之间爆炸应力波的传播规律以及应变场变化规律,揭示相邻炮孔同时起爆,定量地分析炮孔连心线上应变(ε_x、ε_y)的分

定向卸压隔振爆破

布。

1. 动态云纹—光弹性实验[54]

(1)试件模型规格

试件由5mm厚的聚碳酸酯板制成,规格为260mm×260mm,动弹模 E_d 为3 026MPa,动态系数值 $f_{\sigma d}$ 为9 360N/mf,动态泊松比为0.35,膨胀波速度为1 590m/s,质量密度为1 220Ns²/m⁴。试验模型的几何图如图4.5。载荷源为用PbN₆装填简易微秒雷管,用1 600V电容脉冲起爆管,爆炸作用时间1ms。记录仪为WZDD-1型火花式动光弹仪。

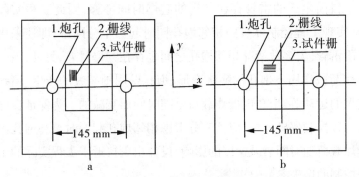

图4.5　试验中所需模型的几何图

(2)实验结果

炮孔之间应力波叠加的云纹—光弹条纹图

炮孔之间应力波叠加的云纹—光弹条纹见图4.6,图4.7所示。由光弹条纹可以看出在图4.6a上,两个P波前沿刚要相遇,在图4.6b上,P波叠加,连心线中间部位云纹条件的倾斜度最大。在波峰叠加作用区,两边压缩波头与拉伸波叠加,导致此处应变减小,相应的云纹条纹倾斜度开始变小。在图4.6c上,P波峰传过后,云纹条纹倾斜度逐渐减小。从图4.6中可见,云纹条纹与光弹条纹的重叠并不影响各自的分析[54]。

图4.7给出了两炮同时起爆时炮孔之间应力波叠加的云纹(V—场)—光弹条纹分布。从图4.7和图4.6相比可看出,在图4.7中炮孔连心线上云纹条纹上倾斜度较小,说明相应的应变值也较小。

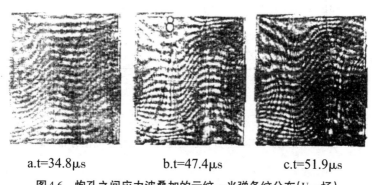

a.t=34.8μs   b.t=47.4μs   c.t=51.9μs

图4.6　炮孔之间应力波叠加的云纹—光弹条纹分布(U—场)

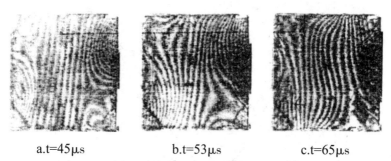

a.t=45μs   b.t=53μs   c.t=65μs

图4.7　炮孔之间应力波叠加的云纹—光弹条纹分布(V—场)

（3）实验结果与分析

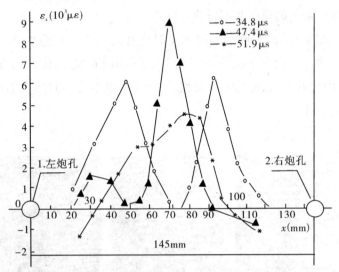

图4.8 图4.6中三幅照片相应的炮孔连心线上 ε_x 的分布曲线

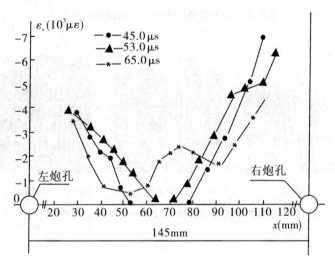

图4.9 图4.7中照片相应的炮孔连心线上 ε_y 的分布

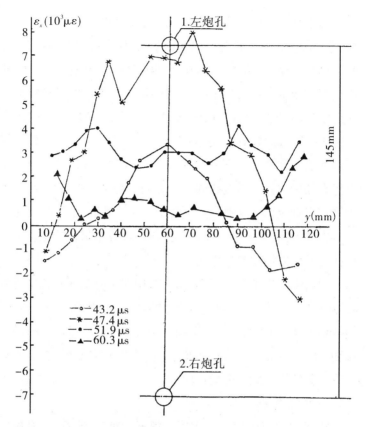

图4.10 图4.6中照片相应的炮孔连心线的中垂线上 ε_x 的分布

图4.8给出了炮孔连心线上 ε_x 的分布。它相应于图4.6中3幅照片,由图4.8可以看出在应力波叠加期间值 ε_x 是变化的。在34.8μs时,从左、右炮孔来的应力波中最大应力变值都是6 000με,在47.4μs时,波峰叠加,叠加作用使得中心最高应变达9 000με,在51.9μs时,叠加作用的波峰通过后,最大应变下降到4 500με左右。

定向卸压隔振爆破

图4.9给出了与图4.7相应的3个时刻连心线上ε_y的分布曲线,在45μs时,应力波尚未相遇,在连心线中部应变为零,在53μs时,应力波前沿开始叠加,但在叠加区中云纹条纹变化不大,相应的应变值较低,仅大约数百微应变,这一结果说明了栅线的变化滞后于应力波的传播。在65μs时,连心线中部应变值的极大值约为2 000με,而在孔口附近应变大于3 000με,这一计算结果与一般波动学理论分析不太一致,这个不一致性是因为波动理论没有考虑到爆炸气体对炮孔周围应力场的增压作用,而云纹计算结果则定量地反映了爆炸气体的增压作用。尽管栅线的变化滞后于应力波传播,但由于云纹条纹获得的计算结果仍能定量地反映炮孔之间应力场的叠加作用。

图4.10给出了相应于图4.6试验中四个时刻连心线中垂线上ε_x的分布。由图4.10可见,随着波的叠加,中出现上应变值增加,当峰值叠加时(47.4μs),中垂线上应变值较高,随着波的进一步传播,叠加作用降低,应变值减小,沿着中垂线应变值变化不大。

2. 相邻炮孔固体介质试验

(1)实验模型

相邻炮孔间应力波的作用。根据文献[54],砂板、有机玻璃板作试件,在试件上钻2个炮孔,在炮孔连心线上设置6个应变片,分别放在试件的2个表面上,3个径向,3个切向,记录2个炮孔同时起爆时应力波叠加作用下应力波信号。试件几何尺寸如表4.1。

表4.1　试件几何尺寸表

试件序号	材料名称	孔径（mm）	药径（mm）	每孔药量（mg）	l_1（mm）	l_2（mm）	l_3（mm）	s（mm）
ED-60	大理石	9	6	500	30	50	70	140
ED-61	大理石	9	6	300	30	50	70	140
ED-62	砂浆板	9	6	350	30	50	70	140
ED-63	砂浆板	9	6	250	30	50	70	140
ED-81	有机玻璃	5.2	5.2	85	20	40	60	120

（2）试验结果（如表4.2）

表4.2　叠加作用时最大应变值

试件序号	A点		B点		C点	
	径向	切向	径向	切向	径向	切向
ED-60	4 000	−2 100	3 100	−1 600	7 500	−300
ED-61	3 000	−1 400	1 500	−700	4 000	−1 900
ED-62	4 700	−2 000	3 800	−2 200	7 800	−3 200
ED-63	2 900	−1 300	2 500	−1 000	4 400	−2 000
ED-81	10 250	−2 250	7 500	−3 750	13 000	−4 000

（3）结果分析

由表4.2可见，C点应变值最高，由于应力波的叠加作用A点又高于B点的值。但是A点又低于C点，C点距炮孔最近。虽A点应力波叠加，但由于在模型材料中应力波衰减快，因此，高应力波在连心线叠加时，其幅值也下降了很多。

第三节 相邻炮孔同时起爆($\Delta t=0$)与延时起爆 ($L/C_P < \Delta t < L/C_S$)应力波传播规律的实验

一、试验方法与模型

采用[55]具有双折射特性的环氧树脂和有机玻璃板制作试验模型,模型尺寸400mm×400mm×600mm,模型上钻孔位置和几何尺寸如图4.11所示。

起爆源为自制简易微秒电雷管,起爆作用时间为$1\mu s$,以保证同步的可靠性。记录仪器为国产多火花式动态光弹性仪。

炮孔直径90mm,装药直径6mm,每个炮孔中药量为90mg,孔间距120mm。

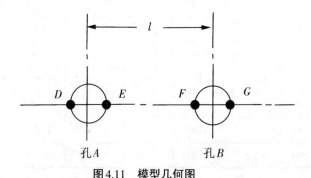

图4.11 模型几何图

二、试验结果与分析

相邻两孔同时起爆($\Delta t=0$)

(1)模型材料为有机玻璃,炮孔直径为9mm,装药直径为6mm,每个炮孔中药量为90mg,孔间距L为120mm。

（2）试验结果见图4.12所示。

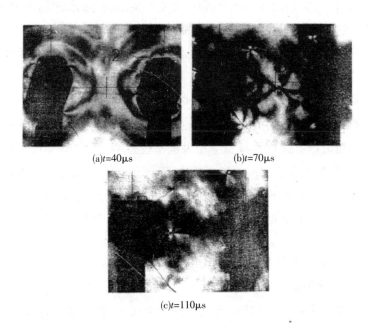

(a)t=40μs　　　　　　(b)t=70μs

(c)t=110μs

图4.12　两炮孔同时起爆时（Δt=0）炮孔间应力波叠加及裂纹扩展的等差条纹照片，图中数字为雷管起爆后开始记录的时间

（3）试验结果分析

根据图4.12[55]中的应力条纹表明了两炮孔是同时起爆的，在相邻炮孔传来的应力波与炮孔作用之前，在各自炮孔孔壁上已产生了若干条径向裂纹，因此，炮孔壁上的径向裂纹是随机的。图4.12（b）显示了爆炸后没有在A孔壁上的E点产生裂纹，在B孔上的F点产生了沿连心线方向扩展的裂纹。在两炮孔应力波叠加作用的高拉应力区也没有产生任何裂纹。图4.12（c）给出了由F点产生的裂纹的进一步扩展。由图4.12的分析可得如下认识：同

定向卸压隔振爆破

时起爆时尽管在炮孔之间连心线上存在应力波的叠加,切向拉伸应力较大,但是,难以在中点附近首先产生断裂,除非炮孔间距很小、或炮孔之间某处存在结构性的缺陷。炮孔之间的贯穿主要是依靠来自两炮孔孔壁的裂纹的扩展。在炮孔A(B)产生的应力波到达炮孔B(A)之前,各自炮孔上的径向裂纹已产生。因此,两炮孔同时起爆对于在点D、E、F和G产生裂纹没有控制作用,炮孔上裂纹的产生是随机的。如果在炮孔连心线方向没有裂纹,则同时起爆时炮孔之间裂缝贯穿结果也是较差的。对于图4.12中的结果,如果炮孔之间应力场衰减快,那么,就可能导致由炮孔B产生的裂纹扩展不到炮孔A的孔壁,炮孔之间就不能贯穿。所以,同时起爆并不是实现炮孔之间裂缝贯穿的最佳条件。

三、相邻两孔延时起爆($L/C_P < \Delta t < L/C_S$)

1. 试验模型

模型采用环氧树脂,炮孔直径为8.5mm,装药直径为6mm,每孔中药量为90mg,两孔中心距为120mm,两孔的延时为$\Delta t =$ 60ms。

2.试验结果(见图4.13所示)

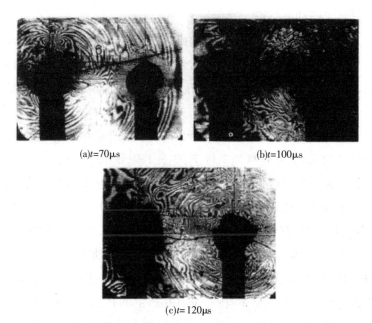

(a)$t=70\mu s$　　　　　　　　　(b)$t=100\mu s$

(c)$t=120\mu s$

图4.13　起爆时差为$60\mu s$时炮孔间应力波叠加及裂缝贯穿的动光弹照片

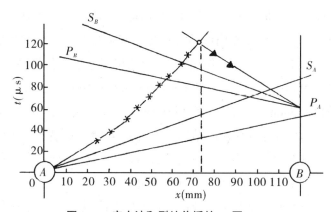

图4.14　应力波和裂纹传播的$x-t$图

定向卸压隔振爆破

3.实验结果分析

由图4.13可见了,当B孔起爆时,A孔装药爆炸产生的P波的先导压缩脉冲正掠过B孔,因此,两炮孔爆炸产生的P波波阵面几乎相切。此时,E点已产生了裂纹,该裂纹向右传播,其扩展方向有点偏离连心线。

炮孔A爆炸产生的P波的压缩脉冲在B孔壁上反射、绕射产生拉伸应力场,在这样的条件下,炮孔B爆炸产生的拉伸应力场与炮孔A产生的应力波在炮孔B附近形成了叠加的拉伸应力场,创造了在B孔孔壁与连心线上的交点F,G上产生沿连心线方向扩展的裂纹的有利条件,这样的裂纹一旦产生,B孔内的爆生气体及其由气体引起的准静态应力场将有力地促进该裂纹的扩展。在图4.13b中可以看到由炮孔B的孔壁扩展来的裂纹基本上沿连心线。另外可见了,由于受B孔产生的P波的影响,使得由A孔壁来的且原来向连心线下方扩展的裂纹的扩展方向得到有利的改变,向连心线靠拢。图4.14给出了与图4.13相应的应力波叠加和裂纹贯穿的x–t图。由图4.14可以清楚地看到炮孔之间应力波与裂纹相互作用的动态过程。当B孔爆炸产生的P波与从炮孔A来的裂纹相互作用后,裂纹的扩展速度有所提高。譬如,在$t=90\mu s$时,裂纹扩展速度$c=450m/s$,在$t=100\mu s$时,裂纹速度已提高到580m/s,大约是该材料的P波速度的0.3倍。这是应力波与运动裂纹相互作用的结果。由图4.14还可见,沿连心线传播的两裂纹在第一个炮孔起爆后约120μs时相遇,相遇点离A孔中心大约74mm,完成了炮孔之间的裂缝贯穿。

由上面的试验结果分析可获得如下认识:在试验中所采用的起爆延时条件下,先爆炮孔产生的应力波在后爆炮孔壁上反射和绕射,使得后爆炮孔周边上产生不对称的应力分布,在连心线上受拉,因而在后爆炮孔的爆炸作用下在连心线上优先产生裂缝,而且由于拉伸力集中存在,使得后爆炮孔上产生的裂纹具有扩展速度较快或趋于分叉的特征。因此,采用这样的起爆延时,即 $l/C_P < \Delta t < l/C_S$(C_P 和 C_S 分别为平板中 P 波和 S 波的速度),为在后爆炮孔上产生沿连心线方向的裂纹创造了有利的条件。

第四节　爆炸应力波在岩体中传播受阻因素

一、应力波传播与岩石力学参数的关系

一般说来,应力波传播速度主要与岩石力学参数,爆炸能量与药包结构参数有关,如果同等环境条件,则主要是与岩体的物理力学性有关。根据研究[56~58]影响应力波速度的有岩石种类、岩石组成、岩石密度、孔隙比、各向异性、岩石含水量、应力状态等等。

二、岩石种类

不同岩石,其组成成分、孔隙率、微裂隙密度、结构完整性等必然不同,因而应力波速度不同。从表4.3可以看出,岩石中的速度最大的可达到6 000m/s以上,最小的却不到2 000m/s。

表4.3　部分岩石的弹性性质

岩石名称	密度 (kg·cm^{-3})	岩体内的纵波速度(m·s^{-1})	岩石杆内的纵波速度(m·s^{-1})	岩体的横波速度(m·s^{-1})
石灰岩	2.43×10^3	3.43×10^3	2.92×10^3	1.86×10^3
石灰岩	2.70×10^3	6.33×10^3	5.16×10^3	3.70×10^3
白色大理岩	2.73×10^3	4.42×10^3	3.73×10^3	2.80×10^3
砂岩	2.45×10^3	$(2.44 \sim 4.25) \times 10^3$	—	$(0.95 \sim 3.05) \times 10^3$

续表

岩石名称	密度 ($kg \cdot cm^{-3}$)	岩体内的纵波 速度($m \cdot s^{-1}$)	岩石杆内的纵 波速度($m \cdot s^{-1}$)	岩体的横波 速度($m \cdot s^{-1}$)
花岗岩	2.60×10^3	5.20×10^3	4.85×10^3	3.10×10^3
石英岩	2.65×10^3	6.42×10^3	5.85×10^3	3.70×10^3
页岩	2.35×10^3	$(1.83 \sim 3.97) \times 10^3$	—	$(1.07 \sim 2.28) \times 10^3$
煤	1.25×10^3	1.20×10^3	0.86×10^3	0.72×10^3

三、岩石组成

应力波在非均质的岩石中传播时,扰动在不同矿物成分之间的传播速度不同。根据F.伯奇的研究,非均质岩石中的应力波速度可用组成它的各种矿物的波速来描述。即有关系式:

$$C = 1 \sum \frac{x_i}{C_{i_i}} \tag{4.2}$$

式中,C 为岩石中应力波速度;x_i 为第 i 种矿物的容积比;C_i 为第 i 种矿物的波速。

Kolar研究了岩石组成与纵波速度的关系,得出结论:当岩石中角闪石含量增加时,纵波速度增加,当岩石中石英的含量增加时,纵波速度降低。

四、岩石密度

岩石密度是影响应力波速度的重要因素。由于岩石密度也影响到岩石的其他力学性质参数,岩石中的波速与岩石密度的函数关系上,不同研究者得出的结论不同,但一般都认为弹性介质中的波速仍为:

$$C_P = \sqrt{\frac{E}{\rho_0}} \tag{4.3}$$

该式对岩石中的弹性波也是成立的。因而,理解岩石中的波速与密度成正比时,应当注意到岩石密度的增加会引起其弹性模量的增加,而且这种弹性模量的增加对波速的影响将超过上式中因岩石密度增加引起的波速降低,从而在整体上表现出岩石的波速随岩石密度的增加而增加。

五、孔隙孔

岩石中孔隙分晶粒间的孔隙和岩石介质间的天然裂隙,这两种都能导致应力波速度的降低,并明显对应力波速度程度不同的影响,晶粒间隙低。岩石结晶形状对波速也有影响,如结晶粒间的圆球形孔隙的石灰岩,比结晶粒间有贝壳形孔隙的石灰岩的孔隙率的波速影响大。

实验得到石灰岩的孔隙 η 与纵波速度 C_P 的关系如图4.15所示。这种关系可用下列函数来表示:

$$C_P=5430-107\eta \tag{4.4}$$

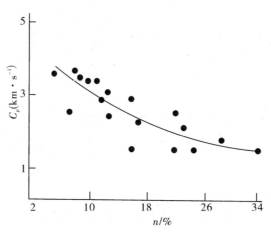

图4.15 石灰岩孔隙率与纵波速度的关系

六、岩石各向异性是普遍存在纵波速度各异

绝大多数岩石是各向异性的。层状岩石中,各向异性较为普遍。大理岩中,在3个相互垂直的方向 X、Y、Z 钻取岩芯,并使 Z 方向平行于层面;砂岩、页岩,在两个相互垂直的方向 X、Y 钻取岩芯,并使 Y 方向平行于层面。在各个方向上测得的波速测试如表4.4所示。

表4.4 岩石特定方向上的波速及弹性常数

岩石名称	岩芯方向	纵波速度（km·s⁻¹）	横波速度（km·s⁻¹）	弹性模量（MPa）	泊松比
大理岩	X	4.320	2.640	$4.6×10^4$	0.170
	Y	5.021	2.594	$4.9×10^4$	0.315
	Z	4.876	2.603	$4.8×10^4$	0.289
里昂砂岩	X	3.776	2.554	$3.5×10^4$	0.076
	Y	4.097	2.682	$3.9×10^4$	0.115
格林河页岩(节理不发育)	X	4.342	2.611	$4.0×10^4$	0.217
	Y	4.743	2.644	$4.3×10^4$	0.266
格林河页岩(节理发育)	X	3.577	2.035	$2.4×10^4$	0.261
	Y	5.062	2.719	$4.7×10^4$	0.297

由表4.4可以看出以下效果是不同的。

1. 沉积岩,沿层方面的纵波速度大于垂直层面的应力波传播的波道效应。

例如:

(1)砂岩:砂岩在 X 和 Y 方向的纵波速度相差8%,而横波速度相差5%。

（2）页岩：在节理不发育的页岩中，X和Y方向的纵波速度相差8%，而横波速度相差1%。

在节理发育的页岩中，X和Y方向的纵波速度相差41%，而横波速度相差34%。

（3）大理岩：X和Y方向的纵波速度相差11%，而横波速度相差1%。

实验证明：在相同条件下，沿层面的纵波速度大于垂直层面的纵波速度，这又一次说明应力波在层状岩体中传播的波速效应[52]。

2. 火成岩结晶颗粒之间由于压力不同，颗粒间挤压密度程度各异，波速传播效果不同

对花岗岩，在3个特定的互相垂直的方向上取岩蕊进行实验，结论为：在0.101 3MPa压力下，纵波速度在10%范围内变化。在1 000 MPa压力下，纵波速度变化不超过2%~3%。

七、应力作用下岩石的结构颗粒孔隙与岩体裂隙闭合导致密度增大，导速增大

根据试验[9]在一定的压缩应力作用下，岩石中的波速要增大。当作用应力较低时，随应力的增加波速增加较快，作用应力进一步增加时，波速增加逐渐减弱。当应力超过某一临界值时，若继续增大应力，则波速将降低。图4.16为花岗岩中波速与应力状态的关系，图4.17为压应力作用下不同岩石的纵波速度变化。在较低压应力阶段，裂隙发育岩石中波速对应力状态的变化敏感程度比致密岩石高。

岩石是天然的工程地质体，不同岩石含有数量不等的孔隙、裂隙。在压应力作用下，有的孔隙、裂隙会闭合，闭合孔隙、裂隙

的数量随应力增加而增加,但增加的速率逐渐降低,岩石中所含孔隙、裂隙越多,应力作用引起的孔隙、裂隙闭合越多。但当压力超过某一临界值后,压应力将引起岩石损伤,造成新的裂纹。根据前节孔隙率与岩石中波速的关系,即可得知应力状态影响岩石中波速的关系。这就是在开始加压阶段,波速随应力增加而增加,而当应力超过一定值后,波速则随应力的进一步增加而降低。

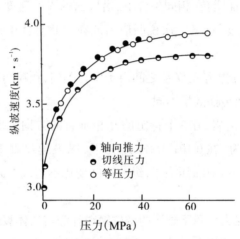

图4.16　花岗岩纵波速度与压应力的关系

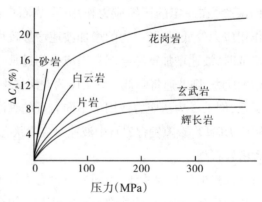

图4.17　压应力作用下岩石中不同纵波速度变化

八、岩体中不同充填物对纵波速的影响

空气密度小纵波速度低,水密度大,纵波速度大,水的波速是为空气的5倍。如见表4.5所示,因此,当岩石中的孔隙被水充填时,将引起岩石波速增加。在饱和含水条件下,岩石中的波速随水饱和时间的增加而增加。

表4.5　岩石中充填物质的纵波速度

充填物质	密度($kg \cdot m^{-3}$)	纵波速度(m/s^{-1})
水	1 000	1 485
冰	918	3 200~3 300
空气	1.29	331

九、岩体中的裂隙面,断层破碎面对应力波层影响很大

根据实验[52],无弱面试件的动态弹性模量比有弱面试验的动态弹性模量大70%左右。表4.6为部分岩石的弹性性质。

表4.6　部分岩石的弹性性质

岩石名称	泊松比	弹性模量（MPa)	剪切模量（MPa)	体积压缩模量(MPa)	拉梅常数（MPa)	波阻抗（$MPa \cdot s^{-1}$)
石灰岩	0.26	0.217	0.085	0.171	0.091	0.830
石灰岩	0.33	0.731	0.274	0.436	0.556	1.700
白大理岩	0.20	0.384	0.160	0.332	0.106	1.210
砂岩	0.25	0.441	0.147	0.294	0.245	0.60~1.00
花岗岩	0.22	0.620	0.254	0.377	0.206	1.35
石英岩	0.25	0.926	0.370	0.789	0.370	1.700
页岩	0.31	0.294	0.098	0.196	0.098	0.43~0.93
煤	0.36	0.018	0.007	0.009	0.005	0.15

第五节　岩体中应力波的传播规律与衰减

爆炸冲击波的能量随其传播距离的增加而衰减。在离开爆心一定的距离上,岩体中的冲击波便转化为连续应力波。这就必须预先知道岩体的力学性质。天然岩体中有大量节理、裂隙、断层破碎带及软弱夹层等结构面,这些软弱结构面严重地阻碍着应力波的传播,加剧了应力波能量的衰减。岩体中各种结构面对应力波传播的影响早已引起国内外研究者的重视,对应力波的传播规律的效果取决于岩体结构、构造和炸药性质、药量、空腔比影响,简言之即输入能量之大小及岩体条件。表现传播规律的是衰减规律。应力波传播规律体现在衰减规律的问题。在这方面国内外学者作出了不同的贡献[57]。美国学者对延长药包给出了 P_s 为爆轰平均初压,对一般岩石的衰减指数为1.5,而苏联学者将 P_s 取为岩石和炸药界面处的压力,并得出了弹性区的衰减指数 $\alpha = 2 - \dfrac{\mu}{1-\mu}$;我国的"七七"工程中01和03试验所给出的弹性区的 α 值分别为2.42和2.301,3次地下核试验给出的值为2.39~2.82,挪威学者列佛 N.波生的实验研究得到封闭爆破时花岗岩中 α=1.51~1.53,白云岩中 α=1.76~1.82并以50、170和500kg的TNT炸药在同等条件(药量不同)进行洞室爆破试验,实得 α 值分别为1.951、1.802和1.696等。这就说明,衰减指数是某一爆炸条件下应力波传播的一个较稳定的特征参数。

当药量增大、岩体条件好时,衰减指数将减小,当爆破方式依次为封闭爆破、洞室爆破和表面爆破时,衰减指数有因岩体能量减小而增大之趋势。

有关裂隙岩体应力波传播方面的研究,仍处于探索阶段。因此,目前对应力波在岩体中的衰减计算,普遍采用统计经验公式。不过在损伤力学引入后,它们的尺寸、数目,乃至完整性等都可以用损伤来定量描述,这样对爆破应力波的衰减,对研究动态应力场、损伤场及应力波安防工程的建设有重要意义。

一、应力波的衰减机理

应力波的衰减分几何衰减和物理衰减两种[52]。

1. 几何衰减

几何衰减是因能量分布空间增大而导致的衰减。球面波波前的应力或质点速度以 $1/r$ 的比率作几何衰减;圆柱形波的衰减率则为 $1/r^{\frac{1}{2}}$,其中 r 为离扰动源的距离。几何衰减不受波传播介质的影响。

2. 物理衰减

物理衰减是波在传播过程中与传播介质作用而导致其携带的能量转变为其他形式的能。如形成新岩块表面能;等熵过程中耦散的热能等。应力波的衰减导致波的频散,波形越传越宽,周期增长振幅减小。

二、冲击波的衰减规律[56]

在爆炸源近区,一般情况下岩石中传播的是冲击波。这时可把岩石看成流体,冲击波压力 P 随距离的衰减规律为:

$$P = \sigma_r = \rho_2 \bar{r}^{-\alpha} \tag{4.5}$$

式中,$\bar{r}$ 为比距离,$\bar{r} = r/r_b$;r 为距药室中心的距离;r_b 为药室(炮孔)半径;σ_r 为径向应力峰值;α 为压力衰减指数,对冲击波，取 $\alpha \approx 3$ 或 $\alpha = 2 + \dfrac{\mu}{1-\mu}$。

三、应力波的衰减规律

1.应力波的衰减规律与冲击波相同，但衰减指数较小。苏联学者 A.H.哈努卡耶夫给出的应力波的衰减指数为：

$$\alpha = 2 - \frac{\mu}{1-\mu} \tag{4.6}$$

2.我国武汉岩土力学研究所通过现场试验得出的应力波衰减指数为：

$$\alpha = -4.11 \times 10^{-7} \times \rho_r C_P + 2.92 \tag{4.7}$$

3.不同爆破条件下岩体弹性区内爆炸应力衰减指数

衰减指数是某一爆炸条件下应力波传播的一个较稳定的特征参数，当药量增大，岩体条件好时，衰减指数将减小。当爆破方式依次为封闭爆破、洞室爆破和表面爆破时，衰减指数有因岩体能量减小而增大之趋势[57]如表4.7所示。

表4.7　不同爆破条件下岩体弹性区爆炸应力波衰减指数参考值

岩石波速（m/s）		1 000~3 000	3 000~4 500	4 500~6 000
常见岩石类型		灰岩、砾岩、片麻岩等	砂岩、石英岩、白云岩等	花岗岩、大理岩、闪长岩
x	堵塞的封闭爆破	1.7~2.1	1.6~2.0	1.4~1.8
	洞室爆破	1.8~2.4	1.8~2.3	1.7~2.1
	表面爆破	2.4~3.0	2.2~2.8	2.0~2.6

4.应力波作用区，岩石中柱状应力波的径向应力与切向应力

之间有如下关系：

$$\sigma_\theta = \frac{\mu}{1-\mu}\sigma_r \qquad\qquad (4.8)$$

四、地震波衰减规律

一般用质点速度来表示地震波的强度，这时其衰减规律表示为：

$$U = K\left(\frac{Q}{r}\right)^\alpha \qquad\qquad (4.9)$$

式中：K 为与岩石性质有关的系数，岩石中 K=30~70，土壤中 K=200；衰减系数 a=1~2；Q 为一次起爆的炸药重量(kg)分段爆破时为同段起爆的炸药量；U、r 的量纲分别为 m/s 和 m。

地震波远离爆源可以近似看成平面波，求得地震波的质点速度后，可由下式得到地震波的应力：

$$\sigma = \rho_r C_p V \qquad\qquad (4.10)$$

第六节　岩体边坡爆破中应力波的衰减

一、反映应力波衰减规律的函数

爆破振动是造成岩体破坏和诱发滑坡的不可忽视因素，振动激励下的应力波传播及衰减规律是岩土工程，特别是边坡工程最关注的重要课题。然而，由于岩体介质的复杂性，目前还没有从理论上给出岩体中应力波传播规律的统一关系式。文献[59]根据边坡爆破爆破应力波通过绿片岩、绿色片麻岩、花岗岩麻岩、磷灰岩等4种岩石，记录的波型，通过回归分析，求得反映应力波衰减规律的函数如表4.8所示。

定向卸压隔振爆破

表4.8 应力波衰减规律回归分析

回归方程	显著性F检验	相关系数r	备注
$V_1=143.94 \times 1.59$	12.9	0.865	
$V=92.5 \times 1.477$	3.1	0.972	x 为 $Q^{1/3}/R$
$f_1=1.287 x^{-0.612}$	2.26	0.475	
$f_n=1.616 x^{-0.514}$	15.1	0.936	

从表中可以看出：

（1）对于质点最大速度回归分析，垂向、水平向回归效果均较好，查表看出F值大于F检验的临界值0.05，r值大于显著性水平$\alpha=0.05$的相关系数临界值。

（2）对于振动主频f的回归分析，垂直向的F检验值与相关系数r值均低于临界值，回归效果较差，而水平向的F与r值，均超过了临界回归效果较好。

（3）按照弹性理论，峰值速度应按$(Q^{1/3}/R)$的一次方衰减，该文[59]大于1，表明了边坡岩体的非线性特点，表明岩体完整系数。

（4）质点速度与主频率在铅垂方向上的衰减大于水平向衰减，这反映了该边坡为典型的层状碎裂结构及顺倾向边坡的岩体结构特征，岩体中的层面引起的非线性作用，造成了阻尼衰减。

（5）从相关系数和显著性F检验值来看，关于质点振速及水平向主频率的回归方程可应用于该边坡及类似情况的爆破开挖和稳定相关工作。

二、爆炸作用岩体介质应力波传播规律试验研究

1. 弹性区内岩体内各点应力值的衰减指数

水利水电科学研究院诸多学者作过较深入的试验研究。选取岩体粉碎区外围3~5R处的冲击波压力值作为计算的初始入射压P_s值。如试验炸药爆轰波压力为：

$$P_H = \frac{\rho D^2}{(1+k)g} = 5.24 \times 10^3 \qquad (4.11)$$

式中：P_H——炸药爆轰波压力（MPa）；

　　　ρ——炸药密度（本试验为0.95t/m³）；

　　　D——爆速（本试验度为4 200m/s）；

　　　k——等熵指数（本试验度$k=2.1$）；

　　　g——重力加速度。

而在岩体弹性区内，可选取3~5倍R_0处的压力为初始入射压进行压力估算，即以上式+计算出P_H值，再按不同的爆炸条件及岩石条件，参考选择适当的衰减指数作为计算初始入射压力(3~5)R_0及弹性区岩体内各点应力值的衰减指数对球形装药可取(3~4)R_0处的初始入射压。由此可建立岩体中爆炸应力波的关系式为：

$$\sigma_i = P_s(R)^{-a}$$
$$\sigma_i = P_s(1/\bar{r})^{-a} \qquad (4.12)$$

上式适用于工程爆破中柱形或球形装药，且装药直径小于0.5m的情况，$10 < \bar{r} < 120$的范围。

2. 爆炸应力波在岩体中传播规律

爆炸应力波在岩体中传播规律的实验[58]，采用一维撞杆法，通过冲头产生一应力脉冲沿岩杆传播，通过岩杆不同位置粘贴应变片，测量应力传播到不同距离的应变波形，从而获得通过岩杆所产生的衰减特征，同时通过几组应变波形，就可以得到岩石的动态特性参数。其中加载方式：有的用钢球撞击产生钟形脉冲，用药球爆炸产生随时间呈指数衰减的指数波，用等径冲头冲击产生的矩形脉冲。该试验采用平面波发生器作为加载直接作用于岩石长杆，进行应变测量，分析岩石介质的应力波传播规律。

岩石试件和岩石输出杆均采用ϕ38mm的花岗岩，岩石试≥400mm，输入杆长≥试件长度，岩石杆长度能满足试验要求，使得波形无反射波的影响。

平面波发生器采用粉末状TNT炸药，用ϕ50mm压药模具压制，药量40g，比压为0.2GPa，总压力为400kN，保持压力11s。

CS2092动态测试分析仪是集采样、存贮、分析处理和结果输出于一体的高性能综合测仪器。试验中在岩石试件是均匀粘贴5个应变片，取其中3~4个比较好的波形进行分析，经试验得以下结论[58]。

（1）无弱面试件的动态弹性模量比有弱面试件的动态弹性模量大70%左右。

（2）在本试验条件下回归出应力波传播规律公式为：

$$\varepsilon = \exp(-0.96r/R) \times 7.25967 \times 10^{-3} \qquad (4.13)$$

$$P_{\mathrm{m}} = \exp(-1.18r/R) \times 1.093(\mathrm{GPa}) \qquad (4.14)$$

$$U = \exp(-1.21r/R) \times 83.96(\mathrm{m/s}) \qquad (4.15)$$

第五章　工程控制爆破的装药结构与定向卸压隔振爆破装药结构的特点

炸药在炮孔内的布置方式,称为装药结构。

"工程控制爆破"就是以装药结构的形式控制爆炸能量的分配方式或运动规律。以降低初始爆炸压力,对轮廓线外侧保留岩体的损伤或破坏作用。维持围岩或边坡岩体的稳定性。而岩土工程开挖穿爆中,应用得广泛的是柱状药包。露天深孔爆破、地下深孔爆破、地下中深孔爆破和露天浅孔爆破、地下浅孔爆破,都存在装药结构问题。因为装药结构在一定程度上能起到以控制应力波参数的作用。在不同地质条件下,岩土工程开挖、矿山工程施工以及由此而产生的作业安全,取决于控制炮孔组中的药包结构和每米孔中的炸药能量密度。

炮孔径向空气间隔装药结构20世纪50年代瑞典学者提出,隧道掘进工作面周边炮孔轮廓爆破炮孔环向空气间隙装药结构,后来称之为光面爆破或光面预裂爆破,首先在瑞典、美国、加拿大等发达国家应用,我国在20世纪50年代末60年代初开始研究与应用,20世纪70年代末确定为全国重点推广项目之一。以冶金、煤炭系统应用广泛,水利电力、交通等也广泛在地下工程、土岩工

定向卸压隔振爆破

程中采用,获得了较好的爆破效果和经济效益、社会效益。

炮孔空气间隔轴向装药结构在我国地下矿山和小型露天矿浅孔爆破中应用很早,被称为"竹筒爆破法"、"空心爆破法"等。1957年海州露天矿开始适用于深孔爆破,同一期间新疆可可托海矿务局一矿露天采矿场用木制间隔器用于深孔爆破炮孔分段装药结构。1958～1963年,长沙矿山研究院、中国科学院矿冶研究所等单位在大冶铁矿、凤凰山铁矿及某些水利工程中开始了试验研究,取得了实验室和半工业性试验与深孔硐室联合爆破工业试验的肯定效果[60]。

在苏联,H.B缅里尼柯夫教授曾于1940年提出了采用这种装药结构的建议:1957～1963年间,苏联科学家A.A期阔琴基矿业研究所与一些生产企业单位协作完成了大量的工业性实验,并进行了理论探讨,肯定了它的应用价值。1962年9月,该所召开了爆破技术会议,决定在各加盟共和国的露天矿推广应用。空气间隔装药结构改善了爆破效果的事实在1962年于美国密苏里州罗拉市召开的"国际"矿业研究会议上引起了"国际"采矿界的普遍注意和兴趣。美国已经利用于地下爆破,得到了减弱地震效应和工作面周边光洁性加强的效果[60]。

近30年来我国部分露天地下矿山深孔爆破先后采用空气间隔装药结构,可用于调节爆破气体作用,增长其作用时间,从而有利于提高岩石爆破破碎质量,改善爆堆形状,减弱爆破地震效应,降低消耗量。同时具有操作简单安全等优点。

炮孔底部间隔装药结构:炮孔底部间隔装药结构,研究和应用的时间较径向间隔或轴向间隔装药要晚些时间。当然,炮孔底部间隔装药结构,实际隶属于炮孔轴向间隔装药结构。根据常规,工程爆破炮孔底部间隔装药的应用,可以降低爆破压力,延长爆破作用时间,改善爆破效果。根据 K.K 安德列耶夫和 A.Φ 别辽耶夫的研究成果,爆破产物碰撞岩壁后,压力增大 n(8~11 倍)。这就表明空气间隙爆破的优点。

第一节　装药结构的形式

装药结构形式及其相应的参数是控制爆破中最重要、最复杂的问题之一。合理的装药结构与参数必须保证全部装药稳定爆轰、完全传爆。保证按炮孔作用产生一定的爆破威力,而且装药工艺简单。

根据炮孔内药卷与炮孔、药卷与药卷之关系,炮孔爆破法之间可分为以下两种:

一、药券与炮孔在径向的关系

1. 耦合装药

炸药爆轰后,高压爆轰波和高温高压爆生气体产物冲击孔壁将爆炸能直接传给岩石。若忽略炮孔近区岩石中的冲击波,近似认为爆轰波和岩石的碰撞是弹性的,即直接在岩石中产生弹性应力波。

2. 径向不耦合装药

不耦合装药,是指药卷与炮孔在径向有间隙,间隙内可以是空气或其他材料,径向间隙是空气称为径向空气不耦合装药。空气不耦合装药,爆生气体在炮孔中膨胀,压缩间隙中的空气,产生空气冲击波,尔后再由空气冲击波冲击炮孔壁,因空气的可压缩性很大,其对爆生气体膨胀的阻尼作用可忽略不计,因此,可以认为爆生气压膨胀充满整个炮孔。爆生气体在膨胀过程中,体积增大,密度减小,其音速也随之降低,并由此引起其波阻抗发生变化。

二、药卷与药卷在炮孔轴向的关系

1.连续装药结构

炸药从孔底装起,连续装药至设计药量之后进行炮孔填塞,这种方法施工简单,并能实现装药车装药。但是一般设计装药量不足以填满炮孔的较大部分,在炮孔的上部不装药段(即填塞段)较长的现象,使岩体上部出现大块的机率增加,所以连续装药结构,一般适用于台阶高度较小,上部岩石比较松软或破碎,以及上部抵抗线较小。

2.间隔装药结构

药卷(或药卷组)之间在炮孔轴向存在一定长度的空隙,空隙内可以是空气、矿渣、木垫或其他材料。该装药结构应用于特殊地质条件炮孔难爆的部分。这样使炸药在炮孔中分布在难爆破的分段内可以有效的降低大块率。

3.混合装药结构

混合装药结构一般是指在同一炮孔内装入两种不同种类性质的炸药。即在炮孔底装入密度大、威力高的炸药,而在炮孔中部或中部以上装入威力较低的炸药。采用混合装药是为了解决深孔爆破底部岩体阻力大、炸不开,易留岩坎的问题,同时又避免上部岩石过度破碎。

第二节 炮孔不耦合装药结构的作用机理与不耦合系数的计算

　　较长时期以来岩土工程、采掘工程在实行工程控制爆破普通采用不耦合装药结构来改变爆炸能中应力波和爆生气体能量的分配比例,使之与不同破碎岩石所需的能量形式相匹配。从而达到既改善爆破效果又减轻围岩和保留岩体的破损。简言之,不耦合装药条件的改变将引起介质内爆炸应力场及准静态爆生气体压力的变化,进而改变岩石的爆破效果。

　　炸药起爆后,瞬间形成高温、高压爆轰气体,作用于孔壁,在周围介质中产生应力波,并产生压碎区。随着应力波传播范围的逐渐扩大,应力波急剧衰减并在介质中形成破碎区和震动区。

　　众所周知,爆破能的有效利用是影响爆破效果的关键。当爆破初始脉冲压力愈大时,消耗在压碎区的能量就愈大,而作用在破碎区的能量就愈小。如果适当减少爆破的初始脉冲压力,则可减少消耗在压碎区的能量损失,而相应地提高作用在破碎区的能量。另一方面,根据冲量原理,当爆破脉冲压力一定时,作用时间愈长,爆破脉冲冲量愈大,对矿岩的爆破就愈有利[60]。

一、径向不耦合

　　炮孔采用径向不耦合装药结构爆破时,炸药爆炸生成的爆轰波和高温、高压爆生气体产物首先在空隙内产生冲击波,并与空隙气体相互作用,空气间隙吸收了部分能量,在炮孔周围岩石中激起沿径向传播的空气冲击波。爆压经缓冲后,达到孔壁压力降低了,然后与孔壁碰撞后,透射到介质中的应力值也随之降低,且

定向卸压隔振爆破

孔内空隙越大，即 K 值越大，应力值降低越多，作用时间越长，在一定时间内便以定压值作用于孔壁。以上作用的结果，相应地增加了爆炸冲量，有利于爆炸效果。

二、轴向不耦合

轴向不耦合装药：采用空气间隔装药时，主要降低作用在炮孔壁上的冲压力峰值。当冲击压力过高，在岩体内激起冲击波产生压碎圈，使炮孔附近岩石过度粉碎，就会消耗大量能量，影响压碎圈以外的破碎效果。并增加了应力波作用时间，其原因，一是降低了冲击压力，减少了或消除了冲击波作用，相应地增大了应力波能量和作用时间；二是当其两段装药间存在空气柱时，装药爆炸后，首先在空气柱内激相向传播的空气冲击波，并在空气柱中间发生碰撞，使压力增高，同时产生反射冲击波于相反方向传播，其后又发生反射和碰撞。炮孔内空气冲击波往返传播发生多次碰撞，增加了冲击压力及激起的应力波的作用时间。轴向不耦合空气间隔装药增大了应力波传给岩石的冲量，而且比冲量沿炮眼分布较均匀。

空气间隔装药的作用原理归纳为：

（1）降低了作用在炮孔壁上的冲击压力峰值，减少或消除了冲击波作用。

（2）增加了应力波作用时间，这是因为：

①由于降低了冲击压力，相应地增大了应力波能量，从而增加应力波作用时间；

②当两段装药间存在有空气柱时，装药爆破后，空气柱内激起相向传播空气冲击波发生碰撞，使压力增高；

③同时产生反射冲击波于相反方向传播，又发生反射和碰

撞。由于在炮孔内空气冲击波的来回反射、多次碰撞,从而增加了冲击压力并延长了应力波的作用时间。

(3)增大了应力波传给岩石的冲量。

三、不耦合系数(K)

在炮孔与装药表面之间留有空隙时,炮孔直径与装药直径之比叫做耦合系数。耦合装药时该系数等于1,在不耦合系数大于1的情况下,爆破时在孔壁上产生的最大切向应力比耦合装药时低的这种效能叫做不耦合效应。

在工程控制爆破中多采用不耦合装药,包括径向不耦合和轴向不耦合装药,其中使用的最多的是空气不耦合装药。其不耦合程度用径向不耦合装药系数K_d和轴向不耦合系数K_l来表示,并定义为$K_d=d_b/d_c$和$K_l=L_b/L_c$,其中d_b、L_b分别为炮孔直径和炮孔长度,d_c、L_c分别为炮孔中药径和炮孔装药长度。

四、不耦合系数(K)的选择原则

不同的炸药在岩石炮孔内传播存在一个极限装药长度,超过这个极限范围会出现熄爆。同样空气间隙厚度(E),也有一个合理值(即不耦合系数)。例如文献[61]的作者指出,$E<2.5$时不产生径向间隙效应。文献[62]采用极曲线的计算结果,$K=2.688$时,无解。所以炸药品种、装药直径、起爆能大小或位置、径向间隙厚度、P_H压力、炮孔壁强度及粗糙等。根据实践大体上选择K值有以下注意事项:

1. 根据岩石硬度选择不耦合系数是主要之一:一般岩硬度大,岩体完整好,块状岩体,不耦合系数选择小值;岩石松软、裂隙发育且风化,层理、节理清晰,选择大值。

2. 根据炸药品种、炸药威力大的高级炸药 K 值取大值，一较低级的炸药(指硝铵炸药、2#炸药) K 值取小值。

3. 起爆方法：①点起爆方法的塑料导爆管雷管或电雷管起爆，按起爆药能量或被起爆炸药直径的临界极限长度经试验后确定进行同一炮孔多点同段别的雷管起爆方法；②导爆索起爆不受柱装药包长度限制，但应用双导爆索；③深孔爆破孔深超过15m以上，应采用导爆索和塑料管雷管混合起爆方式。

4. 炮孔参数：①炮孔间距较大时， K 值取小值，炮孔间距较小时， K 值取大值；②底部抵抗线较大时， K 值取小值，底部抵抗线较小时， K 值取大值；③台阶爆破，炮孔下部 K 值取小值，炮孔上部 K 值取大值。

五、不耦合装药岩石冲击波参量的极曲方法

装药孔壁冲击波初始参量的计算式是岩石爆破应力场定量化的最基础的工作。正因为孔壁冲击波变化的传播才导致岩体中动态应力场的产生。由于测试手段的不足，更由于岩石爆破冲击波的强烈性和瞬间性，人们对爆破近场参数的研究甚少。虽然有些人根据弹性正碰撞理论求解岩石孔壁压力，或根据爆轰产物的等熵膨胀建立了不耦合装药孔壁压力及压力波形的计算方法，但炮孔柱状装药多以点起爆为主。这样炸药爆速与爆轰产物的膨胀速度差不多同等级。产物、空气、岩石的界面为斜面，况且产物、强冲击波作用于岩石壁面上，使岩壁产生变形。因此，产物、岩石正碰撞型与实验图不相吻合。因此，李玉民先生等提出了不耦合装药岩石冲击波参量的极曲方法[62]：

李玉民先生等运用该方法，以直径32mm的2#岩石炸药在石灰岩中爆炸为例计算出不同孔径的炮孔壁初始冲击波压力和折

射角,以及不耦合系数数值详见表5.1。

表5.1　石灰岩的初始冲击波参数和不耦合系数

参数名称	数值
药包半径R_0(mm)	16
炮孔半径R(mm)	18　20　35　40　42　43
不耦合系数K	1.125　1.25　2.188　2.50　2.625　2.688
炮孔孔壁初始冲击压力(MPa)	1051　584.5　28.48　13.85　10.75　无解
折射角和岩石壁面的变形角θ_3(°)	0.176　0.134　0.025　0.011　0.003　无解

六、不耦合系数的计算方法

根据[63]长期以来多位学者的研究有关计算原理归纳如表5.2,分别计算径向和轴向不耦合系数。

表5.2　炮孔装药不耦合系数的确定原则

确定	计算公式	
	轴向不耦合系数 $(K_L) = L_b / L_c$	径向不耦合系数 $(K_d) = d_b / d_c$
炮孔壁岩体不产生压缩性破坏,即 $P_r < \eta \sigma_c$	$K_L > \left(\dfrac{nP_k}{\eta \sigma_c}\right)^{\frac{1}{r}} \left(\dfrac{P_0}{P_k}\right)^{\frac{1}{k}} \left(\dfrac{d_c}{d_b}\right)^2$	$K_d > \left(\dfrac{nP_0}{\eta \sigma_c}\right)^{\frac{1}{2r}} \left(\dfrac{P_0}{P_k}\right)^{\frac{1}{2k}} \left(\dfrac{L_c}{L_b}\right)^2$
保证炮孔连心线方向孔壁上得以起裂 P_0 大于岩石的抗拉强度 σ_t,即 $P_0 > \sigma_c$,也即是 $\lambda \eta P = \sigma_t$	$K_L < \left(\dfrac{\lambda_n P_k}{\sigma_c}\right)^{\frac{1}{r}} \left(\dfrac{P_0}{P_k}\right)^{\frac{1}{k}} \left(\dfrac{d_c}{d_b}\right)^2$	$K_d < \left(\dfrac{\lambda nP}{\sigma_t}\right)^{\frac{1}{2r}} \left(\dfrac{P_0}{P_k}\right)^{\frac{1}{2k}} \left(\dfrac{L_c}{L_b}\right)^{\frac{1}{2}}$
爆生气体膨胀压力作用产生的裂隙长度 l 不小于孔间距 a 的一半。	$K_L \leqslant \left(\dfrac{d_b^2 P}{a^2 \sigma_c}\right)^{\frac{1}{r}} \left(\dfrac{P_0}{P_k}\right)^{\frac{1}{k}} \left(\dfrac{d_c}{d_b}\right)^2$	$K_d \leqslant \left(\dfrac{d_b}{a\sigma_t}\right)^{\frac{1}{4r}} \left(\dfrac{P_0}{P_k}\right)^{\frac{1}{2k}} [p_k]^{\frac{1}{2r}} \left(\dfrac{L_c}{L_b}\right)^{\frac{1}{2}}$

表中：n 为压力增大系数；η 为体积应力状态下岩石抗压强度增大系数；P_k 为临界压力，$P_k=200\text{MPa}$。P_0 为平均爆轰压力；L_b 为炮孔除去堵塞段的总长度，L_c 为炮孔的装药总长，K 为等熵指数，取 $K=3$，r 为绝热指数且 $r=1.4$。

不论是径向不耦合还是轴向不耦合装药，二者都是相互影响，且不耦合系数与炸药性能、岩石力学性质、炮孔孔径以及布孔参数等因素相关。在轴向不耦合系数 $K_L=L_b/L_c$ 已经确定时可以通过调整径向不耦合系数，$K_d=d_b/d_c$ 来达到更好的爆破效果，反之亦然。在实际应用中，可根据以上 3 个条件计算所得到的不同值进行对比分析，最后确定最理想的值，并可以根据计算得到的数据来调整布孔参数。

第三节　径向不耦合装药产生的间隙效应及其作用机理

由于岩石条件和炸药性能的不同，不耦合系数是应该有个合理系数值，这个系数值要能达到调整应力波参数，提高炸药药量有效利用和改善爆破效果的目的。所以，最佳的不耦合系数是可使其产生的爆破应力波和爆生气体的能量分配符合不同岩石性质条件下的破岩所需值，从而提高炸药的能量利用率。

在巷道掘进和深孔爆破作业中，不时发现放炮后或铲装挖掘，留有残药，有的密度比装药前增加了几倍或更多。这种现象，一方面是柱状药包爆破时被爆轰波挤压拒爆，而另一方面残药密度与装药前没有什么变化，却出现了熄爆现象，这是因为炸药受潮，装药结构不当，装药长度过长而起爆能不足或爆药卷放置不当等原因所致。但药包与炮孔壁空气间隔是造成炸药传爆中熄爆的一个主要原因。

一、径向间隙效应原理

1. 径向间隙效应

径向间隙效应又叫管道效应或沟槽效应。它是指圆柱形药包直径小于炮孔(管)直径时,当药包表现成炮孔(管)内壁之间的间隙(一般指空气间隙)对爆轰传播的影响作用。径向间隙效应的显著特点之一是爆轰逐渐减弱以至中断,使整个圆柱形连续装药不能全部爆轰反应完毕。

2. 径向间隙效应作用的两类理论

目前,关于径向间隙效应原理研究得尚不充分,国内外大体上有三种主要观点[64],一个以C.H.约翰逊为代表的"空气冲击波超前压缩药包论";另一个是以埃列克化学公司为代表的"爆轰等离子体超前压缩药包论";第三,国内学者认为"空气冲击波超前压缩药包论"研究得比较充分。

3. 空气冲击波速度超前于爆轰波

装入炮孔(管)中的药柱,一端起爆后,爆轰波开始传播,由于炸药券与炮孔壁存在有径向间隙,爆轰产物将向间隙中飞散。因爆炸产物与间隙中空气的物理特性不同,爆炸产物中将产生膨胀波,而空气中将产生冲击波。在飞散的最初瞬间,产物飞散的速度与冲击波阵面后的空气运动速度相吻合,该冲击波可看到是强冲击波。随着产物飞散速度的减慢,空气冲击波将与产物分离,在间隙中将形成空气冲击波的自由传播并衰减。这种自由传播的空气冲击波冲击孔壁时,将与孔壁发生作用[61]。如图5.1所示。

图中,Ⅰ区为初始冲击波形成并脱离产物自由传播至壁面,同时与壁面发生作用的区域;Ⅱ区为马赫反应开始至马赫反应结

定向卸压隔振爆破

束而形成以 D_m 速度向前运动的马赫杆区域；Ⅲ区为马赫杆超前于爆轰波传播并压缩炸药的区域。

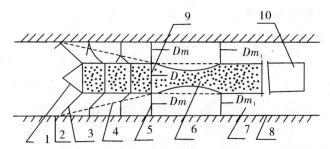

1—产物内的稀疏波；2—反射冲击波；3—入射冲击波；
4—三波点轨迹；5—马赫杆；6—压实的炸药段；
7—空气隙；8—管壁；9—爆轰波；10—原始炸药

图5.1 超前空气冲击波产生及其对炸药作用的过程

(1)空气冲击波波速超前爆轰波的理论

根据流体动力学原理，空气冲击波波速 W 可表示为：

$$W = D\frac{\rho_1}{\rho_1 - \rho_0} \tag{5.1}$$

式中：D——"活塞"运动速度，相当于爆轰波波速；ρ_0——空气的初始密度；ρ_1——压缩后的空气密度。

由冲击波 P_H 的方程可知[64]

$$\frac{\rho_1}{\rho_0} = \frac{(K+1)P_1 + (K-1)P_0}{(K-1)P_1 + (K+1)P_0} \tag{5.2}$$

将(5-2)式代入(5-1)式得

$$W = D\frac{P_1(K+1) + P_0(K-1)}{2(P_1 - P_0)} \tag{5.3}$$

式中：P_1——冲击波波阵面压力；P_0——空气初始压力；K——绝热指数。

由于 $P_1 > P_0$，P_0 可忽略不计，(5.3)式可简化为：

$$W = D\frac{K+1}{2} \tag{5.4}$$

对于空气取 $K=1.4$，则 $W=1.2K$。这就从理论上证明了空气间隔层中冲击波传播的速度超前于爆轰波。

从图5.2、图5.3中不难看出超前空气冲击波压缩前方未爆炸药，使药包直径变小，密度增大，致使爆速下降。当药包直径小于临界直径，并出现"压死"现象时，导致爆轰中断。

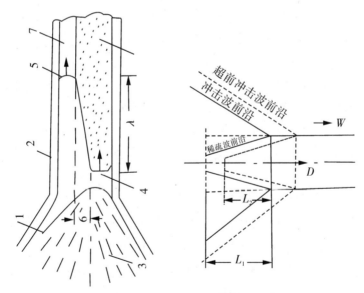

图5.2　冲击波超前压缩药包示意　图5.3　稀疏波对反应区侵扰示意图

1—产物前沿位置；2—钢管；3—爆轰气体；4—爆轰波头；

5—冲击波头；　6—未压缩炸药；λ—冲击波波长

(2)空气稀疏波的侵扰破坏了爆轰波的稳定传播

空气冲击波后面紧跟着空气稀疏波(膨胀波),它以同速同向在径向间隔内传播,无疑会侵扰正在进行爆轰反应的化学反应区,使反应逐渐缩小,炸药的能量损失增加,用以支持爆轰传播的能量减少,爆速下降,以至爆轰中断。如图5.3所示。

图中L_1为反应长度,L_2为有效反应区长度。在无径向间隙时,虽然也有稀疏波侵扰,产生侧向扩散,但由于有效反应区长≥反应区长度,故不会产生爆轰传播的衰减;当有径向间隙存在时,由于超前稀疏波的侵扰,使有效反应区长度小于反应区长度,侧向扩散损失能量增大,产生所谓超前稀疏波撕药包,吹散炸药,导致爆破中断的现象。

根据爆轰理论,稳定爆轰条件是反应终了气体的流速U与音速C之和必须等于爆速D,即:

$$U + C = D \tag{5.5}$$

但是由于空气稀疏波的超前侵扰,加速了爆生气体的膨胀,使反应区炸药密度降低,U和C下降,必然将在某一瞬间使$U+C<D$,就是说破坏了稳定爆轰条件,使反应区释放出的能量减少到不足以支持爆轰波的稳定传播。

二、径向间隙效应作用范围

1. 径向间隙效应作用范围

根据理论分析,径向间隙效应作用范围或作用区长度等于间隙中空气冲击波之波长λ,如图5.2所示。因W和D都不是定值,所以λ应按下列积分来确定。

$$\lambda = \int_{t_0}^{t} [W(t) - D(t)] \mathrm{d}t \tag{5.6}$$

式中 t_0 为形成初始冲击波头的时间。因 W 比 D 衰减快,故在某一时刻 t, D 能追上 W,使两者相等,令 $\dfrac{\mathrm{d}\lambda}{\mathrm{d}t} = W(t) - D(t) = 0$。从该式可以看出,空气冲击波有一个最大波 λ_{max},当超过该值时,空气冲击波和爆轰波将以相同的速度传播,并保持不变,达到稳定状态。如果两药包之间轴向间距大于 λ_{max} 时,就不受径向间隙效应的影响。

2. 空气冲击波压缩药包的最大深度可按下式估计[64]

$$b = ct = c\frac{\lambda}{w} \tag{5.7}$$

式中:c——炸药内压缩波的传播速度;

t——压缩波的作用时间。

由于影响径向间隙效应的因素很多,理论计算值往往与实际有较大出入,所以,有关径向间隙效应作用范围,目前仍由实验来确定。

3. 马赫反射效应

由于径向间隙的存在爆炸气流受到孔壁的约束作用,产生反射和折射形成波速高于爆轰波的复合气流。其中主要是产生正规反射,还是马赫反射,将由空气冲击波速度和压力来决定。计算表明[61]:空气冲击波在壁面的反射是马赫反射,反射结果产生垂直于壁面的马赫杆。随着爆轰波的传播,产物不断膨胀,马赫杆的高度不断增大,直至其高度等于径向间隙的宽度,此时马赫反射便结束。在径向间马赫杆将沿着轴线方向传播。如果马赫杆的速度大于爆轰波速度,在距引爆点的距离大于完成马赫反应的距离 L_m 的区域内便会出现马赫杆超前于爆轰波传播的现象。由于那些密度增大到一定程度时,再增大密度,爆轰传播速度却减慢,甚至炸药爆炸停止。

特别是聚能作用,进一步使前方未爆炸药受到更加强烈的压缩。

三、马赫杆反射参数

1. 马赫杆反射参数的计算

当一定强度的空气冲击波以大于某一特定角度自壁面入射时便会产生马赫反射。为了计算马赫杆上的参数及三波点轨迹,文献[61]采用了whitham的击波运动学理论,略去繁杂的推导过程,给出下列迭代计算公式

$$M_i = \sqrt{\frac{\tan^2(90-\theta)\left[\dfrac{f(M_i)}{f(M_{i0})}M_i + M_{i0}\right]}{1-\left[\dfrac{f(M_i)}{f(M_{i0})}\right]^2} + M_0^2} \qquad (5.8)$$

$$\tan X_i = f(M_i)\left\{\frac{1-(M_{i0}/M_i)}{\left[f(M_{i0})\right]^2 - \left[f(M_i)\right]^2}\right\}^{\frac{1}{2}} \qquad (5.9)$$

$$\Delta P_{mi} = (1+\mu^2)P_0(M_i^2-1) \qquad D_{mi} = C_0 M_i$$

式中,M_i,M_{i0} 分别为计算点处马赫杆和入射波的马赫数;ΔP_{ni},D_{mi} 分别为计算点处马赫杆的超压和速度;X_i 为三波点轨迹与壁面的夹角。

$$f(M) = \exp\left\{\left\{-\left\{\ln\frac{M^2-1}{M} + \ln\left(M^2 - \frac{K-1}{2K}\right) + \ln\left(\frac{1-\xi}{1+\xi}\right) + \left(\frac{K-1}{2K}\right)^2\right.\right.\right.$$

$$\ln\left[\xi + \left(\frac{K-1}{2K}\right)^{\frac{1}{2}}\left(\frac{K-1}{2K}\right)^{\frac{1}{2}}\ln\left[\xi - \left(\frac{K-1}{2K}\right)^2\right] + \left[\frac{2}{K(K-1)}\right]^{\frac{1}{2}}\right.$$

$$\ln\left[\left(M^2 + \frac{2}{K+1}\right)^{\frac{1}{2}} + \left(M^2 - \frac{K-1}{2K}\right)^{\frac{1}{2}}\right] + \left[\frac{1}{2(K-1)}\right]^{\frac{1}{2}}gh-1$$

$$\left\{\frac{[4K-(K-1)^2]M^2 - 4(K-1)}{4\sqrt{K}(K-1)\left[M^2 + \frac{2}{K-1}\right]^{\frac{1}{2}}\left[M^2 - \frac{K-1}{2K}\right]^{\frac{1}{2}}}\right\} \quad (5.10)$$

式中, $\xi = \sqrt{\dfrac{(K-1)M^2+2}{2KM^2-(K-1)}}$ $\quad \mu = \dfrac{K-1}{K+1}$

由上式公式可计算出 D_{mi} , ΔP_{mi} , $K=2.1\sim1.4$ 由入射波强度和角度相决定的状态是否为马赫反应,这可由稳定马赫反射公式判断,即:

$$\alpha_{oc} = Ct_g - 1\sqrt{\frac{-B+\sqrt{B^2-4C}}{2}} \qquad (5.11)$$

式中: $B = \dfrac{K\mu^2(\eta_0 + \mu^2) + (1-\eta_0)^2}{(\eta_0 + \mu^2)(1+\mu^2\eta_0)}$

$$C = -\frac{K(\eta_0 + \mu^2)}{1+\mu^2\eta_0} \qquad \eta_0 = \frac{P_0}{P_1}$$

α_{oc} 为马赫反射的临界角; P_0 为未经扰动的空气压力; P_1 为

定向卸压隔振爆破

初始空气冲击波压力。

若要产生马赫反射须满足$\theta \geqslant \alpha_{oc}$,式中:$\theta$为入射波与壁面的夹角。

马赫反射一旦产生,马赫杆将会逐渐升高,直至其高度等于空气间隙厚度,此时马赫杆与爆轰波处于同一位置,但速度不等。若马赫杆的速度D_m大于爆轰波速度D,马赫杆就会超前于爆轰波传播。此即所谓在管道中传播的超前空气冲击波。

2.马赫反射计算结果与分析[61]

(1)药包参数和E不变,改变θ、P_K改变时,马赫杆完全形成并超上爆轰波的距离。

应用上述计算方法,进行了大量计算。计算中不改变炸药品种、直径及空气间隙厚度而只改变爆轰产物中间膨胀P_K和初始空气冲击波与药柱轴线间夹角θ的情况下,计算得到了马赫杆完全形成并赶上爆轰波的距离,炸药起爆点至马赫反射结束点的距离(L_m)、及马赫杆的速度D_m和马赫杆压力P_m见表5.3。表5.3为参数不变,空气间隙厚度不变、计算θ、P_K改变时,马赫杆完全形成并赶上爆轰波的距离。

表5.3　炸药参数不变,E不变求马赫杆参数据的结果表

$\dfrac{P_m}{D_m}(L_m)$　$\theta(°)$ $P_k(\text{MPa})$	70	60	50	44	40	35	30
50	$\dfrac{348}{140}$ (50)	$\dfrac{378}{166}$ (80)	$\dfrac{422}{207}$ (154)	$\dfrac{461}{246}$ (263)	$\dfrac{494}{283}$ (406)	$\dfrac{549}{349}$ (784)	$\dfrac{624}{452}$ (1765)

续表

$\frac{P_m}{D_m}(L_m)$　　$\theta(°)$ $P_k(MPa)$	70	60	50	44	40	35	30
100	$\frac{376}{164}$ (48)	$\frac{409}{193}$ (77)	$\frac{456}{241}$ (147)	$\frac{497}{287}$ (247)	$\frac{533}{329}$ (279)	$\frac{592}{406}$ (722)	$\frac{673}{525}$ (1607)
150	$\frac{396}{182}$ (48)	$\frac{431}{215}$ (75)	$\frac{481}{268}$ (142)	$\frac{524}{319}$ (238)	$\frac{562}{366}$ (363)	$\frac{623}{451}$ (678)	$\frac{709}{583}$ (1517)
200	$\frac{413}{198}$ (47)	$\frac{449}{234}$ (74)	$\frac{501}{292}$ (139)	$\frac{547}{346}$ (232)	$\frac{586}{398}$ (352)	$\frac{650}{490}$ (662)	$\frac{739}{633}$ (1456)
250	$\frac{427}{212}$ (47)	$\frac{405}{251}$ (74)	$\frac{519}{313}$ (137)	$\frac{566}{396}$ (273)	$\frac{606}{426}$ (343)	$\frac{673}{525}$ (644)	$\frac{765}{678}$ (1410)
300	$\frac{441}{226}$ (46)	$\frac{480}{267}$ (72)	$\frac{536}{333}$ (135)	$\frac{586}{396}$ (272)	$\frac{626}{454}$ (336)	$\frac{694}{559}$ (628)	$\frac{789}{722}$ (1371)

注：D_m、P_m、L_m 的单位分别是 m/s、MPa、mm。

其他已知条件：E=9mm，R=16mm，2#岩石 D=3 600m/s，P_H= 33 061kg/cm²。

从表5.3中可以看出，对于孔壁间存在有9mm空气间隙的2#岩石硝铵卷且在 $50 \leqslant P_k \leqslant 300$MPa，$30° \leqslant \theta \leqslant 70°$ 范围内，均存在有 $D_m > D$，这说明在此条件下，沿轴向传播的空气冲击波超前于爆轰波的情况是存在的。同时在其他条件不变时 P_k 越大，产生的空气冲击波越强；L_m 越小。形成的沿轴线方向传播的空气冲击波越强，L_m 越大。

（2）不同径向间隔和 P_k 计算空气冲击波超前的条件

文献[61]设置硝铵类炸药的参数取值范围 $100 \leqslant P_k \leqslant 200$，$\theta = 54°$，计算马赫杆参数如表5.4所示。

表5.4　炸药参数θ为定值计算马赫参数结果表

$\dfrac{P_m}{D_m}(L_m)$ ＼ E(mm) ＼ P_k(MPa)	5	10	15	20	25	30
100	$\dfrac{480}{267}$ (58)	$\dfrac{433}{218}$(123)	$\dfrac{398}{183}$(193)	$\dfrac{370}{157}$ (271)	$\dfrac{347}{139}$(355)	$\dfrac{327}{124}$(447)
150	$\dfrac{506}{297}$ (57)	$\dfrac{457}{242}$ (119)	$\dfrac{420}{204}$ (187)	$\dfrac{390}{176}$ (261)	$\dfrac{366}{155}$(341)	$\dfrac{345}{138}$(427)
200	$\dfrac{528}{323}$ (56)	$\dfrac{477}{263}$ (117)	$\dfrac{438}{222}$ (183)	$\dfrac{407}{192}$ (255)	$\dfrac{381}{168}$(331)	$\dfrac{360}{150}$ (414)

注：2#岩石炸药；爆速D=3 600m/s；爆轰压P_{H}=33 061kg/cm²；炸药柱半径R=17.5mm；θ=54°。

临界气隙厚度(E)，主要与炸药包品种、药卷粉状、P_k有关。计算出临介空气厚度列于表5.5。

表5.5　不同药包半径和P_k值求间隙厚度(E)临介值

$E_{临}$(mm) ＼ R(mm) ＼ P_k(MPa)	12.5	16	17.5	$\left(\dfrac{R}{E_{临}}\right)$
100	15.5	20	22	0.8
150	19	23.5	26	0.67
200	21	27	30	0.59

从表5.5可见,虽然不同的药卷半径有着不同的临界E值,但其比值对同一P_k是非常相近的。

四、径向间隙效应试验

1. 聚乙烯管中实测空气冲击波与爆轰波的传播

根据文献[64]:某次试验采用硝铵炸药,药卷直径25mm,装入内径为40mm聚乙烯管中实测的空气冲击波与爆轰波传播速度的比较关系。如图5.4所示。从图中可以看出,空气冲击波超前于爆轰波。

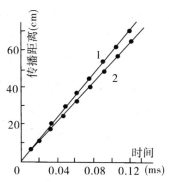

图5.4　某次试验中冲击波与爆轰波速比较关系

1—冲击波头(图中上面的斜线);2—爆轰波头(图中下面的斜线)

2. 空气间隙效应的有效范围

(1)实验结果发现[61]当$E<2.5$mm时,不产生间隙效应,而计算结果表明,仍有超前空气冲击波存在。与实验不符合,原因在于试验管壁非绝对光滑,它的粗糙会影响到空气冲击波的传播。当空隙大时,这种影响局限于近壁层,当E值小时,这种影响便会波及整个径向间隙,从而使其中的空气冲击波实际降低;E小时

空气冲击波的总能量亦小,使得小空隙下的炸药很难熄爆,只是爆速降低而不熄爆。

(2)文献[64]在浅孔状态下的试验研究表明:主要是炮孔直径与药包直径的一定比例范围内不出现的某区间范围为:

$$1.122 \geqslant \frac{d_b}{d_c} \gg 3.714 \tag{5.12}$$

处在这个区间范围内的装药往往不出现炸药传播中的熄爆现象[65]。

3. 改变管壁性能的模拟试验[61]

(1)管道中加纸垫、涂抹黄油和其他涂抹物,使管壁粗糙对管壁中的空气冲击波产生阻碍作用有,使空气冲击速度降,致使其不超前或弱超前于爆轰波,从而使间隙效应减弱或消失。

(2)当管道中充水、砂等物时,这种填塞物阻碍了爆轰产物侧向飞散,因而超前空气冲击波压实炸药的机理不复存在。

(3)对于柔性壁面,空气冲击波作用其上时,可能使其变形,这种变形会消耗一部分空气冲击波能量,使其减弱,从而使产生径向间隙效应可能性减少。

五、不同炸药性质在炮孔内传爆的极限长度

不同的炸药性质或药包直径存在着一个传爆极限长度,装药长度超过之个极限范围,也出现熄爆现象。文献[65]举例2#岩石炸药在炮孔内只传爆5~6卷(每卷长175mm);硝铵炸药在炮孔内也只能传爆6~8卷(每卷长175~200mm),越高级的炸药,其传爆卷数越多,长度越长。一般较低级炸药(指硝铵、2#岩石炸药),当装药长度大于药卷直径的31倍时,一个起爆炸药卷置于装药的一端不能全部起爆装药。

六、结果分析

以上试验与计算说明,一定范围的径向间隙内,管道中(炮孔中)是有超前于爆轰波传播的空气冲击波。超前空气冲击波提前压实炸药,使炸药爆速降低,或熄爆的径向间隙效应是存在的。

因此,不耦合装药结构可以是连续装药,也可以是间隔装药。但不论是哪一种装药结构,均须避免产生爆轰传播的减弱和中断。根据试验与计算有以下初步结论与方法措施。

1. 计算得到的径向间隙内沿轴向传播的空气冲击波赶上爆轰波的距离 L_m 并不等于使炸药炸爆的距离 L_x,其原因在于超前空气冲击波冲击作用于炸药,把炸药压实需一定的作用时间,在这一时间内,空气冲击波、爆轰波均传播了一段时间,因而出现了 L_x 不等于 L_m 的问题[61]。同时要产生管道效应,必须有 $L_x > L_m$。

2. 超前空气冲击波只能压实炸药,而不能引爆炸药:管道(炮孔)中空气冲击波传播速度比爆速快,但从以上表计算中 P_m(为 C-J 压力),因而空气冲击波能量远小于爆轰波能量,也小于炸药的活化能,故不能引爆炸药[61]。

3. 理论上可以证明,在一定条件下,超前空气冲击波压实炸药,改变炸药爆轰特性。这一径向间隙效应机理是可行的。但是影响间隙效应的因素也很多,如炸药性质、起爆能大小、药卷直径、间隙量、外壳质量和岩石坚固与及径向气隙厚度,炮孔壁的粗糙度及强度、P_k 压力等。

4. 空气冲击波赶上爆轰波的距离并不等于炸药自引爆至熄爆的距离,其差值主要取决于空气冲击波强度、炸药品种和装药半径。

5. 柱状药包爆破管道效应的必然性

从总结分析来说,柱状药包爆破产生管道效应有其必然性。

深孔爆破是现代爆破工程中的一项新技术,在国内外的研究和应用日益广泛,成为现代爆破技术的发展趋势,但是,深孔爆破遇到的最大难题,是采取怎样的装药结构和传爆方法以克服管道效应造成的爆轰熄灭,获得预想的爆破效果。由于我国井工矿山目前在井巷工程周边爆破和露天岩土工程边坡爆破广泛采取不耦合装药,这种装药结构普遍而严重产生管道效应[66],阻碍炸药的爆轰传爆,影响爆破效果不利安全。

管道效应的表现形式是多种多样的。从广义而言,主要指孔(管)内装炸药发生爆轰不稳定和爆轰熄灭效应。

(1)管道效应的实质

管道装药爆炸产生管道效应是必然的,普遍存在的。其明显显现又是有条件的。这已被试验所证明。很明显。产生管道效应的根本条件,是由于"管道"的存在。就是说,只要装药在"管道"里爆炸。就必然普遍产生管道效应。必须强调:这里的"管道"概念应包括管壁(或孔壁)、装药药卷外皮和两者之间的间隙,以及间隙内的介质。因此,管道效应的实质可以这样理解。

如果把管道内由于装药爆炸而产生的一系列波(包括爆轰波、膨胀波和在间隙介质内的压缩冲击波等)的传播过程,看成一个自动的连续过程的话,则管道效应可认为是装药爆轰波的传播过程(以爆轰波波头即冲击波波阵面为输出端,以化学反应区为输入端)在管道约束时产生的正、负反馈作用。这个管道系统(包括爆轰产物、正在爆轰和尚未爆轰的装药、药包外皮、管壁、间隙以及间隙中的介质)。可认为是一个反馈系统。

或者从力学观点可以理解为:管内装药的爆轰作用。由于受管道的约束。必须产生反作用。管道效应则可以认为是爆炸作用在管道的影响下产生的反作用和爆炸作用本身的综合作用。

因此,管效应实质上是多种作用的复合效应。

(2)管道效应是多种作用的复合效应

由于爆炸作用的多因素的复杂性,又受管道的多因素影响,其反作用也同样是多因素的、复杂的。从这一认识出发,显然,产生管道效应的原因是错综复杂的。并不只是某一种因素起作用。而是多因素交互作用的复杂作用。我们所观察到的各种管道效应现象,则是这种复合作用的最终结果。由于炸药和管不同。因此,其复合作用的结果,即管道效应的形式和强弱程度也就不同。

(3)炸药正常爆轰过程中,造成能量损耗的爆生产物膨胀波的干扰和炸药黏性的摩擦作用。根据流体动力学爆轰理论,任何炸药在爆轰传播时,都存在着爆轰产物膨胀波的干扰,以及与炸药之间的摩擦作用。此外还存在着热传导和辐射。它们使冲击波在爆药中传播时造成能量损耗,直到传播停止。在爆轰过程中冲击波之所以能维持一定的速度在炸药中稳定传播,是由于化学反应区不断提供能量以补偿这种能量的损耗。一旦受到某种影响而破坏了补偿能量的平衡,使能量逐渐衰减,必然导致爆轰不稳,直至熄灭。上述这种造成能量损耗的作用,不仅决定了炸药本身的爆速、临界直径和极限直径等爆炸性质和爆轰参数,而且从本质上解释了炸药性质和装药直径、密度对管道效应强弱的影响原因。影响管道效应的其他各种因素也都和这种作用有联系。因为通过内因才起作用。如果不存在这种内在作用,那么作为外界条件的管道条件无论怎样变化,也不可能造成装药爆轰不稳或爆轰熄灭。

总之,超前压缩波使装药直径变小,装药密度增大,这一变化结果,导致爆速降低而同时临界爆速和临界直径反而增大。另外,爆速降低,同时爆轰波波头压力减小,能量降低。根据流体动力学爆轰理论,冲击波引起炸药爆轰必须具备如下两个条件:一是冲击波的波速必须大于或等于某定值即该条件下的临界爆速$D_{临}$;二是冲击波要有足够的能量。上述管道效应使管内装药的爆速和临界爆速变化结果,当满足不了这两个条件时,即当变化到爆速低于临界爆速($D<D_{临}$),则爆轰必须熄灭。或者说,管道效应一方面使未爆炸药钝感,一方面又使起爆能降低,这样变化到一定程度时,必然起爆不了前面未爆的装药。

七、柱状药包装药结构爆破避免熄爆的措施

由于工程控制爆破进行不耦合装药结构,因此,径向间隙是必然存在的,爆炸气流,受炮孔壁的约束作用,产生反射和折射,形成波速高于爆轰波的复合气流。特别是管道的聚能作用,进一步使前方未爆炸药受到更加强烈的压缩,为了避免柱状药包不耦合装药爆轰波稳定传爆。

1. 根据不同炸药性质和药卷直径确定的临界极限传爆长度采取多点同时起爆;

2. 把起爆药包置于柱状药包的中间位置;

3. 采用导爆索起爆,是工程控制爆破的重要的、可靠的方法;

4. 采用导爆索和塑料导爆破起爆方法;

5. 间隔装药在一定条件下殉爆增强,炮孔内,躲过造成爆轰熄灭的超前压缩区这样的间隔装药,不仅不能产生爆轰熄灭,反而由于管道的聚能作用会使爆轰增加。

第四节　不同耦合系数的爆破效应和孔壁压力

一、不同耦合系数值的爆破效应

1. 不同耦合系数(K)的应力波

理论和实践表明[66]，随K的增加，应力波形趋于平缓，峰值下降作用时间加长，如图5.5所示。

耦合装药时，应力波形表现出明显的强冲击性质，峰压高、衰减快，作用时间短，其原因是由于耦合装药时孔壁与药卷间没有间隙，炸药爆炸产生的爆轰波直接通过孔壁透射到介质中。当采用不耦合装药结构时，由于药卷与孔壁间存在间隙，爆轰波首先在空隙内产生空气冲击波，并与空隙内气体相互作用，爆轰气体达到孔壁的冲击压力降低了，然后与孔壁碰撞后透射到介质中的应用力值也随之降低，且孔内空隙越大，即K越大，应力值降低越多。

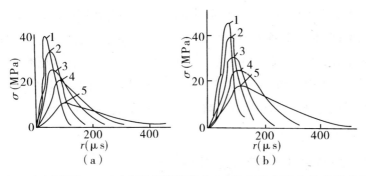

(a)实测值　　(b)有限元计算值；1~5—K=1.00，1.33，1.60，2.00，2.67

图5.5　模型的应力波形

2. 不同K值与应力波参数的关系

不同K值的应力波参数试验[66]采用了不同规格的模型及参数和模型不同的力学参数(见表5.6)。

(1)模型的规格:模型为$\phi300mm\times300mm$的圆柱体,中间预留$\phi16mm$的药孔,RDX炸药装药密度为$1.0g/cm^3$,爆速为$5\ 430m/s$,装药量为5g,不耦合系数为1、1.33、1.60、2.00、2.67。

表5.6　试验模型的力学性能

组别	抗压强度 (MPa)	密度 (g·cm⁻³)	波速 (m·s⁻¹)	波阻抗 (MPa·s⁻¹)	泊松比
I	16 ~ 70	2.01	3 090	62.1	0.20
II	40.80	2.20	3 970	87.3	0.25
III	62.30	2.32	4 150	95.4	0.29

(2)试验结果与分析

试验结果见图5.6[67]、图5.7[68],由图可见,由于爆生气体的膨胀及孔壁膨胀后压力等状态量的改变,使得其作用过程需要较长的时间,且空隙越大该时间越长,表现为所测应力波形的作用时间增长,衰减变缓。但是装药爆炸在岩石中激起爆炸的比冲量I随K增加而增加,这对破碎是有利的;但当K增加到一定值后,I趋于稳定,此时峰值明显下降。而I与应力时间的关系如下式:

$$I(t)=\int_0^t pm(t)\,\mathrm{d}t \tag{5.13}$$

(3)K值对爆破应力波的影响

①在分析应力波参数与K的曲线可发现,在耦合条件下峰压值最大,作用时间最短,且K值增加,峰值压力降低作用时间延长,当K值从1增加到2.67时,峰值降低了3~4倍,作用时间增加

了8~15倍[67]。而且固体介质强度愈高,应力参数随K值的变化愈加剧烈。当$K>2$后,介质中的冲击特性减弱,准静态作用特性占主导地位,破岩机理以爆生气体作用理论为主。

②国内外多个学者对炮孔内壁最大切向应力的影响,提到随着不耦合系数的增大,最大切向应力值明显下降,不耦合系数2.5与1.1相比较,切向应力约减少到1/6[64]。对相应变幅值的影响,不耦合系数1.4与1.0相比,应变幅值下降40%。对动应变峰值的影响,不耦合系数从1.46增大到2.25时,动应变峰值从2 780$\mu\varepsilon$下降到1 025$\mu\varepsilon$。图5.6为K与应力波参数的关系曲线。图5.7为不耦合系数与t_d/t_0的关系曲线。

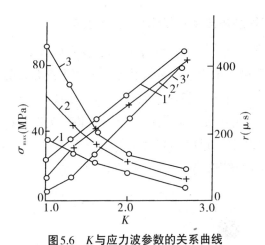

图5.6　K与应力波参数的关系曲线

1~3——Ⅰ、Ⅱ、Ⅲ组的σ_{max}-K曲线;1′~3′——Ⅰ、Ⅱ、Ⅲ组的τ—K曲线

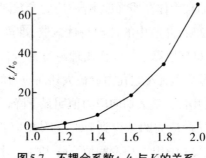

图5.7　不耦合系数 t_a/t_0 与 K 的关系

t_a——为不耦合装药爆炸时的压力作用时间。

t_0——为耦合装药爆炸时压力作用时间。

二、不同装药条件下岩石的动应力水平

在国内外炮孔柱状装药结构中,常规爆破都采用耦合装药,工程控制爆破一般采用不耦合装药。采用不耦合装药的目的是为了降低爆轰冲击波初始压力,以降低对围岩和保留岩体的损伤、破坏。图5.8[69]是不同炮孔直径不同装药条件距孔中心距离0.9m时,实测空气径向不耦合装药情况下岩石应力水平曲线。图5.9为不同装药形式所产生的爆破震动效应。

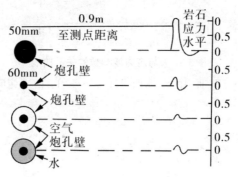

图5.8　不同装药条件下岩石动应力水平

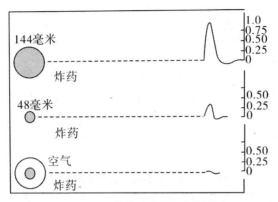

图5.9　不同装药形式所产生的爆震

　　研究不同装药结构条件下冲击波产生的初始冲击压力是实现不耦合装药的首要条件。所以孔壁初始冲击压力计算对控制爆破工程实践及爆破压力测试都比较重要。目前,对耦合装药爆破孔壁初始冲击压力的近似计算公式比较统一,而对于不耦合装药,孔壁初始冲击压力的计算公式较多:例如①入射压力,增强计算初始冲击压力法;②按等熵指数$k=1.3$或$k=1$的准静态压力计算法;③两阶段等熵膨胀计算法;④爆轰产物最大扩散速度计算法;⑤初始冲击参数的详细计算法。根据理论分析比较:采用的两种初始压力计算方法,即爆轰产物两阶段等熵膨胀法和爆轰产物最大扩散速度法。

三、不同装药结构炮孔壁压力的计算

1. 耦合装药结构炮孔壁的初始压力

　　耦合装药条件下,岩石中的柱状药包爆破后,向岩石壁面施加冲击载荷,按声学近似原理有:

定向卸压隔振爆破

$$P_m = \frac{\rho_r c_r}{2(\rho_c D + \rho_\gamma c_\gamma)} \cdot \rho_c D^2 \tag{5.14}$$

式中，P_m 为炮孔壁的冲击波初始压力；ρ_c，ρ_γ 分别是炸药和岩石的密度；C_γ，D 分别是岩石的声速和炸药的爆速。

部分岩石物理力学性质指标如表5.7所示。

表5.7 部分岩石物理力学性质指标

岩石名称	密度（g·cm³）		抗压强度（MPa）	抗拉强度（MPa）	弹性参数		抗剪强度参数		纵波速度（m/s）
	自然风干	饱和			弹模	泊松比	内聚力	摩擦角	
斜长岩	2 840	2 850	126	6.9	4.78	0.23	22.3	48	4 103
浅色辉长岩	2 890	2 890	125	4.8	5.58	0.21	14.2	49	4 394
粗粒伟晶辉长岩	2 920	2 930	42	2.3	3.17	0.24	4.9	51.9	3 295
暗色辉长岩	2 820	2 820	120	6.4	4.80	0.23	20	45	4 126

2. 径向不耦合装药结构的孔壁压力

（1）径向空气不耦合装药结构的孔壁压力

空气不耦合装药，因空气的可压缩性很大，对爆生气体膨胀和阻尼作用可忽略不计，因此，可以认为爆生气体膨胀充满整个炮孔。爆生气体在膨胀过程中，体积增大，密度减小，音速随之降低，并引起波阻抗发生变化。

民爆破工程均用混合炸药，近似认为爆生气体在炮孔中遵循等熵膨胀，其爆压随着爆轰气体的膨胀而下降。因膨胀迅速，可以认为与周围岩石没有热交换,因此,可以用绝热方程来描述其膨胀规律,在计算用于炮孔壁上的爆轰气体压力时,将膨胀过程按临界压力分段考虑[69]。

$$P_\rho^{-k}=PV^k=\mathrm{const}(P \geqslant P_k)$$
$$P_\rho^{-r}=PV^r=\mathrm{const}(P < P_k) \qquad (5.15)$$

式中,P 为爆生气体膨胀过程的瞬时压力;V 为瞬时压力对应的单位质量的气体体积;ρ 为密度;K 为等熵指数取 $K=3$,r 为绝热指数,取 $r=1.4$;P_k 为临界压力,取 $200\mathrm{MPa}$。

爆轰压力 P_H 为

$$P_H = \frac{\rho_c D^2}{2(1+K)} \qquad (5.16)$$

式中,ρ_c 为炸药的密度,D 为炸药的爆速,K 为等熵指数取值同上。爆轰气体膨胀到临界压力 P_k 时的气体和 V_k 为:

$$V_k = V_H \left(\frac{P_H}{P_k} \right) \frac{\gamma}{k} \qquad (5.17)$$

当气体压力小于临界压力时,根据文献[70]爆生气体充满炮孔瞬间孔壁上的压力 P_b 为

$$P_b = P_K \left(\frac{V_H}{V_b} \right)^r \left(\frac{P_H}{P_K} \right)^{\frac{r}{K}} = P_K \left(\frac{P_H}{P_K} \right)^{\frac{r}{K}} (K_d^2 \cdot K_L)^{-r} \qquad (5.18)$$

式中,P_b 为孔壁处冲击波压力,V_b 为炮孔体积,K_d 和 K_L 分别为炮孔装药径向和轴向不耦合系数。其他符号意义同前。假设冲击波冲击孔壁岩石为弹性碰撞,则由声学公式求解可得孔壁上的初始冲击压力 P_m 为:

定向卸压隔振爆破

$$P_m = \frac{2P_r C_p}{\rho_r C_p + \rho_c D} \cdot P_b \tag{5.19}$$

将(5-18)式代入(5-19)式得:

$$P_m = \frac{2P_r C_p P_k}{\rho_r C_p + \rho_c D} \left(\frac{P_H}{P_k}\right)^{\frac{r}{K}} \left(K_b^2 \cdot K_L\right)^r \tag{5.20}$$

式中:ρ_r 为岩体密度;C_p 为弹性纵波速度。

（2）径向水不耦合装药结构的孔壁压力[70]

径向水不耦合装药爆破大致有以下的过程:首先炸药爆破后,爆炸产物与水的分界面发生透射和反射,爆轰产物内反射一个向心稀疏波,向水中透射柱面冲击波,在水中激起爆炸冲击波;其次爆炸产物在水中的传播与空气中爆炸相似,但与空气相比,一般压力下水几乎是不可压缩的,但在爆炸高压作用下水又变成可压缩的,只是压缩程度远比空气小得多。所以此时水中将产生一柱面波并沿径向传播,到达孔壁时,发生透射并向水中反射一个向心冲击波,这样的作用反复多次,紧随冲击波后爆生气体膨胀,水被压缩,密度增大,压力增高,当爆轰产物的冲击压力等于水的压力时,膨胀压缩过程结束,并以准静态压力的形式作用孔壁。在孔的周围形成准静态应力场。

冲击波径向传播,压缩水介质,柱状装药能量衰减的规律按以下公式计算[70]:

$$P(t) = P_\phi \cdot e^{\frac{-1}{\theta}\left(t - \frac{R}{C_o}\right)} \cdot \sigma_o\left(t - \frac{R}{C_o}\right) \tag{5.21}$$

$$P_\phi = 720\overline{R}^{-0.72} \quad \overline{R} = \frac{R}{\sqrt{W_t}} \quad W_t = W_c \cdot \frac{Q_c}{Q_t} \tag{5.22}$$

$$\sigma_0\left(t - \frac{R}{C_0}\right) = \begin{cases} 1, t \geqslant \dfrac{R}{C} \\ 0, t < \dfrac{R}{C} \end{cases} \tag{5.23}$$

式中,t 为从起爆开始算起的时间(s);R 为某点到药券轴线的距离(m);C_0 为水中冲击波速(m/s);σ_0 是时间的函数;P_ϕ 为某点的冲击波峰值,是距离 R 的函数,$\overline{R}$ 为比例距离,W_c 为装药总量,W_t 为总装药总量的TNT当量,Q_c 为装药的爆热(kJ/kg);Q_t 为TNT的爆热,Q_i=4 180kJ/kg;Q 是 W 和 R 的函数,量纲是秒,对于柱状装药的TNT药包,$Q = 10\sqrt[4]{W_T} \cdot \overline{R}^{0.45}$。因此,当冲击波传播到孔壁时其波阵面上的压力(孔壁入射冲击波峰值)为

$$P_\phi = 720\overline{R}_b^{0.72} \tag{5.24}$$

此时的比例距离为 $\overline{R} = \dfrac{r_b}{\sqrt{W_T}}$,$r_b$ 是炮孔半径。当装药半径为 r_c,炸药密度 ρ_c 时,炮孔内的装药量为:

$$W_c = \pi r_c^2 \cdot \rho_c \cdot \frac{L_b - L_s}{\cdot K_L} \tag{5.25}$$

将(5-25)其代入(5-24)式,则有:

$$P_\phi = 720 K_d^{0.72}\left[\pi\rho_c \cdot \frac{L_b - L_s}{K_L} \cdot \frac{Q_c}{Q_T}\right]^{0.36} \tag{5.26}$$

其中,K_d 为炮孔装药径向不耦合系数,K_L 为轴向不耦合系数,L_b 为炮孔长度;L_s 为炮孔堵塞长度。

水中冲击波到孔壁时,将发生反射和透射,其反射冲击波峰

值 $P_{\phi r}$ 为[70]

$$P_{\phi r} = \frac{2P_\phi + 2.5P_\phi^2}{P_\phi + 19\,000} \tag{5.27}$$

在孔壁处,根据连续条件,孔壁处的冲击压力 $P_{\phi t}$ 为:

$$P_{\phi t} = P_{\phi r} + P_\phi \tag{5.28}$$

由(5-26)~(5-28)式得:

$$P_{\phi t} = \frac{2P_\phi + 2.5P_\phi^2}{P_\phi + 19\,000} + P_\phi = \frac{P_\phi^2 + 19\,002P_\phi}{P_\phi + 19\,000} \tag{5.29}$$

故炮孔内不耦合装药时,孔壁上的初始冲击压力 P_m 为:

$$P_m = P_{\phi T} = \frac{P_\phi^2 + 19\,002P_\phi}{P_\phi + 19\,000} \tag{5.30}$$

根据理论研究,在一般工程条件下,有 $P_\phi \gg 19\,000P_a$

故上式简化为: $P_m = P_{\phi T} = 3.5P_\phi \tag{5.31}$

3. 轴向不耦合装药结构的孔壁压力

炮孔轴向空气间隔装药或炮孔轴向水间隔装药条件下爆炸能的传递机理与径向不耦合装药一样。

(1)轴向水间隔装药结构的孔壁压力

当以炮孔底部为水间隔层,炸药起爆点位于药柱的顶部。装药起爆后,爆轰波在药柱中传播,假设爆生气体也沿着轴向膨胀,当其到达药柱的端部与水间隔层的交界时,水间隔层表面受到强烈压缩,在水间隔层中激起冲击波,沿炮孔轴向继续向孔底传播。当冲击波面到达孔底岩石表面时,将发生反射,对孔底岩石产生冲击压缩破坏。同时由于水间隔层的轴向压缩,必须引起侧向膨胀,从而对孔壁岩石产生径向压缩作用。

即是说炸药爆炸后,一方面爆生气体膨胀压缩水柱压力降低,另一方面水柱被压缩压力升高,当两者压力相等时,膨胀压缩过程结束,炮孔内压力均等。此时的爆生气体压力为[71]。

$$P_b = P_e \left[\frac{L_c}{L_c + L_y} \right]^3 \tag{5.32}$$

式中:P_b 为压缩后的炮孔压力;P_e 为爆生气体的平均压力,L_c 和 L_y 分别为炮孔装药高度和水柱被压缩的高度;

$$P_e = \rho_0 D/8 \tag{5.33}$$

式中:ρ_0、D 分别为炸药密度和爆速。

水柱中的压力可表示成:

$$P_b = E_V \ln \left[\frac{L_a}{L_a - L_y} \right] \tag{5.34}$$

式中,E_V 为水的弹性模量,可取 $E_V = 2\,000\text{MPa}$;L_a 为水柱高度。

联立(5.32)和(5.34)式可求得平衡状态时,炮孔压力和水柱的压缩高度。

(2)轴向空气不耦合装药结构的孔壁压力[72]

炸药爆轰结束后,爆生气体的初始平均压力:

$$P_0 = \frac{1}{2(K+1)} P_0 D^2 \tag{5.35}$$

式中:P_0 为炸药密度;D 为炸药爆速;K 为等熵指数,$K = 3$。

按照爆轰热力学理论,爆生气体在炮孔中发生等熵绝热膨胀充满整个炮孔时气体压力为:

定向卸压隔振爆破

$$P = P_k \left(\frac{P_0}{P_k} \right)^{\gamma/k} \left(\frac{V_c}{V_b} \right)^r \tag{5.36}$$

式中：P_k 为临界压力，通常取 $P_k = 2 \times 10^8$ Pa；r 为绝热指数，$r = 1.3$；V_c 为装药体积；$V_c = \frac{1}{4}\pi d_c^2 L_1$；$d_c$ 为装药直径；V_b 为装药与空气体积之和，$V_c = \frac{1}{4}\pi d_c^2 (L_1 + L_2)$；$d_b$ 为炮孔直径，L_1 为装药长度，L_2 为空气柱长度。将 V_c 和 V_b 代入式（5.36）有：

$$P = P_k \left(\frac{P_0}{P_k} \right)^{\gamma/k} \left(\frac{d_c}{d_b} \right)^{2r} K_d^{-r} \tag{5.37}$$

作用在孔壁上的初压冲击压力和拉应力分别为：

$$P_r = BP \tag{5.38}$$

$$P_\theta = \lambda P_r = \lambda BP \tag{5.39}$$

式中：B 为压力增大系数，$B = 10$；λ 为侧压力系数，$\lambda = \frac{v}{1-v}$，v 为岩石泊松比。

（3）空气不耦合和水不耦合装药产生的孔壁压力对比

就空气不耦合和水不耦合装药产生的孔壁压力进行对比：选用 TNT 炸药，在相同条件下，即孔径、孔网参数、药包形状及装药方式相同。分别计算空气不耦合和水不耦合装药时的孔壁处初始冲击压力，计算参数为：$\rho_0 = 1.65$g/cm^3，$D_0 = 6\ 900$m/s；$\rho_0 = 2.8$g/cm^3，$C_P = 5\ 050$m/s。计算结果如图 5.10，图 5.11[73]所示。

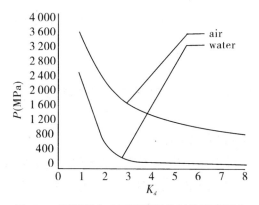

图5.10 不同耦合介质装药爆炸时的孔壁压力

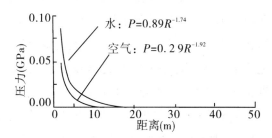

图5.11 不同介质耦合爆破压力衰减曲线

从图5.10可以看出:①当轴向装药不耦合系数相同时,水不耦合装药比空气不耦合装药爆破时所产生的孔壁压力始终大;水不耦合装药爆破产生的孔壁压力随着不耦合系数的变化的趋势相对要小;②当炮孔孔壁处初始冲击压力 P_m 同时,水不耦合装药的不耦合系数要大得多,由于炮孔直径相同,这说明要达到同样初始冲击压力,水不耦合爆破的装药直径要小得多,这说明了水比空气具有更好的传能作用,因此,炮孔水压爆破可以节省药量,这对降低噪声的危害,减小震动以及减小粉尘均有利,水介质的爆炸能量利用更高,所形成的准静态应力场强度更强,其作用也会更均匀持久[73]。

第五节　炮孔中不耦合装药不同介质耦合爆破破岩特征

一、不同耦合介质的作用机理

1. 空气:对于炮孔空气不耦合装药爆破,K.K.安德里夫和A.别辽耶夫认为,因空气的密度很低,可压缩性很强,炸药爆后产生的高温高压爆轰气体产物,在炮孔中膨胀直接撞击孔壁,对孔壁面形成冲击压缩作用,并近似认为这种高速冲击使孔壁冲击压力较炮孔中的爆生气体膨胀准静态压力增大了8~11倍。

2. 水炮孔中水作为炮孔和炸药间的耦合介质,即炮孔水不耦合装药。炮孔水不耦合装药爆破时,受爆轰波和高温高压爆生气体产物的冲击压缩作用,在水介质中激起冲击波,并沿炮孔径向传播,冲击波传播到炮孔壁时也将发生反射和折射,类似于耦合装药,其折射压力即为孔壁初始冲击压力。水的物理力学性能同空气不一样,其一,水的可压缩性远远小于空气,一般情况下,它几乎不可压缩;其二,水的密度本身就比空气大,水中爆轰产物膨胀速度比空气中慢,这就使得水中爆炸与空气爆炸相比,冲击波的作用强度高且时间长,在周围岩石中形成爆炸应力场的场强和分布造成的破碎程度范围比空气不耦合装药要大。

二、炮孔中不同介质耦合爆破特征模型试验

张松林、龙维祺先生采用400mm×400mm×230mm试块和超动态应变仪测试系统,BSS－Z型10段爆速仪测试系统,分别研究不同介质耦合爆破的应变规律和裂纹的扩展规律。药包为

1.2g的黑索金和0.3g的DDNP、药包直径为7.5mm,炮孔直径分别为12mm、20mm、25mm、30mm。相应的不耦合系数分别为1.7、2.7、3.3、4。

1. 不耦合系数和炮孔中的耦合介质对应变波的影响

炮孔中分别是水和空气时在不同的不耦合系数所测的表面典型的拉伸波应变形峰值,每一种情况重复试验四次,测试结果见表5.8所示。

表5.8

项目内容	空气				水			
	不耦合系数				不耦合系数			
拉伸应变峰值	1.67	2.67	3.33	4	1.67	2.67	3.33	4
$\varepsilon_{\max}(\mu\varepsilon)$	353	210	150	110	401	324	265	222

2. 不耦合系数和炮孔中耦合介质平均最大应变与平均最大变形势能的关系

文献[74]对测表面拉伸波的平均最大拉应变$\bar{\varepsilon}_{\max}$和平均最大应变势能$\bar{E}_{\max}$与不耦合系数K的关系进行了分析,结果表明$\bar{\varepsilon}_{\max}$和$\bar{E}_{\max}$与K近似地为线性关系。

三、试验结果分析

根据试验结果可以得出以下几点应力波衰减的规律。

1.随不耦合系数的增大。最大应变和应变势能量呈现指数衰减过程,可见水对爆轰冲击波仍然具有衰减作用。因此当不耦合系数增大到一定程度以后,爆轰冲击波经水传递后将会大大地衰减,使得传递到介质内部的应力波的强度不足以使介质产生破坏,这时的破坏主要是靠爆轰压力。

2. 水对应力波的衰减要比空气慢,在衰减指数上水仅为空气的一半左右,而且不耦合系数愈大其差别愈明显。不耦合系数 K 从1.1(计算值)增大到4,水对应变波最大应变衰减了77.4%,而空气衰减了94.5%,但不耦合系数增大到6时(计算值),水使最大应变衰减了75%,而空气却衰减了90.5%。而它们绝对值之比,水是空气的3.1倍,因此只有当不耦合系数较大时,水能更有效地传递爆炸应力波的压力和能量优点才能充分地体现出来。

3. 当不耦合系数减小到1.1时,根据回归方程可知炮孔中为水和空气介质时,其峰值应变误差为0.4%,应变势能的相对误差为2.5%,这表明炮孔中耦合介质的影响很小,这里不管炮孔中的充填介质如何。其爆炸冲击波几乎直接作用于孔壁,因此传递到介质内部的应力波强度基本上同。所以当不耦合系数较小时,炮孔中充水与否其破碎效果应该相差不多,从整个试验后的破碎效果来看,也说明了这一点。

对非周期性应变波形。通过FFT的变换进行了频谱分析,以求得波形内不同频率的幅值大小和不同频率的能量含量多少,结果表明:应力波的基波形影响占主要地位。炮孔中充水时随不耦合系数的增大,高频幅值减小,能量向低频方向集中,这说明在不耦合系数较大时,介质受到的应力波冲击的加载过程趋于平缓均匀,高频应力的作用减少。从另外一个角度上讲,它可有利于抵制飞石和减少噪声。而当炮孔中为空气时,随不耦合系数的增大,高频部分波形的含量减小到一定程度之后,又有所增加,从试验破坏结果来看,当 $K=3.3$ 和 $K=4$ 时,试块基本上没有破坏,因此应力波可在介质内部反射叠加几次,这样使高频应力有所增加。

根据应力波的分析结果可知,水对爆轰冲击波的衰减作用是明显的,但比空气要慢得多,如果不耦合系数增大到一定限度以后,爆轰冲击波将衰减很多,使得传递到介质内部的应力波的强度很弱,以至不能够使介质产生破坏,这里主要靠爆轰压力的作用。此时属于水压爆破的范畴。水压爆破与水介质爆破的区别在于水压爆破主要是靠水均匀传递的爆轰压力系破坏介质。而水介质爆破是以应力波和水压联合作用于介质的。

四、炮孔中不同耦合介质的爆破效果

根据试验结果

1. 裂纹生成数与 K 值的关系

不管炮孔中充水还是空气,裂隙一般沿最小抵抗线方向破裂,极少数沿对角线方向破裂。一般形成 2~5 个比较规整的大块,假设从炮孔壁至自由面为一条裂纹,则对裂纹的平均生成数量 $\bar{n}$ 进行统计,可得 n 与 K 的变化关系,见图5.11。炮孔中充水,$K=1.67$ 时一般形成 4 条裂纹,随着 K 值的增大,爆破后形成的裂纹数量有所增加。而当炮孔中为空气时恰恰相反,随着不耦合系数的增大,破碎效果愈来愈差,最后当 $K=4$ 时几次试验均未产生破坏。

定向卸压隔振爆破

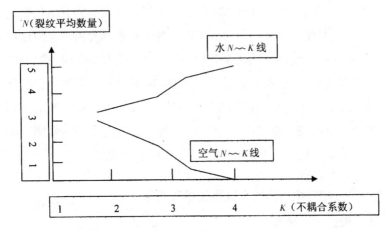

图5.12　裂纹的生成数$\bar{n}$与K的关系

破碎效果的好与坏,在药包条件相同的情况下,反映了炸药爆炸时能量利用率的不同。显而易见,当炮孔中充水时其能量的利用率随不耦合系数的增大有所增加,而当炮孔中为空气时恰恰相反,以至于当K值较大时不能使介质破坏。这是因为空气间隙的增加,使爆炸冲击波大大衰减,消耗大量的能量,当炮孔中为水时,虽然不耦合系数较大,但水与空气相比,对爆炸冲击波的衰减小,可将更高的爆炸能传递到介质中去产生破碎,又不会使介质产一较大的塑性变形区,再加上水压的作用。所以使介质的破碎趋于均匀,能量利用率较高,效果愈来愈好,作者认为这种现象不是无限制的。当K值增大到一定程度以后将会愈来愈差。这一临界K值有现在在被衰减了的应力波已不能使介质产生破坏。这种状态的不耦合系数要比空气大。在试验条件下,炮孔为空气时的临界K值要小于2.67,而水至少在4左右。

2. 裂纹的产生及扩展规律

研究裂纹的产生及扩展规律,使用十段爆速仪测试系统以铅芯作为探针,炸药爆轰为零时刻,所得结果:

(1)裂纹总是从孔壁产生,然后向外扩展在自由面产生的破坏裂纹要滞后一段时间,裂纹的扩展一般沿最小抵抗线方向。

(2)由反射拉伸波引起的破坏裂纹的产生与不耦合系数和炮孔中的充填介质有关。炮孔中为空气时,只有当$K=1.7$时,才能发生反射拉伸裂纹,而炮孔中为水时,唯有$K=4$时没有产生反射拉伸破坏裂纹。

(3)自由面反射拉伸破坏裂纹与在孔壁产生的裂纹的关系,随不耦合系数的增大,其交点距炮孔愈远,这是由于遇自由面产生的反射拉伸波的强度不同。

(4)裂纹刚产生时的扩展速度较高,一般为1 000m/s,然后急剧下降,而当裂纹贯通前其扩展速度有所增加。炮孔中为水时比空气要高。表5.9中t_1为应力波到达时间;t_2为反射拉伸波的峰值到达时间,t_3为自由面裂隙的产生时间。

表5.9　应力波、反射拉伸波达到时间与自由
面产生裂纹时间与K值的关系(ms)

介质	$K=1.67$			$K=2.67$			$K=3.3$			$K=4$		
	t_1	t_2	t_3	t_1	t_2	t_3	t_1	t_2	t_3	t_1	t_2	t_3
水	50	160	127	52	230	162	53	260	159	55	275	—
空气	51	200	167	55	236	—	58	180	—	62	194	—

伊藤一郎[32]就炮孔等距于两个自由面,由于应力波引起的岩石内部应力场作了理论计算和分析,其结果是:

定向卸压隔振爆破

一、在波的传播过程中最大径向压缩应力σ_r靠近自由面越来越小。

二、最大切向拉伸应力σ_θ在靠近自由时与无自由面影响相比越来越大，σ_θ在自由面与最小抵抗线交点A的应力要比两自由面交点处B的应力大得多，而且到达同样的应力状态，A点要比B点来得早。

结论：炮孔中充水时比不充水时所形成的裂隙要多，原因在于水能更有效的传递爆炸冲击波的压力和能量，对介质破坏是应力波能量要比空气大。所以产生的裂隙比空气介质多。水还能均匀传递爆轰气体压力延长爆轰压力的作用时间。根据理论计算爆轰气体在孔中的作用时间t与炮孔中的充填介质密度的1/2幂成正比，所以：

$$\frac{t_水}{t_空}=\sqrt{\frac{P_水}{P_空}}=27.84$$

因此，炮孔中充水时是充空气时的爆轰气体压力的27.84倍。

第六节　不耦合系数(K)的合理范围

一、径向不耦合系数

1. 模型试验

随着不耦合装药系数的增加，孔壁及介质中的应力峰值下降，作用时间增加，当K值从1增到2.67时，应力值下降3~4倍，作用时间增加5~8倍，且随介质波阻抗的增加而变大，当$K>2$时，介质中的冲击波特性减弱，准静态作用特性占主导地位。破岩机理以爆生气体作用理论为主。

2. 光面爆破

选择适当的不耦合系数,对保证某种要求的爆破效果影响很大。

(1)陈华腾先生认为[65],$K=1.6\sim2.2$ 这个范围较合适,过大或过小对爆破效果都不理想。

(2)文献[67]在岩巷掘进工作面试验结果为:$f=3\sim4$ 时,$K=1.35\sim1.5$;$f=4\sim6$ 时,$K=1.25\sim1.40$,其中坚硬岩石取小值,软岩取大值。

(3)国内外研究初步成果认为一般在1.5~4.0,采用较多的不耦合系数为1.5~2.5之间。

(4)日本因通用的钻具较小,采用1.5~4.0,不耦合系数大,不但不经济,而且药包在炮孔中较难掌握。

3. 预裂爆破

(1)根据我国冶金和水利部门的经验 $K=2\sim3$ 为宜,而且考虑岩性质的影响,岩石抗压强度愈大,选取小值,岩石抗压强度弱时,选取大值。

(2)葛洲坝工程实际采用不耦合系数2~5之间。

(3)根据炮孔孔壁承受作用力的大小确定不耦合系数值,孔壁承受压力几十MPa到几百MPa,取值2~4。

(4)冶金部大冶铁矿的经验,根据岩石的抗压强度与不耦合系数绘制如图5.13的关系曲线图。

定向卸压隔振爆破

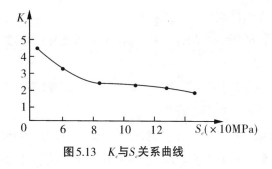

图5.13　K_c与S_c关系曲线

4. 其他爆破方法

（1）切缝药包爆破不耦合数合理范围为$1.33 < K < 1.78$。

（2）切槽爆破2#岩石硝铵炸药常用的不耦合系数为1.5~2.5。

（3）线型双面轴向聚能药包爆破，炮孔直径38~40mm的炮孔不耦合系数，一般以1.7~2.0较好，也有用1.33~2.25。

（4）隔振护壁控制爆破单孔装药结构，根据在6个露天石灰石矿的试用，$f=8~11$，炮孔底部耦合装药；炮孔下部$K_b=1.3~1.5$；中部$K_b=1.8$；中上部$K_b=2.0$；上部$K_b=2.5~2.8$。

（5）定向卸压隔振爆破单孔装药结构，根据石灰石矿的试验与应用$f=8~11$。炮孔底部空气间隔$K_L=0.8~1.2$m，空气间隔顶部上即炮孔底部$K_b=1.3$；炮孔中部$K_b=1.8$；炮孔中上部$K_b=2$；炮孔上部$K_b=2.8$，以上堵塞段。

二、轴向不耦合系数

空气间隔爆破技术的运用使得爆炸能量得到有效利用，许多矿山实践证明，改连续柱状装药为轴向空气间隔装药可以有效地克服连续装药爆破带来的诸多弊端，取得理想的爆破效果，不仅提高了炸药能量的有效利用率而且控制了爆破危害，并降低了成本,因此,在深孔爆破中许多矿山在常年的生产爆破中采用空气间隔不耦合装药。此外,空气间隔装药结构,也是工程控制爆破常用的装药形成之一。

1. 空气间隔层位的选择

(1)空气层位于上部梯段爆破时,反向起爆能有效消除根底,并且冲击波在自由面反射,产生拉伸应力波,可以减少堵塞大块产生;空气层置于中部梯段爆破效果最好,可以达到均匀的爆破块度,便于铲装运输;空气层置于下部时,由于空气层的存在降低了爆轰冲击压力对底中的冲击损伤,可以起到保护底板作用[73]。

(2)空气比例与炮孔粉碎区大小成反比。空气比例较小时可以用梯段爆破,而空气比例较大时可用于工程控制爆破;合理的空气比例与炸药类型、爆破参数,被爆界质以及爆破目的有关。朱红兵、卢文波、吴亮认为合理的空气层上限约为30%~40%。

2.根据不同岩石性质确定的空气间隔长度与装药长度的比值[74]。

根据不同岩石性质确定的空气间隔长度与装药长度之比见表5.10[74],表5.11[75],表5.12。

表5.10

岩石性质	空气柱长度与装药长度的比值	备注
软岩	0.35~0.4	①装药以导爆索连续起爆;②底部装药为总药量的65%左右。
中等坚固性多裂隙岩石($f=8\sim10$)	0.3~0.32	
中等坚固性块体岩石	0.21~0.27	

表5.11　空气间隔爆破试验[74]

孔径 (mm)	总爆破 (个)	孔深 (m)	间隔孔数 (个)	间隔 部位	间隔长度 底+上(m)	堵塞高 度(m)	炸药单耗 (kg·t⁻¹)
200	72	15.5	40	上	2.5	7.5	0.194
200	90	15.5	60	底、上	1.2+1.8	7.0	0.194
200	60	15.5	45	底、上	1.5+2.5	6.5	0.176
200	48	15.5	36	上	4.5	6.0	0.176
200	50	15.5	34	底、上	1.2+3.8	5.5	0.176
150	65	15	50	上	2.5	5.5	0.193
150	52	15	36	上	3.0	5.0	0.180
150	78	15	68	底、上	1.2+2.3	4.5	0.180

表5.12　不同岩石强度的气隙长度

材料 强度	常规(kg/孔)	常规炮泥 长度(m)	建议(kg/孔)	建议气隙 长度(m)	建议炮泥长 度(m)
弱	500	9.5	320	3.4	8
中等	500	9.5	380	2.4	8
强	500	9.5	420	2.1	8

三、不耦合系数(K)的选择原则

不同的炸药在岩石炮孔内传播存在一个极限装药长度,超过这个极限范围会出现熄爆。同样空气间隔厚度(E),也有一个合理值(即不耦合系数)。例如文献[61]的作者指出,$E<2.5$时不产生径向间隙效应。文献[62]采用极曲线的计算结果,$K=2.688$时,无解。所以炸药品种、装药直径、起爆能大小或位置、径向间隙厚度、P_H压力、炮孔壁强度及粗糙等。根据实践大体上选择K值有

以下注意事项：

1. 根据岩石硬度选择不耦合系数是主要之一：一般岩硬度大，岩体完好，块状岩体，不耦合系数选择小值；岩石结构软、裂隙发育且风化，层理、节理清晰，选择大值。

2. 根据炸药品种、炸药威力大的高级炸药 K 值取大值，一般较低级的炸药（指硝铵炸药、2#炸药）K 值取小值。

3. 起爆方法：

①点起爆方法的塑料导爆管雷管或电雷管起爆，按起爆药能量或被起爆炸药直径的临界极限长度经试验后确定进行同一炮孔多点同段别的雷管起爆方法；②导爆索起爆不受柱状药包长度限制，但应用双导爆索；③深孔爆破孔深超过 15m 以上，应采用导爆索和塑料管雷管混合起爆方式。

4. 炮孔参数：①炮孔间距较大时，K 值取小值，炮孔间距较小时，K 值取大值；②底部抵抗线较大时，K 值取小值，底部抵抗线较小时，K 值取大值；③台阶爆破，炮孔下部 K 值取小值，炮孔上部 K 值取大值。

第七节　定向卸压隔振爆破不耦合装药结构的特点

一、定向卸压隔振爆破不耦合装药的特点

在工程控制爆破中，炮孔不耦合装药普遍是采用单向不耦合结构。而定向卸压隔振爆破装药结构有以下特点：

（1）轴向不耦合和径向不耦合两种装药形式在同一个炮孔内结合采用。

（2）径向不耦合装药的柱状药包，从炮孔下部药包至炮孔上部药包的不耦合系数取值不同，下部不耦合系数取小值，中部次

之,上部不耦合系数最大。即沿炮孔装药全长分段进行不耦合系数的取值。从药包直径的大小称塔形装药结构。

(3)采用隔振护壁材料炮孔装药时,隔振护壁材料的长度即为炮孔底部空气间隔层的长度(轴向不耦合系数值),从料材料凹面一侧预留长度的上端开始捆绑成型药卷。隔振护壁凹面即柱状药包一侧朝向爆破岩块抛掷方向的自由面一侧。

(4)隔振材料的作用:①阻隔爆炸冲击波对保留岩体和围岩的直接作用;②确定炮孔底部空气间隔层的高度(轴向不耦合系数值);③准确定位,使不耦合装药的柱状药包安置在爆破轮廓线上,即爆破抛掷和保留岩体的破裂面的界面。

二、定向卸压隔振爆破不耦合系数的选择

1. 径向不耦合装药结构

径向不耦合空气间隔装药系数值(K_d)的选取和起爆方式是最关键的两个问题,是避免产生间隙效应的主要问题。

(1)根据研究与实践,一般采用以下耦合系数基本可以达到较好效果,避免径向间隙效应:$1.5 \leqslant \dfrac{db}{dc} < 3.0$。

(2)采用导爆索全长起爆药柱的方式和塑料导爆管雷管多点起爆,导爆索、塑料导爆管雷管混合起爆。

2. 轴向空气间隔装药结构

空气间隔装药均有一个应用的目的,因此其取值(K_t)应根据目的或要求进行选择:

(1)空气比例大小:空气比例较小时,可用于常规台阶爆破,空气比例较大时,可用于工程控制爆破。

(2)据岩体的性质和硬度系数选择间隔层长度。

选择空气间隔长度一定要根据岩石性质、岩体结构、构造及存在条件,下表主要是工程控制爆破炮孔底部空气间隔层的长度:

表5.13　炮孔底部间隔层长度

岩石硬度系数(f)	软岩	≤ 4~5	5~6	6~8	8~10	10~12	12~14	14~15	≤ 16
底部间隔长度 La(m)	≥1.5左右	≥1.2	1~1.2	≥ 1.0~1.2	0.8~1.0	≤ 0.8~1.0	≥ 0.5~0.8	0.5左右	≤ 0.5

三、线装药密度

1. 定向卸压隔振爆破的塔形装药结构

炮孔装药结构上要尽可能使药卷和炸药量分布均匀。根据台阶式爆破特点,从孔口至孔底岩石的抗爆强度,由弱至强,即孔底抗爆力最强,中段次之,上部最弱。与之相适应的装药结构,底部爆破能量要大、中部次之、上部较小。故称塔形装药结构。

2. 塔形装药结构的分段高度

塔形装药结构一般除了炮孔底部空气间隔长度和炮孔孔口填塞长度,剩余的装药长度≤8m时,分3个区段。炮孔底部装药长度(1.0~1.5)a,K_b≤1.5;中段装药长度(1.5~2.0)a,K_b取2左右;上段取(0.5~1.0)a,K_b取2.5~3。(a为孔间距)

3. 线装药密度

线装药密度是爆破效果最主要的关键问题,其实影响爆破效果的因素还有很多,如钻孔直径、孔径、装药量、岩石的物理力学性质、地质构造、炸药品种、装药结构以及施工因素等,凡此种种

定向卸压隔振爆破

都是互相影响的,想要完全从理论上说清楚它们之间的关系是很困难的。就目前的状况来说,装药密度的确定有理论计算法、经验公式计算法和经验类比法,而目前所有控制爆破理论研究还很欠缺,设计方法也不完善,多半要通过现场试验才能获得较为满意的效果。

(1)露天边坡深孔爆破线装药密度确定的原则。

① 按照塔形装药结构确定分段的长度范围及相应的不耦合系数。

② 根据使用炸药类型,按其炸药密度计算线装药密度。

(2)预裂爆破和光面爆破

根据兰格弗尔斯提出的预裂爆破和光面爆破的线装药密度如表5.14作为定向卸压隔振爆破装药时参考。

表5.14　预裂爆破和光面爆破主要参数

炮孔直径（mm）	预裂爆破孔间距离(cm)	光面爆破		线装药密度（kg/m）	炸药类型
		炮孔间距（cm）	抵抗线（cm）		
37	30~50	60	90	0.12	古利特
44	30~50	60	90	0.17	古利特
50	45~70	80	110	0.25	古利特
62	55~80	100	130	0.35	纳比特22mm
75	60~90	120	160	0.50	纳比特25mm
87	70~100	140	190	0.70	狄纳米特25mm
100	80~120	160	210	0.90	狄纳米特29mm
125	100~150	200	270	1.40	纳比特40mm
150	120~180	240	320	2.00	纳比特50mm
200	150~210	300	400	3.00	纳比特52mm

第二编
爆破对岩体的损伤

定向卸压隔振爆破

露天矿开采及岩土工程隧道、地下厂房与井巷工程;大多采用钻眼爆破法施工,无论采用何种爆破方式,都不可避免地对保留岩体和围岩造成一定程度的损伤和破坏,从而威胁工程稳定性。爆破引起的围岩和保留岩体的损伤问题,一直是爆破和岩石力学界关心的中心问题之一。研究表明:爆破对岩体损伤和破坏作用机理是由于在爆破载荷作用下岩石内部大量微裂纹的形成,扩大和演化累积过程。实际上,损伤累积导致宏观失效的过程并不是某一次爆破作用的结果,而是多次重复爆破造成的,例如巷道开挖掘进循环爆破作业和矿山生产频繁重复爆破作业。

爆破对工程岩体稳定性的影响,主要体现在两个方面:一是使岩石的力学性能劣化造成岩石的强度和弹性模量降低,二是在围岩内产生裂纹或使围岩中原有裂纹扩展等。从而影响岩体的完整性。以上两个方面都将降低岩体基本质量指标BQ值,从而影响围岩和保留岩体的稳定性。

其次,爆破开挖对工程岩体的影响程度与采用的爆破方法和爆破参数有直接的联系。该问题已成为矿山采掘工程及岩土工程中迫切需要解决的问题。纵观目前对该问题的研究还远远没有达到工程应用的要求。因此,本节针对爆破对岩体损伤,从爆破方法、损伤程度和影响范围进行试验研究和分析,为采掘工程、岩土工程、爆破设计和保留岩体与围岩稳定性评价提供考核依据或参考。

第六章　岩石损伤基础理论

爆破损伤岩石是指未破碎但已经受到爆破影响的岩石,在工程上可以认为是爆破开挖轮廓线外一定范围内受爆破影响的围岩或保留岩体。按照损伤力学的观点,岩石作为一种脆性材料,存在大量自然的微裂隙、微裂纹等缺陷,爆破对岩体破坏和损伤的过程是由于在爆炸载荷作用下岩石内部大量微裂纹的形成、扩大和贯穿而导致岩石宏观力学性能的劣化乃至最终失效或破坏的一个连续损伤演化累积过程,其损伤机理可以归结为岩石内部微裂纹的动态演化,因此,采用损伤力学的方法来研究岩石爆破机理和爆破影响岩体的力学特性是目前该问题研究的主要手段和发展方向。

第一节　岩体损伤理论研究现状

损伤力学是固体力学的一个分支学科,是适应工程技术的发展对基础学科的需求而产生的,经过几十年的发展,目前已经成为一个集中岩体力学前沿研究的热门学科。

定向卸压隔振爆破

1958年Kachanov在研究金属的蠕变断裂时为了反映材料内部的损伤,第一次引入损伤力学的概念[77],1963年Rabotonov引入损伤变量的名词[77],1976年Dougill将损伤力学引入岩石材料[78]。从此,吸引了广大学者对其进行研究,岩石损伤力学研究成为当今岩石力学研究的热门课题之一。目前,它已渗透到与材料科学有关的众多领域,并取得了重大的研究进展,同时也取得了令人瞩目的成就。

20世纪80年代,美国Sandia国家实验室最早对岩石爆破的损伤模型进行了研究。1980年Grady和Kipp提出的岩石爆破各种同性损伤模型即GK模型[79],被公认为是较早的一个损伤模型,由于他的一些材料参数在非特定岩石爆破经验条件下精确测定较困难,故该模型很难用于不同岩石;1986年为了克服了GK模型的缺陷,根据含裂纹体宏观等弹性模量推导出材料损伤演化方程的TCK模型[80];1987年由Kuszmaul等考虑了高密度裂纹周围应力释放区的材料重叠等发展的KUS模型[81]。

以上3个模型的共同点是:拉伸条件下微裂扩展产生损伤,压缩状态下微裂纹不扩展但介质变形等符合弹塑性模型[82],其最大的贡献在模拟岩石爆破损伤和动态断裂问题方向取得的成果为后来的研究者得到启迪。不足之处:没有很好地考虑爆轰波引起的压剪损伤,在强度上忽略了剪切微裂纹所造成的弱化,致使预测的损伤范围与实测有出入[82]。还有一类材料损伤本构,仅能考虑不同时刻的岩体等介质压剪损伤,而对于应力波在炮孔外围特别是临空区附近的拉裂损伤却束手无策,如岩石损伤软化统计模型和著名的混凝土J–H–C损伤本构等[82]。

由于岩石是含有微裂隙、微孔洞和天然间断面等多种初始缺陷的天然材料,因此利用损伤理论来研究岩石等含有初始缺陷的材料已被认为是最有效的研究方法,而损伤理论也已渗透到岩石工程的各个方面,如蠕变、冲击等工程中,而且其研究方法都是建立在连续介质力学和热力学的框架之内[77]。利用损伤理论研究岩石等材料在载荷作用下的响应问题的关键首先是如何定义材料的的损伤变量和损伤演化规律,其次是如何正确地给出损伤变量及其演化规律的本构方程。

经验证明[83]利用损伤力学来研究问题时,其步骤为:首先定义一个合适的损伤变量,再根据外载的情况,确定研究对象在外载作用下的损伤演化方程和考虑损伤的本构关系。因此,损伤变量的定义是基础。正确、合理的损伤变量不仅能够使要研究的问题简单明了,而且其损伤演化方程和本构方程也易于建立并且具有明确的物理意义。因此,损伤变量的定义在爆破损伤模型研究中具有基础和核心地位。所以建立一个模型的基本要求是能在实验中定量测量损伤变量和确定与损伤演化规律有关的材料参数。文献[83]称:脆性材料在冲击载荷下的损伤理论研究与静载的研究相比而言,理论的发展尚不成熟。

第二节　岩体损伤及损伤变量

利用损伤理论来研究岩石等材料在载荷作用下的响应问题的关键所在,首先是如何定义材料的损伤变量和损伤演化规律,其次是如何正确给出损伤变量及其演化规律的本构方程。由此可见,损伤变量的定义是其关健的核心问题和基础,如果不能对损伤变量进行合理的定义,就无法得到损伤演化方程和含损伤的本构方程。同时材料损伤力学行为也是通过损伤变量及本构方程来体现。所以,损伤变量的选取直接影响着岩土工程数值模拟结果的可靠性。

一、岩石损伤

损伤是指在一定载荷与环境条件下,导致材料和结构力学性能劣化的微结构变化,而这种微结构的变化达到一定程度就会导致材料的破坏,所以一般情况下材料的破坏可以说都是损伤累积的过程。

1.固体材料动态损伤类型

固体材料的的损伤可归结为两类:一类是微裂纹的成形、扩展和汇合,最后形成宏观裂纹,称为脆性损伤;另一类是微孔洞的成核、长大和贯穿,称为韧性损伤。这两类损伤机制在不同的材料细观结构和不同的加载条件下所表现出的性质会有很大的差异。

2.固体材料宏观性质分类

从材料宏观性质来讲,损伤可分为弹脆性损伤、弹塑性损伤、疲劳损伤、蠕变损伤等。

3.固体材料特征尺寸和研究方法的分类

损伤理论的研究,是以材料特征尺寸为依据。各种损伤理论可分为微观损伤理论、细观损伤理论和宏观损伤理论。由于微观损伤理论是在原子或分子的尺度上研究损伤的物理过程,这种研究方法尚处于起步阶段,还没有形成一套完整的微观损伤模型。因此,目前现有的损伤模型基本上属于细观损伤理论和宏观损伤理论。

二、损伤变量

用来反映岩石内部损伤的程度,称为岩石的损伤变量,对损伤变量可以有各种定义[77],由于损伤是岩石材料内部微结构的变化而引起的。因此,可以根据材料内部微结构变化的程度来定义损伤变量;另一方面来说,由岩石材料微结构的变化而导致的损伤总是以宏观力学现象如材料弹性常数等的形式来表现出来。所以,也可以用这些宏观量对岩石材料的损伤进行定义。这就说明,岩石材料的的损伤可以从宏观和微观两个方面来选择度量损伤的基础,从微观方面可以选用的变量包括空隙数目、面积、体积等[78],从宏观方面可以选用的变量包括弹性常数、屈股应力、声发射、密度、电阻延伸率、波速等[81]。

第三节　岩体爆破损伤理论模型

爆破理论研究滞后于爆破技术的发展是一个长期存在的问题。约20年来随着爆破技术的迅速发展和计算机应用的普及,对爆破理论模型的研究提出了更为迫切的要求。纵观理论模型的发展[85],经过了以Harries模型和Favyeau模型为代表的弹性理论阶段,以BCM模型、NAG-FR模型为代表的断裂理论阶段及近年来以Grady-Kipp模型、Kuszmaul模型为代表的损伤理论阶段。

上述模型的建立为岩石爆破理论的发展奠定基础,尤其是损伤理论的引入,更是为其注入了活力。这是因为损伤模型不研究单个裂纹的力学行为,而注重裂纹集中的宏观作用,并且考虑了荷载历史,比断裂模型更能突出体现岩石的非均质等特征,因此,代表了模型的最新研究水平和发展方向[85]。

目前接近岩体实际的模型:大致有岩石爆破损伤模型、岩石爆破分形损伤模型及岩石爆破逾渗损伤模型。

由于损伤力学与工程科学的结合以及人们对材料损伤、破坏

定向卸压隔振爆破

过程的正确认识,都要求真正将材料的宏观力学特性与其细观结构分析结合起来,从材料微观结构与损伤断裂过程所反映的复杂现象中寻找某些特征参量,建立起与之相应的宏观力学现象间的联系,并易为工程实践所应用[86]。

一、TCK模型

TCK 模型是 1986 年 Taylor、chen、Kuszmul 基于 Kipp-Grady 模型结构含裂体的等效体积模型和裂纹密度的表达式,即把裂纹密度定义为单位体积的裂纹数和裂纹体积的乘积。Buaiansky、O'connel 以及 Grady 给出的破碎块径表达式推导得到的脆性岩石损伤模型[87],激活的裂纹服从体积拉应变的双参数 Weibull 分布[76]。

$$C_d = BN_a^3 \qquad N = K\theta^m \tag{6.1}$$

式中:C_d 为裂纹密度;N 为激活的裂纹数;θ 为体积拉伸应变;K、m 为材料分布参数,由材料的单轴动拉伸实验确定;B 为系数可以近似取 $B=1$;α 是在爆炸应力波作用下的微裂纹平均半径,其表达式为:

$$a = \frac{1}{2}\left(\frac{\sqrt{20}K_{IC}}{\rho C_P \theta_{max}}\right)^{2/3} \tag{6.2}$$

式中:K_{IC} 为断裂韧性;ρ 是密度;C_P 是纵波速度;θ_{max} 为最大体积拉应变率。损伤变量 D 由介质的体积模型 K 定义:

$$D = 1 - \overline{F}/K \tag{6.3}$$

根据[86]不考虑微观裂纹之间相互作用的 Taylor 方法,得到有效体积模量 $\overline{K}$。

$$\frac{\overline{K}}{K} = \left[1 + \frac{16}{9} \frac{(1-v^2)}{(1-2v)} C_d \right]^{-1} \tag{6.4}$$

则损伤变量 D 为

$$D = 1 - \left[1 + \frac{16}{9} \frac{(1-v^2)}{(1-2v)} C_d \right]^{-1} = 1 - (1 + AC_d)^{-1} \tag{6.5}$$

式中：v 为泊松比；$A=16(1-v^2)/(9(1-2v))$ 为常数

将(6-1)式代入，并取 $\beta=1$ 得

$$D = 1 - (1 + ANa^3)^{-1} = 1 - (1 + AK\theta^m a^3)^{-1} \tag{6.6}$$

式(6-6)即为由 Taylor 模型下得到的损伤变量表达式，将损伤变量和裂纹数 N 及微裂纹半径 a 联系起来，且更适应高裂纹密度的情况。将以上定义的损伤变理耦合到线弹性应力应变关系中去，得体积拉伸状态下的岩石动态本构关系。

$$\begin{aligned} P &= 3K(1-D)\theta \\ S_{ij} &= 2G(1-D)e_{ij} \end{aligned} \tag{6.7}$$

式中：P 为体应力；θ 为体应变；S_{ij} 为偏应力；e_{ij} 为应变偏量；G 为剪切模量。

二、分形损伤模型

20世纪70年代 Mandelbrot 创立分形几何学，提出了一种定量研究和描述自然界中极不规则且看似无序的复杂结构、现象或行为的新方法，从此分形几何广泛地应用于自然科学研究的各个领域。20世纪80年代分形几何开始应用于岩石力学研究。人们发现岩石力学领域中的分形现象相当普遍，不仅岩石的自然结构性状、缺陷几何形态、分布以及地质结构产状、断层几何形态、分

定向卸压隔振爆破

布,都观察到分形特征或分形结构,而且岩石体强度、变形、破断力学行为以及能量耦散地表现出分形特征[89]。

这些研究与发现,为运用分形与岩石力学相结合的方法,定量描述岩石复杂的自然性状和物理力学性质提供了广阔的前景。

分形没有尺度,但包含一切尺度的要素。分形几何正在于它揭示了无标度性和自相似性。给出自然界复杂几何形态的一种定量描述。分形是复杂系统,其具有多样性需要不同的维数来刻画。常用分形维数有:Hausdorff维数(D_H)、信息维数(D_1)、并联维数(D_2)、相似维数(D_s)、容量维数(D_0)、盒维数(D_H)、盒维数(D_B)。不同定义的维数其计算方法也不一致。常用的方法有:改变观察尺度求维数,根据测度关系求维数,根据相关函数求维数,根据分布函数求维数[89]。

分形领域的研究[90]表明:材料损伤演化过程是一个分形、分形维数是反映材料损伤程度的某一特征量;不同载荷阶段下脆性材料的损伤场、分形维数不同;材料的损伤演化表现出统计自相似性特征。

分形损模型[91]以TCK模型为基础,认为岩石损伤呈现分形特征,岩石损伤程度增加的过程就是分形维数增加的过程。由分形维数得出岩石中平均尺寸为a的裂纹影响范围[77]:

$$N = Ba^{-D_f} \tag{6.8}$$

可得到用分形维数表示的裂纹密度表达式:

$$C_d = Ba_f^{3-D_f} \tag{6.9}$$

损伤变量D与裂纹密度的关系有:

$$D = \frac{161-\overline{\upsilon}^2}{91-2\upsilon}Ba^{3-D_f}$$

式中：D_f为分形维数；υ为泊松比；B为比例因子,通常取1；a为平均裂纹尺寸；C_d为裂纹密度。

三、CT数损伤变量

近年来,随着计算机技术的发展,计算机层析识别技术以其无扰动,可多层面进行扫描分析和能采用国际标准试件等优点而越来越受到岩土工程研究者的关注；文献[88]的第一作者在国内进行了较早的研究,并给出了一种基于CT数的损伤变量。

$$D = \frac{1}{m_0^2}\left[1 - \frac{1\,000 + H_m}{1\,000 + H_{m0}}\right] \tag{6.10}$$

式中：m_0为CT机的空间分辨率；D为CT数的损伤变量；H_m为对应于ρ所对应于某一损伤状态时岩石试件(这里定义岩石试件各扫描层位的CT数的平均值为岩石试件的CT数)；H_{m0}为初始状态时岩石试件的CT数。

众所周知,在损伤模型的建立上,如果采用了合理损伤变量,那么损伤演化方程和本构方可以采取如上同一形式,只是把其中的损伤变量变化一下即可得到损伤模型。

一个适用的脆性材料在冲击载荷下的损伤模型,应遵循以下3个原则[84]：

(1)能够体现脆性材料的力学特性；

(2)适用于冲击载荷作用下的材料响应问题；

(3)综合考虑力学原理的贴切性与实际工程的可用性。

第七章　岩石损伤检测与预测评估

第一节　岩体损伤变量及损伤变化率的检测

岩石动态损伤特性的理论和损伤模型经过二十多年的发展，已取得一些成果，然而，所有的各种宏—细—微观层次损伤理论的发展，都离不开损伤的宏—细—微观的观察与测量。因此，发展各种层次的损伤测量方法，并用于研究各种损伤过程是发展损伤理论的基础性工作，也是一切损伤模型赖以建立的源头。

目前确定岩石损伤变量的方法很多，但合适的损伤变量应与研究涉及的宏观力学量联系紧密，既能真实地反映力学过程，又能易于获取和进行客观度量。

一、质量密度变化的检测

密度和容重的变化可以从某种程度上反映材料的损伤，所以可以从材料质量的密度的变化寻求损伤材料密度变化和损伤变量的关系[105][107]。

$$D = (1 - \rho/\rho_0)^{2/3} \tag{7.1}$$

式中：D 为损伤变量；ρ_0 为无损状态时材料的质量密度；ρ 为损伤状态时材料的质量密度。

质量密度变化实际是很小的,检测必须使用精密的数字天平,此外还要防止温度、湿度等因素的影响。对于某些材料(如岩石)密度变化检测法很难考虑闭合效应的影响。

二、弹性模型变化的检测

要定量确定爆破载荷对岩体的损伤、破坏,就必须确定岩体的初始损伤变量。考虑爆破会对岩体的弹性常数产生影响,可用弹性损失系数 D 表示岩体的损伤程度。根据应变等价原理[92][93]。

$$\varepsilon = \sigma/E_0 = \sigma/E \tag{7.2}$$

由损伤理论：$\sigma_0 = \dfrac{\sigma}{1-D} \rightarrow \varepsilon E_0 = \dfrac{\varepsilon E}{1-D}$ (7.3)

因此 $D = 1 - E/E_0$ (7.4)

式中：E_0、E 分别为无损材料和损伤材料的弹性模量；σ_0、σ 为材料的(全)应力和有效应力。只要测得材料弹性模量的变化,就可以计算出材料的损伤演化；材料损伤的实质就是弹性模量降低了无损时的 $(1-D)$ 倍。这就将难以客观准确量化的实际承载面积[17],转化为相对易于测量的材料弹性模量。

三、超声波检测法

超声波法用于材料损伤检测就是以超声波为媒介,获得物质内部信息的一种被可测量超声脉冲在介质中的传播速度,首波幅等声学参数。并根据这些参数及其变化,评价介质物理特性。

定向卸压隔振爆破

1. 声波测试仪器

声波测试的主要仪器是声波仪和换能器。声波仪由发射机和接收机组成,发射机输出电脉冲,接收机探头将接收的微量讯号放大至示波器上,同时可直接测到从发射到接收的时间间隔换能器(声波测试探头)由发射换能器和接收换能器组成,主要功能是进行相应的电能和声能的信号转换,即将声波仪输出的电脉冲转变为声波能或将声波能转变为电讯号输入到接收机。为了使换能器很好地与岩体耦合,在岩样或岩壁上进行声波测试时,一般用黄油做耦合剂,将换能器端面紧贴于岩石,在钻孔中则用水作为耦合剂。

2. 测试方法

根据接受方式的不同,有两种常用的测试方法,一种是单孔测试,一发双收,即同一个钻孔中放入一个发射探头和两个相距一定距离的接收探头。另一种是双孔测试,一发一收,即把发射探头和接收探头分别放在两个平行的钻孔同步移动,要保证两个探头处于同一测试深度。

3. 纵波的传播速度

$$C_{P0} = \sqrt{\frac{E_0}{\rho_0}} \sqrt{\frac{1-V}{(1+V)(1-2V)}} \tag{7.5}$$

$$C_P = \sqrt{\frac{E}{\rho}} \sqrt{\frac{1-V}{(1+V)(1-2V)}} \tag{7.6}$$

式中:符号意义与前同。于是:

$$D = 1 - \frac{E}{E_0} = 1 - \frac{\rho C_P^2}{\rho_0 C_{P0}^2} \tag{7.7}$$

D值较小时,$\left(\dfrac{\rho}{\rho_0}\right) \approx 1$,所以可假设

$$D = 1 - \frac{C_P^2}{C_{P_0}^2} = 1 - \left(\frac{C_P}{C_{p_0}}\right)^2 \tag{7.8}$$

四、岩体的纵波速度变化率

爆破时开挖轮廓以外的保留岩体、围岩和基础的岩体,无论采用何种控制爆破技术的开挖方式。无论何种方法,目前的爆破方法对开挖轮廓以外的保留岩体和围岩仍然存在着不同程度的损伤。因此,确定露天边坡、基础岩体和隧道开挖围岩损伤范围及预留保护层的厚度。对于加快施工进度,制定安全措施,分析岩体的稳定都是十分重要的。

为此,我国水利水电部门,通常采用将爆前爆后建基面岩体的纵波速度变化率作为爆破损伤影响范围的判据[104]。《水工建筑物岩石基础工程技术规范》(SL47-94)采用声波法测定岩体的损伤,按岩体波速在爆前、爆后的变化率为:

$$\eta = \left(C_{P0} - C_P\right)/C_{P0} \tag{7.9}$$

式中:C_{P0} 为爆破前在岩体中测得的声波速度;C_P 为爆破后对应测试部位岩体的声波速。规范规定[7]当 $\eta > 10\%$,即判定岩体破坏。长江科学经统计分析认为:对于致密脆性岩石类,$\eta = 10\%$ 为破坏的临界值。对结构面发育,变形具有塑性特征的岩体,宜取 $\eta = 20\%$ 为了破坏临介值。

五、爆破损伤判定标准

基于声波检测法所建立的岩体损伤度 D,完整性系数 K 和岩体波速在爆破爆后的变化率 η 之间的关系[95]为:

$$D = 1 - \frac{E}{E_0} = 1 - \left(\frac{C_P}{C_{P0}}\right)^2 = 1 - K_V = 1 - (1-\eta)^2 \qquad (7.10)$$

式中,符号意义与前同。

我国制定的《水工建筑物岩石基础开挖工程施工技术规范》[94]中规定,当$\eta > 10\%$即判定岩体受到爆破损伤破坏。对应的岩体损伤阈值为$D_{cr}=0.19$。

我国《水利水电工程物理规程》规定:采用岩体完整性系数来描述岩体的损伤。规定岩体按完整性系数可分类如下表:

表7.1 岩体完整程度与完整性系数对应表

岩体完整性程度	完整	较完整	完整性较差	破碎
完整性系数K_V	1~0.75	0.75~0.45	0.45~0.20	<0.20

$$岩体完整系数 K_V = \left(C_P / C_{P0}\right)^2 \qquad (7.11)$$

式中:C_P为岩体的纵波速度(或爆后的岩体波速);C_{P0}为完整岩体的纵波速度(或爆前的岩体波速)。

第二节 岩体爆破损伤的探地雷达检测

利用探地雷达找出固体介质构件,爆破后产生的微细裂缝的延长长度和混凝土内部的延伸变化情况。进一步从微观上研究爆破对固体介质的影响深度。

一、探地雷达探测原理

探地雷达采用高频电磁波对待测物体进行探测。发射天线发射高频电磁波进入目标体以后,一部分在目标体中衰减,一部分发生发射,被接收天线接收,记在主机中,供解释人员进行分析和解释。当电磁波遇到隐蔽物时,我们理解为进入另一种介质,同样,在这个介质中,一部分电磁波衰减,一部分发生发射。那么就可以看出,在隐蔽物处,不仅有上层介质衰减的电磁波,同时有这一层介质发射的电磁波。电磁波是一种能量,那么,就可以很明显地看出隐蔽物处的能力异常集中,这就是我们判断异常的依据。如图7.1所示。

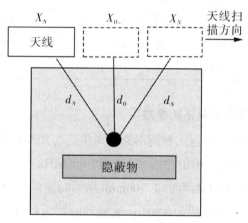

图7.1 探地雷达检测原理

定向卸压隔振爆破

二、水泥砂浆模型参数与爆破参数

表7.2　水泥砂浆模型参数与爆破参数

名称编号	模型参数	爆破参数					
	规格(mm)	药量(g)	药包直径(mm)	药包长度(mm)	炮孔直径(mm)	炮孔深度(mm)	孔底空气柱长度(mm)
11	1 430×1 400×600	10	20	40	30	390	40
12	1 470×1 420×600	10	20	40	20	380	0
13	1 700×1 410×600	10	20	40	20	390	0
14	1 770×1 410×600	10	20	40	30	370	10
15	1 710×1 450×600	10	20	40	30	380	30

三、测线布置及系统参数

本次检测采用意大利博泰克公司生产的RIS-K2型雷达仪器探测,探测方式采用齿轮模式,选用1 600MHz天线进行高分辨检测,因为本次探测深度均<500mm,所以时窗设置为10ms,采样点数为512,光栅间隔为0.001m,光栅间隔数为1。设置好系统参数以后,在距离炮源以200mm的间距布置测线。其中,模型15、11、12共设置3条测线,模型13、模型14共设置4条测线,并分别进行编号,并在爆破后分别对其进行检测,检测时天线按测线编号紧贴构件表面,沿着该首测线移动,原始数据自动采集并记录在笔记本电脑中。测线布图见图7.2。

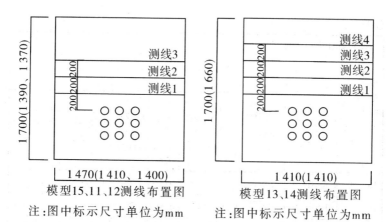

模型15、11、12测线布置图　　　　　模型13、14测线布置图

注:图中标示尺寸单位为mm　　　注:图中标示尺寸单位为mm

(1)模型15、11、12声波和雷达检测布线　(2)模型13、14声波和雷达检测布线

图7.2　测线布置图 (单位:mm)

四、测试结果

探地雷达图像与声波降低量对应表

爆破前后模型损伤的探地雷达图像裂缝面积与声波速度降低范围如表7.3所示。

表7.3　爆破前后声波降低范围及雷达剖面图裂缝面积

模型编号	卸压隔振参数		测线编号							
			1		2		3		4	
	径向不耦合系数	孔底空气间隔(mm)	声波降低量(m/s)	雷达图像裂缝面积(m²)	声波降低量(m/s)	雷达图像裂缝面积(m²)	声波降低量(m/s)	雷达图像裂缝面积(m²)	声波降低量(m/s)	雷达图像裂缝面积(m²)
11	1.5	30,20,10	57	0.004	47	0.002	132	0.087 2	–	–
12	0	0	298	0.024	119	0.008	197	0.014	–	–

定向卸压隔振爆破

续表

模型编号	卸压隔振参数		测线编号							
	径向不耦合系数	孔底空气间隔(mm)	1		2		3		4	
			声波降低量(m/s)	雷达图像裂缝面积(m²)	声波降低量(m/s)	雷达图像裂缝面积(m²)	声波降低量(m/s)	雷达图像裂缝面积(m²)	声波降低量(m/s)	雷达图像裂缝面积(m²)
13	0	0	298	0.017	125	0.009	79	0.005	–	–
14	1.5	10,20,30	59	0.004	40	0.001	70	0.004	57	0.004
15	1.5	30,40,50	–	0.001	7 8	0.005	40	0.001	98	0.007

试验结果分析:

由上表可知,声波速度降低量与雷达图像裂缝面积成一定的对应关系。

由上表中的数据可以看出声波速度降低量与雷达图像裂缝面积成一定的对应关系,如表7.4。

表7.4 爆破前后声波降低范围及雷达图像裂缝面积对应关系

声波降低范围(m/s)	雷达图像裂缝面积范围(m²)
>200	>0.015
150~200	0.010~0.015
100~150	0.007~0.01
50~100	<0.001

第三节　质点峰值振动速度对岩体爆破损伤的预测与评估

20世纪50年代以来一系列对于爆破破坏的评估和预测的准则,其准则中大多是将破坏与爆破过程引发的动态应力所产生的地面振动联系在一起。代表的成果有美国矿业局建立了一个经验的关系式,用来确定爆破振幅。A.Crandell(1949)提出爆破振动引起的破坏正比于能量比。能量比ER被定义为加速度 a 和频率 f 两者平方的比值。Kelsall 等(1984)和Montazer等(1982)采用岩石渗透率来评价破坏程度。Graddy和Kipp(1987)用参数 D 来描述岩石破坏程度[96]。

D 值在0岩石完整和 D 值等于1岩石完全破坏之间变化。它还可用来预测破坏岩石的模量 E_d,即 $E_d = E(1-D)$,E 为完整岩石的模量。Kyoya等(1985)提出用破坏张量来表示对比模量,该张量可以与材料的位移、应力和应变一起作为参数来进行有限元计算。Jkmrc方法是用频率、不连续面状态和不连续表面密度来描述破坏。Beyer和Jacobs用孔内摄像机来观察并比较爆破前后碎片频率和空间分布情况、Scottefal情况。其他还有比例离距和药量情况下的最大质点速度。采用质点速度准则的较多(如Langefors等(1973),Edwards和North Woo(1970),美国矿务局(1971)和其他一些人提出)。以质点速度(PPV)作为爆破破坏的准则[96],国内卢文波和Hustrulid提出质点峰质值震动速度推导出爆破引起的损伤范围[97]。

定向卸压隔振爆破

一、质点峰值震动速度(PPV)作为岩体损伤判据

目前,国外普遍采用质点峰值震动速度(PPV)的安全判据来作为岩体损伤的判据,质点峰值震动速度判据的理论依据是一维应力波理论[97]。

$$PPV = C_P[\varepsilon] \tag{7.12}$$

式中C_p为岩体纵波速度;$[\varepsilon]$为岩体极限拉应变。采用PPV判据可以事先通过理论计算预测爆破施工所引起的岩体损伤范围为调整爆破参数,控制爆破施工对保留岩体的损伤具有指导作用。

1. 比例距离

比例距离可以用来预测在炸药量Q,距离R情况下的最大质点速度$V_{\max}$[97]:

$$V_{\max} = K(R/Q^{0.5})^{-B} \tag{7.13}$$

式中:R为爆炸点和测试点的距离;Q为每段药量;K和B是与测试点有关的常数。

$$R/Q^{0.5}=柱形装药的标定距离 \tag{7.14}$$

2. 质点速度准则

(1)一般认为PPV小于50mm/s时,周围建筑群结构性破坏的可能性很小.

(2)地下隧道采用PPV的准则[97-]。

①Lanefors 和 Kinistrom(1973)建议对于隧道采用如下准则:PPV在305mm/s 和610mm/s 时,在无衬砌隧道分别产生下落和新的裂缝。

②bauer 和 Calder(1970)观察到的PPV,为254mm/s,岩石不会发生破裂,其他如表7.5所示[97]。

表7.5　岩石爆破损伤的质点峰值震动速度临界值（Bauer和Calder）

质点峰值震动速度（cm/s）	岩体损伤效果
<25	完整岩石不会致裂
25~63.5	产生轻微的拉伸层裂
63.5~254	产生严重的拉伸裂缝及一些径向裂缝
>254	岩体完全破坏

③Oriard提出在PPV为6.35mm/s时，大多数岩石都会受到一定程度的破坏[96]。

④Savely提出岩石爆破损伤的质点峰值，震动速度临界值如表7.6所示。

⑤Mojitabai和Beatti提出岩石爆破损伤的质点峰值震动速度临界值[97]见表7.7。

表7.6　岩石爆破损伤的质点峰值震动速度临界值（Savely）

岩体损伤表现	损伤程度	质点峰值震动速度（cm·s⁻¹）		
		斑岩	页岩	石英质中长岩
台阶面松动岩块的偶尔掉落	没有损伤	12.7	5.1	63.5
台阶面松动岩块的部分掉落(若未爆破该松动岩块可保持原有状态)	可能有损伤，但可接受	38.1	25.4	127
部分台阶面松动，崩落，台阶面上产生一些裂缝	轻微的爆破损伤	63.5	38.1	190.5
台阶底部的后冲向破坏，顶部岩体破裂，台阶面严重破碎，台阶面上可见裂缝大范围延伸，台阶坡脚爆破漏斗的产生等	爆破损伤	>63.5	>38.1	>190.5

定向卸压隔振爆破

表7.7 岩石爆破损伤的质点峰值震动速度临界值（Mojitabal和Beatti）

岩石类型	单轴抗压强度（MPa）	PQD(%)	质点峰值震动速度/cm·s⁻¹		
			轻微损伤区	中等损伤区	严重损伤区
软片麻岩	14~30	20	13~15.5	15.5~35.5	>35.5
硬片麻岩	49	50	23~35	35~70	>70
Shultze花岗岩	30~55	40	31~47	47~170	>170
斑晶花岗岩	30~85	40	44~77.5	77.5~124	>124

二、岩体爆破损伤的质点峰值震动速度判据的计算过程[97]

1. 岩体爆破爆源近区质点峰值震动速度衰减公式

卢文波和Husfrulid基于对柱面波理论，长柱状装药中的子波理论以及短柱状药包

激发的应力场Heelan解的分析，推导了岩体爆破中爆源近区的质点峰值震动速度衰减公式：

$$V = KV_0 \left(\frac{r_b}{R} \right)^B \tag{7.15}$$

式中：V为质点峰值震动速度；K为群孔爆破影响系数；在爆源近区$K=1$；在爆源远区K为同段起爆的炮孔数；R为爆心距；r_b为炮孔半径；B为衰减系数；V_0为炮孔壁上的质点峰值震动速度。

$$V_0 = \frac{P_0}{\rho_r C_P} \tag{7.16}$$

式中：P_0为炮孔内爆生气体的初始压力；ρ_r为岩石密度。

2. C—J爆轰条件下炸药的平均爆轰压力

炸药爆炸在C—J条件下的平均爆轰压力为：

$$P_e = \frac{\rho_c D^2}{2(r+1)} \tag{7.17}$$

式中：P_e为炸药爆轰平均初始压力；ρ_c为炸药密度；D为炸药爆轰速度；r为炸药的等熵指数。假设爆生气体为多方气体，则其状态方程为：

$$P = A\rho^{r_0} \tag{7.18}$$

式中：P为某一状态下的爆生气体压力；ρ为某一状态下爆生气体的密度；A为常数；r_0为爆生气体的等熵指数。当$P \geqslant P_K$时，取$r_0 = r = 3.0$；当$P < P_K$时，取$r_0 = V = 1.4$；P_K为临界压力。

3. 装药结构不同的炮孔初始平均压力

(1)耦合装药有：

$$P_0 = P_e \tag{7.19}$$

(2)不耦合装药，装药不耦合系数$\left(r_b / r_c\right)$，则爆生气体的膨胀只经过$P > P_K$一种状态，此时由式(7.17)得炮孔初始平均压力P_0为：

$$P_0 = \frac{\rho_c D^2}{2(r+1)}\left(\frac{r_c}{r_b}\right) \tag{7.20}$$

若装药不耦合系数值较大时，爆生气体的膨胀需经历$P \geqslant P_K$和$P < P_K$两个阶段，则由式(7.17)得：

$$P_0 = \left[\frac{\rho_c D^2}{2(r+1)}\right]^{\frac{r_0}{r}} P_K^{\frac{r-r_0}{r}}\left(\frac{r_c}{r_b}\right)^{2r_0} \tag{7.21}$$

4. 确定了P_0后，则可由式(7.15)确定炮孔壁上的质点和峰值震动速度V_0。

定向卸压隔振爆破

5. 根据前节,2质点速度准则所介绍的可以确定岩石爆破损伤的质点峰值震动速度临界值[V]。

6. 爆破引起的岩体损伤范围

根据炸药类型、炸药特性、炮孔直径、装药结构及岩石参数等因素,可以确定r_b、B、K,由前面的推导可以确定炮孔壁上的质点峰值震动速度V_0,则由式(7-15)得到爆破引起的岩体损伤范围[R]。

$$[R] = r_b \left[\frac{KV_0}{[V]} \right]^{1/B} \tag{7.22}$$

式(7-22)可以预报设计方案的岩体爆破损伤范围。可以事先确定最后一排主爆孔离设计轮廓的最小距离(预留保护层厚度),指导需要严格控制振动速度的预留保护层的爆破开挖,以控制岩体的损伤范围。

三、岩体爆破应用质点峰值震速计算损伤范围的实例

根据龙滩工程[97]右岸导洞岩体的条件及实际的钻孔直径,爆破参数。在设计计算中梯段爆破基本参数,开挖高度8米,钻孔直径100mm,采用2号岩石炸药$P_c = 1\,150\text{kg/m}^3$;$D = 3\,200\text{m/s}$;对$P \geqslant 100\text{MPa}$;$r = 3.0$;对$P \leqslant 100\text{MPa}$;$r_0 = 1.4$。对弱风化岩石,岩石密度$P = 2\,760\text{kg/m}^3$,$C_p = 4\,200\text{m/s}$,纵波速度$C_p = 3\,800\text{m/s}$,衰减指数$\alpha = 1.161$,对新鲜岩石,岩体力学参数见表7.8,理论计算爆破对围岩损伤范围见表7.9。

表7.8 龙滩水电站右岸导流隧洞的岩体力学参数

岩石名称		重度(kN·cm⁻³)	抗压强度(MPa)	抗拉强度(MPa)	弹性模量E(GPa)	泊松比	抗剪强度	
							tanφ	C(kPa)
泥板岩	微风化	27.4	100	0.5	15	0.25	1.1	1 480
	弱风化	27.0	80	——	10	0.25	1.0	980

表7.9 理论计算爆破对围岩的损伤

爆破类型	钻孔直径/mm	药巷直径/mm	损伤范围/m
梯段爆破	100	70	1.471~1.916
光面爆破	40	25	0.132~0.261
预裂爆破	90	32	0.082~0.158

1. 岩体爆破围岩损伤实测

武汉大学水利水电学院和广西江桂水电联营体联合爆破试验组在龙滩工程导洞中层开挖中进行了爆破试验。爆破开挖后，沿壁面垂直方向的松弛深度用声波仪进行测试,测试参数见表7.10[98]。

表7.10 声波测试结果

爆破类型	声波测孔编号	桩 号	倾角(°)	孔长(m)	松弛厚度(m)
梯段爆破	1	0+373.5	25	2.8	2.54
光面爆破	2	0+598	25	3.1	2.81
预裂爆破	3	0+598	25	3.2	2.90

定向卸压隔振爆破

2.质点峰值震动速度计算岩体爆破损伤范围与声波实际测试结果

理论计算与声波测试见表7.9、表7.10。由于理论计算把三种不同的爆破方式分别计算,而声波测试结果,却是梯段爆破和光面爆破的共同损伤结果;由于测试部位不同,其相应的岩体性质也不同。其理论计算与声波测试结果比较符合。

第四节　弹性理论预估隧道围岩爆破松动圈的厚度

天然状态下的地壳岩体,处于一种自由平衡状态。然而在岩体开挖过程中,由于边界条件的改变,破坏了岩体的相对平衡,使岩体中的天然应力场发生变化。岩体表面的应力释放,在岩石中形成新的重分布应力场。由于原岩应力释放和爆破施工等原因,在岩体表面附近出现一个由松弛到集中的层状应力分布,工程中称为松动层[11],松动层是确定岩石稳定性及支护设计的重要依据,特别是锚喷结构支护中,要根据松动层来设计锚固的深度。

随着隧道及地下工程的快速发展,隧道施工技术不断更新,大型、高效率的施工机械和掘进机(TBM)的引入[104],施工领域在中硬以下岩体(f=2~5)出现了以机械掘进代替爆破掘进的倾向。但是对于硬岩,目前在矿山、水电和交通仍然是以钻爆为主,不同的钻爆开挖方式在隧道围岩中会产生不同的影响。在工程设计、实践中计算爆破开挖对围岩所造成的影响,从而造成最优的爆破设计参数,最大限度地利用围岩自身的承载能力以减小支护费用至关重要。刘勇、张丹和贺晓亮[100]利用弹塑性理论与声波测试技术对重庆云阳段高速公路曾家垭隧道围岩的支护提供了可靠依据。

一、弹塑性理论力学方法是确定围岩松动圈厚度的基础

弹塑性力学方法是根据弹塑性围岩交界面上的应力,既满足弹性应力条件,也满足塑性应力条件。根据极限平衡条件,交界面上的弹性应力与塑性应力相等,推导塑性松动圈半径公式进而确定松动圈半径R_1。

$$H = R_1 - R_0 \tag{7.23}$$

式中:H为围岩松动圈厚度(m);R_1为围岩松动圈半径(m);R_0为隧洞顶拱半径(m)。

1. 直剪试验确定岩石的粘聚力(C)和岩石内摩擦角(φ)

直剪试验是在直剪仪中进行。对要确定松动圈的断面处,根据直剪仪的几何尺寸取岩样,在不同法向应力σ下进行直剪试验,得到不同的σ下的抗剪断强度τ_f,试验结果见表7.11,根据表7.11描在τ-σ坐标中,拟合出岩石强度包括线如图7.3所示。

表7.11 直剪试验数据

N(kN)	T(kN)	σ(MPa)	τ(MPa)
400	397	10	9.9
700	572	15	14.3
800	777	20	17.9
100	870	25	21.5

定向卸压隔振爆破

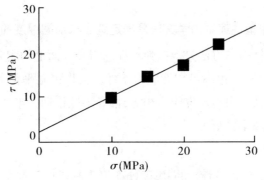

图 7.3 C、φ值的确定示意图

2. 库仑定律

根据库仑定律:$\tau = C + \sigma \tan\varphi$ (7.24)

式中:C为岩石的粘聚力(MPa);φ为岩石内摩擦角($°$);τ为岩石抗剪断强度(MPa);σ为岩石的正应力(MPa)。

结合图 7.4 得到$C = 2.30$MPa,$\varphi = 37.5°$。

二、弹塑性理论确定隧道围岩松动圈[100]

1.根据弹性理论,径向应力σ_r,环向应力σ_0、剪应力τ与应力函数φ间的关系有:

$$\left.\begin{array}{l}\sigma_r = \dfrac{1}{r}\dfrac{\partial\varphi}{\partial r} + \dfrac{1}{r^2}\dfrac{\partial^2\varphi}{\partial\theta^2} \\[2mm] \sigma_\theta = \dfrac{\partial^2\varphi}{\partial\theta^2} \\[2mm] \tau_{r\theta} = \dfrac{1}{r^2}\dfrac{\partial\varphi}{\partial\theta} - \dfrac{1}{r}\dfrac{\partial^2\varphi}{\partial\theta^2}\end{array}\right\}$$ (7.25)

由边界条件

$$\left.\begin{array}{ll}(\sigma_r)_{r=b} = \dfrac{P}{2} + \dfrac{P}{2}\cos 2\theta & b \gg R_0 \\[2mm] (\tau_{r\theta})_{r=b} = -\dfrac{P}{2}\sin 2\theta & b \gg R_0 \\[2mm] (\sigma_r)_{r=b} = (\tau_{r\theta})_{r=b} = 0 & b = R_0 \end{array}\right\} \qquad (7.26)$$

由（7.25）、（7.26）两式可导得弹性围岩重分布应力

$$\left.\begin{array}{l}\sigma_r = \dfrac{\sigma_h - \sigma_V}{2}\left(1 - \dfrac{R_0^2}{r^2}\right) + \dfrac{\sigma_h - \sigma_V}{2}\left(1 + \dfrac{3R_0}{r^4} - \dfrac{4r_0^2}{r^2}\right)\cos 2\theta \\[3mm] \sigma_\theta = \dfrac{\sigma_h - \sigma_V}{2}\left(1 + \dfrac{R_0^2}{r^2}\right) - \dfrac{\sigma_h - \sigma_V}{2}\left(1 + \dfrac{3R_0^4}{r^4}\right)\cos 2\theta \\[3mm] \tau_\theta = -\dfrac{\sigma_h - \sigma_V}{2}\left(1 - \dfrac{3R_0^4}{r^4} + \dfrac{2R_0^2}{r^2}\right)\sin 2\theta \end{array}\right\}$$

$$(7.27)$$

式中：σ_h 为岩体中水平天然应力（MPa）；σ_V 为岩体中铅直天然应力（MPa）；r 为向径（m）；R_0 为隧道半径（m）。

2. 根据塑性理论，塑性圈围岩分布应力计算公式为：

$$\left.\begin{array}{l}\sigma_r = (P_i + C_m Ct\varphi_m)\left[\dfrac{r}{R_Q}\right]^{\frac{2\sin\varphi_m}{1-\sin\varphi_m}} - C_m\cot\varphi_m \\[4mm] \sigma_\theta = (P_i + C_m Ct\varphi_m)\dfrac{1+\sin\varphi_m}{1-\sin\varphi_m}\left[\dfrac{r}{R_0}\right]^{\frac{2\sin\varphi_m}{1-\sin\varphi_m}} - C_m\cot\varphi_m \\[4mm] \tau = 0 \end{array}\right\} \qquad (7.28)$$

3. 隧道最大埋深110m，假设 $\sigma_h = \sigma_V = \sigma_0$ 即天然应力比 $\lambda = 1$；根据极限平衡条件，交界面上的弹性应力与塑性应力相等，由（7.27）、（7.28）式可得塑性松动圈半径公式即芬纳—塔罗勃公式：

$$R_1 = R_0 \left[\frac{C_m \cot \varphi_m + \sigma_0 (1 - \sin \varphi_m)}{P_i + C_m \cot \varphi_m} \right]^{\frac{1 - \sin \varphi_m}{2 \sin \varphi_m}} \tag{7.29}$$

式中：R_1为隧道松动破碎圈半径(m)；R_0为隧道半径(m)；σ_θ为岩体天然应力(MPa)；P_i为隧道支护力(kPa)；C_m为岩体粘聚力(MPa)；φ_m为岩体内摩擦角(°)。

三、工程实例计算[100]

曾家垭隧道位于杭州至兰州国家重点干线重庆云阳高速公路，地处云阳县复兴镇马沱村，为双线隧道，全长700m。地质构造属新化夏系四川沉降带之川东褶带北东端。岩层倾向175°~181°，倾角64°~75°。按照公路隧道围岩划分标准，围岩以Ⅱ、Ⅲ、Ⅳ类为主。主要为泥岩、砂质泥岩、泥质粉砂岩等软质岩以及粉砂岩、细砂岩等硬质岩。

隧道设计净高5.0m，净宽10.25m（其中毛洞高5.40m，宽10.05m）。施工采用新奥法。复合式衬石所支护，其中初期采用锚喷支护，即挂钢筋网，喷射混凝土打锚杆；二次支护采用钢筋混凝土衬砌。采用全断面掘进爆破开挖。

计算事例

(1)隧道松动破碎圈半径：①利用扁千斤顶法量测得拱顶及两帮的天然应力σ_θ为20~40MPa；②由公式(7.29)计算得隧道松动破碎圈的半径$R_1 = 3.77~4.50$m。

(2)松动圈厚度：由公式(7.23)计算得松动圈厚度1.27≤H≤2.0m。

(3)隧道锚杆的合理深度：由弹塑性理论计算和工程实际分析，隧道锚杆的合理锚围深度应在2.0~3.0m范围。

第八章 动载荷冲击作用下
岩石的损伤特性

　　岩石动态损伤及其演化规律的研究,是岩石力学、爆炸理论普遍关注的问题,损伤参量的定义和描述是岩石损伤,演化过程研究的难题,目前有关这方面的实验研究大致可分为两类:一类是对冲击样品进行细观观测,通过对细观结构变化,物理过程的研究,了解材料破坏的本质和规律;另一类是从唯象学的角度出发引入标量或矢量形式的损伤变量来表征脆性材料的损伤程度,如利用弹性系数、超声波速、声波衰减、声发射等来反映材料的损伤,唯象地考察损伤材料对宏观力学性质的影响,这类方法是目前评价岩石类材料损伤特征的发展方向[101]。

　　近年来,岩石和混凝土在冲击作用下的损伤演化规律受到岩石力学和爆破工程界的普遍关注,为了分析冲击破岩原理,解决一定的冲击作用下危及岩土工程的安全问题,需要研究岩石的冲击损伤作用及破坏特性。人们利用一级轻气炮对岩石试件进行了冲击损伤实验,并结合声波测试技术分析研究了岩石的冲击损伤问题,建立了岩石的损伤演化方程,构建了反映岩石冲击压缩和拉伸损伤的理论模型。但是对冲击作用面小于试件尺寸的岩石的损伤作用和破坏特性还有待进一步研究。本章利用一级轻炮对岩石试件进行冲击实验和压力测试,对冲击后的试件进行声波探伤和剖面观察与磨片镜下观察碎块分级等冲击破坏特性。

轻气炮冲击实验原理及测试系统、岩石冲击试验参数、冲击试件的取样与加工,参看文献[105]有关内容。

第一节　岩体冲击损伤试验

一、冲击压力测试

冲击损伤作用与碰撞压力有关,碰撞压力可由飞片运动速度计算。岩石的冲击损伤作用过程主要是飞片与试件撞击产生的冲击波作用过程,了解冲击波的传播过程和特点有助于研究岩石的冲击损伤作用和破坏特性。采用锰铜压力传感器进行冲击压力测试。将锰铜压力计粘贴在岩石试件的各分段的不同段上(见图8.1),测量不同位置处的压力传播器接受撞击面传来的压力波信号,BF120检测仪进行转换和放大,TDS684采集和贮存信号并显示压力时程波形,信号输入计算机后进行数据的分析处理。

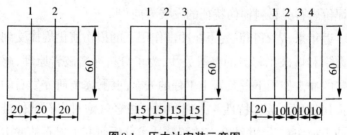

图8.1　压力计安装示意图

二、冲击压力测试结果

（1）冲击压力测试结果如表8.1。

表8.1　岩体组合结构冲击实验结果表

| 岩样编号 | 碰撞压力（MPa） | | | | | 备注 |
| | 冲击顺序及岩体结构（mm） | | | | | |
	一	二	三	四	五	（飞片性质）
8-18	320	未收到信号				大理石（ϕ50mm×δ5mm）
8-10	186	未收到信号				花岗岩（ϕ22mm×δ20mm）
1-4	1 373	950	370			金属（ϕ40mm×δ4mm）
1-3	1 152	895	650	1 175		金属（ϕ40mm×δ4mm）
2-9	1 215	未收到信号		1 005	-1 250	金属（ϕ40mm×δ4mm）

三、冲击载荷卸载后冲击损伤观测

冲击载荷卸载后,采用软回收装置使损伤后的试件保持原有形状。用502胶浸润损伤的试件,待其固后再取出进行剖切观察和声波探测,以便分析岩样的冲击损伤作用和破坏特性。

1. 冲击损伤的剖切观察

对冲击损伤后的岩石试件纵向和横向剖切,观察岩石试件各端面和剖切面上各部位的破坏情况,如图8.2所示。

岩样号	岩样名称	碰撞压力（MPa）	冲击实验后			
			冲击面	中部横剖面	底部自由面	轴向剖面
7-18	白云岩 f=12~14	320				
7-19	白云岩 f=12~14	1 208.5				
1-4₂	纯灰岩 f≥12	1 722.8	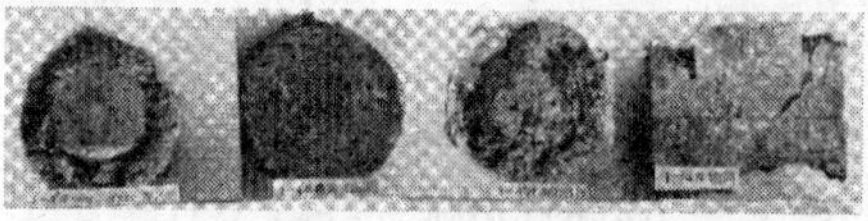			
2-10	灰岩 f≤14	1 048.4				
4-7	白云质灰岩 f=10~12	1 429.8	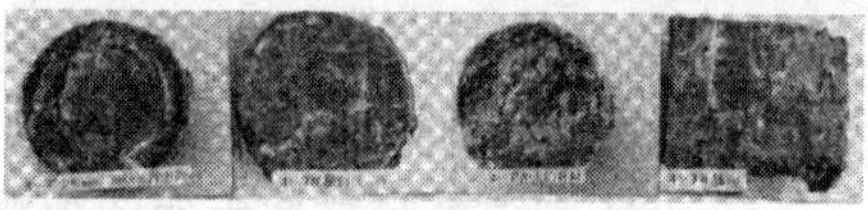			

图8.2 冲击载荷卸载后各端面和剖切面的破损情况

2. 岩石试件冲击损伤后结构分析

由于冲击损伤后岩样剖切面情况可知,岩石试件具有如图8.3所示的分压特性:

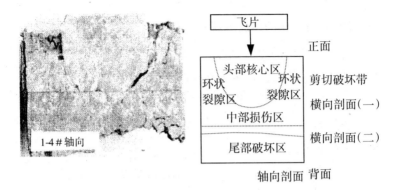

图8.3 岩石试件冲击破损的分区特性

①头部核心区。近似圆锥形。受飞片撞击的直接作用。锥底直径为300~400mm,略小于飞片直径,深度略小于锥底面直径,该区岩体损伤较小。

②环状裂隙区。近似环形,位于核心区外围,该区存在明显的环状裂隙。冲击面上的环形厚度为10~15mm。

③中部损伤区。核心区与环状裂隙区交界处,是压应力和拉应力的突变带,所以形成剪切破坏带。由于压力波测试可知,随着传播距离的增加,冲击波迅速衰减。该区域压应力波仅为数百兆帕,不能引起岩石破坏。若轴向压应力波衍生的横向拉应力值尚高于岩石抗拉强度,可造成一定程度的损伤。

④底部自由面破坏区。当压应力波传到岩样底部时,在底部自由面产生较强的反射拉伸作用,入射压应力波与反射拉应力波叠加,在自由面附近合成为强拉应力,造成岩石试件尾部的反射拉伸裂隙,该裂隙又成为新的自由面,继续入射的应力波在此新自由面上产生反射,造成二次损伤,其损伤程度远大于中部损伤区。

四、冲击损伤的声波测试与分析

对组合结构的岩石试件冲击后用502胶浸润,固结后取出进行声波测试。然后进行纵向和横向剖切。

1. 整体岩石试件的声波测试与分析

整体岩石试件均为60mm×60mm,声波测试及损伤变化率与损伤率见表8.2。

表8.2 岩样声波测试及损伤变化率、损伤率

岩样编号	岩石名称	普氏硬度f	冲击压力(MPa)	试验前声速(m/s)	试验后声速(m/s)	岩样损伤变化率(η)	岩样损伤度
7-19	白云岩	12~14	1 208.5	5 844	2 424	58.5	0.828
1-4(1)	纯灰岩	≥12	1 722.8	5 600	2 650	52.7	0.776
2-10	灰岩	≤14	1 048.4	6 136	2 222	63.8	0.869
4-7	白云质灰岩	10~12	1 429.8	6 075	2 810	53.7	0.786

2. 岩石组合结构冲击损伤后的声波测试

声波测试见表8.3。

表8.3 声波测试结果表

声波(m/s) 岩样编号	冲击实验前声波	冲击实验后岩体分层声波					备注
		一	二	三	四	五	
8-18	6 136	3 568	4 300	4 021			冲击实验后用502胶浸润破损试验,再经切削分离测试声波。其数据仅供参考。
8-10	5 575	3 455	4 141	3 875			
1-4	6 075	2 778	2 875	2 299			
1-4(1)	5 600	3 936	1 937	1 848	1 653		
2-9	5 863	2 151	1 852	1 925	1 789	2 289	

3.岩样冲击后岩样的声波变化有如下特征：

（1）当碰撞压力较小（320.0MPa）时，实验后的纵波速度降低率为25.5%~38.0%。虽然试件无宏观裂隙，但是由声波测试结果可知，岩石试件已经产生了微观损失。

（2）岩样第一段（包括头部核心区和环状裂隙区）和第三段（底部破坏区）的纵波速度的降低率较大（分别为38.0%~50.6%和30.4%和~58.8%），第二段（中部损伤区）的降低率较小（22.5%~48.5%）。

（3）当碰撞压力较小时，岩样的第一段波速降低率大于第三段。如7-10岩样；第一段的波速降低率大于第五段如2-9岩样。

（4）岩样在不同段别的波速降低率反映了不同分区的冲击损伤程度。第一段包括头部核心区和环状裂隙区是影响本段波速变化的主要因素。波速降低率所反映的岩样冲击损伤情况与图8.5所示的分区特性吻合。

五、岩石试件冲击破损情况

根据我国制定的《水工建筑物岩石基础开挖工程实施技术规范》[5]来判定当$\eta > 10\%$，即判定岩石受冲击损伤，对应的岩石损伤阈值为$D = 0.19$。从计算结果岩样全都属于破损。如图8.4，表8.4所示。

定向卸压隔振爆破

轻气炮实验　2004年12月13日13点40分

岩样号	1~4	氮气压力 (kg/cm²)	9	弹丸速度 (m/s)	222 (171)	岩样组合结构图	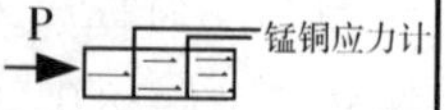

压力(MPa)	岩样分节号	分节规格 (φ×6)(mm²)	冲击载荷卸载后的岩样状况
碰撞压力 1 373	一	60×20	
950	二 (1号传感器)	60×20	
370	三 (2号传感器)	60×20	

轻气炮实验　2004年12月14日12时

岩样号	2~9	氮气压力 (kg/cm²)	4.5	弹丸速度 (m/s)	197 (149)	岩样组合结构图	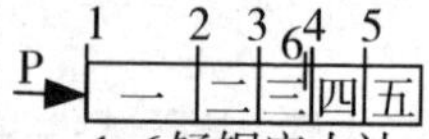

压力(MPa)	岩样分节号	分节规格 (φ×6)(mm²)	冲周载荷卸载后的岩样状况
碰撞压力 1 215	一	60×20	
应力计被拉断	二	60×10	
应力计被拉断	三	60×10	
1 005	四	60×10	
-1 250	五	60×10	

图8.4　岩体冲击载荷卸载后的破损情况

表8.4　岩体组合结构冲击损伤变化率和损伤度

岩样编号	岩体组合结构层次编号									
	损伤变化率 $\eta = \left(\dfrac{C_{P0} - C_P}{C_{P0}} \right) \times 100$					损伤度 $D = 1 - \left(C_P / C_{P0} \right)^2$				
	一	二	三	四	五	一	二	三	四	五
8-18	41.9	30	34.5			0.662	0.41	0.571		
8-10	38	26	30.5			0.616	0.45	0.52		
1-4	54	52.7	62			0.791	0.776	0.857		
1-3	30.5	65.8	67	70.8		0.517	0.883	0.894	0.915	
2-9	63	68	67	69	61	0.633	0.90	0.893	0.907	0.848

六、岩石试件冲击实验后损伤的块度分析

岩石爆破的主要目的是为了将岩石按要求进行破碎成一定的块度,对于矿山开采来说,块度的评价爆破效果的重要指标,它不仅影响到矿山生产过程的铲装、运输和粗碎等工序的效率与成本,还影响后续的凿岩爆破工作与保留岩体和围岩的稳定性。

为了得出在不同的冲击压力下岩石的不同损伤块度特征,对试验后的岩石试件进行了块度筛分。得出在不同的冲击压力下岩石的不同损伤块度分布特性,建立动荷载下岩石破碎块度的分布规律。

1. 实验方法

为了分析在不同的冲击压力下岩石的不同损伤块度分布特性及动荷载下岩石破碎块度的分布规律,将声波测试、剖面观察后的岩石试件,放入玻璃量筒内,加入丙酮浸泡24小时,待试件解体后取出并用标准筛筛分。

2. 筛分结果

对岩样号1-4、4-7、8-19、2-10，4个软回收岩样进行了筛分，采用一套2mm、5mm、10mm、20mm、30mm标准筛，将块度分为30mm、20mm、10mm、5mm、2mm、0.8mm共6个等级，分别计算数量和称取不同块度级别的试样质量并计算其百分比。结果见图8.5、表8.5、表8.6、表8.7所示。

粒径(mm)	占量(%)	岩样号1~4　冲击载荷压力1 373(MPa)
>20	22	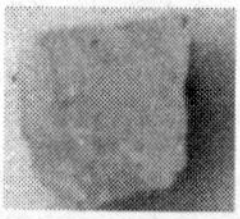
10~20	11	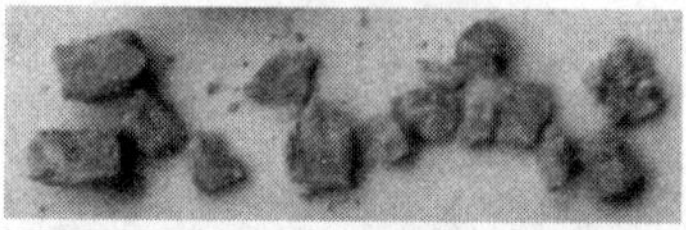
5~10	32.4	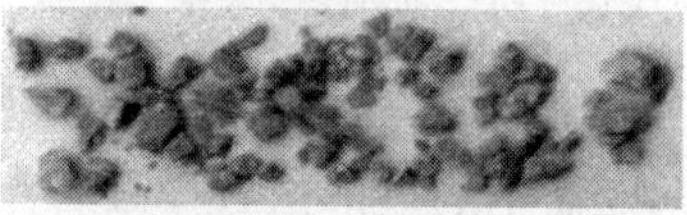
2~5	23	
1~2	6.8	
0.5~1	1.8	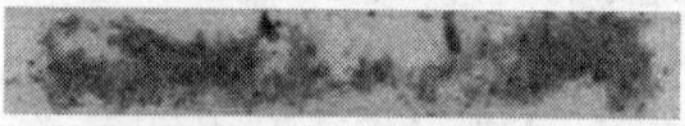
0.25~0.5	1.5	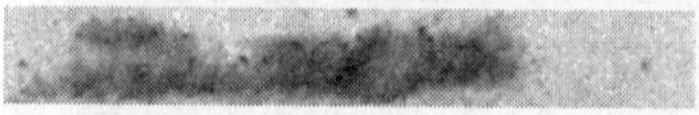
0.17~0.25	0.8	
<0.17	0.7	

图8.5　岩样冲击卸载筛分分级

粒径(mm)	占量(%)	岩样号7~19　冲击载荷压力1 208(MPa)
>20	36	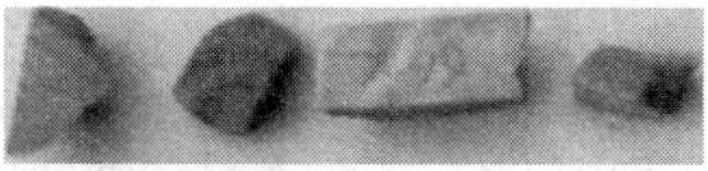
10~20	31	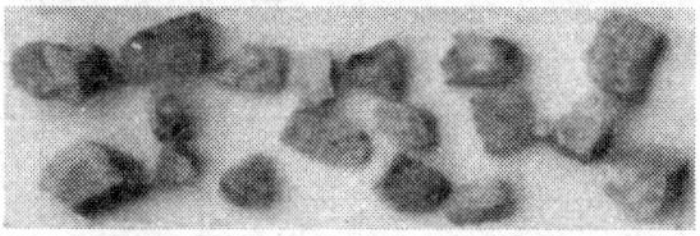
5~10	23.3	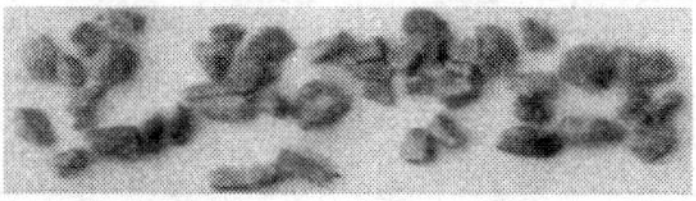
2~5	6.6	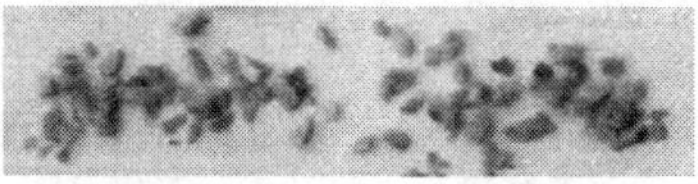
1~2	2	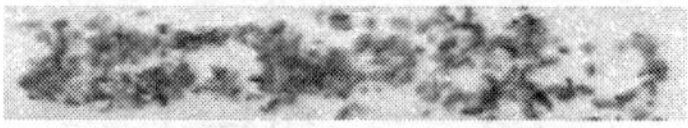
0.5~1	0.5	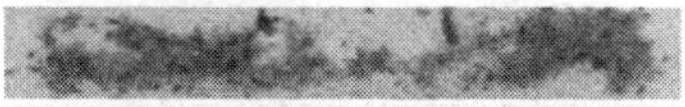
0.25~0.5	0.5	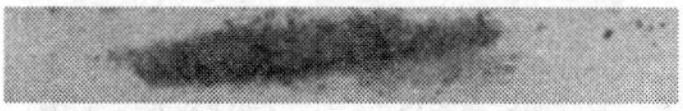
0.17~0.25	0.4	
<0.17	0.5	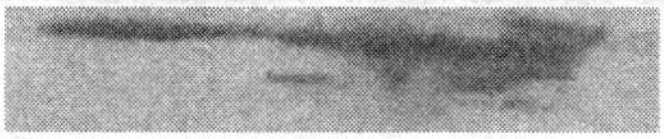

图8.6　岩样冲击卸载筛分分级

表8.5　层状岩体组合结构冲击载荷卸载后破损筛分分级

岩样号	粒度分级百分比φ(mm)							
	φ>40	30<φ<40	20<φ<30	10<φ<20	5<φ<10	2<φ<5	0.8<φ<2	φ<0.8
1–4(一)	54.2		4.8	8	21.7	7.3	0.3	4.7
1–4(二)	39.5		5	19	21.7	10	1.4	3.4
1–4(三)			35	24	21.5	11	0.5	5

续表

岩样号	粒度分级百分比φ(mm)							
	φ>40	30<φ<40	20<φ<30	10<φ<20	5<φ<10	2<φ<5	0.8<φ<2	φ<0.8
2-9(一)	71.7			6.7	15	4.2	2.5	0.5
2-9(二)	54.8			27	4.1	8.2	2.7	3.2
2-9(三)		29.6	31.5	15.3	16.3	3.8	2.9	0.6
2-9(四)	64.2			18.4	10	2.6	3.5	1.3
2-9(五)		52.7		21	17.8	3	3.7	1.8

表8.6　颗粒数统计

实验顺序	碰撞压力(MPa)	φ(mm)					
		0.8~2	2~5	5~10	10~20	20~30	>30
1-4(1)	1 722.8	6 890	2 896	889	240	16	1
4-7	1 429.8	4 235	2 420	650	236	21	1
8-19	1 208.5	2 400	689	286	136	31	4
2-10	1 048.4	1 120	510	231	120	36	3

表8.7　质量百分比统计

实验顺序	碰撞压力(MPa)	粒度分布质量百分比(%)					
		0.8~2	2~5	5~10	10~20	20~30	>30
1-4(1)	1 722.8	4.8	6.8	24.8	41	13	9.6
4-7	1 429.8	4	6	19.4	39	23	8.6
8-19	1 208.5	1.5	2	6.5	23	31	36
2-10	1 048.4	3	6	6.6	20	29.4	38

　　2.结果分析　由图8.6、图8.7可以看出,不同的冲击荷载下对岩石产生的破碎程度有所不同,随着碰撞压力的增大,破碎颗粒

数也逐渐增多,颗粒数分布基本上呈指数规律,而不同块度颗粒质量百分比分布基本上呈二次抛物线形式。

（1）不同块度颗粒数分布函数

由图8.6可以看出,破碎块度的颗粒数分布基本上呈指数分布,可用下式表示:

$$N = N_0 \cdot e^{-\alpha B} \tag{8.1}$$

式中:N——不同块度的颗粒数;N_0、$-\alpha$——拟合参数;B——颗粒块度大小（mm）。

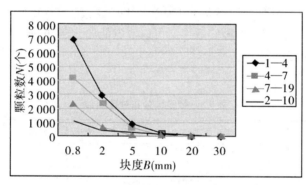

图8.6　破碎块度与颗粒数的关系（史瑾瑾提供）

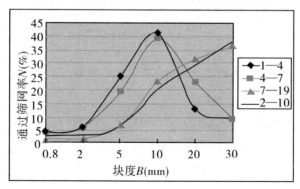

图8.7　破碎块度与质量百分比的关系（史瑾瑾提供）

对于表8.6的数据进行指数拟合,得到表8.8的结果。

(2)不同块度颗粒百分比分布特性

从表8.6可知,当冲击压力达到1 000MPa后,岩样破碎较严重,碎块直径在38mm以下。随着碰撞压力的增大,大、中粒径(粒径10~20mm以上)的颗粒含量减少,小粒径(5~10mm以下)的含量增加。但是在冲击压力为1 048.4~1 822.8MPa的较大范围内,岩石破碎程度变化不大。

由图8.7可以看出,压力越大,质量百分比抛物线的峰值位置越靠近坐标原点。但是,与颗粒数分布得出的结论一样,当压力大于1 431MPa后以及小于1 208.5MPa后这种变化不大,由此说明要想得到较好的破碎效果又可以节省能源,合理的碰撞压力应为1 400MPa左右。

表8.8　颗粒数分布规律函数

试验顺序	碰撞压力(MPa)	颗粒数分布函数
Ⅲ	1 722.8	$N = 5\,382 \cdot e^{-0.2905B}$
Ⅳ	1 429.8	$N = 3\,970 \cdot e^{-0.2686B}$
Ⅴ	1 208.5	$N = 1\,266 \cdot e^{-0.1940B}$
Ⅵ	1 048.4	$N = 849 \cdot e^{-0.1815B}$

七、花岗岩、大理石、砂岩的冲击试验结果

1. 花岗岩冲击实验前后的声波

花岗岩试件采用的四川雅安中国红的柱状岩芯,岩石普氏硬度系数$f = 12 \sim 14$,实验结果如表8.9所示。

表8.9 花岗岩冲击试验损伤情况

岩石名称	采样地区	岩样编号	实验前波速（m/s）	冲击实验后波速（m/s）	岩石损伤度 D	损伤变化率 η
花岗岩	东区	东-1	5 714	1 190	0.956 7	79.20
		东-2	5 714	2 857	0.750	50.00
		东-3	5 714	4 348	0.421	23.90
花岗岩	西区	西-1	5 769	4 762	0.318	17.56
		西-2	5 769	4 082	0.500	29.24
		西-3	5 769	3 509	0.630	39.20

2. 大理石、砂岩的冲击损伤实验

大理石、砂岩的冲击实验[106-109]采用37mm口径的一级轻气炮进行，并进行了衰减系数和频谱分析。

（1）大理石的冲击损伤实验

大理石的冲击损伤试验见表8.10所示。

表8.10 大理石冲击损伤结果表

实验编号	碰撞速度（m/s）	峰值压力（GPa）	声速（m/s）	D	衰减系数（dB/cm）	波谱面积	主频（kHz）	振幅 A
原岩			2 667			14 540	40	0.55
1 013	124.6	1.57	1 563	0.657	4.5	8 654	40	0.33
1 012	129.8	1.72	1 429	0.713	6.0	7 084	40	0.33
1 014	173.0	1.86	1 325	0.753	7.8	6 143	40	0.22
1 015	190.4	2.04	1 212	0.793	11.5	40 312	40	0.30
1 016	204.0	2.61	1 026	0.852	13.5	3 089	40	0.15

（2）砂岩的冲击损伤试验

砂岩的冲击损伤试验见表8.11。

表8.11　砂岩冲击前后的波速测量结果

实验编号	碰撞速度（m/s）	峰值压力（GPa）	声速（m/s）	D	衰减系数（dB/cm）	波谱面积	主频（kHz）	振幅A
原岩			3 570			13 125	37	0.40
0924	137	0.358			7	8 017	41	0.27
0924	204	0.508			8	6 129	42	0.47
1008	139	0.80	1 120	0.900	9.5	6 074	59	0.22
1009	213	1.25	1 026	0.917	12	3 548	39	0.20
1009	230	1.37	95	0.922	16	2 491	41	0.26
1009	272	1.60	816	0.948	22	1 404	47	0.04
1012	291	1.73	758	0.955	26			

3. 岩石冲击损伤与弹性波速的关系[106][108]

（1）衰减系数

超声波在介质中传播时，随着距离的增加，其能量逐渐减弱，这种减弱可表示为：

$$E(x) = E_0 \mathrm{e}^{-\alpha_\rho x} \tag{8.2}$$

式中：α_ρ为材料衰减系数，由波的扩散，吸收和散射3部分组成。

实验分别测出原始靶（未冲击）与受不同冲击速度作用的靶板满幅信号的衰减，二者之差即为衰减系数，单位dB/cm，它反映了超声波的衰减，较好地描述了受冲击试件的损伤特性，实验结

果见图8.8,为$D\sim\alpha_p$关系图,用拟合关系表示为:

$$\alpha_p = A + BD$$

其中A和B为拟合参数,对大理碙$A=-28.6$,$B=49.45$;砂岩$A=-157.7$,$B=194.66$,从图8.8可以看出:衰减系数与损伤存在一致性,较好地反映了岩石的损伤程度,把岩石类脆性材料的动态损伤与弹性波速的变化联系起来,能定量地描述岩石的损伤度。

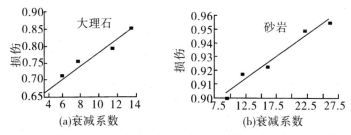

图8.8　损伤参数和衰减系数的关系

（2）频谱分析

除了用波速的变化反映冲击岩石的损伤程度以外,经常使用的还包括声波的衰减及频谱分析,由于声波的衰减反映了应力波在冲击损伤岩石中的传播特性,而频谱特征值的大小反映了冲击后岩石的完整性,而且在表征岩石破坏中裂纹产生、扩展直至破裂的全过程时,声波频谱特征值的变化比波速的变化更敏感[110],因此近年来声波的衰减和频谱特征分析已成为岩石分级和评价岩体质量的一种新的手段,同时也成为描述冲击损伤岩石中应力波衰减特性的一种有效的方法。

频谱分析就是对接收的穿透波形离散、量化,取穿透波形中反映岩石特性的有效波形进行快速富氏变换,可获得接收波谱,从而可对岩石的损伤特性进行分析。从岩样中获得的有关信息(振幅、频谱等)经探伤仪信号输出端到示波器,经计算机存储波形,然后即可进行频谱分析。图8.9,图8.10分别为衰减系数与振幅、损伤与波谱面积的关系。从图中发现,衰减系数和损伤皆与波谱面积成反比,由于波谱面积反映了超声能量的大小,而超声波能量的大小间接地反映了应力波在冲击损伤岩石中的能量耗散(或衰减)情况,因此波谱面积可作为表征应力波在岩石中传播特性参量[109]。

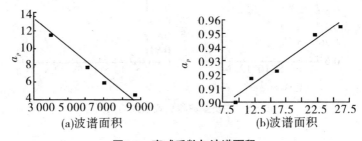

图8.9 衰减系数与波谱面积

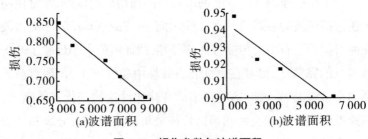

图8.10 损伤参数与波谱面积

4.小结

(1)把岩石类脆性材料受冲击加载造成的损伤与弹性波速的

变化联系起来,定义损伤度,实现固体界质损伤度的量测。

(2)超声波衰减系数与岩石的动态损伤存在较好的一致性,可以认为衰减系数是量测、评价岩石属性(裂隙扩展,损伤演化)的一个有效的声学指标。

(3)波谱面积与损伤及衰减系数具有很好的相关性,由于波谱面积反映了超声波能量的大小,而超声波能量的大小间接地反映了应力波在冲击损伤岩石中的能量耗散(或衰减)情况。因此,波谱面积与损伤度及衰减系数存在较好的相关性表明波谱面积可用作表征应力波在岩石损伤演化过程中的传播特性。

上述实验及分析表明[109]:超声波衰减系数与岩石的冲击损伤,具有较强的规律性,可认为衰减系数是量测、评价岩石属性(裂隙扩展、损伤演化)的一个有效的声学指标,同时,振幅波谱面积与损伤及衰减系数具有很好的相关性,由于波谱面积反映了超声波能量的大小,而超声波能量的大小间接地反映了应力波在冲击损伤岩石中的能量耗散(或衰减)情况,因此,波谱面积与损伤及衰减系数的相关性实际反映的是损伤演化与能量耗散的关系,由此说明用声波衰减系数表征岩石损伤,并构造岩石动态损伤模型的理论意义。

八、岩石冲击试验的微观分析

在岩石损伤探测技术中,显微镜是重要的观测设备,它可以对受损岩石内部的细观裂纹变化进行研究。

微观观测采用德国莱兹公司生产的显微镜(型号 LEITZ LABORLUX12POL,规格为40X~100X)。

试验前后,在试件的横向剖面上选择不同区域进行观察。

定向卸压隔振爆破

1. 试验前的显微特征

冲击试验的岩石,主要是白云岩、白云质灰岩、石灰岩。试验前岩块的显微特征基本上是相似的,岩样中原生裂纹1~3条,长度30~50mm,裂纹宽度0.01~0.03mm,凹坑1~3个,其中:

(1)白云岩

矿物主要成分微白云石,呈半自形粒状,含有少量的方解石颗粒,呈带状分布,白云石颗粒0.1~0.4mm,表面混浊较脏,少数为菱形切面,部分白云石颗粒具有雾心亮边和环带结构,结构完整。

(2)石灰岩

矿物成分为方解石,凝块球粒结构,球粒呈圆状—次圆状—椭圆状,由泥晶方解石组成,内部结构均匀,粒度为0.2~0.9mm,填隙物为亮晶方解石,碎屑与填隙物构成孔隙式—基底式胶结类型,岩石结构完整。

(3)白云质灰岩

当地称灰岩,矿物成分为方解石、白云石,方解石为细小的微晶,呈带状分布,白云石为自形的菱形切面,系方解石的白云岩化作用所致,粒度为0.1~0.2mm,它与微晶方解石构成层纹状构造,岩石结构完整。

见显微照片图8.11所示。

2. 试验后的显微特征

(1)岩样编号7-18

该岩样为白云岩,主要矿物为白云母,中—细粒半自形镶嵌晶粒结构,白云石呈半自形粒状,少数为自形的菱形切面,表面混浊较脏,粒度0.1~0.4mm,前期裂纹2~3条,有近似平行的裂纹,切穿颗粒,有交义的裂纹,裂纹宽0.015~0.04mm,长度均大于

40mm。

（2）岩样编号2-10

该岩样主要为细粒晶粒结构,层纹状构造,矿物成分为方解石、白云石,方解石为细小的微晶,呈带状分布,白云石为自形的菱形切面,系方解石的白云石化作用所致,粒度0.1~0.35mm,它与微晶方解石构成层状纹状构造。前期裂纹2~3条,宽0.5~1.5mm,长度大于0.5mm,凹坑1~3个,冲击碰撞后,横竖裂纹6~7条,裂纹宽0.03~2.5mm,长度最短2.5mm,最长65mm。

（3）岩样编号7-19

该岩样为白云岩,矿物成分主要为白云石,粗—中粒半自形镶嵌晶粒结构,白云石呈半自形粒状,表面混浊较脏,粒度为0.25~0.4mm,少数白云石具环带结构,表面干净,粒度为1.0~1.5mm,尘状磁矿分布在白云石颗粒之间。冲击碰撞前,有裂纹2条,裂纹宽0.3~1.1mm,裂纹贯穿整个岩样,并切穿白云石颗粒,被切穿的同一颗粒的两边消光位一致,说明岩石受某一方向力影响所致。冲击碰撞后出现裂纹7~10条。裂纹宽0.03~3mm;裂纹长度最短17mm,最长66mm。

见显微照片图8.11。

岩样编号	7–18	2–10	7–19
岩石名称	白云岩	灰岩	白云岩
普氏系数(f)	12 ~ 14	≤ 14	12 ~ 14
冲击压力(MPa)	320	1 048.4	1 208.5
实验前显微照片	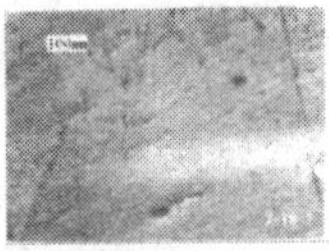	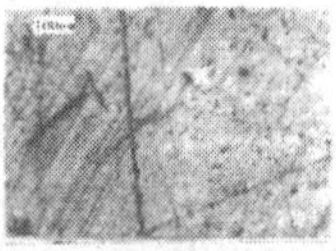	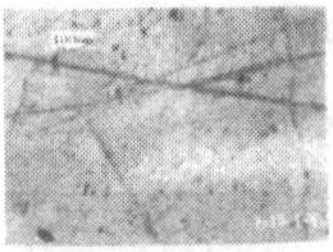
实验后显微照片	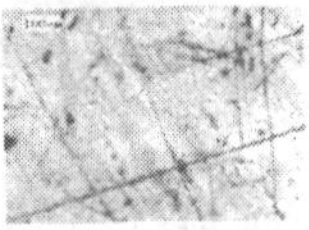 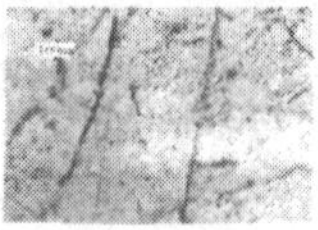	 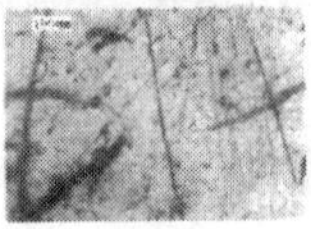	 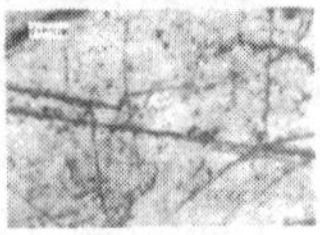

图8.11　轻气炮冲击实验前、后岩样切片的100倍显微照片

3. 不同冲击压力对试件的影响

不同压力冲击后,试件切片显微特征如图8.12所示。

(1)岩样编号1–4

凝块球粒结构,矿物成分为方解石,球粒呈圆状—次圆状,由泥石方解石组成,内部结构均匀,粒度为0.05~1.00mm,凝块呈不规则状由泥晶方解石、球粒、钙球粒结而成,内部结构亦均匀,粒度为0.10~0.4mm,填隙物为亮晶方解石,碎屑与填隙物构成孔隙式—基底式胶结类型。冲击前裂纹3条,冲击后的裂纹有5~6条,横竖交错,裂纹宽0.02~0.4mm,裂纹最短长8mm,最长大于50mm。

（2）岩样编号2-9

砂屑结构,主要物矿成分为方解石,砂屑由泥晶方解石组成,呈圆状—次圆状—不规则状,少数呈椭圆—准椭圆状,粒度0.05~2.0mm,填隙为亮晶方解石,碎屑与填隙物,构成孔隙式~基底式类型。该片中亮晶方解石具滑动双晶现象。其中碰撞裂纹3条,冲击碰撞裂纹5~6条。

（3）岩样编号1-3

该岩样为纯灰岩,矿物主要成分为方解石,砂屑由泥晶方解石组成,呈圆状~次圆状~不规则状,少数呈椭圆~准椭圆状,粒径0.1~0.2mm,分布均匀,冲击实验前试件有裂纹3条,裂纹填隙物为亮晶方解石。冲击碰撞后裂纹贯宽余方解石,裂纹宽0.02~0.3mm,裂纹8~10条,裂纹最短4mm,最长37mm,如图8.12所示。

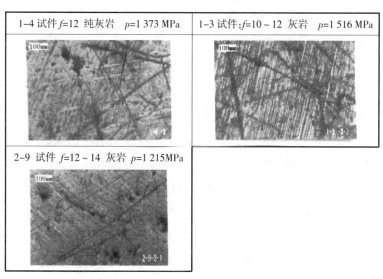

图8.12　不同压力冲击后试件切片显微特征

4. 小结

在试件的横向剖面上选择不同区域进行观察,通过对损伤试件的观测得出以下结论:

(1)显微观察图片显示,岩石内部除大量分布着孔隙外,还随机分布着原生微裂纹,即细观构造具有非均一性。

(2)在冲击加载作用下,由于瞬间产生较大的压力,在岩石结构内部及岩石的表面都会有受力的特征即形成微裂纹,微裂纹沿材料构造的弱面扩展。从显微照片(单编光镜,放大倍数100)来看,受冲击面中心部位形成微裂纹宽度较小,微裂纹紧密,裂纹是压性特征;冲击背面及试件中部形成微裂纹宽度较大,裂纹是张性特征,即试件承受拉伸力的作用。

(3)出现了微裂纹网络,有分岔、相交等现象,沿裂缝扩展方向是微裂纹的主方向。在微裂纹扩展过程中,各裂纹互相抑制、竞争,由于主微裂纹的扩展,其附近区域成为卸载区,与之竞争的微裂纹闭合,从而受到抑制。

(4)脆性岩石从初始损伤演化发展到最终的断裂破坏过程的一个重要特点就是贯通性主裂纹的形成,小尺寸试件的细观断裂过程也一样,主裂纹的形成对岩石的断裂破坏起决定性作用。

(5)当冲击碰撞压力320MPa时,试件前期裂纹明显,冲击后裂纹呈现不明显。

(6)边坡半边孔壁取样在2m以内的岩芯试件中,冲击压力≥100MPa,爆破能引起新裂纹产生。

第二节　爆破冲击作用下岩体损伤的模型试验

由于岩石类材料本身具有非均匀性各向异性,做实验时测量数据散布较大,不易做基础性研究。在自然界中跟岩石性质最为接近的就是水泥砂浆或水泥混凝土材料,并且可以有效地控制水泥试样的力学性质,使试样具有可重复性。

一、单炮孔试验

实验[107]采用预制水泥砂浆试块模型爆炸加载的方式进行,水泥砂浆试块具体尺寸为 600mm×500mm×300mm。现场采集的石灰岩、砂岩以及花岗岩的实验试块为 300mm×300mm×300mm。每个试块上部留一个炮孔,直径 20mm,抵抗线为 100mm,岩石抵抗线 50mm。采用耦合装药。炸药采用乳化炸药,装药 5g,采用 8#雷管起爆。在模型试块及现场岩样在爆前和爆后分别用金刚石钻取岩芯岩样的高径比为 2:5,试验结果见表 8.12,表中比例距的值表示试块上取芯位置的中心与炮孔中心的距离 L 与炮孔半径 R 的比值 L/R。

表8.12　芯样强度及声波检测结果

试件编号	比例距离 L/R	强度指标实验结果		声波检测试验结果			
		抗压强度（MPa）	衰减幅度（%）	波速（m/s）	首波幅度(d_b)	声波降低率 η（%）	岩体损伤度 D
2	爆前	10.30	—	2 849	115.21	—	—
2	10	6.75	34.5	2 646	116.71	7.13	0.137 4
2	25	8.34	19.0	2 710	118.30	4.88	0.095 2
2	40	9.24	10.3	2 765	112.23	2.95	0.058 1
4	爆前	9.85	—	2 681	115.26	—	—
4	10	5.96	39.5	2 316	102.34	13.61	0.254
4	25	8.92	9.4	2 516	120.01	6.23	0.121
4	40	9.57	2.8	2 602	121.90	2.95	0.058

定向卸压隔振爆破

二、多孔单排模型试验

多孔单排模型试验,采用混凝土泥土模型,混凝土配比性能,为高层楼的材料配比及性能。模型尺寸1 200mm×800mm×550mm,台阶高350mm,孔径20mm,孔深380mm,抵抗线200mm,孔间距150mm,耦合装药,2号岩石硝铵炸药每孔10g,8#雷管起爆,3个炮孔同时起爆。爆前爆后在距爆孔中心200mm用ϕ50mm直径的金刚石取样机取岩芯试件,作抗压强度和声波测试。试验结果见表8.13。

表8.13 混凝土模型试验爆破对岩体损伤特性

模型编号	比例距离$\bar{r}$及损伤特性					
	$\bar{r}=20$			$\bar{r}=50$		
	抗压强度降低率(%)	声波降低率η(%)	岩体损伤率D	抗压强度降低率(%)	声波降低率η(%)	岩体损伤率D
11	33.4	23	0.41	32.2	20.0	0.38
12	37.9	20.3	0.36	36.7	11.9	0.22
13	34.9	22.9	0.41	25.4	15.4	0.28

三、岩石试样的试验

1. 试验结果

试验[111]采用200mm×200mm×200mm立方体大理石岩样,直径ϕ6mm×100mm的炮孔,单孔爆破个孔装药量为0.3g,DDNP炸药的柱状装药。采用耦合装药填塞,耦合不填塞,不耦合填塞呈三种装药结构的模拟爆破方法,来实现对爆炸应力波和爆生气体的不同加载强度的模拟。采用取芯钻在装药中心位置沿垂直炮孔方向钻取岩样。岩样的长方向为装药爆炸作用的径向。并认为距孔炮最近的岩样为爆破近区的岩样$\bar{r}=0\sim16$，$\bar{r}=r/r_0$(r为比例距离,r_0为炮孔半径),中部的岩样为爆破中区的岩样($\bar{r}=8\sim25$),距炮孔最远的岩样为爆破远区的岩样($\bar{r}=16\sim33$)。试验结果见表8.14。

表8.14　爆破损伤岩石的力学性能参数及试验结果

爆破条件	岩样位置	弹性模量（GPa）	泊松比	抗压强度（MPa）	抗拉强度（MPa）	爆后径向声速（m.s⁻¹）	爆破后切向声速（m.s⁻¹）	破坏时切向声速（m.s⁻¹）	损伤变量 D
耦合填塞	近区（$\bar{r}=0\sim16$）	—		—		—	—	—	1
	中区（$\bar{r}=8\sim25$）	23.0	0.27	52.1		6 195	4 709	2 065	0.45
	远区（$\bar{r}=16\sim33$）	36.3	0.23	64.6	0.93	5 756	4 704	1 650	0.13
耦合不填塞	近区（$\bar{r}=0\sim16$）	22.2	0.32	67.6		5 814	4 545	1 906	0.27
	中区（$\bar{r}=8\sim25$）	31.2	0.26	84.3	1.02	6 023	4 600	3 466	0.25
	远区（$\bar{r}=16\sim33$）	35.0	0.25	89.2	1.53	5 92	463	2 000	0.15
不耦合填塞	近区（$\bar{r}=0\sim16$）	28.5	0.28	68.8		5 795	4 464	2 525	0.31
	中区（$\bar{r}=8\sim25$）	33.7	0.25	70.8	0.65	5 904	4 518	2 200	0.19
	远区（$\bar{r}=16\sim33$）	39.1	0.24	89.2	1.16	5 682	4 717	1 462	0.06
未受爆破影响的岩石		41.5	0.27	90	4.72	6 142	6 101		0

2. 岩石试样试验结果分析

（1）炮孔近区比例距离为10的部位抗压强度降低幅度最大达到39.5%,而在比例距离为40的部位降低幅度最小只有2.8%。

（2）距离炮孔近区的比例距离为10的部位,波速衰减幅度非常显著达到13.61%,而在比例距离为40的部位衰减幅度最小只有2.95%。

（3）根据以上分析，可以确定岩石在爆炸载荷作用下的损伤为[104]。

①在爆破近区，在爆炸冲击波作用下岩石内部产生宏观裂纹，裂纹在爆生气体压力驱动下进一步扩展，裂纹扩展的边界即为宏观裂纹的结束；在宏观裂纹区，岩石被认为已完全损伤。根据杨小林的试验近区$\bar{r}=0\sim16$。

②在爆破中区，岩石在应力波作用下，微裂纹被激活和扩展，从而使岩石产生损伤它是爆生气体作用下裂纹扩展的初始值。爆破中区在爆生气体作用下的损伤场，岩石在爆炸载荷作用下的损伤场；爆破中区的损伤场值为$0 \leqslant D \leqslant 1$。

③在爆破远区，岩石只发生弹性振动，不发生损伤，即$D=0$。

第三节　岩石冲击过程的数值模拟

岩石冲击过程的研究是岩石动力损伤特性研究中的重要问题，是研究岩石冲击损伤断裂过程的基础，了解岩石在冲击荷载作用下的应力的变化规律，对于揭示岩石冲击损伤和破裂过程有重要的意义。岩石冲击损伤是在极短时间内发生的能量转化造成岩石损伤特性，对岩土工程的设计及建设有着重要的作用。然而，冲击试验费用昂贵，试验过程也比较复杂，加之测量手段与观测条件的限制，很大程度上限制了冲击损伤实验的研究。实验是在极短的时间完成的，对于试件的破坏过程也无法观测。另一方面，在实验过程中，各种精密仪器会受到很多无法预知的外界干扰，因此实验结果的可重复性不是很好，而且重复性的实验需要大量的人力和财力，耗时长，因此实验次数有限。对岩石试件冲击过程进行数值模拟可以检验实验结果，同时可以为以后的进一步实验研究,包括实验方法选择及参数的设置均有指导意义,从而克服实验的盲目性,减少实验次数,节约实验成本[111]。

数值计算在岩石损伤技术研究领域的应用取得了巨大的进展,已成为损伤力学问题研究中的主要手段之一。如有限差分程序 SHALE 等被应用于层状岩体爆破损伤模型(BCM)及岩石爆破损伤过程的模拟,有限元程序 LS-DYNA、ABAQUS/Explicit、PRONTO 等应用于岩石爆破损伤模型的数值模拟。数值模拟可以比较自由地改换各种实验条件和参数,结合数学分析方法,找出一些比较重要的参数变化趋势,从而对实验研究提供有力的帮助。相对实验来说,数据模拟的费用较低,而且不受外界环境的影响,所以,数值模拟研究已经逐渐成为与实验研究和理论研究同等重要的一种研究手段。

文献利用二维动态有限元程序(LS-DYNA2D),对岩石冲击损伤过程进行数值模拟,根据模拟的冲击作用过程和冲击效果分析,研究岩石冲击作用规律,与实验结果比较,分析存在的差异原因,为进一步探索岩石冲击损伤特性提供理论依据和计算基础。

一、LS-DYNA的功能特点

LS-DYNA能够模拟真实世界的各种复杂问题,特别适合求解各种二维、三维非线性结构的高速碰撞、爆炸金属成型等非线性动力冲击问题,同时可以求解传热、流体及流固耦合问题,在工程应用领域被广泛认可为最佳的分析软件包。

LS-DYNA程序采用动力松弛技术,可以进行动力分析前的预应力计算或者进行静力分析。LS-DYNA程序有很强的自适应功能、二维部分(轴对称和平面应变)可交互式重分网络(Rezone)、二维和三维网络自选重分、用户自适应网络细分

（Adaptive）、质量缩放和子循环等。

其功能的内容特点包括：①材料模型丰富，LS-DYDA程序目前有140多种。②分析能力很大，具有广泛的分析功能，可模拟许多二、三维结构的物理特性。③单元类型多，LS-DYNA程序有16种单元类型，包括：二维、三维单元，薄壳、厚壳、体梁单元，ALE、Euler、Lagrange单元等。④接触分功能：LS-DYNA程序的全自动接触分析功能易于使用，功能强大。现有50多种接触类型可以求解各种接触问题。⑤初始条件，载荷和约束功能：LS-DYNA程序中，初始条件、荷载和约束的定义包括9个方向之多，约有五个方面与矿业有关。⑥ALE和Euler算法。

二、冲击过程的数值模拟

采用平面应变模型，其尺寸和参数与块体结构冲击实验条件基本一致，岩石试件尺寸为ϕ60mm×60mm，硬铝LY12飞片尺寸为ϕ40mm×4mm。飞片以222m/s的速度撞击岩石试件。利用ANSYS建立模型，采用LS-DYNA求解，用Solid162单元进行网格划分，选择二维轴对称拉格朗日算法。计算模型和压力波传播过程如图8.13所示。岩石试件中不同位置的压力历程曲线如图8.14所示。

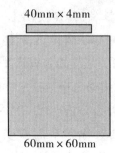

40mm × 4mm

60mm × 60mm

图8.13 冲击压力传播过程

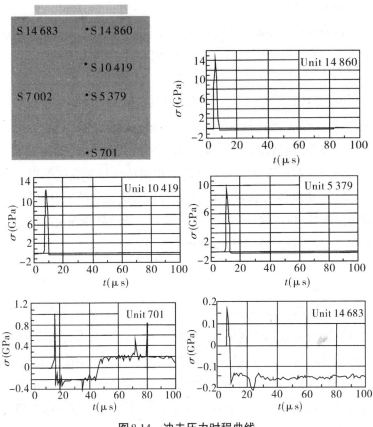

图8.14　冲击压力时程曲线

三、冲击损伤作用结果分析

（1）数值模拟中，当飞片速度与试验的飞片速度近似相等时，在试件中部同一位置模拟的压力值与测试压力峰值接近，为400~1 000MPa，因此可以看出所建立的模型是正确的，有效地描述了岩石冲击的损伤过程。

（2）应力波的变化趋势一致，从顶部至底部压力逐渐减小，反映了冲击波的衰减过程。

(3)侧面和底部存在明显的反射拉伸作用,当反射拉伸波强度大于岩石抗拉强度时在自由面处将会产生反射拉伸破坏。

(4)应用传播过程

图8.13为应力波的传播过程,可以看出冲击面附近造成了较大的破坏,由于岩石材料的材料模型是近似的,不能够清楚地看到岩石破碎块度效果,而对应力波的传播过程的描述则较清晰。

由于岩石的多样性及其状态方程描述仅仅是近似的理论求解难以达到精确的结果。但是,通过数值模拟的结果,可以指导冲击实验的进行,为进一步实验研究方案及参数的确定提供计算依据,减少实验次数,节约实验成本。

四、结论

本章采用一级轻气炮对石灰石试件进行了冲击试验,并对回收试件进行一系列的测试分析工作。对冲击过程进行数值模拟,得到的结果与实验有较好的一致性。得出的主要结论如下:

(1)采用一级轻气炮进行岩石损伤实验是研究岩石冲击损伤的行之有效的方法。由于岩石在冲击作用下呈脆性破坏,采用与试件岩性相同的岩石飞片进行对称碰撞试验时飞片易碎,影响试验效果。采用铝合金飞片做非对称碰撞,可以获得较好的试验效果。实验中当冲击压力在320~384MPa时,石为岩试件有轻微损伤,1 048.4~1 722.8MPa时,试件破损严重。

(2)岩石的声波变化率可以定量地反映岩石损伤程度,声波检测是研究岩石冲击损伤的重要手段之一,特别是对岩石内部产生的微裂纹的分析,可以获得较好的效果。

(3)岩石试件受冲击损伤后存在头部核心区、环状裂隙区、中部损伤区、尾部破坏区的分区特性,各区的破坏机理不同。拉应力对岩石损伤起着主导作用,自由面是岩石在冲击作用下产生拉应力的良好条件,所以自由面条件是试件具有上述冲击损伤特征的决定因素。

(4)在冲击作用下岩石的破碎块度分布成指数规律。随着碰撞压力的增大,岩石的破碎程度也逐渐增大。当碰撞压力大于某一数值(本实验为1 431MPa)时,随着冲击压力的增加,岩样的破碎程度不再明显增加,这说明在爆破设计中,采用很高爆速的炸药,虽然可以使爆轰压力值达到很高,但不一定能显著地改变爆破效果;同理,仅靠增加装药量来改善破碎效果也是不可取的。

(5)层状岩体试件损伤变化率和损伤度的规律一致,即头部损伤<中间部分损伤<底部损伤,这是由于冲击波遇层理和自由面产生反射拉应力加强对岩层的破坏作用。

(6)核心区与环状裂隙区交界处,是压应力和拉应力的突变带,所以成为剪切破坏带。

(7)利用有限元程序LS–DYNA2D对岩石冲击损伤过程进行的数值模拟结果与实验结果有较好的一致性,在压应力波的形状、峰值、衰减程度等方面,数值模拟与压力测试结果有较好的一致性。说明了冲击损伤实验结果的正确性,以及利用有限元程序LS–DYNA2D进行数值模拟对动态冲击损伤实验具有一定的指导作用。

岩石动态损伤特性的研究对凿岩、爆破等岩石破碎机理及其工程应用,对冲击作用下边坡、围岩的稳定性分析均具有重要的现实意义。

岩石动态损伤问题十分复杂,涉及到诸如损伤力学、断裂力学、流体力学和爆炸力学等众多学科,面对复杂、目前增多的岩土

定向卸压隔振爆破

工程问题,岩土工程前辈和同行们已经进行了许多有益的探索和研究。本节对岩石试件的冲击损伤试验及数值模拟,对岩石在冲击作用下的损伤特性进行了探索,也得出了一些有益的结论,但是仍然还有许多课题有待岩土工程界的学者们去进一步研究和探索。如何研究岩石动态损伤发展的规律,为岩土工程的设计与施工提供依据,都是目前岩土界有待解决的问题。

第三编

爆破对保留岩体的损伤特性及损伤范围

第九章 露天台阶爆破岩体损伤特性与损伤范围

第一节 炸药性能对岩体的破坏程度或范围

岩土工程施工硬岩开挖中,岩体的结构性能是特别重要的。爆破所引起的岩石破坏与其可承受的应力情况及爆炸前的状态有关。当炸药爆炸时,一部分能量直接以应力波的形式作用在围岩上,这些应力波反过来又可以产生应变。由应力波产生的网状裂纹及岩石本身所固有的裂纹在爆炸气体的作用下进一步膨胀。这样,有效爆炸就分成了冲击波能量和气体膨胀能量。对围岩的破坏就是这两种能量的综合作用结果。如果破坏的深度和广度能够预测并加以控制,那么"围岩不稳定的问题"就能有所缓解。

在石英岩场地的工作台阶上进行了一次现场试验[112]。共使用了五种不同类型的炸药,并通过以下方式来评估爆破所造成的破坏:爆破振动监测和破碎测定,用金刚石钻钻取岩芯及摄像确定破坏情况。

为了确定围岩内部总的破坏程度,金刚石钻孔几乎在每组炮孔侧边的中心位置。测定了每个炮孔的岩芯并记录了它们的碎片。还用照相机记录了每个炮孔。利用岩芯及炮孔照相机得到的记录,确定不同炸药类型的破坏程度,如表9.1所示。

表9.1　不同炸药类型对岩体的破坏程度

炸药类型	总破坏程度（m）	由冲击波能量引起破坏的估计值(m)	由气体能量引起的破坏的估计值(m)	冲击波能量引起的破坏程度的百分率(%)
高强度导爆索	0.350	0.25~0.32	0.03	91.4
半胶态代纳迈特	0.800	0.48~0.60	0.20	75.0
高强乳液	0.775	0.52~0.64	0.135	82.6
稀铵油炸药	1.025	0.55~0.71	0.315	69.3
低强乳液	0.525	0.38~0.48	0.045	91.4

根据所获得的总的破坏程度可以分别求得气体能量引起的破坏和冲击波能破坏百分率如下式:

气体能量引起的破坏=总的破坏−冲击波能破坏　　　(9.1)

冲击波能破坏的百分率(%d_s)按下式计算:

$$\%d_s = \frac{冲击波能破坏}{总破坏} \times 100 \qquad (9.2)$$

根据试验结果所绘图9.1、图9.2、图9.3、图9.4。

从图9.2可以看出,冲击波能量破坏的百分率随所用炸药的爆速的提高而增大。在爆炸的初始阶段,传递给围岩的冲击波能量正比于炸药的爆速。炸药爆炸产生的冲击波引起使岩石破碎的应变。由于冲击波能量可对岩石产生高振幅的冲击脉冲,从而使岩石变软,进而使其所经之处出现微细裂纹并使其扩展。

定向卸压隔振爆破

图9.2、图9.3表明,总破坏程度及气体能量产生的破坏程度随着炸药爆速的降低而增大。炸药的爆速控制着炸药能量的释放速率,还影响着冲击波能量和气体能量之间的能量分布。低爆速炸药以低速率释放其能量,而且通常其能量中较大部分为气体能量形式,这就是为什么低爆速炸药由于气体能量产生的破坏程度较大的原因。

随后的爆轰相压力从平衡孔洞压力开始下降,其下降率取决于气体的约束情况。在这一阶段,爆炸气体突然进入并加长最初由冲击波所产生的径向裂纹。爆炸气体还进入所遇到的地质不连续裂纹中。对于低爆速炸药能量的大部分都包含在高压气体中,高压气体长时间作用在岩石上并对裂纹扩散过程提供足够的能量使其发展。这就是低爆速炸药总破坏程度较高的原因[112]。

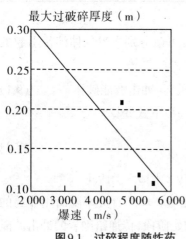 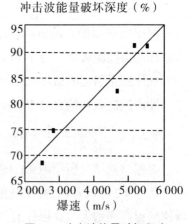

图9.1 过碎程度随炸药速的变化

图9.2 冲击波能量破坏程度百分率随爆速的变化

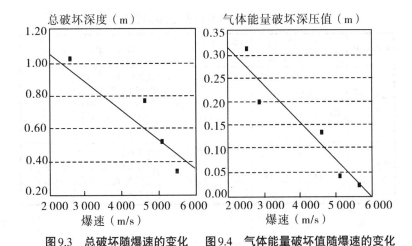

图9.3　总破坏随爆速的变化　　图9.4　气体能量破坏值随爆速的变化

由此可见,爆炸破坏由于产生新裂纹,扩张旧裂纹而降低了岩石的质量。这些作用减小了岩石的尺寸,降低了联结跨度,增加了连结点及恶化了联结状态。

第二节　露天深孔多排爆破岩体深处的爆破损伤

露天深孔多排爆破岩体深处的爆破损伤

在20世纪的1960年在西巴衣斯克矿曾查明,爆破北平矿体为前一次爆破所破坏的距离相当于药包直径的100倍[113]。1961年继续在西巴衣斯克矿100个炮孔和日丹诺夫斯克矿40个炮孔进行观察。表9.2为观察的结果。图9.5、图9.6为西巴衣斯克矿岩体破坏的特征。

结果说明,炮孔下部装药部分的平均容积。约为100倍药包直径的岩体深处爆破作用半径,对其有硬岩的其他矿山,如诺莉里矿山f=12~16的辉绿岩,也是具有代表性的。

定向卸压隔振爆破

表9.2 深孔爆破损伤范围的观测

矿山名称	岩石名称	普氏硬度系数f	台阶高度（m）	钻头直径（mm）	观测结果	损伤范围
西巴衣斯克矿	微绿泥化细碧石的	9~10	10	230	在岩体深处约100倍药包直径的范围内，炮孔容积有规律的减小，并趋近于某一极限值	100倍药包直径
日丹诺夫斯克矿	橄榄石	10~12	17~20	250	在70~75倍炮孔直径的距离上就已经出现了补办的炮孔容积	70~75倍炮孔直径

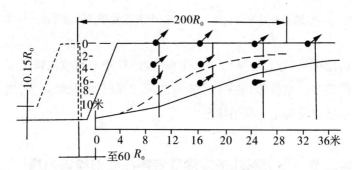

裂缝向介质深部和后侧延伸示意图（箭头表示位移的大小和方向）

图9.5 自坡脚线起的距离

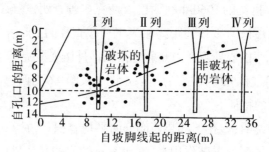

图9.6 西巴衣斯克矿岩体破坏的特征(符号+表示孔壁开始破坏)

首先爆源附近岩体受到爆破的直接作用,爆破裂隙穿过坡面,进入坡内岩体,而爆破气体贯入到边坡岩体的天然裂隙或节理中,产生"气契效应",使裂隙扩展。另外边坡表层岩体受到表面和反射波的作用,使天然的或爆破产生的裂隙进一步向内部发展,最终在边坡岩体内形成一定厚度的边坡裂隙带。使岩体保持稳定的某些复合阻力消失,意想不到的边坡塌落能造成人类生命财产的重大损失,而塌方的清理也是代价高昂的。例如湖北大冶铁矿露天矿1973年1月狮子山北帮西口72～84水平爆破86个炮孔,30.4吨炸药,最大段10.5吨,爆破后正后方84~156水平滑体长117m,宽7~17m,滑塌3.646万 m³,事后清理量89.513 7万 m³,清理工作延续21个月,使该平台停产。又如20世纪80年代初期攀钢巴关河石灰石矿在露天采矿爆破中曾多次诱发滑坡事故,最严重的一次是1981年6月16日,采场中偏西硐室爆破120吨炸药,最大段90吨,采用秒差爆破,滑塌量416万方,给生产和安全造成严重影响。2007年湖北恩施宜万铁路高阳寨隧道口"11·20"特别重大坍塌事故,造成35人死亡,1人受伤,直接经济损失1 498.68万元,其直接原因即隧硐口边坡岩体爆破动力作用,沿着原生隐蔽节理面与母岩分离,在其自重下失稳、崩塌,虽然目前国内外采用预裂爆破、光面爆破,会在一定程度上减少岩体所受的爆破震动,但仍有一定影响,如图9.7(a)[114]。

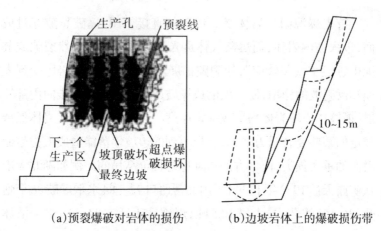

（a）预裂爆破对岩体的损伤　　　（b）边坡岩体上的爆破损伤带

图9.7　爆破损伤

第三节　预裂爆破技术对岩石的损伤程度

预裂爆破沿开挖边界开裂的连续裂缝，为后续的生产爆破提供了一个阻隔弱面。这条裂缝将生产爆破产生的爆破气体泄放掉，从而防止爆炸气体扩张进入新壁面以外的节理中并使其破坏。有意思的是，业已表明[115]，这条预裂缝对冲击波的减弱程度应通过试验测试才能确定。

一、某高边坡工程的预裂爆破

某高边坡工程设计185m上部为坚硬灰岩[115]，下部为灰岩发育4~5组节理，页岩发育5~6组节理，另外边坡中原4~5条逆坡向的泥化夹层，所以上部采用垂直台阶式，下部倾斜台阶式，倾角35°~45°，台阶高度15m，台阶平台宽度2~5m。

生产中采用预裂爆破，其参数，孔径ϕ=100mm，孔深15~17m，孔距a=0.8~1.0，不耦合系数K=3.1，线装药密度

$\Delta_{\text{线}}=200\sim250$ g/m，2# 岩石炸药。药卷直径为 32mm，长度 200mm。孔底装药密度 2.5~4 倍平均装药密度，取 750g，其余药量均布于炮孔其他部分，孔口堵塞 1.5~2.0m 或 3~4m。

爆破预裂缝宽一般 3~15cm，半孔率达 85% 以上，不平整率 ≤ 15cm。

根据收集到的国内外资料，结合现场实测知，预裂爆破影响较大，最大震速为 26.61~39.13cm/s。

故对边坡岩体有一定的破坏作用。从爆破后岩体破碎圈的测试知图 9.8，一般破碎带深（厚）度为 0.35~0.70m，也说明爆破对岩体有一定的破坏损伤[115]。

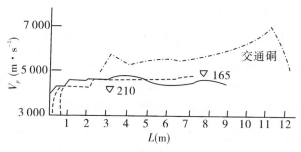

图9.8　声波速度V_p随孔深L关系

二、预裂爆破与非预裂爆破对比试验

试验在宜万的路 W4 标段（宜昌市点军区）路堑边坡的下层台阶进行预裂爆破和浅孔爆破对比，岩体为水平产状中厚层石灰岩，呈弱风化，节理裂隙发育边坡设计坡度为 1:0.6，台阶高 10m。以深孔加预裂爆破法开挖为主。试验采用预裂爆破和普通小孔径爆破开挖对比两种方法的成本、质量和效益。

定向卸压隔振爆破

1. 爆破参数及爆后效果

（1）预裂爆破的炮孔直径90mm，炮孔间距1.2m，台阶高度10m，炮孔深13m，采用导爆索串接小药卷的不耦合装药结构，孔底线装药量最大达2kg/m，向上线装药量逐渐减小，顶部线装药密度为0.1kg/m。爆破后坡面半孔率达90%以上，坡面平整、美观。

（2）普通小孔径爆破即非预裂爆破

普通小孔径小爆破的炮眼直径42mm，炮眼间距1.5~1.8m，炮眼深度3~4m，单耗指标为0.35~0.40kg/m³，依靠垂直炮眼的不同深度控制开挖面坡度。爆破后用挖掘机刷坡，远看坡面平顺，近看坡面参差不平，超挖量达±50cm。

2. 声波测试结果

预裂爆破区与非预裂爆破区的两个代表性试验点都是距坡脚以上2.5m，处于同一层岩石上，地质条件相同，具有可比性。各试验点同时进行了3组跨孔法超声波检测。超声波检测仪为RS-ST01C非金属检测仪，分别用FYS-45柱状换能器在两个平行钻孔中激发和接受超声波信号。2号孔为超声波发射孔，其他孔放置接收器，由深至浅间隔为25cm。其检测结果如图9.9。

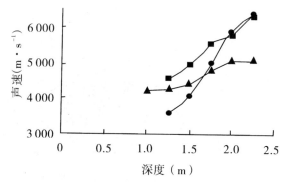

(a)预裂爆破后内部岩石声速与深度的关系

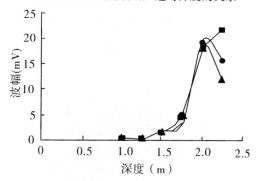

(b)预裂爆破后内部岩石波幅与深度的关系

图9.9 预裂爆破声波检测数分析图

3. 试验检测结果分析

边坡内部由浅至深岩石受扰动的程度不同[115]，根据跨孔法检测的超声波声学特征分析，将坡内岩体分为三个区，如图9.10，图9.11所示。

定向卸压隔振爆破

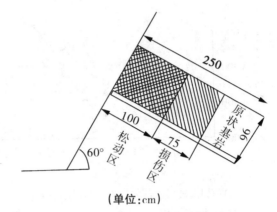

（单位：cm）

图9.10 预裂爆破超声波检测结果

（单位：cm）

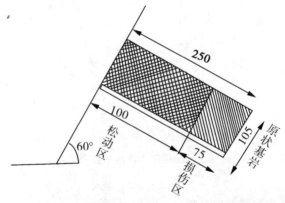

图9.11 非预裂爆破超声波检测结果剖面图

（1）第一区段定义为岩石破损松动区,因其坡面岩石受冲击扰动较强,内部裂隙较发育。声学特征为超声波不能正常穿透,接收的波形发生畸变,声波能量衰减较快;肉眼观看岩体仍然完整,但内部裂隙受爆破冲击后大量扩展岩体松动,强度显著降低,抗风化能力弱,结果表明,预裂爆破松动区为1m厚,非预裂爆破松动区为1.75m厚。

（2）第二区段定义为岩石损伤区，岩石受扰动较弱，只有内部微裂隙较发育。声学特征为超声波穿透时声波能量有所衰减，首波波幅有较大幅度下降，接受波形正常。岩性特征表现为岩体完整性较好，但内部微裂隙受爆破冲击和卸荷作用后有所扩展，岩体强度会适当降低，属于边坡弱扰动范围。

（3）第三区段定义为原状基岩区，岩体基本没有受到扰动。声学特征为声波波速较高，首波波幅较大，超声波穿透时声波能量损失很小，岩石处于原应力状态。

第四节　露天边坡工程光面爆破对岩体的损伤与损伤范围

爆破对边坡工程岩体稳定性的影响主要体现在两个方面，一是使岩石的力学性能劣化，使岩石的强度和弹性模量降低；二是在岩体内产生裂纹或使岩体原有裂纹扩展等，从而影响岩石的完整性，以上两个方面都将降低岩体基本质量指标，从而影响岩体的稳定性。其次，爆破开挖对岩体的影响程度与采用的爆破方法和爆破参数有直接关系。按照损伤力学的观点，在爆破载荷作用下岩石的动态断裂是一个连续损伤演化累积的过程，其损伤机理可归纳为岩石内部微裂纹的动态演化，岩石作为一种脆性损伤材料，存在着大量的微裂隙、微裂纹等缺陷，爆破对岩体基本质量的影响和破坏过程是由于其内部大量微裂纹的成核、长大和贯通而导致岩石宏观力学性能的劣化乃至最终失效或破坏的过程。

四川双马水泥股份有限公司张坝沟石灰石矿，露天边坡工程长期以来采用光面爆破，台阶高度15m，孔间距2.5~3.0底部

定向卸压隔振爆破

抵抗线4~5m,孔深17m,钻孔直径155~160mm,钻孔倾斜度75°~80°。采用2号岩石硝铵炸药导爆索串接,不耦合装药,同时起爆,对岩体损伤实验采用KQX-120型切削潜孔钻机对露天矿永久边坡倾斜光面爆破半边孔痕垂直孔壁在距坡脚底部以上4m的位置钻取岩芯。岩芯直径ϕ=60mm。钻取深度3m左右,如图9.12。然后将岩芯加工进行声波测试和岩芯切片进行电镜观察与现场调查等。

1.边坡光爆破岩芯提取率和岩体损伤范围

边坡光面爆破岩芯提取率和岩体损伤范围如表9.3、图9.12所示。

表9.3 边坡倾斜(75°~80°)炮孔光面爆破岩体损伤范围

岩石名称	取样孔深(m)	普氏硬度系数	岩芯提取率(%)	宏观观察岩体损伤范围(m)	长度不等的岩芯个数(个)	岩芯长度(mm)	最长岩芯长度(mm)
白云质灰岩	3.3	12~13	46.9~52.63	1.5m以内有影响	23(碎块11个)	810	200
白云质灰岩	2.0	10~11	7.2~15.3	2.0m以内有明显影响	19(碎块15个)	955	150
纯灰岩	2.1	8~10	61.68~70.15	2.0m以内有影响	17(碎块2个)	1 380	140
白云岩	2.5	13	41.9~59.7	1.5m以内有一定影响	11个(碎块17个)	1 567	549
灰岩	3.5	10~11	42~52	1.8m以内有影响	27个(碎块17个)	1 280	130
白云岩	2.8	12	40~54.5	1.8m以内有影响	16(碎块5个)	1 189	165

图9.12 岩芯钻孔位置与岩芯提取量

2. 部分取样的切片电镜观察分析

取样炮孔岩芯切片电镜观察结果如表9.4、图9.13。

对爆破后的边坡保留岩体部分取样岩芯切片的微观观察图片如图9.13所示,图中只选出了部分有代表性的岩芯。图中岩芯序号$X-Y-Z$,其中,X代表取样孔号;Y代表取样孔的取样段数;Z表示Y的每段中的取样顺序,Y的取值范围是$1\sim4$,其中$Y=1,2,3,4$分别表示从边坡围岩保留半孔壁开始的$0\sim0.5$mm、$0.5\sim1.0$mm、$1.0\sim1.5$mm、$1.5\sim$孔底;同一个Y值的最大Z值表示每段Y中的岩芯总个数。如图a中,1-2-1表示第一个取样孔中第二段

定向卸压隔振爆破

(0.5~1.0m)的第一个岩芯,依此类推,5-4-1就表示第五个取样孔的第四段(1.5m~孔底段)的第一个岩芯。

表9.4 取样炮孔岩芯切片镜下观察结果

岩芯序号	岩芯切片镜下观察	距离取样孔口的深度(m)
1-2-1	该片有一条裂纹。	0.5~1.0
1-3-4	岩芯切片中有一条裂纹,方解石具滑动双晶现象。	1.0~1.5
2-2-5	岩芯切片中亮晶方解石具滑动双晶现象。	0.5~1.0
2-3-4	岩芯切片中亮晶方解石具滑动双晶现象。	1.0~1.5
3-1-2	薄片中见3~4条近似平行的裂纹,裂纹贯穿整个薄片,并切穿白云石颗粒,被切穿的同一薄片的两边消光位一致,这说明岩石受某一方向力影响所致。	0.0~0.5
3-2-1	薄片中见多条近似平行的裂纹,裂纹贯穿整个薄片,并切穿白云石颗粒,被切穿的同一颗粒的两边消光位一致,这说明岩石受破坏较厉害。	0.5~1.0
3-2-4	薄片中见4~5条近似平行的裂纹,裂纹贯穿整个薄片,并切穿白云石颗粒,被切穿的同一颗粒的两边消光位一致,这说明岩石受某一方向力所致。	0.5~1.0
3-3-2	薄片中见多条裂纹,裂纹贯穿整个薄片,并切穿白云石颗粒,被切穿的同一颗粒的两边消光位一致,这说明岩石受某一方向力所致。	1.0~1.5
4-1-3	薄片中见几条近似平行的裂纹,裂纹贯穿整个薄片,并切穿白云石颗粒,被切穿的同一颗粒的两边消光位一致,方解石具滑动双晶,并具微弯曲状。	0.0~0.5
4-2-3	薄片中见2条裂纹,裂纹贯穿整个薄片,并切穿白云石颗粒,被切穿的同一颗粒的两边消光位一致。	0.5~1.0
4-3-5 (×16)	薄片中见3~4条裂纹,裂纹贯穿整个薄片,并切穿白云石颗粒,被切穿的同一颗粒的两边消光位一致,这说明岩石受某一方向力影响所致。	1.0~1.5
4-3-4	薄片中有裂纹多条,其最具明显的一条贯穿整个薄片。	1.0~1.5

续表

岩芯序号	岩芯切片镜下观察	距离取样孔口的深度(m)
5-2-4	薄片中见3~4条近似平行的裂纹,裂纹贯穿整个薄片,并切穿白云石颗粒,被切穿的同一颗粒的两边消光位一致,这说明岩石受某一方向力影响所致。	0.5~1.0
5-4-3	薄片中见2条裂纹,裂纹贯穿整个薄片,并切穿白云石颗粒,被切穿的同一颗粒的两边消光位一致,方解石聚片双晶纹呈微弯曲状,这说明岩石受某一方向力影响所致。	1.5~2.0
6-1-1	该片中亮晶方解石具滑动双晶现象,同时还见1~2条切穿球粒、凝块、亮晶方解石的裂纹。	0.0~0.5
6-3-2	该片中亮晶方解石具滑动双晶现象。	1.0~1.5
1-4-1	该片中亮晶方解石具滑动双晶现象。	1.5~2.0
2-4-4	该片中亮晶方解石具滑动双晶现象。	1.5~2.0
3-4-1	该片岩石结构完整。	1.5~2.0
4-4-2	该片岩石结构完整。	1.5~2.0

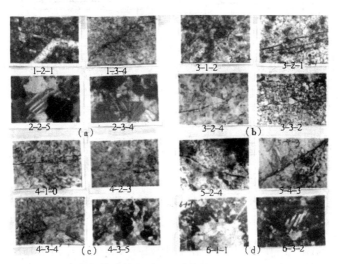

图9.13　岩芯切片电镜观察结果(单偏光16×,正交光40×)

定向卸压隔振爆破

(a)为1、2号钻孔取样切片镜下观察有代表性的切片照片；(b)为3号钻孔取样切片镜下观察有代表性的切片照片；(c)为4号钻孔取样切片镜下观察有代表性的切片照片；(d)为5、6号钻孔取样切片镜下观察有代表性的切片照片。

3. 取样岩芯声速测试

在采场不同的平台，按岩石种类进行取样并对岩种进行了声波测试，对取样的6个孔中，选择有代表性的白云岩、白云质石灰岩、灰岩、纯灰岩4种进行了声波测试。声波速度与岩芯到炮孔壁的距离以及取样岩芯长度的关系如图8.14所示，图中下横坐标表示岩芯与边坡保留的炮孔壁的距离。在相同岩石性中选取最长岩芯的取样孔岩芯作为声波测试，依次为白云岩、纯灰岩、白云质灰岩、灰岩等依次为(1)~(4)。

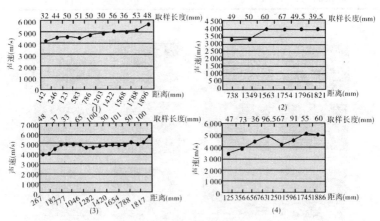

图9.14　取样岩芯声速与距离和取样长度的关系

从图9.14中可以清楚地看出，随着与边坡上保留半孔壁的距离的增加，取样岩芯的声波速度几乎都增加，而岩芯的长度却并不随着距离的增加而增加,岩体原生裂隙对声波速度有一定的影响。

4. 岩芯切片电镜观察结果分析

从取样电镜分析表9.4的结果来看有以下特点:

从表9.4中可看出,1号孔岩芯较为完整,主要是白云岩所在处的岩体受到爆破震动的影响较小;2-1-1号岩芯切片有裂纹,破损严重,而2-3-4号岩芯仅出现滑动双晶现象,但是由于这个取样孔处原生裂纹较发育,所以这个取样孔中取出的完整岩芯个数少,岩芯总长度也很短,说明这个孔所在边坡岩体破坏严重;第3、4个取样孔的1.5m深度内,岩芯切片都出现多条近似平行的裂纹贯穿切片并切穿白云石颗粒,被切穿的同一颗粒两边消光位一致,1.5m以后的岩芯结构完整,因为3号是白云质灰岩,说明爆破震动对边坡岩体的影响深度为1.5m左右。4号孔是灰岩接近边坡其强度要硬碎。

5. 部分取样的力学性能试验见表9.5所示

从表9.5中的数据可以看出,随着与边坡岩体上半孔壁的距离的增加,岩芯的抗拉和抗压强度几乎都增大,但与完整岩石的强度(抗压强度58.3~107.5MPa抗拉强度3.82~5.17MPa)相比,几乎所有岩芯的强度值都有所降低。

表9.5 部分取样抗压抗拉强度值

岩芯序号	抗压强度(MPa)	抗拉强度(MPa)	岩芯序号	抗压强度(MPa)
1-2-4		2.80	3-3-1	46.43
1-3-1	50.9		3-3-3	32.64
1-3-2	45.44		3-3-4	40.24
1-4-3		3.20	4-3-4	47.51
2-3-4		2.46	4-4-3	78.44
2-4-3		3.78		

定向卸压隔振爆破

结论

（1）边坡光面爆破开挖对边坡岩体有一定的破坏作用，其破坏程度与爆破规模的大小没有明显关系，而与光爆孔不耦合装药段的线装药密度有关，线装药密度越大，边坡岩体的破坏越严重。

（2）爆破震动对边坡的影响随与边坡壁面的距离的增大而降低，对于完整性较好的岩体，破坏范围在1.5m以内，个别孔达到2m或2m以上。

（3）损伤区岩石强度明显降低，降低的程度随距离的增加而降低。

广西鱼峰水泥有限公司水牯山石灰石矿

水牯山石灰石矿现已经经过40多年的开采，由原来山坡露天矿从130m水平以下转入凹陷开采190m台阶以上已形成长约80m，高70m的永久边坡，永久边坡的形成均采用光面爆破。过去的光面爆破采用2台段并段进行用竹片捆扎药包，炸药采用2号岩石炸药，导爆索串接起爆炮孔底部耦合装药。由于不同时期采用的钻孔设备不同，因此，孔网参数装药结构也稍有差异，但总的效果得到认可。由于今后最终边坡开采高度为80~260m。最高落差达148m，228m水平以上已全部回采，从130m水平以下至80m水平均为凹陷开采，采区东南、西部仅在凹陷开采部分会形成最终边坡，北部自228m水平以下均留下最终边坡。随着开采推进，边坡的不稳定因素将逐步增加。特别是2010年在采区南部新建一搅拌站，离凹陷开采南部最终边坡最近之处仅几米，在今后的爆破中，岩石累积损伤和地震效应将对其边坡稳定性和附近建筑带来长期的影响。因此，2010年底至2011年在研究新的光面爆破参数。

1. 光面爆破参数

实验采用 Qz100K 型潜孔钻机,孔径为 90mm,台阶高 10m,孔深 11~11.5m,孔间距 2.5m,抵抗线 3.5m,钻孔倾斜度 75°,炸药为乳化炸药 φ70mm 和 2#岩石炸药 ϕ32mm,孔底 3m 采用耦合装药,3m 以上采用不耦合装药,不耦合系数依次由小至大,分别为 1.8、2.4、2.8,并用直径 50mm 塑料管锯成 $\frac{1}{4}\phi$ 中的条状,将药包捆扎在塑料条上用导爆索和塑料导爆管雷管双起爆系统瞬时起爆。

2. 爆破试验测孔参数

试验采用单排爆破每次爆 5~8 个钻孔,在距第一次爆破的后方距离 10m 钻凿测试炮孔一个进行单孔测试,测孔深 12m,孔径 90mm,倾斜度 80°,测试距爆源的距离分别为 10m、6.5m、3.5m。即 1、2、3 次爆破。

3. 测试仪器

采用中科院武汉岩土力学研究所生产的 RSM-SYS 智能型声波仪,由核工业抑州工程勘察院进行。

4. 测试结果

根据测试报告整理后列于表 9.6。

5.测试结果分析

根据测试结果进行声速降低率(η)和岩体损伤度(D),计算方法为:第一次爆破后的声速与爆前声速为计算第 1 次爆破后的 η 和 D 的数据;第一次爆后的声速作为第二次爆破爆前的声速,第二次爆破的声速为第三次爆破前的声速。计算结果见表 9.7,图 9.15 所示。

表9.6　光面爆破声波测试结果

爆破次数	距爆源的距离（m）	声波速度											
		自孔口至孔底的距离(m)											
		1	2	3	4	5	6	7	8	9	10	11	12
爆前		2 654	2 915	3 100	2 905	2 980	3 127	3 016	2 898	2 946	3 217	2 855	3 210
1	10	2 587	2 718	3 017	2 876	2 978	3 122	3 011	2 789	2 927	3 160	2 832	3 098
2	6.5	2 456	2 698	2 980	2 816	2 899	3 065	2 983	2 713	2 897	3 089	2 768	3 021
3	3.5	2 437	2 657	2 867	2 768	2 806	2 998	2 980	2 619	2 809	2 997	2 775	2 987

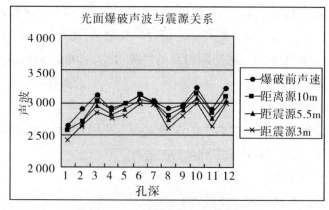

图9.15　光面爆破声波与震源关系

6. 小结

(1)水利电力部的标准和规范

从表9.6、图9.15,可以看出岩体声速降低率和损伤度均没超出水利部关于《水工建筑物岩石基础开挖工程施工技术规范[s]》的破损范围,但接近岩体损度$D=0.1\%$,岩体的损伤度$D \geqslant 3.5$m或3.5m$\leqslant D < 6.5$m。

表9.7　露天台阶光面爆破对预留岩体累积损伤效应声波测试分析表

爆破次数	距爆源的距离(m)	分析内容	自孔口至孔底距离(m)											
			1	2	3	4	5	6	7	8	9	10	11	12
1	10	声波降低率η/%	2.524	6.724	2.677	0.998	0.067	0.160	0.166	3.761	0.645	1.772	1.16	3.489
		损伤度D	0.05	0.130	0.053	0.20	0.001	0.003	0.003	0.074	0.013	0.035	0.031	0.069
2	6.5	声波降低率η/%	7.46	7.44	3.90	3.064	2.72	1.98	1.094	6.38	1.86	3.98	3.72	5.89
		损伤度D	0.144	0.144	0.076	0.06	0.054	0.04	0.022	0.124	0.033	0.078	0.073	0.114
3	3.5	声波降低率η/%	8.176	8.78	7.52	4.72	6.06	4.13	1.20	9.63	4.65	6.84	3.5	6.95
		损伤度D	0.162	0.168	0.145	0.092	0.113	0.155	0.024	0.183	0.091	0.132	0.15	0.134

定向卸压隔振爆破

（2）地质矿产行标准和国家标准《岩土工程勘察规范》（GB50021~2001）

①试验台阶上部由于上一台阶爆破起深部分爆破影响深度平均在2.5m左右,第1次爆破后上部,1m、2m、3m的声波降低率分别为2.524%、6.724%、2.677%。爆破前声速与第三次爆破后的声速根据声波降低率的计算结果累积效应大多数都在5%以上。岩体受到了损伤破坏。

②根据地矿产行业标准与规范。完整性指数为岩体压缩波速度与岩块压缩波速度之比的平方。结果如表9.8所示。

表9.8　光面爆破岩体声波测试结果表

钻孔号	爆破次数	观测段（m）	压缩波平均波速(m⁻¹)	岩块平均波速(m⁻¹)	完整性指数	岩体完整性评价
ZK2	爆前	0~12	2 965	3 400	0.76	岩体完整
ZK2-1	1次	0~12	2 901	3 400	0.73	岩体基本完整
ZK2-2	2次	0~12	2 833	3 400	0.69	岩体基本完整
ZK2-3	3次	0~12	2 761	3 400	0.61	岩体基本完整

③因此,根据地质矿产业标准和《岩土工程勘察规范》在水牯山矿的条件和岩体结构,构造的试验条件下损伤影响范围 $D < 3.5m$。

第五节　露天台阶爆破爆区后方不同距离岩体的损伤特征

台阶深孔爆破后方预留岩体的损伤特征,引用中国矿业大学和南京理工大学在北庄矿露天边坡爆破所作损伤特征试验[116]。

一、试验的爆破参数

台阶高 12m,孔深 13m,孔径 200mm,抵抗线 5m,孔间距离 6m,5 排炮孔,生产爆破炮孔 52 个。采用多孔粒状铵梯炸药轻柴油与硝酸铵的配比为 5%、95%,各炮孔装药量相同,每孔药量为 160kg,采用非电起爆系统,逐排起爆,每排之间延期时间为 50ms。

二、测试孔的布置和测试方法

1. 波速测试孔布置及方法

在爆区正后方,每隔 4m 钻 2 个深 5m,直径为 250mm 的孔,2 孔之间的距离为 4m,共钻 5 排 10 个测孔进行跨孔测试,即 1 个孔为发射孔,同距离同排的另一个孔为接收孔。

发射孔内用 20g 2 号岩石铵梯炸药爆炸产生的冲击波作为发射源,药包绑在一根焊有托板的钢筋上,药包内埋设触发探针,用以记录炸药爆炸时刻,药包周围注水,目的是为了增加爆炸冲击波的穿透能力。接收孔内放置拾震仪,与孔外的高速磁带记录仪连接,炸药爆炸使得触发探针导通,因而产生一个脉冲电流并记录在磁带记录仪上,这样就可由接收孔内拾震仪记录的初至波的到达时间与导通脉冲电流时刻的时间差得到爆炸波在发射孔与

定向卸压隔振爆破

接收孔之间的传播时间,用两孔之间的距离除以时间,即可得到爆炸波的传播速度。

生产爆破前后对5对孔分别进行上述实验,以比较生产爆破前后未受爆破扰动的岩体与经历过爆破扰动的岩体的波速及接收信号频谱的变化,从而对预留岩体在爆破作用下的损伤程度作为评价。

2. 岩芯钻孔的位置及其岩芯取样

岩芯钻孔的位置在爆区后20m,最后两排测孔之间,朝向爆区的方向,倾角45°,使岩芯末端位于最后一排炮孔10m,深14m。

三、测试结果与分析

测试结果列于表9.9和图9.16,图9.17[116]。

表9.9 爆区后不同距离处爆破前后的波速及主频对比

距爆破区距离(m)	爆前波速(km·s⁻¹)	爆后波速(km·s⁻¹)	波速变化率(%)	损伤变量D	爆前主频(Hz)	爆后主频(Hz)	主频下降百分比(%)
4	4.93	3.78	23	0.412	14.65	9.17	37
8	3.59	3.05	15	0.278	84.03	65.01	23
12	4.38	4.03	8	0.154	15.77	17.00	22
16	3.68	3.5	5	0.095	13.76	11.99	13
20	3.30	3.23	2	0.042	80.12	79.15	1

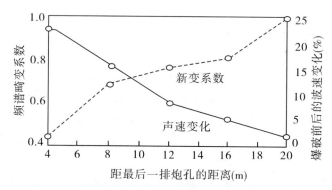

图9.16　爆区后不同距离处频谱畸变系数及波速变化

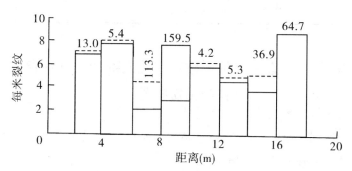

图9.17　岩芯中的裂纹出现频率及爆后裂纹增加的百分比

四、结论

根据以上分析的结果综合于表9.10。

表9.10

试验结果的 图表名称	距离爆源 的距离(m)	试验的基本结果
表9.10	4~12	爆破前后的C_p波速及主频发生明显变化。
	12~20	波速和主频与爆前相比仍有变化,变化幅度较小。

定向卸压隔振爆破

续表

试验结果的图表名称	距离爆源的距离(m)	试验的基本结果
图9.16	4	频谱畸变系数最小，表明近区岩体受到了强烈扰动。
	20	畸变系数接近1，岩体几乎没有受到影响。
图9.17	10~14	爆后岩芯裂纹的出现频率高于爆前。
	6~8 16~18	两个间隔内，爆破前后的裂纹出现频率相差较大，65%~160%。
	6~10	接近表面(深4.7~7.1m)爆炸波到达界面后，发生反射产生拉力波，因此这会发生较大损伤。
	10~16	位于11.3~12.7m的位置与炮孔底部接近，而炮孔中的炸药集中在这一部分。

第六节 露天台阶爆破对炮孔底部和后部保留岩体的损伤和范围

根据文献[117][118]岭澳核电站岩石基础开挖采用爆破方式，研究基岩爆破开挖岩体损伤特征。

一、爆破参数

采用钻孔直径90mm，柱状装药，炸药为2号岩石乳化炸药，为保证下卧基岩的完整性，每次爆破时必须对炸药爆炸产生的岩体损伤范围进行控制，规定爆破产生的岩体损伤深度最大不超过2m。当用4个孔兼作测试孔，其深度比设计深度深1.5~3.5m，其余爆破孔装药深度3.2~3.5m，填塞0.4m。

二、声波测试

声波测试在爆区外直线布置距爆炸源3m、4m、5m、6m等4

个测孔用以测定爆区外岩体损伤半径。爆区内选择了爆孔超深2m 的 4 个炮孔(5#~8#)用以测定爆区内岩体的损伤深度。测量爆前、爆后岩体的波速变化。

三、数值计算模型

在经过了一系列声波实验,得到了岩体的损伤区域范围。以此为基础,根据爆破施工采用的炸药基本参数和现场岩体的物理力学特性。采用 ANSYS/SL-DYNA 和 FLAC³ᴰ 两种程序相结合的方法。通过 DYNA 计算炸药爆后作用于周围岩体的压力,以此作为爆炸荷载传递到 FLAC³ᴰ 的岩体损伤模型中,研究在爆炸荷载作用下岩体损伤特征的变化规律。

四、测试与计算结果

根据声波测试和数值分析计算,爆炸荷载作用下的岩体损伤范围,如图9.18和表9.11。

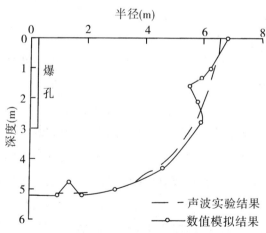

图9.18　爆炸荷载作用下的岩体损伤范围

表9.11 损伤区范围与最大段药量的关系

最大段装药量(kg)	损伤区深度(m)	损伤区半径(m)
7.7	1.64	4.80
15.4	1.80	6.31
23.1	2.06	6.50
30.9	2.26	6.80
38.6	2.32	7.38
46.3	2.39	7.67

结论认为[118]:在柱状装药情况下,岩体损伤范围随药的增大而增大;爆炸荷载作用下的岩体损伤区深度小于损伤区半径,二者比例约为1:3。

五、露天高边坡岩体松弛特性和范围

根据文献[119]的介绍,三峡水利枢升船机及临地船闸平行布置于长江左岸,均通过劈岭开挖而成。工程场址区内出露的基岩为前震旦纪闪云斜长花岗岩,岩石坚硬,微风化及新鲜岩石的弹性模量试验值在60GPa以上。

岩体特性采用声波测试,采用的仪器为SYS-Ⅱ型非金属超声仪及配套40KC、35KC换能器,测试方法以单一发双收测试为主,在少数位置上进行了跨孔测,耦合介质为水。

1. 15m台阶高度的测试结果如图9.19、图9.20。

图9.19是根据不同高程上3个钻孔中获得的岩体声波测试结果作出的岩体松弛深度,随高程的分布图,它符合坡顶一带松弛深度大、坡脚一带松弛深度小的一般规律与应力松弛区一致。

图9.20和图9.19同样条件下的测试结果,但岩体松弛深度并

不与高程之间存在必然的联系,坡脚处因存在易于产生剪切变形的缓倾结构面而出现深度相对较大的松弛范围。应力集中区的这种松弛表明了岩体松弛并不同等于应力松弛,结构面与应力场的相互关系和作用起关健作用。

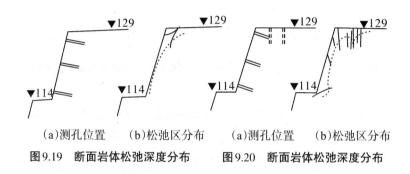

(a)测孔位置　(b)松弛区分布　　(a)测孔位置　(b)松弛区分布

图9.19　断面岩体松弛深度分布　　图9.20　断面岩体松弛深度分布

2. 深孔测试

深孔测试如图9.21所示,图9.21的情况表明了岩体内低速带的存在,它是结构面固有特性的表现,或是结构面松弛引起的。

3. 孔内位移观测

孔内位移观测如图9.22,所标为CK05测孔中布置的点多位移计的观测结果,它显示该孔内各测点之间的相对位移,主要出现在4#和5#测点之间,声波测试松弛深度正处于这一孔深范围内。

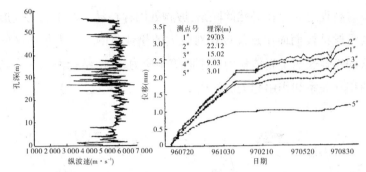

图9.21 深部松弛型波速与孔深关系曲线 图9.22 CK05孔内位移观测结果

4. 小结

在绝大多数情况下,边坡岩体松弛是由于开挖爆破的影响,岩体应力高速通过岩体结构面变形的一种表现形式。结构面相对于重分布应力场(受边坡形态控制)的空间关系是影响岩体松弛特征的一个非常重要因素,并因此使岩体松弛深度表现出较大的差异。具体表现为:

(1)用发生松弛的结构面产状与坡面产状可以不同,在不同位置上测出的由同一结构面决定的岩体松弛深度可有一定区别。

(2)边坡中,下部乃至坡脚附近的应力集中区,因结构面产状与应力状态关系的不同,结构面的变形可以是压缩闭合形成的,也可是张开或剪切形成的,它们对岩体松弛起不同作用。在某些情况下,因剪切过程中的剪胀或张开变形形成的松弛块体也可以出现在高程较低的坡脚一带,文献[119]介绍位于坡脚附近的CK02、CK03、CK04、CK05和CK12孔测得的松弛深度都在5.0m以上,说明了这种松弛形式和内在松弛机制是存在的。

(3)边坡岩体松弛深度分可为三种类型,即表层松弛、浅层松弛和深层松弛,三者的深度期望值分别为0.3~0.5m、2.0~3.0m和大于5m。

第十章　地下工程开挖爆破对围岩损伤特性及损伤范围

　　地下工程的开挖不可避免地要对围岩产生损伤,这种损伤是由多种效应的重叠生成,并由多个参数所控制,岩体性质如节理的方向和间距、含水率、材料强度和原岩应力等都是一些影响因素。对于1~3m的远距离范围内,除了这些自然限制条件外,掘进工作面的开挖技术决定了损伤区的范围。在对如下铁道、公路隧道和废料储藏硐室等。

　　开挖损伤由两部分组成:技术方面决定的直接损伤和由于如原岩应力场的改变引起的二次作用的损伤,这两种作用是互相重叠和很难区分的。可是,第一种作用在围岩2m范围内应该占有主要地位,而第二种作用能够延伸到开挖直径几倍的范围之外[120]。

第一节　地下巷道掘进对围岩的破坏损伤范围和超挖量

一、地下工程开挖爆破爆炸波的作用

　　地下工程在开挖爆破施工中,围岩主要受到爆炸荷载、重力荷载和开挖荷载的作用。从爆破理论可知,爆破波在传递过程

定向卸压隔振爆破

中,根据岩体介质质点的振动方向和爆炸应力波传播方向是平行还是垂直,分为纵波和横波。根据爆炸波的性质和作用,纵波引起岩体介质拉压变形,横波使岩体介质产生剪切变形。根据动量定律[56]纵波在岩体内产生的拉压应力 δ 和横波产生的剪切应力 τ,可按下式计算:

$$\delta = \rho \, C_p V_p \tag{10.1}$$

$$\tau = \rho \, C_s V_s \tag{10.2}$$

式中: ρ 为岩体介质密度; V_p 和 V_s 分别为爆破后引起岩体介质点沿纵向和横向振动的振动速度; C_p 和 C_s 分别为岩体介质纵波和横波的传播速度。

二、地下厂房爆破损伤松动范围

四川省大渡河上某水电站地下厂房埋于200~360m深的左岸山体内。从测试分析,围岩的松动范围大致为3~6m。

三、地下矿山岩巷掘进对不同控制爆破的超挖量和损伤范围

原有控制爆破的超挖量和损伤范围见表10.1所示。

表10.1 原有光面、预裂爆破和定向断裂控制爆破的超挖量和损伤范围

矿山名称	安徽新集三矿[121]		河南车集矿[122]		协庄煤矿[123]		四川金河磷矿[124]	
爆破方法	光爆	切缝药包	光爆	切缝药包	光爆	切缝药包	光爆	切槽爆破
炮孔数(个)	61	44	64	55	50	40	48	40
孔深(m)	1.5	1.5	1.8	1.8	1.7	1.7	1.67~1.8	1.75~1.8

矿山名称	安徽新集三矿[121]		河南车集矿[122]		协庄煤矿[123]		四川金河磷矿[124]	
周边空直径(mm)	38	38	43	43	32	38	40	40
药卷直径(mm)	27	27	32	27	27	27	25	22~25
单位雷管耗量(m)	47	29	—	—	35.7	31	3.31~3.36	2.09~3.10
线状药密度(kg/m)	25.98	18.75	1.39	0.87	10.3	9.35	2.94~2.98	2.55~2.72
周边孔痕率(%)	20	90	10	87.5	20	85	30.7~53	69~76
超挖量(mm)	200	95	250(不平整度)	80	200	95	280	110~120
循环进尺(m)	1.3	1.5	1.14	1.71	1.6	1.8	1.43	1.6~1.65
爆破破损范围(m)	—	—	—	—	—	—	0.38~0.40	0.25~0.28
巷道规格宽×高(m)	断面r=1.9,墙高1.2		4.4m×3.8m		3.1×3.1m半圆拱S=44.6m,S=4.5.8m		圆弧拱半径1.1m,拱高0.87m,帮高1.8m,宽2.6m,S=6.65m²	
岩石名称	泥岩、砂质泥岩		泥岩、砂质泥岩		砂质页岩		花斑状白云岩	
岩石硬度(f)	4~6		4~6		4~6		6~8	
支护方式	锚喷		φ16mm×1800mm钢筋树脂锚杆,间排距800mm×800mm		锚杆φ18mm×1800mm,排间距800mm×800mm		无	

第二节　地下洞室开挖爆破对围岩的损伤和破坏范围

根据[125]巴昆电站的发电室为例,其洞径为8.5m,长为700m,围岩主要为页岩、砂岩和页岩砂岩互层体。由于各类岩体的赋存环境,结构特性与爆破反应特性差异,所以爆破在不同部位或不同岩体中引起的卸荷裂隙发育密度与深度不一。因此,在发电洞内分别选择在页岩、砂岩和页岩砂岩互层体中各布置一个剖面,通过声波测定确定岩体的松动圈范围。

一、测孔布置

每个测试剖面布置 7 个孔径 45mm,孔深 5m 的钻孔如图 10.1,其中顶拱 3 个孔,左右边墙各 2 个,钻孔要求一径到底,并保持顺直,斜偏差不得大于规范规程要求,同时应保证孔壁完整、光滑,然后用高压风和清水对钻孔进行冲洗,孔内不得留有残渣。

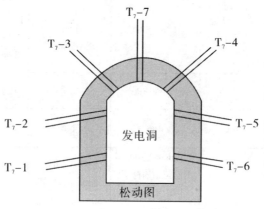

图10.1　T_7松动圈测试剖面钻孔布置图

二、测试原理

1.单孔声波法

采用一发双收换能器,用清水作耦合剂,沿孔深方向每0.2m布置一个测点,对整孔进行测试。测试参数为纵波传播时间,并根据两接收换能器之间的距离,求得波速值C_P,则:

$$CP=S/(t_2-t_1) \tag{10.3}$$

式中:S为两接收换能器之间的距离;t_1、t_2为分别到达接收换能器1和2的时间。将各测点所得波速值绘制成波速—孔深关系曲线。

2.动弹性模量的计算式

根据边界条件选择岩体动弹性模量值计算公式

$$E_d=\rho C_P^2(1+\nu_d)(1-2\nu_d)/(1-\nu_d) \tag{10.4}$$

式中:ρ为岩石密度;ν_d为动泊松比,可认为岩石静泊松比近似相等。

三、声波测试结果

声波测试结果见表10.2。

定向卸压隔振爆破

表10.2 纵波波速范围及松动圈厚度

孔号	测试剖面岩性	松动圈		完整岩体		松动圈厚度/（m）
		波速范围/（m·s⁻¹）	平均波速/（m·s⁻¹）	波速范围/（m·s⁻¹）	平均波速/（m·s⁻¹）	
T₄—1	页岩、砂岩互层	2 140~3 910	2 800	3 680~4 550	3 960	1.0
T₄—2		1 670~3 270	2 440	3 120~3 920	3 620	1.8
T₄—3		2 110~3 000	2 430	3 090~3 510	3 310	1.0
T₄—4		2 260~2 970	2 590	3 620~3 900	3 770	1.8
T₄—5		2 090~3 270	2 530	3 700~4 630	4 120	1.8
T₄—6		2 060~2 250	2 150	3 550~3 970	3 720	0.8
T₅—1	砂岩	2 240	2 240	4 120~5 130	4 660	0.6
T₅—2		2 910~4 460	3 920	4 270~4 760	4 530	1.2
T₅—3		—	—	—	—	—
T₅—4		1 980~3 960	2 740	4 300~4 770	4 590	1.0
T₅—5		—	—	—	—	—
T₅—6		3 130~3 970	2 530	3 970~4 510	4 230	0.8

孔号	测试剖面岩性	松动圈		完整岩体		松动圈厚度/（m）
		波速范围/（m·s⁻¹）	平均波速/（m·s⁻¹）	波速范围/（m·s⁻¹）	平均波速/（m·s⁻¹）	
T_7—1	页岩	3 960	3 960	3 880~4 760	4 200	0.6
T_7—2		3 540~3 850	3 690	3 850~4 170	4 010	0.8
T_7—3		3 360~3 850	3 590	3 740~4 080	3 910	1.2
T_7—4		3 880~4 100	3 960	3 970~4 240	4 150	1.4
T_7—5		3 650~4 030	3 880	3 700~4 310	4 010	1.0
T_7—6		3 330~3 600	3 470	3 600~4 000	3 800	0.8

由表10.2可知,试验剖面离洞室地面越高的区域,松动区厚度越大,受爆破影响越大,现以T_7测试断面为例:断面最下部的T_7-1和T_7-6孔平均松动区厚度为0.7m;中部T_7-2和T_7-5孔平均松动区厚度为0.9m;上部T_7-3和T_7-4平均松动区厚度1.3m,实测围岩松动圈分布剖面见图10.2[125]。

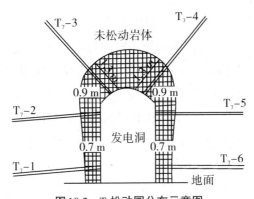

图10.2 T_7松动圈分布示意图

定向卸压隔振爆破

四、松动区岩体弹性模量计算结果

根据松动圈岩体和完整岩体的波速范围及平均波速,由式10.2计算松动圈岩体和完整岩体的动弹性模量范围和平均动弹模量值,见表10.3。

表10.3 动弹性模量 E_d 测试结果

测试剖面	岩石名称	松动圈		完整岩体	
		E_d值范围（GPa）	E_d平均值（GPa）	E_d值范围（GPa）	E_d平均值（GPa）
T_4	砂岩、页岩互层	5.8~31.8	13.0	19.9~44.6	29.5
T_5	砂岩	8.7~43.9	18.9	34.8~58.1	45.8
T_6	页岩	22.6~34.2	28.8	26.4~46.1	32.8

五、小结

通过声波测试,获得以下结论[125]:

（1）砂页岩互层岩体松弛区厚度为0.8~2.0m,页岩和砂岩为松动区厚度为1.0m左右,断面上部,岩体松动区厚度大,断面下部岩体松动区厚度小。

（2）松动区岩体力学性状明显弱化。松动区内页岩、砂岩和砂页岩互层弹性模量比对应的完整岩体降低了12.2%、58.7%和55.8%。弱化程度主要受岩性控制。

（3）松动区岩体静弹性模量值相对完整岩体静弹性模量值明显降低。

第三节　地应力对围岩松动圈的影响

开挖巷道会导致地应力和围岩强度的变化,围岩受力状态由三向变化近似二向,围岩强度下降很多,而松动圈的存在是巷道围岩固有特性。刘刚博士等采用大型计算软件ANSYS对矩形巷道的围岩松动圈进行数值计算,得出松动圈与其影响因素之间的定性及定量关系。

一、计算模型参数和围岩参数

计算模型参数如表10.4;围岩参数如表10.5所示。根据模型参数和围岩参数刘刚博士等设计共进行16次计算,计算模型如图10.3。

表10.4　模型参数

模型编号	模型尺寸(m)	巷道尺寸(m)	单元数	结点数
1	10×10×4	2.0×1.8×4	1 152	1 824
2	15×15×5	3.0×2.4×5	1 600	2 496
3	20×20×6	4.0×2.6×6	1 920	2 876
4	25×25×7	5.0×3.0×7	2 432	3 744

表10.5　围岩参数

围岩编号	强性模量(GPa)	泊松比(ν)	抗拉强度(MPa)	抗压强度(MPa)	
1	18.8	0.26	1.6	16	
2	23	0.24	2.39	23.9	
3	26	0.25	3.44	34.4	
4	27	0.23	4.24	42.4	

定向卸压隔振爆破

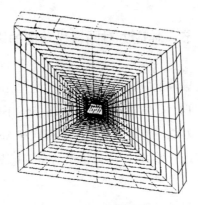

图10.3　计算模型

二、计算结果与分析

根据刘刚等的计算结果与分析有以下的主要影响：

1.地应力对松动圈的影响

地应力增加到一定值后，巷道周边地应力将大于围岩强度，围岩开始破坏，产生围岩松动圈。围岩开始的破坏点主要集中在矩形巷道的角部，呈现为压碎破坏；同时在巷道的顶底板，围岩出现局部的水平拉裂破坏。地应力继续增加，松动圈向围岩深部发展，周边切向集中应力随着地应力增加逐步远离巷道周边。巷道角部的松动圈主要还是围岩被压碎形成的，而在顶底板，围岩的拉裂破坏没有角部的压碎发展速度快，并且由水平拉裂破坏逐渐转化为垂直拉裂破坏，其最终围岩松动圈值也远小于巷道角部。

围岩松动圈巷道地应力的变化过程基本为线性关系；如图10.4所示。当松动圈为1m左右时，巷道地应力对它的影响十分显著，而小于0.80m或大于2.0m时地应力的影响减弱；数值计算的结果表明，当松动圈大于2.5m后，随着地应力的增大，增加的应力对松动圈的大小影响变小，而主要是进一步破碎松动圈内部的岩石。

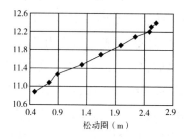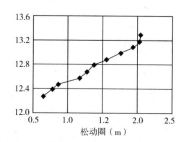

图10.4 地应力对松动圈的影响

2.围岩强度对松动圈的影响

在相同的地应力和跨高比条件下,围岩强度如果大于地应力,就不产生围岩松动圈,并且围岩强度再增大也是一样的,这时围岩强度对围岩松动圈不产生任何影响,但会影响围岩内的应力及弹性区、塑性区的分布;假若围岩强度小于地应力,那么围岩强度对松动圈越大,在当地应力一定时(也就是开采深度一定),围岩强度对松动圈大小起决定作用,跨高比的影响相比很小。

当跨高比k=1.111、不同的围岩强度在相同的地应力条件下,松动圈产生发展情况如表10.6所示。

表10.6 地应力、围岩强度对松动圈尺寸的影响

地应力(MPa)	围岩强度(MPa)			
	S_c=16	S_c=23.9	S_c=34.4	S_c=42.4
9.0	1.495 8m	不产生松动圈	不产生松动圈	不产生松动圈
13.3	松动圈过大 程序终止计算	1.701 3m	不产生松动圈	不产生松动圈
18.4	松动圈过大 程序终止计算	松动圈过大 程序终止计算	0.265 0m	不产生松动圈
26.0	松动圈过大 程序终止计算	松动圈过大 程序终止计算	松动圈过大 程序终止计算	2.053 0m

从表10.6中看出,随着围岩强度的增大,围岩承载能力明显增强,表现为开始破坏时地应力的增大。在开始破坏对应的地应力之前,岩石处于强塑性状态,围岩中任意点的应力均小于围岩的强度,地应力不产生破坏,也没有松动圈;从破坏地应力开始,矩形巷道的周边开始破坏并产生松动圈,开始在破坏集中在矩形巷道的四个角上,然后逐步向跨中和两帮中部转移;在相同的条件下,围岩强度越大,所能承受的最大地应力也越大。在巷道跨高比一定时,ANSYS求解所能计算出的围岩最大破坏(即围岩松动圈)是一定的,超过这个松动圈值,计算过程中会不叫敛而程序会自动终止计算。

如果单就围岩强度对松动圈的影响而言,由于不同的围岩强度在相同的地应力和跨高比情况下围岩松动圈不具有连续性,所以其影响程度非常显著。

3.矩形巷道跨高比对松动圈的影响

从计算结果看,在围岩松动圈的三个影响因素中,与地应力和围岩强度相比,巷道的跨高比处于次要地位。在不同地应力和围岩强度条件下,不同跨高比的松动圈产生情况如表10.7所示。

表10.7　不同应力及跨高比下的松动圈尺寸(m)

围岩强度 (MPa)	地应力 (MPa)	$k=1.111$	$k=1.250$	$k=1.538$	$k=1.667$
16.0	8.0	0	0.459 9	1.414 6	1.666 6
	8.2	0.201 8	0.876 3	1.488 8	1.835 6
23.9	12.0	0	0.335 2	1.406 8	1.760 2
34.4	18.0	0	1.000 1	1.418 3	1.679 8
	18.4	0.201 6	1.379 0	1.791 6	1.829 9
424	22.0	0.375 4	0.725 1	1.732 0	1.947 6

表中,当$k=1.111$时,巷道的断面形式接近于正方形,其在垂直方向和水平方向的承载能力基本相等,所以围岩的承载能力最强,与其他的k值相比,不产生围岩松动圈或松动圈发展的速度明显降低,巷道跨度对松动圈的影响显著减弱。

从计算结果知,在巷道地应力和围岩强度相同的情况下,不同跨高比的围岩松动圈相差较大。因此在实际应用过程中,忽略了巷道跨度对松动圈的围岩松动的影响,值得商榷。

三、小结

根据刘刚等的计算与分析有以下突出点:

1.围岩松动圈的发生、发展和稳定有一个时间过程,稳定后的松动圈厚度值反映了地应力、围岩强度、跨度等共同作用。在这三个因素中,地应力的影响为最显著,其次为围岩强度,巷道跨度影响最小。

2.松动圈1m左右时,巷道地应力对它影响十分显著,而小于0.8m或大于2.0m时地应力的影响减弱。当松动圈大于2.5m后,增加的应力对松动圈的大小影响变小,而主要是进一步破碎松动圈内部的岩石。

3.跨度对松动圈的影响,随着k值的增大,围岩承载能力降低,松动圈的发展很快,当k值继续增大,松动圈的发展速度明显降低,巷道跨度对松动圈的影响明显减弱。

第四节　爆破对围岩的损伤范围

根据测试数据[126]计算出各测点的纵波速度,绘制出纵波速度与测孔深度的关系曲线,如图10.5[127]。

定向卸压隔振爆破

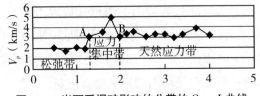

图10.5　岩石受爆破影响的分带的 C_P—L 曲线

由图10.5表明为三分带曲线,其特点是前部波较低,随着孔深的增加,波速也增加,当增加到一定值后,波速反而降低,然后趋于稳定值,说明图中A点以前岩体松驰,出现了塑性破坏区,松驰带厚度大约1.31m,A、B间为应力集中区,B点以后接近天然应力区,表明该区域的岩体基本未受爆破影响,岩体比较完整。

隧道(巷道)开挖各类爆破方法对岩体的损伤范围和炮孔参数

地下工程开挖各类爆破形式对岩体的损伤范围和炮孔参数,以龙滩水电站地下厂房爆破,损伤范围为例[128],龙滩地下厂房开挖时各类爆破形式及钻爆参数见表10.8。开挖过程中采用2#岩石炸药,密度 $\rho_c =1\,150\ \text{kg/m}^3$,爆速 $D=3\,200\ \text{m/s}$,按照30~40 cm/s的爆破冲击损伤质点峰质振动速度安全判据,得到龙滩地下厂房开挖过程中爆破损伤的范围。

表10.8 龙滩地下厂房开挖时各类爆破形式对岩体的损伤范围及钻爆参数

工况序号	爆破类型	孔径（mm）	药径（mm）	孔壁爆炸峰值（MPa）	距洞室边墙距离（m）	爆破损伤范围（m）	备注
I	拉槽前的施工预裂	76	32	25.26	6.0	0.00	
		76	20.6（按线装药密度0.333kg/m等效）	7.36	6.0	0.00	
		76	65（底部集中装药）	368.26	6.0	<0.10	
II	保护层小梯段扩挖爆破	50	32	87.94	2.0	0.00	
		42	32	250.39	2.0	0.3~0.45	
III	保护层开挖缓爆破	42	25	76.90	0.8	<0.07	
		42	32	250.39	0.8	0.4~0.50	
IV	轮廓面上光面爆破	42	25	76.90	0	0.38~0.45	
		42	11.3（按线装药密度0.10kg/m等效）	8.32	0	0.00	

第五节 深部巷道围岩分区破坏现象

随着对资源需求量的增加和开采强度的不断加大,浅部资源日益减少,国内外矿山都相继进入深部资源开采状态。据不完全统计[129],国外开采超千米深的金属矿山有80多座,而以南非和俄

定向卸压隔振爆破

罗斯占量最大。预计在未来10~20年内，我国的金属和有色矿山将进入1 000~2 000 m深度开采，煤矿开采更趋严峻，煤炭占我国能源结构的80%以上，而90%来自井下开采，据称[129]，目前已探明的煤炭储量中约53%的矿山埋深超过1 000 m。我国煤矿开采少数矿山已达到1 000~1 300 m。煤矿开采深度以每年8~12 m的速度增加，东部矿井正以每年10~25m的速度发展。预计煤矿20年以后我国很多煤矿将进入到1 000~1 500 m深度。

随着开采深度不断增加，工程灾害日趋增加，如矿井岩爆、矿井冲击地压、煤矿瓦斯爆炸、巷道围岩变形、流变和地温升高等，对深度资源的安全、高效开采造成巨大威胁。

20世纪80年代，I.Shemyakin等在深部矿山Mark开采现场采用电阻率仪发现了三分压破裂现象，并且进一步通过试验验证了该现象的存在。方祖烈在我国金川镍矿区某深部巷道采用多点位移监测围岩变化，同样得到围岩分区破裂现象[129]。因此，国内外学者证明深部巷道分区破坏是存在的。21世纪初，钱七虎[131]、何瀚清、谢和平[130]等对深部开采岩体力学作了深入的研究。

一、巷道开挖爆破以及围岩的破坏规律

对巷道掘进爆破对围岩的破坏，都是按照传统的连续介质弹塑性力学理论，如浅部巷道开挖后围岩从内到外分别为破裂区，塑性区和弹性区。而深部巷道的变形破坏现象与浅部相比有很大的不同，显然用传统的连续介质力学理论无法科学的解释。因为深部巷道围岩中出现的破裂区和完整区多次交替的现象，即分区破裂化。钱七虎先生将分区破裂化定义为"在深部岩体中开挖洞室或者巷道时，在其两侧和工作面前的围岩中，会产生交替的破裂区和不破裂区，称这种现象为分区破裂化"[129]。

根据实际巷道和模型观察,发现围岩分区破裂时,其承受荷载变化相当缓慢,可以当做静态看待,因此,认为间隔破裂现象是在外部条件不变或缓变化时形成的,而且延长时间较长。

二、深部巷道分区破裂机制

目前,关于深部巷道围岩分区破裂化的研究尚处于初级阶段,其机制尚不清楚。对这一特殊现象的认识还不足[129]。但不少学者提出了一些观点,可以启迪研究思路。

(1)E.J.Sellers 和 P.Klerck 通过试验研究了深埋隧洞围岩不连续面对间隔破裂的影响作用,发现在满足一定要求的情况下,不连续面可能成为隧洞围岩间隔破裂的起源之一。

(2)贺永年等根据隧道围岩分区破裂资料研究,确认分区破裂是深部高应力隧道围岩的一种广泛的规律性行为,是一种新的工程地质力学现象,揭示了深部隧洞围岩的另一种平衡过程及其新的平衡稳定形式。

(3)潘一山等通过模型试验发现岩石环形裂纹的出现与围岩、加载方式和岩石力学特性有关,分别从岩石劈裂和蠕变的角度研究了分区破裂化。

(4)周小平和钱七虎把深部巷道的开挖看做动力问题,运动方程采用位移势函数,运用弹性力学和断裂力学确定了破裂区岩体的残余强度和产生破裂区的时间,进而确定了破裂区和非破裂区的宽度和数量。

(5)顾金才等通过模型试验,发现了在平行洞室轴向的高水平压力作用下,洞室围岩出现多条裂缝,裂缝之产生存在未破坏区域。验证了洞室在较大的轴向压力作用下,当洞壁具有较大的直墙面或较大的曲率半径时;洞壁围岩是可以产生分层断裂现象的,并通过分析认为这种现象的产生是由较大的轴向压力引起洞壁材料的侧向膨胀造成的。

(6)唐春安等对含圆孔方形试件进行了三维加载条件下的破裂过程数值模拟。结果表明,分区破裂现象是沿着巷道方向主应力作用下围岩中环状张裂破坏的结果,其形状类似于螺旋线。

(7)俄罗斯专家认为,分区破裂的各破裂区实际上是深部洞室围岩进入塑性状态后其塑性滑移线的一组特征线(另一组特征线沿洞室径方向)。

三、巷道围岩分区破裂监测

为了研究巷道断面尺寸与围岩分区破裂的关系,选择淮南矿区丁集矿-910m西112采区南轨道大巷和采区分仓内作为研究对象[129],岩性为砂质泥岩,中砂岩和粉砂岩。坑道断面尺寸为5 000 mm×3 880 mm和2 800 mm×2 400 mm,并经锚喷,C20混凝土厚度为150 mm,锚杆是 ϕ20 mm×2 200 mm,排间距800 mm×800 mm,钢筋网规格是 ϕ6 mm,锚索 ϕ15.24 mm×6 200 mm,间排距2.4 m。

(1)监测仪器及原理

仪器采用中矿华化泰生产的KDVJ-400矿井钻孔电视成像仪。它采用高分辨率彩色电视摄像头进行监测,在液晶显示屏幕上,显示钻孔内壁构造。图像清晰(分辨率可达0.1 mm)并能录像,具有防爆功能、体积小、质量轻、操作简单。监测断面测孔,采用锚索机钻孔,钻孔直径 ϕ32 mm和地质钻机钻孔,钻孔直径 ϕ73 mm,孔深均为10 m。

(2)测试结果

各个破裂分区的范围列于表10.9,表10.9内所列为每个监测断面围岩各钻孔破裂分区的范围平均后的数值。表中数值分别加上半径2.5m和1.4m的监测断面;内径和外径分别表示靠近巷道的一侧和远离巷道的一侧。

表10.9　监测断面各破裂分区范围(m)

分区		监测断面A	监测断面B	监测断面C	监测断面D	平均值
I	内径	2.5	2.5	2.5	1.4	2.5
	外径	4.23	5.28	5.47	2.87	4.99
II	内径	4.77	6.18	6.29	3.54	5.75
	外径	5.90	7.05	6.69	3.95	6.55
III	内径	7.00	8.39	7.82	4.64	7.74
	外径	8.43	9.14	8.76	4.83	8.78
IV	内径	9.83	10.12	9.66	5.24	9.87
	外径	10.03	10.80	10.39	5.50	10.40

注:平均值为监测断面A~C对应值的平均值。

(3)测试结果分析

根据表10.9绘制了2个不同断面的分区破裂分布图,如图10.6[129]。

① 根据表10.9较大断面破裂分区的最大外径10.80m,破坏深度为8.30m;较小断面破裂分区最大外径为5.5m,破坏深度为4.1m。对于同一分区,小断面各个破裂的半径均为大断面的53%~62%,平均为57%,而小、大断面半径之比为56%,二者相差不大。因此,可以认为巷道围岩分区的半径与巷道的直径成正比。

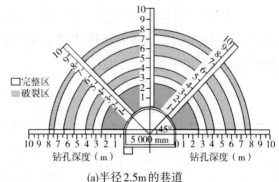

(a)半径2.5m的巷道

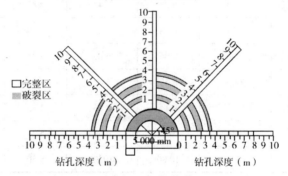

(b)半径1.4m的巷道

图10.6 不同断面的分区破裂分布图

② M.B.KYP π eHSL 和 B.H.OnaPHH 在对大量试验资料数据库的分析和理论研究的基础上,发现各破裂区的半径可以用模数 $(\sqrt{2})^{i-1(i=1,2,3,4)}$ 来描述,它与巷道半径 r 有关。根据监测结果分析发现各破裂分区半径与巷道半径存在如下关系[129]:

$$r_i = (\sqrt{2})^{i-1} r (i=1,2,3,4) \qquad (10.5)$$

式中:i 为破裂区域的编号。

四、现场监测与模型试验[132]

巷道现场监测在淮南丁集煤矿巷道埋深–910m，监测断面尺寸为5 000mm×3 800mm。所用仪器为KDV.J–400矿井钻孔电视成像仪。

深部洞室围岩分区破裂模型试验按照丁集矿巷道断面形状为半圆拱形，断面尺寸为5 000mm×3 800mm矿区应力以水平构造应力为主，实测水平测压系数为1.5。地质力学模型试验的相似比例尺为1/50。模拟原型范围为长×宽×高=0.6m×0.6m×0.6m。开挖巷道断面形状为半圆拱形，断面尺寸为100mm×77.6mm。

根据相似原理，以铁精粉、重晶石粉、石英砂为骨料，松香为胶结材料，石膏为调节剂，研制了铁晶砂胶结岩土相似材料。物理力学参数：变形模量=259~263GPa，黏聚力=0.20~0.30MPa，内摩擦角=41°～43°，抗压强度=1.60~1.77MPa，泊松比=0.268，重度=2.6kN/m³。

模型测量元件布置与加载，在模型中间截面上设置了位移监测断面，在模洞周可能产生分区破裂的区域间隔，埋设了高精度光珊尺多点位移计。模型自重应1.5rh。平行洞口轴应力方向的地应力按1.7倍模型材料单轴抗压强度施加，换算后。左右面0.75MPa，上下面=0.5MPa，前后面=2.21MPa。

(1)巷道现场监测电视频截图

淮南矿区丁集煤矿钻孔电视频截图，如图10.7。

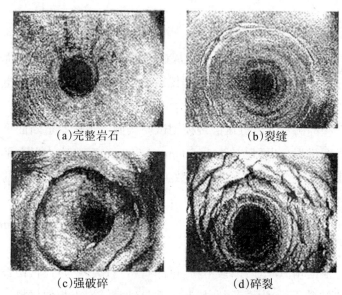

(a)完整岩石　　　　　　　(b)裂缝

(c)强破碎　　　　　　　(d)碎裂

图10.7　淮南矿区丁集煤矿钻孔电视频截图

(2)模型测试结果

高精度光珊尺多点位移计测得的Ⅰ-Ⅱ断面模型洞周各测点位移变化,如图10.8。从图10.8可以看出:①位移值并非随着洞壁距离的增加而单调减小,而是呈似锯齿状的分布,表明巷道开挖后,围岩内部存在分区破裂现象。

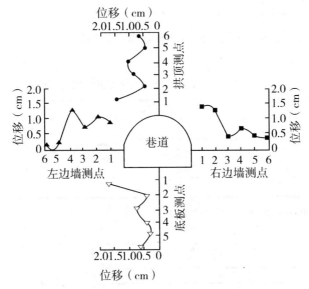

图10.8　模型试验Ⅱ–Ⅱ断面模型洞周测点位移[132]

②洞壁附近位移量大,表明该区域为破坏,最严重的传统意义上的围岩破碎区。这与试验与生产实践中,观察到的围岩洞周掉块、垮塌等破坏一致。

(3)模型各破裂区半径与宽度,如表10.10所示。

表10.10　模型各破裂区半径与宽度

数值	对比量(cm)			
	第一破裂区	第二破裂区	第三破裂区	第四破裂区
破裂区平均半径	7.0	10.1	13.9	17.3
破裂区平均宽度	3.2	0.6	0.4	0.4

定向卸压隔振爆破

(4)现场监测与模型试验结果对比

现场监测与模型试验对比如表10.11和图10.9[132]。

表10.11　模型试验结果与现场监测结果对比表

破裂区层数	现场测试结果(m)	模型试验结果(m)
第1层	0~1.7	0~1.6
第2层	2.3~3.2	2.4~2.7
第3层	4.8~5.8	4.4~4.6
第4层	6.2~6.5	6.0~6.2

注:试验破裂区范围为模型换成原型后的结果。

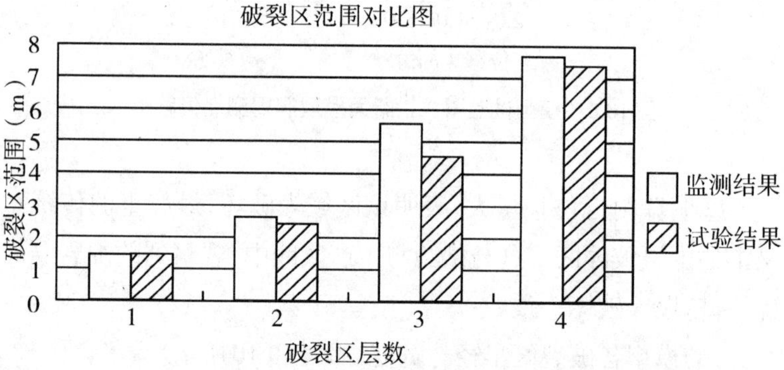

图10.9　试验与现场监沿各层破裂区范围对比柱状图

(5)结论[132]

经过现场测试与三维地质力学模型试验的结果对比分析:

①模型试验与现场测均出现四个破裂分区。破裂区的层数、半径、宽度、范围等破裂形态与工程现场通过钻孔监测连线结果基本一致。

②各破裂区是开挖洞室同心圆,而非螺旋线或滑移线,是一

种工程现象,应该引起重视,并从理论上揭示其力学本质。

③试验模型破裂区半径符合 $\sqrt{2}$ 的模数关系。该模数与围岩力学参数及地应力特征有关。

第十一章 爆破动载荷作用下岩体累积损伤效应

在岩土工程、采掘工程等施工中,对中硬或中硬以上岩体需要实行钻爆施工,无论采用何种方式,都不可避免地对轮廓面岩体造成一定程度的损伤和破坏,从而威胁工程稳定。爆破引起的围岩和保留岩体损伤问题一直是爆破和岩石力学界关心的中心问题之一。工程实践证明,岩体中存在大量随机分布的初始损伤(如节理、微裂隙、层理等)。在爆破荷载作用下,爆破近区岩体中产生新裂缝,同时由于应力波的作用,已经存在的节理、裂隙不断扩展、成核、贯通形成主裂缝导致岩石宏观力学性能的劣化乃至最终失效或破坏的一个连续损伤演化累积过程。

实际上,损伤累积导致宏观失效的过程,并不是某一次爆破作用的结果,而是多次重复爆破造成的,例如井巷(隧道)掘进循环爆破作业和矿山生产频繁,重复爆破作业等。因此,只针对某一次爆破分析岩体损伤和破坏情况,无法全面揭示爆破动荷载作用下岩体损伤和失稳的作用机理。所以,必须开展多次重复爆破作用下,岩体累积损伤效应研究[20]。

为了从细观机理上分析研究爆破损伤程度,采用岩石声波探测技术。根据惠更斯原理,声波到达结构界面时,将产生反射、散射和绕射等作用。因此,这些微裂缝和宏观断裂延长了传播路径,降低了声波速度。而且声速降低程度与裂缝数量、宽度有着密度关系。随着爆破次数的增加,裂缝不断增加、扩展、张开,使得岩体中声波速度不断降低。根据声速的变化特征,可以判别爆破对岩体的损伤情况。

第一节 模型爆破累积损伤试验

一、模型制作

水泥砂浆模型如图11.1。

1.制作模型的材料配比

水泥:砂:水=1:2.5:0.5;养护超过28天。模型规格:1 470×1 420×600m³,1 700×1 410×600m³。该模型材料的物理力学参数为:单轴抗压强度25MPa,30MPa;抗拉强度1.65MPa;弹性模量24.9GPa;泊松比0.172。

2.试验爆破参数

炮孔直径22mm,炮孔深度390mm,炮孔间隔150mm,药包直径20mm,药量2#硝铵炸药10g,炮孔排间距离210mm,台阶坡面角75°,炮孔底部抵抗线210mm。耦合装药。

定向卸压隔振爆破

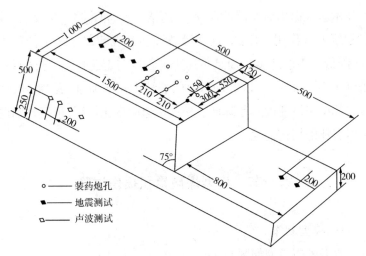

○—— 装药炮孔

◆—— 地震测试

◻—— 声波测试

图11.1 多孔多排水泥砂浆模型图

3.测试结果

测试结果如表11.1所示。

表11.1 声波测试结果

模型号	爆破顺序		第一测试剖面		第二测试剖面		第三测试剖面	
			与爆源距离（m）	声速（m/s）	与爆源距离（m）	声速（m/s）	与爆源距离（m）	声速（m/s）
12	爆前		0.8	3 923	1.0	3 923	1.20	4 011
	爆后	第一次	0.8	3 842	1.0	3 846	1.20	3 905
		第二次	0.6	3 825	0.8	3 815	1.0	3 846
		第三次	0.4	3 625	0.6	3 804	0.8	3 805
13	爆前		0.8	3 840	1.0	3 823	1.2	3 846
	爆后	第一次	0.8	3 753	1.0	3 763	1.2	3 777
		第二次	0.6	3 720	0.8	3 739	1.00	3 733
		第三次	0.4	3 612	0.6	3 698	0.80	3 712

4.测试结果分析

根据表11.1测试数据应用公式(7.2)计算声波降低率 $\eta = (C_{p0}-P)/C_{p0}$；爆破岩体损伤度 $D=1-\left(\dfrac{P}{C_{p0}}\right)^2$。计算结果见表11.2，图11.2、图11.3所示。

表11.2 爆破后岩体声速变化与损伤度

模型号	12						13					
测试剖面	第一测试剖面		第二测试剖面		第三测试剖面		第一测试剖面		第二测试剖面		第三测试剖面	
声速变化与损伤度	声波降低率(%)	损伤度	声波降低率(%)	损伤度	声波降低率(%)	损伤度	声波降低率(%)	损伤度	声波降低率(%)	损伤度	声波降低率(%)	损伤度
1	2.06	0.041	1.963	0.039	2.643	0.052	2.266	0.045	1.963	0.039	1.8	0.036
2	2.5	0.05	2.8	0.05	4.11	0.08	3.14	0.062	2.2	0.044	3.0	0.058
3	7.6	0.10	3.03	0.06	5.14	0.10	5.94	0.115	3.03	0.060	3.5	0.068

根据表11.2、图11.2、图11.3可以看出：

(1)第一次爆破、第一测线和第三测线，声波降低率的2个模型均大于2，初步认为与自由面应力波的反射有关。

(2)2个试验模型的爆破声波与最后一次爆破后的声波，声波降低接近 $\eta = 6$ 和大于6（$\eta = 7.6$），这说明损伤累积效应可能与应力波反射拉伸有关。

(3)从图11.4和图11.5看出，爆破对岩体的累积损伤很明显。

(4)总的来看爆破次数的增加，岩体声速逐渐下降，损伤度呈

定向卸压隔振爆破

现出非线性累积规律。

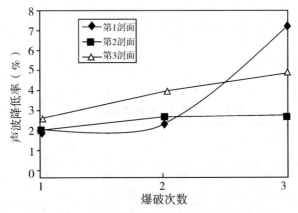

图 11.2   12# 模型声波降低率与爆破次数关系曲线

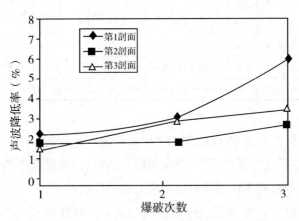

图 11.3   13# 模型声波降低率与爆破次数关系曲线

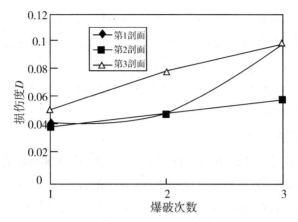

图11.4 12#模型损伤度与爆破次数关系曲线

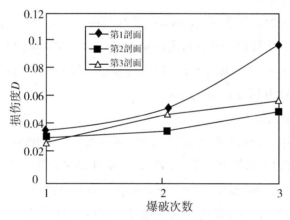

图11.5 13#模型损伤度与爆破次数关系曲线

第二节 深孔台阶爆破岩体累积损伤试验

深孔爆破声波测试在广西鱼峰水泥有限公司水牯山石灰石矿130~120m水平,岩石主要为含镁、白云石等杂质石灰岩波速

定向卸压隔振爆破

3 400~4 400m/s，裂隙较发育，台阶底部有一层厚1~2m之间较坚硬完整的岩体并自东向西倾斜。其中2m以上即8m高的台阶中上部为南北走向的节理裂隙发育 f=8~10，平台上部由于深孔爆破超深影响，厚度在2~2.5m的范围较破碎，因此，损伤制定3m或3m以上时不作为依据。

1.爆破参数

钻孔采用QZ-100K便携代潜孔钻孔，孔径90mm，孔深11~11.5m，倾斜度75°～80°，炮孔间距4m，底部抵抗线3.3~3.5m，爆破设计单排瞬时爆破，每次爆破6~8个炮孔，耦合装药个孔装药量50kg，单位炸药消耗量0.38kg/m³，堵塞长度3~3.5m。

2.测孔参数

声波测孔参数，孔径90mm，孔深12m，倾斜度85°，测孔布置在与第一次爆破炮孔排行走向垂直以远的后方10m的距离。爆破孔分3次，声波独孔测试，爆破后也相应分3次，距爆源3次的测距分别为10m、6.5m、3.5m。

3.测试仪器

采用中国科学院武汉岩土力学研究所生产的RSM—SYS智能型声波仪，技术指标为：增益-20db~-80db可自动浮点，放大或自动增益；频带宽度（1~500）Hz；幅值量值准确度±3.5%；时间量值准确度≤1.5%；系统接受灵敏度≤100 μ_v；噪声电子≤50 μ_v。通道间串扰<1/400。测试方法如图11.6所示。测试委托核工业柳州工程勘察院实施。本次测点距为0.25m，发射换能器和接受换能器间距分别为0.30m和0.50m。

4.测试结果

根据核工业柳州工程勘察院的测试报告进行整理和计算结果见表11.3、图11.7。

表11.3 声波测试结果表

孔口至孔底距（m）		1	2	3	4	5	6	7	8	9	10	11	12
爆前		3 542	3 879	3 976	3 989	4 128	3 879	4 237	3 997	40 87	3 997	3 768	
爆后	测试次数 1	2 980	3 657	3 699	3 768	3 879	3 654	3 567	3 769	3 897	3 549	3 569	
	2	–	3 089	3 167	3 467	3 645	3 216	3 188	3 325	3 213	3 211	3 326	
	3					3 015	2 768	2 865	3 076	2 897	2 789	3 968	

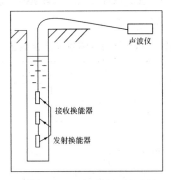

图11.6 声波测井原理图

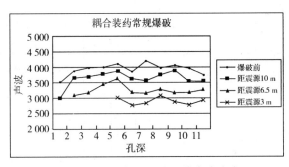

图11.7 不同爆源距孔深的声波波速

定向卸压隔振爆破

5.测试结果分析

测试结果分析见表11.4与图11.8所示。

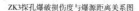

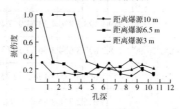

常规耦合装药爆破

图11.8 露天深孔爆破岩体累积损伤效应

表11.4 深孔爆破作用下预留岩体累积损伤效应声波测试分析表

爆破次数	距爆源的距离(m)	内容	自孔口至孔底的距离(m)											
			1	2	3	4	5	6	7	8	9	10	11	12
1	10	声波降低率 η (%)	15.87	5.80	6.97	2.985	6.032	5.8	15.813	5.75	4.649	11.21	5.28	
		损伤度 D	0.292	0.111	0.134	0.107	0.117	0.113	0.291	0.111	0.091	0.212	0.103	
2	6.5	声波降低率 η (%)		15.53	14.38	7.99	6.03	11.99	10.55	11.78	17.55	9.47	6.81	
		损伤度 D		0.287	0.267	0.153	0.117	0.225	0.201	0.222	0.32	0.181	0.132	
3	3.5	声波降低率 η (%)					26.96	28.64	32.38	23.04	29.12	30.22	21.23	
		损伤度 D					0.47	0.49	0.54	0.41	0.5	0.51	0.38	

生产现场试验虽然选择较完整岩体的工作面,仍然存在原有岩体的节理裂隙损伤和工程开挖的损伤。因此,分析时,认为爆破前测定的声波速度为爆前原岩的声速。在10m范围内基本固定的同一爆破参数和同一装药量装药结构。测试炮孔距爆源距离依据缩减。这样既可以确定φ90 mm炮孔耦合装药,爆破影响范围又可以反映台阶爆破的累积损伤。从表11.4和图11.7,图11.8可以看出:

(1)在10m距离的条件下,声波降低率2.98%~15.813%之间,显然φ90 mm不耦合装药对保留岩体的影响范围有10m之多。

(2)随着爆破次数的缩小,岩体损伤程度增大,累积损伤效应逐渐明显。

(3)爆破装药位置和装药量对岩体损伤累积规律有一定影响。装药区段范围内,岩体损伤程度最重,装药量越大,损伤程度越大,损伤距离越远。

(4)第三次爆破即测孔距爆源3.5m时,整个岩体从孔底到孔口损伤率>19。

(5)从整体结果,爆破累积损伤效应的累积过程具有非线性特点。

第三节　地下工程爆破开挖岩体累积损伤效应

地下工程大断面隧道的施工,由于特殊的受力状态和施工工艺,隧道围岩往往遭受多次频繁爆破动载荷作用,使围岩的损伤效应更加复杂和显著。

张国华[134]利用大帽山新建四车道隧道施工期间进行了围岩累积效应的声波测试工作。隧道最大开挖宽度为22m,高度13.1m,最

定向卸压隔振爆破

大开挖面积约为250m²,隧道两侧还有隧道,如图11.10所示。

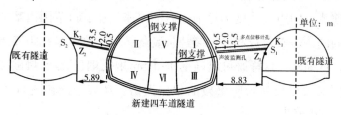

图11.10　断面ZK459+608处测点详细布置图

图中:S_1、S_2为声波测试孔;Ⅰ、Ⅲ为导洞的开挖顺序。

一、地质条件

隧道穿过的底层为强-弱风化的花岗岩和凝灰熔岩,隧道围岩从洞口向里依次为Ⅴ、Ⅳ、Ⅲ、Ⅱ级;隧道场区地质构造条件相对稳定,节理裂隙较发育,岩体较完整,块状、巨块状结构未见断层;隧道场区地下水不发育,主要为孔隙裂隙水和基岩裂隙水,富水性及导水性弱,主要接受大气降水补给,向沟后排泄。

二、测试方案

为研究推进式往复爆破动载荷作用下岩体的累积损伤效应,文献[134]根据大帽山隧道群的空间布局和双侧壁导坑法的施工特点,在隧道进口端选取监测断面,里程桩号为K459+608。如图11.10所示。所有声波监测孔均由靠近新建隧道的既有隧道拱肩处向下倾斜指向新建隧道,声波孔孔底距新建隧道的开挖轮廓线均为0.5m,孔径为50mm,声波孔S_1、S_2的实际深度依次分别为9.9m、6.6m。为了便于分析不同深度处声波波速,确定以新建隧道的开挖轮廓线为计量基准,因此,所有声波孔的底孔均在0.5m处,S_1、S_2的孔口分别在10.4m、7.1m处。

声波孔均超前于开挖掌子面10m以上提前布设,成孔后测试的声波波速作为爆前波速,影响导洞的爆破通过监测断面10m以上时,监测得到的声波波速为爆后波速。影响区域内每次爆破后均进行声波波速监测,每次检测均重复进行3次,剔除明显的异常点,取平均值作为每次爆破后的声波波速,声波波速监测每10cm采样一个,每次监测采样点的位置严格保持一致。

三、测试结果与分析

根据文献[134],Ⅰ导洞从断面ZK459+600开始到通过断面ZK459+615总计爆破9次,每次平均掘进1.67m。Ⅲ导洞总计爆破8次,每次平均掘进1.88m。左侧Ⅱ、Ⅳ导洞的单循环开挖进尺仅是右侧的一半,炮眼布置形式与Ⅰ、Ⅲ导洞相同,两者装药参数相差一半。Ⅱ号导洞从断面ZK459+600开始到通过断面ZK459+615总计爆破21次,每次平均进尺0.71m,Ⅳ导洞总计爆破18次,每次平均掘进0.83m。

1.声波波速与深度的关系

声波波速与深度的关系如表11.5和图11.10。

表11.5　声波波速与深度的关系

导洞	剖面号	开挖轮廓线△米至△米范围的声速(m/s)
Ⅰ(S₁)	I₁	爆破前:轮廓线至8.4m,且强度高;8.5m~9.2m,降至2 000m/s;9.3m~9.8m,9.3m~10.4m,无法采集有效声波
Ⅱ(S₂)		声波孔S₂的监测结果与S1的结果的变化趋势基本一致,爆前大部声速在4 000m/s以上;靠近隧洞同样存在既有隧道开挖影响的损伤圈,Ⅱ导洞爆破开挖比Ⅲ导洞爆破开挖造成围岩的累积损伤要大。

定向卸压隔振爆破

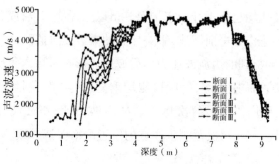

图11.10　声波波速与深度的关系

2.开挖断面对应的累积损伤变量与深度的关系

在Ⅰ导洞爆破掘进中,随着开挖掌子面逐渐接近监测断面时,爆破导致岩体损伤程度和范围都越来越大,如表11.6和图11.11。

表11.6

导洞号	某断面爆破后△米至△米内围的岩损伤度
Ⅰ	Ⅰ5断面0.5~1.8m,$D>0.2$;Ⅰ6断面爆破后损伤范围在2.8m内,损伤程度比上一次爆破大得多,1.8m以内,$D>0.8$;当开挖掌子面超前监测断面,1.7m范围内围岩采不到声波。此后的爆破过程中3.8m范围内围岩的D稳定增加,Ⅰ导洞累积损伤达到3m。
Ⅲ	岩体损伤仍有所发展,其基本规律与Ⅰ导洞相同,但较Ⅰ导洞相应断面爆破导致的损伤要小;并且,岩体累积损伤范围的增幅较Ⅰ导洞通过时小。主要是因为Ⅲ导洞爆破通过时,因Ⅰ号导洞爆破激活岩体内微型裂纹而产生。所以第二次是在Ⅲ号导洞爆破开挖通过监测断面前后,Ⅲ号导洞爆破通过监测断面的累积损伤范围从3m增加到3.8m。
Ⅱ	声波测孔S_1处围岩累积损伤范围只有一次显著扩大的过程,Ⅱ导洞累积损伤范围2.8m。以后的爆破没有造成监测断面围岩累积损伤范围扩大,即0.8m的单循环进尺,Ⅱ导洞的爆破开挖没有导致围岩累积损伤范围的进一步扩大。

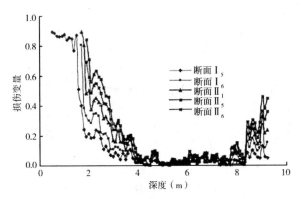

图11.11　累积损伤变量与深度的关系

3.爆破对围岩累积损伤范围同爆破次数的关系

爆破对围岩累积损伤范围与爆破次数的关系如表11.7和图11.12。

表11.7　爆破对围岩累积损伤范围与爆破次数的关系

声波监测孔	导洞	
S_1		声波监测孔S_1处围岩的累积损伤范围呈单调递增的趋势,且有两次显著扩大。
	I	第一次是在I号导洞爆破开挖通过监测断面前后,围岩的累积损伤范围达到3.0m。
	III	第二次是在III号导洞爆破开挖通过监测断面前后,III号导洞爆破通过监测断面后,围岩的累积损伤范围从3.0m增加到3.8m。
S_2	II	声波监测孔S_2处围岩的累积损伤范围只有一次显著的扩大过程。 爆破通过监测断面后,围岩的累积损伤范围扩大到2.8m。
	IV	爆破开挖没有造成监测断面围岩的累积损伤范围扩大。左侧岩墙的累积损伤范围近似为2.8m。

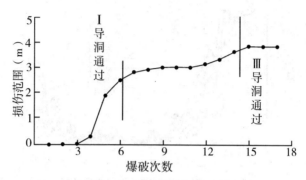

图11.12　围岩累积损伤范围与爆破次数的关系

第四节　多次爆破对岩体的累积损伤

试验表明,损伤累积导致宏观失效的过程并不是某一次爆破作用的结果,而是多次重复爆破造成的,例如矿山生产频繁重复爆破和隧道开挖掘进、循环爆破作业。单次爆破的结果表明,距离爆源7m以外的岩石可以认为没有受到爆破损伤、破坏。以 R_4 和 R_{10} 来研究多次爆破对岩石的累积损伤,列于表11.8。

表11.8　多次爆破后岩石声速测试结果

爆破次数	R_4			R_{10}		
	与爆源距 r(m)	声速 (m/s)	声速降低率 η(%)	与爆源距 r(m)	声速 (m/s)	声速降低率 η(%)
爆前	10.75	4 920		10.55	4 958	
1	10.75	4 815	2.13	10.55	4 806	3.07
2	9.02	4 678	4.92	9.12	4 762	3.95
3	7.27	4 481	8.92	7.30	4 469	9.86

续表

爆破次数	R_4			R_{10}		
	与爆源距 r(m)	声速 (m/s)	声速降低率 η(%)	与爆源距 r(m)	声速 (m/s)	声速降低率 η(%)
4	5.49	3 998	18.74	5.35	4 010	19.12
5	3.83	3 587	27.09	3.78	3 666	26.06
6	2.06	2 520	48.78	1.96	2 416	51.27

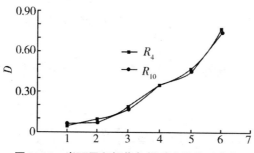

图11.13 岩石累积损伤与爆破次数关系曲线

一、爆破影响范围内的多次爆破对岩体造成累积效应的特征

图11.14是根据爆破影响范围之内多次爆破对岩体造成累积效应的特征。

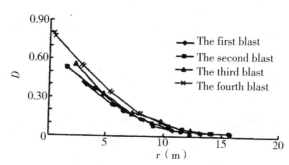

图11.14 不同爆破次数下岩石损伤与距离关系曲线

定向卸压隔振爆破

从表11.8的声速测试结果和图11.14的岩石损伤与距离关系曲线,多次爆破对岩石造成的累积特征为:

(1)在爆破影响范围(本试验测试条件为7m左右)之内,以距离爆源相同距离的岩石为研究对象,其爆破损伤度D随着爆破次数的增加而增加。说明多次爆破对岩石具有累积损伤效应。而且这种累积损伤不是简单的叠加关系。

(2)距离爆源相同距离的岩石第一次爆破后,每次爆破的累积损伤增量都小于第1次,爆破后的损伤说明第1次爆破对岩石的损伤最大。

(3)距离爆源越近,爆破冲击载荷对岩石的累积效应越明显。

二、小结

1.随着爆破次数的不断增加,岩体声波速度逐渐降低,损伤率D呈现出非线性累积规律,爆破累积损伤效应的累积过程,具有非线性特性。

2.随着与爆源距离的增大,岩体爆破损伤程度减小,累积损伤效应逐渐不明显。

3.岩体损伤范围随爆破装药位置和单孔装药量增大的趋势明显,对岩体损伤规律有一定影响。

4.装药区段范围内岩体损伤程度最严重,装药量越大,损伤程度越大。

5.爆破向下作用岩体的损伤深度要小于水平方向的损伤范围。

第五节 巷道掘进岩体累积效应实验

巷道一侧边墙进行岩体累积效应的是闫长斌博士所研究,采用YGZ—90型中深孔凿岩机施工,钻孔深度均为4.90~5.00m,钻孔孔径为ϕ60mm,共有9个测试孔和1个爆破孔,采用乳化炸药,装药量70~80g,个别120g进行10次爆破,采用一发一收的跨孔测试声波速度,现引用部分岩体损伤累积增长曲线见图11.15、图11.16所示。

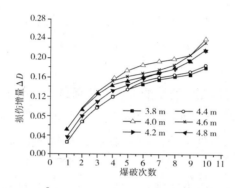

图11.15　4-5剖面损伤增量曲线图

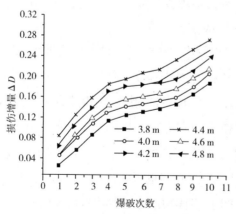

图11.16　8-9剖面损伤增量曲线图

定向卸压隔振爆破

实验研究,其结论如下:

1.岩石的损伤与应力波的强度和加载条件有关:在耦合装药情况下,以爆炸应力波的作用为主,损伤随着应变值的增加而加剧。在不耦合装药条件下,爆炸应力波和爆生气体的共同作用,爆生气体的损伤断裂机理主要体现在岩石中微裂纹的二次扩展上。

2.爆炸应力波对岩石的破坏作用主要体现在爆破近区,而在中远区主要产生损伤,如果没有爆生气体的进一步作用,这种损伤一般不会发展为破坏。

3.爆生气体在主裂纹的形成和传播过程中起了十分重要的作用,不耦合装药条件下的主裂纹扩展长度为耦合装药的2倍,为耦合无堵塞条件下的3~4倍,且裂隙发育程度高、裂纹密度大(余永强语)。

4.当爆破弱应力波已经衰减到不足以直接破碎岩体的程度时,表现为爆破地震波作用,它对中远区岩体的破坏作用是潜在的、间接的。爆破地震波的破坏效应主要可以分为损伤累积效应和扰动(诱发)破坏效应两种。

①损伤累积效应。中远区爆破弱应力波虽然不能造成完整岩石的直接破坏,但对于强度远低于岩石强度的结构面而言,完全可以造成结构的松动和滑移,使得原有裂纹扩展延伸。对于某一次爆破作业而言,这种破坏作用可能很小,而且是局部作用。然而,对于多次频繁爆破,应力波反复作用下裂纹数量和长度均不断增加,裂纹之间也可能逐渐贯通连接,形成大的主裂缝和裂缝群。此时,岩体物理力学参数劣化程度增加,完整性、承载能力和稳定性将被严重削弱。爆破地震波多次作用产生的这种

不可逆损伤叠加破坏现象,称之为损伤累积效应。②扰动(诱发)破坏效应。中远区爆破地震波尽管不能造成岩石材料的强度破坏,却对岩体工程结构的稳定性有一定影响。特别是当岩体工程结构处于极限平衡状态时,中远区爆破地震波即便作为一种较小的外界扰动荷载,都有可能导致整个工程结构的失稳破坏。例如,爆破震动作用诱发的边坡滑动、矿柱失稳、底板突水、瓦斯突出和岩爆等。中远区爆破地震波的这种扰动破坏效应有时可能是灾难性的,因此不容忽视。

5. 多次爆破作用下,中远区岩体的损伤断裂破坏机制可以归结为岩体物理力学性能损伤劣化、裂纹尖端处动、静应力集中和裂纹动态扩展(裂纹边界滑动)三种作用。三者互相影响和促进,共同导致岩体损伤断裂破坏(闫长斌语)。

6. 岩体爆破损伤疲劳裂纹扩展是一个逐步累积的复杂非线性过程。纵观疲劳损伤断裂全过程,岩体疲劳裂纹扩展可以分为初始损伤变形、细观裂纹形成、扩展和宏观裂纹形成、扩展三个阶段。与混凝土类似,岩体疲劳裂纹扩展也遵循双K准则,其疲劳裂纹扩展曲线是"倒S"形的三段式。

第四编

定向卸压隔振爆破的技术原理与效应分析

第十二章 定向卸压隔振爆破技术原理

第一节 岩石在常规装药结构条件下的破损范围

一、岩石在常规装药结构条件的计算式

炸药爆炸瞬间,产生几千摄氏度的高温和几万兆的高压,形成每秒数千米的爆炸冲击波,最靠近装药的岩石在此冲击波和高温高压爆生气体的作用下,产生很高的径向和切向压应力。如果冲击波或应力波在最大压应力大于岩石三向抗压强度则岩石处于粉碎状态,这个区域是粉碎区或塑性变形区,通常称压碎区。压碎区内冲击波衰减很快,因而压碎区的半径较小,通常约为药包半径的2~3倍或3~7倍,破坏范围虽然不大,但破碎程度大,能量消耗多,占炸药总能量的60%~80%或更多[135]。

1.文献[136]提出压碎区采用下式计算:

$$R_c = r_0 \left[\frac{\rho_c D_c^2}{4 S_c} \right]^{1/2} \tag{12.1}$$

式中: R_c 为压坏区半径; r_0 为炮孔半径; ρ_c 为炸药密度; D_c 为

炸药爆速;S_c 为岩石抗压强度。

2.文献[137]提出形成粉碎区(压碎区)的最大径向应力采用下式计算:

$$\sigma_{r\,max} \geqslant [\sigma_c] = (3.5 \sim 11)[\sigma_0] \qquad (12.2)$$

式中:$[\sigma_c]$ 为岩石的三向抗压强度;$[\sigma_0]$ 为岩石的单向抗压强度;$\sigma_{r\,max}$ 为冲击波或应力波的最大径向应力。

3.有关试验表明:离爆炸中心 $3r_0$ 至 $20r_0$ 的这一区域是初始裂缝区形成区,这是由于随着冲击波能量的急剧消耗,压碎区外,冲击波衰变为压缩应力波,并继续在岩石中沿径向传播。当应力波的径向压应力值低于岩石的抗压强度时,岩石不会被压坏,但仍能引起岩石质点的径向位移。由于岩石受到径向压应力的同时在切线方向上受到拉应力,而岩石是脆性介质,其抗拉强度很低。因此,当切向拉应力值大于岩石的抗拉强度时,岩石即被拉断,由此产生了与压碎区相通的径向裂隙。继应力波之后,充满爆腔的高压爆生气体,以准静压力的形式作用在空腔壁上和冲入由应力波形成的径向裂隙中,在爆生气体的膨胀、挤压及气楔作用下径向裂隙继续扩展和延伸。裂隙尖端处气体压力造成的应力集中也起到了加速裂隙扩展的作用。这个裂隙区可用下式进行计算[136]。

$$R_t = r_0 \left[\frac{\rho_c D_c^2}{4S} \right]^{1/a} \qquad (12.3)$$

式中:S_t 为岩石的抗拉强度;a 为常数,对于大多数岩石近似取 $a = 1.5$。

二、以页岩为例,计算冲击波的传播距离

已知页岩的密度 $\rho_0 = 1.34$ g/cm³,声速 $C_0 = 1\,800$m/s,泊松比

μ=0.2;炸药的密度　　　　g/cm³,爆速D=3 600m/s,计算页岩内冲击波的初始参数[137]。

①计算页岩中的压力透射系数

$$K'=\frac{2\rho_0 C_0}{\rho_0 C_0+\rho_e D}=\frac{2\times 1.34\times 1800}{1.34\times 1800+1\times 3600}=0.8$$

②炸药的爆压

$$P_H=\frac{1}{4}\rho_e D^2=\frac{1}{4}\times 1\times(3600)^2\times 10^3=3240(\text{MPa})$$

③冲击波入射压力

$$P_1=K'P_H=0.8\times 3240=2592(\text{MPa})$$

$$B=\frac{\rho_0 C_0^2}{4}=\frac{1.34\times(1800)^2\times 10^3}{4}$$

$$=1085.4(\text{MPa})$$

④压缩比为

$$\bar{\rho}=\frac{P_1}{B}+1=\frac{2592}{1085.4}+1=3.4$$

$$\bar{\rho}=1.356$$

$$u_{1y}=\left(1-\frac{1}{\rho}\right)D_{cy}=\left(1-\frac{1}{1.356}\right)D_{cy}$$

$$=0.26D_{cy}$$

$$P_1=\rho_0 D_{cy}u_{1y}=0.26\rho_0 D_{cy}^2$$

⑤岩体内冲击波速度

$$D_{cy}=\left(\frac{P_1}{0.26\rho_0}\right)^{\frac{1}{2}}=\left(\frac{2592\times 10^6}{0.26\times 1.34\times 10^3}\right)^{\frac{1}{2}}$$

$$=2728(\text{m/s})$$

$$u_{1y}=0.26D_{cy}=0.26\times 2728=709.3(\text{m/s})$$

由于$D_{cy}>C_0$,则该波是冲击波,冲击波衰减成为应力波时的应力时：

$$P = 0.26 D_{cy}^2 \rho_0 = 0.26 \times (1800)^2 \times 1.34 \times 10^3$$

$$= 1128.7 (\text{MPa})$$

⑥根据弹性力学理论

$$P = \frac{P_1}{\bar{r}^2 + \dfrac{2\mu}{(1-\mu) K_2}}$$

所以：$\bar{r}^2 + \dfrac{2\mu}{(1-\mu) K_2} = \dfrac{P_1}{P}$

$$\bar{r}^2 + \frac{2 \times 0.2}{(1-0.2) \times 0.9} = \frac{2592}{1128.7}$$

$\bar{r} = 1.38$，即 $r = 1.38 r_0$

冲击波传播到 $1.38 r_0$ 处衰减为应力波。如果炮孔直径为 42mm，冲击波传播的距离为 $1.38 \times 21 = 28.98$mm，同样条件下炮孔直径为 100mm，冲击波的传播距离可能达到 69mm。

第二节　炮孔爆破采用不耦合装药冲击波的作用范围

一、采用不耦合装药在炮孔内形成的空气冲击波初始速度 D_c 等于爆生气体的膨胀初始速度 μ_1，即 $\mu_1 = D_c$

$$D_c = \mu_1 = \frac{2K}{K^2 - 1} = D = \frac{2 \times 1.4}{1.4^2 - 1} \times 3200 = 9331 (\text{m/s})$$

1.空气冲击波传播到孔壁处的速度：

$$D_c^1 = \frac{D_c}{\left(\dfrac{r}{r_0}\right)^{1.5}} = \frac{9331}{\left(\dfrac{0.021}{0.013}\right)^{1.5}} = 4545 (\text{m/s})$$

2.空气冲击波的入射压为：

$$P_i = \frac{2}{K+1} \rho_0 \, D_c^2 = \frac{2 \times 4545^2 \times 1.12 \times 10^{-3} \times 10^3}{(1.4+1)} = 21.52\,(\text{MPa})$$

3.孔壁上的压力为：

压力增大系数 $\eta = 13$，孔壁上的压力为：

$$P_1 = \eta \, P_i = 13 \times 21.52 = 279.76\,(\text{MPa})$$

4.压缩比为：

$$\overline{\rho}^4 = \frac{P_1}{B} - 1 = \frac{279.76}{1085.4} + 1 = 1.258$$

$$\overline{\rho} = 1.059$$

二、岩石内的质点移动速度

1.岩石内冲击波阵面上的质点移动速度

$$\mu_{1y} = \left(1 - \frac{1}{\rho}\right) D_{cy} = \left(1 - \frac{1}{1.059}\right) \times D_{cy} = 0.056 D_{cy}$$

2.岩体内冲击波的速度

$$D_{cy} = \sqrt{\frac{279.76 \times 10^6}{0.056 \times 1.34 \times 10^3}} = 1930\,(\text{m/s})$$

由于岩体内的冲击波 1 930m/s，大于岩体内的声速 1 800m/s，因此，不耦合系数 $\left(\dfrac{42}{26} = 1.62\right)$，炮孔壁仍然受冲击波的破坏和损伤。因此，不耦合系数应取更大的系数值。

三、冲击波的作用范围

由于 $D_{cy} > C_0$ 则该波为冲击波，冲击波衰减为应力波的应力为：

$$P = 0.056 = D_{cy}^2 \rho_0 = 0.056(1800)^2 \times 1.34 \times 10^3 = 243\,(\text{MPa})$$

定向卸压隔振爆破

因 $P = \dfrac{P_1}{\bar{r}^2 + \dfrac{2v}{(1-v)\,K_2}}$ ，所以 $\bar{r}^2 + \dfrac{2v}{(1-v)\,K_2} = \dfrac{P_1}{P}$

$$\bar{r}^2 + \frac{2 \times 0.2}{(1-0.2)\,K_2} = \frac{279.76}{243}$$

$$\bar{r} = 1.057 \qquad r = 1.057 r_0$$

冲击波传播到 $1.051r_0$ 处衰减为应力波，当炮孔直径 42mm，冲击波传播距离为 $1.057r_0$。即 $1.057 \times 21 = 22.2$mm，以远衰减为应力波。应力波虽不能使岩石破碎，但能使岩石产生径向裂隙。所以现有的控制爆破使保留岩体和围岩都产生不同程度的破坏和损伤。

第三节　爆炸应力波碰到障碍物的反射和入射

定向卸压隔振爆破，就是控制爆炸波的自由传播规律，按要求的那样破碎岩石和保护不需要破碎的那部分岩石，因此，要特别了解爆炸波的反射和入射传播的规律。

一、爆炸应力波的反射

爆炸冲击波应力波在传播过程中遇到障碍物时发生反射。反射有正反射和斜反射两种，这里只讨论正反射现象。反射应力波和透射应力波的大小是交界面每一侧岩石波阻抗的函数。当两种岩石的波阻抗相同时，即 $\rho_1 C_{p1} = \rho_2 C_{p2}$，则 $\sigma_r = 0$ 和 $\sigma_t = \sigma_i$。说明入射应力波全部通过交界面，没有波的反射；如果 $\rho_2 C_{p2} < \rho_1 C_{p1}$ 时，也没有波的反射。上述两种情况都不会引起岩石的拉伸破坏。

如果$\rho_1 C_{p1} < \rho_2 C_{p2}$，则既会有透射的压缩波，也会有反射的拉伸波；当$\rho_2 C_{p2} = 0$时（即应力波传到自由面时），$\sigma_t = 0, \sigma_r = -\sigma$这时入射波全部反射为拉伸波。由于岩石的抗拉强度小，所以以上两种情况都能引起岩石的破坏，特别是后一种情况[138]。

二、入射波碰到障碍物表面的传播规律[137]

冲击波在传播过程中遇到障碍物时发生反射。反射有正反射和斜反射两种。这里只讨论正反射现象。

如图12.1所示，冲击波以D_c的速度向障碍物入射波面前面的介质分别为P_0、ρ_0、u_0、E_0。波后面的介质参数分别为P_1、ρ_1、u_1、E_1，则有：

$$D_c - u_0 = V_0 \sqrt{\frac{P_1 - P_0}{V_0 - V_1}} \tag{12.4}$$

$$u_1 - u_0 = \sqrt{(P_1 - P_0)(V_0 - V_1)} \tag{12.5}$$

$$\frac{\rho_0}{\rho_1} = \frac{V_1}{V_0} = \frac{(K-1)P_1 + (K+1)P_0}{(K+1)P_1 + (K-1)P_0} \tag{12.6}$$

当入射波碰到障碍物表面时，假设障碍物刚性不变形，入射波受到阻挡，质点速度由μ_1到零。在此瞬间，壁面处的气体被压紧，密度由ρ_1增大为ρ_2，压力由P_1增大为P_2，内能由E_1提高为E_2，反射波在受入射波扰动的介质中传播，它传过后的参数为：

$$D'_c - \mu_1 = -V_0 \sqrt{\frac{P_2 - P_1}{V_1 - V_2}} \tag{12.7}$$

$$\mu_2 - \mu_1 = -\sqrt{(P_2 - P_1)(V_1 - V_2)} \tag{12.8}$$

对于中等强度以下的空气冲击波，可以近似地取$K_1 = K_0 = K$，K

定向卸压隔振爆破

是绝热指数。$K_1 = C_p / C_v$（C_p是定压比热；C_v是定容比热）。$K = 1.2 \sim 1.4$[137]。

$$\frac{\rho_1}{\rho_2} = \frac{V_1}{V_2} = \frac{(K-1)P_2 + (K+1)P_1}{(K+1)P_2 + (K-1)P_1} \tag{12.9}$$

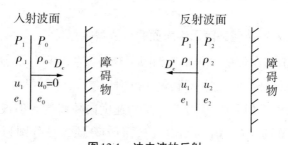

图12.1　冲击波的反射

由于$\mu_0 = 0$，而且根据壁面不变形的条件可知$\mu_2 = 0$，则有：

$$\sqrt{(P_1 - P_0)(V_0 - V_1)} = -\sqrt{(P_2 - P_1)(V_1 - V_2)}$$

把(12.6)式代入上式：

$$\frac{P_2}{P_1} = \frac{(K-1)P_1 - (K-1)P_0}{(K-1)P_1 - (K+1)P_0}$$

由于$P_1 >> P_0$，P_0可忽略，上式成为：

$$\frac{P_2}{P_1} = \frac{3K-1}{K-1} \tag{12.10}$$

(12.10)式是反射波波面压力P_2与入射波的波面压力P_1之间的关系式。对于理想气体，$K = 1.4$，则$P_2/P_1 = 80$，实际上，空气受到较强的冲击作用时，其绝热指数$K > 1.4$，P_2往往大于$8P_1$。可见，波的反射可以加强对目标物的破坏作用。

将(12.10)式代入(12.6)式内，并忽略P_0，则得：

$$\frac{\rho_2}{\rho_1} = \frac{K}{K-1} \tag{12.11}$$

取 $K=1.4$，则 $\rho_2 = 3.5\rho_1$，由式 $\left(\dfrac{V_0 - V_1}{V_0} = \dfrac{1}{K+1}\ \text{或}\ \dfrac{\rho_1}{\rho_0} = \dfrac{K+1}{K-1}\right)$ 式

知 $\rho_1 = 6\rho_0$，则 $\rho_2 = 21\rho_0$，说明反射瞬间的气体密度为未扰动空气

密度的 21 倍[137]，可见反射瞬间气体密度急剧增加。

由以上分析，采用 U 型隔振材料阻隔爆轰冲击波对孔壁一侧

促使保留岩体和围岩免受破损。

第十三章　定向卸压隔振爆破
　　　　作用机理与卸压隔振效应

第一节　定向卸压隔振爆破作用机制

岩石爆破时,爆轰产物直接冲击隔振材料内壁和炮孔底部空气间隔。由于隔振护壁材料密度大于爆轰波阵面上爆炸产物的密度,且固体介质的压缩性一般小于爆轰产物的压缩性,故作用于材料壁上的冲击波,除产生瞬时投射波外,还有向爆炸中心发射的压缩波。透射波经材料壁的阻隔和材料壁与孔壁之间的环形空气衰减后,能量大大降低。同时,材料本身也产生变形与位移,吸收部分能量,从而大大降低了冲击波对孔壁介质的损伤破坏作用,因此能达到保护孔壁介质免受或少受爆破冲击压缩的损伤影响的目的。相反,隔振护壁面方向的材料有反射和聚能的作用,两端还能产生端部效应,更有利于临空面方向的爆破作用。

孔底空气间隔能大大降低由冲击压缩传给岩石的冲量,无疑削弱了冲击压缩波对孔底岩石的破损作用,避免了岩石粉碎区的产生,缩小了损伤范围,同时,炮孔底部空气间隔使得脉冲压力作用时间增长2~5倍,爆破脉冲冲量增大,对岩体的破碎效果有利,增加底部破裂范围有效的削除炮孔底部根底。

而临空面方向由于没有这些条件,不存在任何阻力作用,该方向上的孔壁介质直接受到爆炸产物(包括护壁面一侧反射的爆炸产物和孔底间隔瞬时储存的脉冲冲量)的冲击,其冲量密度大于被爆介质的临界冲量密度,必然导致隔振材料的两个侧端处即预定开裂方向形成一个很大的应力差。这个应力差值起到一个拉伸作用,在开裂方向首先形成较长、较宽的裂纹,从而实现在开裂方向形成光滑开裂面的目的。

一、卸压隔振爆破力学分析

1.临空面方向的爆破作用

设炮孔和药包中心不耦合装药,隔振材料与孔壁介质泊松比相同。

(1)应力波作用:临空面方向由于无隔振材料,爆破冲击波和爆生气体直接作用于孔壁,类似于普通光面爆破。孔壁岩体受到较大的切向拉应力波峰值和径向压应力波峰值[139]:

$$\sigma_{\theta\max} = b\sigma_{r\max} \approx \sigma_r \qquad (13.1)$$

式中,$\sigma_{\theta\max}$为切向拉应力峰值;b为与介质泊松比和应力波传播距离有关的系数,孔壁处取$b=1$;$\sigma_{r\max}$为径向压力波峰值;σ_r为普通光面爆破作用于孔壁的初始径向应力峰值。

(2)爆炸气体作用:孔壁受到的准静态应力:

$$\sigma_r(\theta)=P_p \qquad (13.2)$$

式中,P_p为普通光面爆破作用于孔壁,易产生"气楔"作用,增加爆破损伤程度。

定向卸压隔振爆破

2.隔振护壁面方向的爆破作用

假设岩石和隔振护壁面材料泊松比相同,根据弹性力学厚壁筒理论,隔振面方向护壁初始拉应力峰值和准静态应力可按下式计算:

$$\sigma_{\theta \max} = P_2 \left[r_b \Big/ r_b + n\delta \right]^{2 - \frac{u}{1-u}}, \sigma_{r(\theta)} = \mp P_p r_b^2 \Big/ (r_b + n\delta)^2 \quad (13.3)$$

式中,r_b为隔振材料半径;n为隔振材料层数;δ为隔振材料厚度;u为隔振材料或岩石的泊松比。

由此可见,隔振材料同样可起到防止爆炸气体"揳入"孔壁岩体的作用。临空面方向孔壁岩体在较高的应力峰值和高温高压的爆轰气体"气楔"作用下容易破坏,而隔振护壁面方向孔壁岩体受到保护。同时,由式(13.3)可以看出,隔振材料层数越多,孔壁切向拉力应力峰值和孔壁准静态应力越小。

当安装有多层隔振护壁材料时,应力波通过隔振材料之间以及隔振材料和孔壁之间的多次反射作用,受到更大的衰减作用,对孔壁随机裂纹起到更有效的抑制作用。同时,内层材料对外层材料具有瞬时保护作用,避免外层材料受到爆轰气体的直接破坏作用,隔振护壁效果得到改善。

(1)隔振护壁材料凹面沟槽效应的聚能作用。

所谓隔振材料凹面的聚能作用,是指在隔振护壁材料凹面的爆炸沟槽效应,由于材料的约束、导向作用下,使爆轰产物和波传能量部分集于一个方向,即炸药部分沿凹陷走向爆轰传播的方向这样一种效应称沟槽效应。

关于凹面沟槽效应的物理实质,由于缺乏试验研究,特别是定量测定。因此,目前还难以在理论上解释清楚。尽管如此,我们仍可以认为:由于爆轰产物沿装药表面法线方向飞散,在凹陷轴线上形成了能量集中的产物聚流(图13.1)偏向于无隔振材料的自由面方向,凹面壁的沟槽效应,则是爆轰产物通过凹壁面的折、反射在自由面孔壁一侧汇集能量高度集中的产物流。冲击自由面一侧的孔壁爆破岩体,如图13.1所示。图13.2为钢管试验,试验采用 $\phi90\ mm$ 的无缝钢管作模拟炮眼的模型,采用U型材料的壁厚2.5mm凹面作为隔振护壁材料,炸药量 $15\sim20g$ 的2号岩石炸药和瞬发电雷管三次爆破结果如图13.2所示。证明隔振护壁材料作用机理。

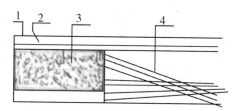

1-炮孔壁;2-隔振护壁材料;3-炸药;4-聚能集中效应

图13.1 隔振护壁材料凹面沟槽效应

图13.2 隔振护壁爆破模型试验结果

定向卸压隔振爆破

根据爆炸结果,可以看出单层隔振材料也是能起到护壁作用。

上述作用及其原动力——炸药作用(爆炸产物的膨胀,爆炸冲击波的传播)在隔振材料凹面沟槽效应的作用下复合成聚能效应,有利用自由面方面岩体的破碎。

(2)隔振护壁材料凹面存在超前压缩波及高能聚能流。

为了证明上述隔振材料凹面的作用,按照文献[66]根据国外资料进行了如图13.3所示的管内装药爆炸试验。试验是用聚氯乙烯管内装药悬吊于用三块铝板搭成的立体坐标中心,爆炸后,在三块铝靶板上分别留下爆炸侧向和轴向的爆痕(图13.4)。试验结果发现,在聚氯乙烯管内装药爆炸时,爆炸产物受横向聚氯乙烯飞散物的强烈限制,不能向飞散物的前方流散,而是沿着爆炸轴向传播方向激烈喷出,并且携带有飞散物的部分微粒子群。在底部铝靶板上留下园环形裂痕(图13.4)。

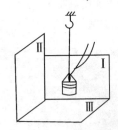
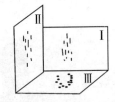

图13.3　管内装药爆炸实验　　图13.4　管内装药爆炸留在铝靶板上的爆痕

这一试验也形象地反映了隔振材料凹面壁也有约束、导向和聚能作用,从试验不难看出:

①侧向铝靶板上的纤维状爆痕。证明管壁侧向飞散物的形状是沿轴向呈长条状的(在地面作管内装药爆长试验时,无论钢

管还是塑料管,其爆破碎片也都是长条状的管道的约束主要是管壁及其纤维状飞散的约束)在一定条件下,这种约束作用的存在,是与管壁强度无关的,而作用的大小则与管壁强度有关。显然,质量强度大的管壁,其约束作用也大。

②强度不很大的管壁如塑料管,在管壁及其飞散物的约束下,也产生导向作用和聚能作用。底部铝靶板上的圆环状爆痕正是这种导向和沟槽效应的聚能作用。由于爆炸冲击波受管壁及其侧向飞散物的强烈限制,而只能沿轴向爆炸传播方向激烈喷出,形成带有高温炽热固体微粒的高能(高温、高压、高速)气体射流。

从以上分析不难看出,管内装药爆炸时,在管道中确实存在着超前的压缩波,它是爆炸冲击波在管道作用下沿管腔(间隙)介质传播的复合冲击波(如管腔中的介质是空气,则该冲击波是空气冲击波),其运行往往携带有炽热的固体微粒。固体微粒来自爆生产物活化部分以及管壁和药包外皮的飞散物。从山东矿院爆破研究室对管内装药爆炸的高速扫描摄影(图13.5)可明显看到这种超前波的复合冲击波和含有炽热固体微粒的高能气体聚流。图中的光束a。

其发光原因是冲击波对气体介质的电离(1)和带有炽热固体微粉状玉琢的高能气体聚流本身的发光。根据切普列尔方法对混合气体(CH_4+2O_2)燃烧形成压缩波的直接摄影。也证实了压缩波确实呈明亮线条(2)(图13.6)。

图 13-5　管内装药爆炸的高速扫描摄影

a—超前强烈发光波

b—滞后爆轰波微弱发光影像

O_1—熄爆开始点

O_2—完全熄爆点

图 13.6　在燃烧的混合气体(CH_4+2O_2)中产生的压缩波

二、炮孔底部间隔装药的爆破作用机理

关于炮孔底部空气间隔装药结构爆破机理,目前还在探讨中。但降低冲击压力峰值缩减爆破粉碎区域延长了爆破作用时间,提高了能量利用率,加强了底部破碎范围,改善了底部的破碎质量,达到定向卸压和降低爆破震动的目的,这些优点是肯定的。

1.炮孔底部间隔装药爆炸初始压力

炮孔底部间隔装药时,爆炸初始压力按公式[140]（13.4）计算:

$$P_{m(\phi=A)} = 1/2(K+1) \cdot [1/(1+A)] \rho_0 D^2 \tag{13.4}$$

炮孔底部间隔装药时,底部爆破作用时间按公式(13.5)计算:

$$t_{\phi=0} = 2(K+1)(1+A)I/\rho_0 D^2 \tag{13.5}$$

式中,P_m为炸药爆炸脉冲初始压力;$\phi=L_a/L_0$,L_a为底部空气间隔长度;L_0为装药长度;A为大于0的空气间隔长度值;K为爆轰产物等熵系数,$K=3$;ρ_0为炸药密度;D为炸药爆速;I为爆破冲量。冲量是冲击波(应力波)压缩相传给岩石的冲量,也是衡量冲击波破坏作用的主要参数。冲量破岩原理:当爆破脉冲压力一定时,作用时间愈长,爆破脉冲量愈大,对矿岩的破碎越有利[142],如图13.7所示。

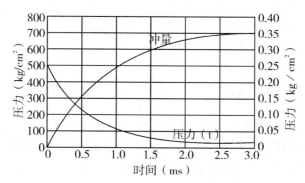

图13.7　冲击波传播时冲量的增长

由式(13.4)、式(13.5)可知,$P_{m(\phi=A)} < P_{m(\phi=0)}$,$t_{(\phi=A)} > t_{(\phi=0)}$。即底部间隔装药爆破降低了爆炸脉冲初始压力,延长了爆炸产物在介质内部作用时间达2~5倍[75]。

2.爆破冲量与作用时间的关系

爆破冲量与作用时间的关系[141]如公式(13.6)所示。

$$I_t = \int_0^t P_m(t)\, \mathrm{d}t \tag{13.6}$$

式中符号与前面一致。

由此可见,空气间隔装药可降低爆炸脉冲初始压力,如图 13.7,延长爆炸作用时间:可以通过改变 ϕ 值来调整脉冲初始压力和爆破作用时间,从而增加冲量密度,达到改善爆破效果的目的。

Melnikou[75]指出,空气间隔的存在,提供产生二次和后续系列加载波的途径。定向卸压隔爆破试验目的的研究、分析,这种爆破在卸压、隔振、临空等炮孔不同爆破方向的应力、应变,应力强度因子、应力波传播规律,揭示其机理、理论。

3.空气隔层爆破技术的机理分析[139]

根据 K.K.安德列耶夫和 A.别辽耶夫的研究成果,爆破产物碰撞岩壁后,压力增大 $n(8\sim11)$ 倍,因此,采用空气隔层装药时,作用在岩壁上的冲击压力 P 可由下式求出:

$$P = \frac{1}{8}\rho_0 D_1^2 \left(\frac{V_y}{V_s}\right)^3 n \tag{13.7}$$

从式 13.7 可以看出,在岩壁上产生的冲击压力与装药体积 V_y 和药室容积 V_s 的比值有关,由此可以推断,该冲击力也必然与装药体积与药室容积的比例 V_y / V_s 有关。为此,张凤元[148]给出:当耦合装药与空气隔层装药产生的冲击压力相等时,空气隔层所占药室空间比例可通过以下公式求出:

$$K = \frac{V_s - V_y}{V_s} = 1 - \sqrt[3]{\frac{4\rho_m D_p}{n(\rho_m D_p + \rho_0 D_1)}} \tag{13.8}$$

式中:V_y——装药体积;

V_s——药室容积;

ρ_m——岩石密度,g/cm³;

ρ_0——炸药密度,g/cm^3;

D_1——炸药爆速,m/s;

D_p——压力波在岩石中的传播速度,m/s。

模型试验统计资料表明:空气隔层占药室量的30%~44%,爆破效果最佳,与耦合装药相比,其装药量可减少20%~40%;当$K>44\%$时,大块率明显增加。

第二节 定向卸压隔振爆破装药方法的选择与实验

1950年以后在我国的矿山生产中开始采用空气间隔装药。20世纪50年代中后期新疆可可托海矿务局研制成功的微差起爆器,具备了分段间隔装药技术。同时,在地下矿山深孔爆破掘进天井以及在地下回采中也采用分段间隔装药结构。20世纪80年代,本钢矿山进行了炮孔底部间隔装药的爆破试验研究,随后该项技术在许多矿山得到应用并取得了较好的技术经济效益。

国内外研究资料表明,对空气间隔装药爆破技术的研究,目前总体上仍停留在试验和半试验阶段,既未形成一套完整的理论,也没有较系统的和相对完善的实践资料。国内应用和试验情况[144]。

一、炮孔耦合装药与不耦合装药的基本特点

炮孔采用连续耦合装药时,药包的表面与炮孔孔壁岩石直接接触,使炸药爆轰产生的压缩应力波和爆轰气体压力在孔壁岩石周围形成压碎区。压碎区的岩石不仅产生严重的粉碎性破坏,还产生较多能量使压碎区的温度骤然升高。尽管目前对压碎区岩石的破碎与其所消耗的能量之间的定量关系尚不清楚,但普遍认

定向卸压隔振爆破

为压碎区的形成具有经济上的不合理性[143]。

炮孔间隔装药分为底、中部和分段空气间隔装药,其共同的特点是通过改变药包与炮孔孔壁的接触关系来降低压缩应力波和爆轰气体作用在孔壁的初始压力,延长压力作用时间,使炮孔周围不产生压碎区或压碎区明显减小,从而提高炸药能量的利用率,提高破碎质量。炮孔连续装药与间隔装药条件下孔壁压力与作用时间的关系,如图13.8所示。

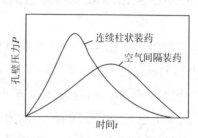

图13.8　孔壁压力与作用时间关系

炮孔径向不耦合装药与耦合装药条件下孔壁压力与作用时间的关系,如图13.9[145]所示。不同装药结构的比冲量沿炮孔全长的分布如图13.10所示。

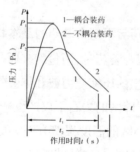

图13.9　不耦合装药压力—时间曲线

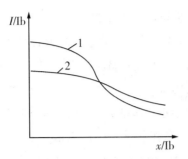

1—连续装药　2—空气柱间隔装药

图13.10　不同装药结构的比冲量沿炮眼全长的分布

二、耦合连续装药与径向不耦合装药的铅铸试验

作者采用铅柱重约80kg(φ200mm×200mm),铅柱中心钻一直径为φ24mm,深120mm的炮孔,然后按照相应的装药要求装上2号岩石炸药,用8号雷管起爆。起爆后,测量炮孔的形状和相关参数和,其中炮孔爆后扩大的体积用水度量。即将水注满炮孔,然后将水倒出炮孔称量。试验结果见表13.1所示。

表13.1　铅柱的介质试验结果

药包与孔底间隙（mm）	药包直径(mm)	药包长度(mm)	爆后孔深(mm)	最大直径(mm)	扩大体积(mm)	起爆方法	径向不耦合	轴向空气层比例
0	23.5	23	145	78	330	电雷管	0	0
10	23.5	23	142	65	320	电雷管	0	0.43
0	15	42	142	65	285	电雷管	1.6	0
10	15	42	139	60	277	电雷管	1.6	0.24
0	15	24	143	73	285	导爆索	1.6	0
10	15	22	142	61	277	导爆索	1.6	0.42

定向卸压隔振爆破

根据试验结果得出如下结论：

（1）耦合连续装药比不耦合装药爆破体扩大3%，深度大2%。

（2）径向耦合与轴向不耦合相比，径向不耦合体积大2.89%，深度大0.57%~2.10%；

（3）试验中径向不耦系数均为1.6，轴向空气层比例0.24和0.42时。起爆后炮孔扩大均为277mm，最大直径为60mm和61mm，爆后孔深为139mm和142mm，所以可以认为轴向间层比例0.24~0.42效果基本相同。

三、空气间隔装药间隔位置的选取与试验

空气间隔装药的位置，大致分为顶部、中部和底部间隔位置三种。此项新技术目前还停留在试验及推理的阶段，缺乏理论上严密的推导论证。尽管如此，试验和实践证明，与常规耦合装药相比，间隔装药具有较好的爆破效果，有效节约穿爆成本，提高铲装效率，降低爆破震动。

1.不同间隔位置与块度试验

20世纪90年代有学者对空气间隔设置位置和不耦合装药与破碎效果进行了系统地比较研究[149]，试验结果见图13.11。

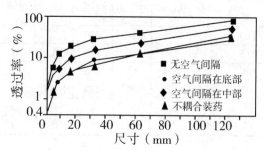

图13.11　不同间隙位置对破碎块度的影响

南芬铁矿深孔爆破间隔装药效果试验[150]。

南芬露天铁矿在深孔爆破中,进行了底部空气间隔和中间间隔装药结构试验,均要用BJQ气体间隔器。

2.中部空气间隔装药

炮孔中部采用空气间隔装药结构,如图13.11所示。在炮孔下部先装入总药量60%~70%的炸药,然后将长度为1.5~2.0m的空气间隔器放入底部药柱上方。再将剩余40%~30%的炸药量装入孔内,最后用岩粉堵塞炮孔。孔内上部和下部的两处炸药内各放一发起爆弹起爆,且用同段导爆管雷管引爆。

3.底部空气间隔装药法

炮孔底部空气间隔装药结构,即是在炮孔下部超深部分放入空气间隔器以形成一个空气垫层,其上装入炸药,并用两发起爆弹起爆,每发起爆弹均用一发非电导爆管引起,最后用岩粉堵塞炮孔。

爆破效果及经济效益比较。

中部空气间隔装药和底部空气间隔装药爆破试验的主要材料消耗及费用见表13.2。

底部间隔装药结构可提高爆破能量的利用率,增加破碎范围,改善破岩质量,可实现小超深(或无超深)爆破。从经济角度分析,底部空气间隔装药节省费用,与中部空气间隔装药结构相比,底部装药结构是最佳的。从施工角度分析,炮孔底部装药结构比炮孔中部装药结构的炮孔内部布置、起爆系统简单,有利于机械化装药,且爆破费用低。所以,无论从爆破效果与炸药单耗方面,还是从经济方面考虑,底部间隔装药都是最优的。

定向卸压隔振爆破

表13.2　两种装药结构爆破结构结果

装药结构	爆破量 (万t)	爆破孔数 (个)	炸药单耗 (kg.t⁻¹)	比原设计节省炸药		比原设计多用间隔器			比原设计节省费用 (元)	千吨矿岩节省费用 (元.t⁻¹)
				重量 (kg)	价值 (元)	间隔器(个)		价值 (元)		
						45R	60R			
中部空气间隔装药结构	66.2	375	0.28	11 350	28 375	47	155	13 158	15 217	22.9
底部空气间隔装药结构	74.9	390	0.26	13 890	34 725	71	125	12 564	22 161	29.6

四、轴向不耦合装药结构三种方法的工业试验

1988~1989年,鞍钢矿山公司各露天矿山为改善爆破质量,与东北工学院、鞍山钢铁学院合作,对装药结构进行了实验室试验、工业小台阶模拟试验,然后转入大规模工业试验。该公司所属7个露天矿共有19 190个钻孔,采用间隔装药共节省炸药409t。基于相同的矿岩条件,采用3种不同的装药结构进行了试验。其结果见表13.3。

试验结果表明[151]:

(1)爆堆形状规整,前、后冲距离小,尤其是底部空气间隔前冲距离只有12m左右,比连续柱状装药小6~7m;

(2)无根底,块度较均匀,大块率下降40%~50%,一般大块率不大于3%;

(3)炸药单耗降低20%左右;

(4)操作简单、方便、安全、可靠。

随后,各露天矿山在生产爆破中普遍地采用底部空气间隔装药结构,明显地改善了爆破质量,节省了炸药,降低了爆破成本。

表13.3　3种装药结构工业试验

装药结构	爆破量（万t）	炸药单耗（kg·t⁻¹）		多用间隔器		多用起爆材料费		比原设计省费用（元）	每千吨矿石节省费用（元）
		原设计	试验、实际	数量（个）	价值（元）	起爆弹雷管	价值（元）		
分段空气间隔	60.5	0.225	0.182	650	9 750	650	3 250	3 978	6.58
中部空气间隔	30.6	0.229	0.186	330	4 950	0	0	3 669.6	11.96
底部空气间隔	29.29	0.206	0.160	304	4 960	0	0	3 924.7	13.40

五、轴向不耦合系数试验

1.轴向不耦合应力峰值与不耦合系数的试验

北京矿冶研究总院程跃达等用水泥砂浆试块进行炮孔底部空气间隔器,实现轴向空气介质的不耦合装药试验,试验结果见图13.12所示[146]。

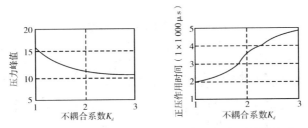

图13.12　应力峰值、正压作用时间与不耦合系数的关系

利用轴向空气间隔不耦合装药可在一定程度降低应力（应

定向卸压隔振爆破

变)峰值。即炸药爆炸空气间隔起了缓冲作用,降低了作用于炮孔岩壁上的冲击压力峰值(或称爆轰脉冲初始压力)。而应力波在岩体中衰减传播正是爆破震动形成的主要能源,因此,在震源处减小能量幅值能够在很大程度上降低爆破震动强度。

2.轴向不耦合装药平均块度和不耦合系数的关系

室内小型试验。由北京矿冶研究总院和某铅锌矿进行的试验,模型材料为河砂和320#水泥,其配比为水:水泥:砂=0.7:1:4,模型尺寸为400mm×400mm×400mm,每个模型装药量为3g黑索金,一发电磁雷管,预留炮孔直径8mm,装药高度5cm,爆后进行块度分析。试验结果见表13.4,图13.13所示。

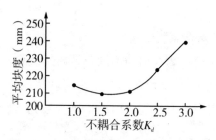

图13.13　平均块度和不耦合系数的关系

表13.4　爆破重量百分比组成

不耦合系数	块度(mm)					平均块度(mm)
	<100	100~150	150~200	200~250	>250	
1.0	9.2	12	7.9	39.4	31.4	216
1.5	2.5	15.8	13.3	44	24.3	210
2.0	2.9	10.4	9.9	54.6	22.2	211
2.5	1.3	4	18.2	52.2	24.3	224
3.0	2.1	12.6	9.2	38.9	37.2	240

六、底部空气间隔长度(轴向)的试验

1.水泥砂浆小台阶模型试验

试验是在预制的水泥砂浆小台阶模型上进行的,制作模型的水泥与沙子的重量比为1:2:5,浇制模型时,按正交试验要求的参数预制好炮孔,孔径7mm,倾角75°,模型的总体尺寸如图13.14所示。试验结果见表13.5。

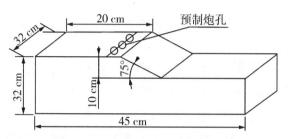

图13.14 水泥砂浆小台阶模型示意

表13.5 炮孔底部空气间隔比例试验

孔深 (cm)	孔距 (cm)	抵抗线 (cm)	超深 (cm)	孔数 (个)	间隔系数 (%)	药柱高 (cm)	间隔高 (cm)	炸药单耗 (g/kg)	爆破量(kg)	底板下降值(cm)	尤其是板破坏情况	K50
10	4	3	0	3	20	5.00	1.00	0.657	0.9893	0	好	6.31
11	4	4	1	3	25	5.60	1.40	0.488	1.492	0.5	好	6.25
12	4	5	2	3	30	6.15	1.85	0.375	2.081	0.8	好	6.00
12	5	3	2	3	5	6.40	1.60	0.730	1.139	0.9	好	7.10
10	5	4	0	3	30	4.62	1.38	0.355	1.692	0.1	好	5.25
11	5	5	1	3	20	5.83	1.17	0.325	2.311	0.6	好	6.12
11	6	3	1	3	30	5.38	1.62	0.542	1.289	0.4	好	7.12
12	6	4	2	3	20	6.67	1.33	0.458	1.892	1.1	好	5.13
10	6	5	0	3	25	4.80	1.20	0.242	2.681	0.2	好	6.10

定向卸压隔振爆破

2.底部空气柱长度的室内小型试验

采用的模型为水泥砂浆柱件。配比为水:水泥:砂子=0.5:1:3,试件尺寸为700mm×400mm×350mm,炮孔直径为7mm,用1.5g DDNP的特制小雷管和MTB-150B型发爆器起爆,封口充填为黏土和橡皮泥。试验结果表13.6和图13.14所示。

从表13.6,图13.14可以看出:当空气柱长度增加时,漏斗体积相应增加,当增加到一定值时,漏斗体积反而降低。空气柱长度与半径和漏斗深度存在同样的关系,因此,空气柱长度存在一个最优值。从图13.15,表13.6得到,当空气柱长度为40~60mm时,爆破体积达到较大值或最大值。

由于试验条件、间隔条件的不同,各矿山采用的空气柱间隔范围或位置因矿岩性质的不同而各有差异,因此,只能通过现场工业试验加以确定,所有室内小型试验只能仅供参考。

表13.6　底部空气柱长度与漏斗体积的关系

炮孔深度 (mm)	炸药长度 (mm)	药底距自由面 距离(mm)	底面间隔柱长 (mm)	漏斗体积 (mL)
80	30	80	0	180
90	30	80	10	195
100	30	80	20	206
110	30	80	30	250
130	30	80	50	275
140	30	80	60	280
160	30	80	80	210
200	30	80	100	170

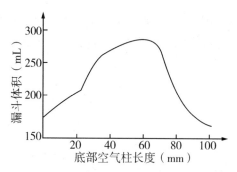

图13.15　漏斗体积和底部空气柱长度的关系

七、孔底间隔（轴向不耦合）装药结构效果试验

王承刚、林德余等对炮孔底部空气垫层装药结构的空气间长度进行室内水泥砂浆模型试验。模型高300mm，直径200mm，炮孔直径6.3mm，相似于生产现场的台阶爆破，将模型沿高度分成3部分，即孔底100mm，上、中各100mm，并用不同颜色的染料将3部分区别开，如图13.16所示，为了模拟矿山根底情况，将底部100mm用铁夹夹紧，爆破后，这一部分将完整地保留下来。

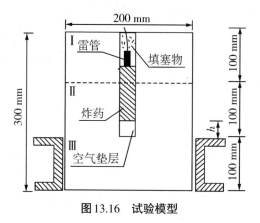

图13.16　试验模型

定向卸压隔振爆破

炮孔底部间隔的高度 h 分为 0cm，1cm，2cm，3cm，4cm，5cm，6cm。为了保证试验结果的准确性，每组试验都进行了 3 次，结果取其平均值。经过试验筛分，绘制如图 13.17 和图 13.18。

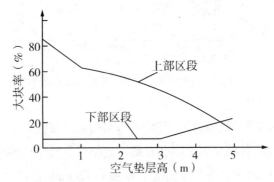

图 13.17　大块率随空气垫层高度的变化曲线

从图 13.17、图 13.18 中可知，对于试块下部区段，在 h 为 0~3cm 时，平均块度基本保持不变，在 h 超过 3cm 后，平均块度明显地增大。大块度的变化也存在类似的趋势。由于底部空气间隔高度增加，药柱重心上移，上部区段平均块度和大块率下降。

从爆破后模型底部的分析，当 h 由 0 增大到 5cm 时，h 的增大并没有减弱试块底部的破坏。相反，在 $h=3cm$ 时，底部破坏最严重，裂隙密集，地面比较平整，说明底部完全切割下来。而在 h 为 4.5cm 时，底部破坏减弱，只有少数裂隙，有凸起部分，底部没有被完全切割下来。由此可见，尽管空气间隔高度为 5cm 时，平均块度和大块率是最小，但对试块底部的破坏最弱，所以不能认为该 h 是最优质的。综合平均块度、大块率及底部破坏程度可以认为，底部空气间隔长度 $h=3cm$，即空气间隔高度约占整个药柱长度的30%时,综合爆破效果最好。

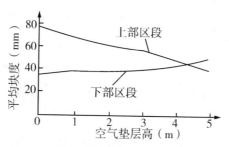

图13.18　平均块度随空气垫层高度的变化曲线

总结:试验研究空气间隔装药,对于改善爆破效果、提高爆破质量、有效利用爆炸能量、降低炸药消耗量和成本是一项先进的爆破技术。但需要针对不同的爆破方法和各类条件,经过试验研究而后应用。因为由于试验条件、间隔条件的不同,各矿山采用的空气间隔范围或位置因矿岩性质的不同而各有差异,因此,只能通过现场工业试验加以确定所有小型试验只能供参考。

第三节　定向卸压隔振爆破隔振效应

一、定向卸压隔振爆破炮孔壁面隔振护壁的超动态测试与分析

动态测试应变系统由TST3406动态测试分析仪、动态应变仪(中科院力学研究所研制)、SP1641B型函数信号发生器/计数器和记时仪组成。其基本原理是用电阻应变片测定构件表面的线应变,再根据应变—应力关系确定构件表面应力的一种实验应力分析方法。这种方法是将电阻应变片粘贴到被测构件表面,当构

定向卸压隔振爆破

件变形时,电阻应变片的电阻值将发生相应的变化,然后通过电阻应变仪将此电阻变化转化成电压(或电流)的变化,在换算成应变值与此应变成正比的电压(或电流)信号,由记录仪记录,可得到所测定的应变值。

试验在有机玻璃板(尺寸400mm×400mm×5mm)上进行。应变测试选用电子应变片(动态),炸药选用叠氮化铅,起爆用MD-2000多通道脉冲点火器。卸压隔振护壁管材选用C-I型隔振护壁材料。试验用有机玻璃模型、装药和应变片位置如图13.19所示。如图13.19中2、3号应变片与孔心距离为6mm;试验结果如图13.20、表13.7。

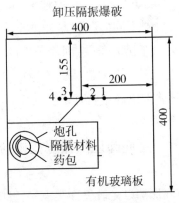

图13.19　实验模型

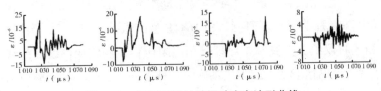

图13.20　卸压隔振护壁爆破应变波形曲线

表13.7　卸压隔振护壁爆破炮孔护壁面超动态应变峰值

爆破方式	参数	数值			
		1号	2号	3号	4号
卸压隔振护壁爆破	纵坐标正方向应变峰值 ε /10⁻⁶	18 539	22 507	13 203	7 794
	纵坐标负方向应变峰值 ε /10⁻⁶	−7 998	−13 332	−6 664	−6 451
	各测点应变均值 ε /10⁻⁶	13 268.5	17 919.5	9 933.5	7 112.5
	护壁方向和临空方向应变平均值 ε /10⁻⁶	15 594		8 528	
	护壁方向比临空区应变降低率%	45.31			

如表13.7和图13.20可以看出,与孔心同一距离上的3号应变片比2号应变片峰值降低44.57%,4号应变片比1号应变片峰值降低43.37%,护壁方面方向比临空面方向应变平均峰值降低45.31%,说明护壁面材料对护壁面方向介质有明显的保护作用。1号应变片比2号应变片峰值降低25.95%,4号应变片比3号应变片峰值降低28.30%,说明隔振护壁面方向应变比临空面方向衰减更快,爆炸对隔振护壁面方向介质的影响深度较小,有利于保护壁面方向介质减少或避免受爆破损伤和破坏作用。

小结:实验结果表明,有机玻璃试件上,可以明显看出隔振护壁材料在爆破过程中对爆炸应力波有明显的阻隔导向效果:爆炸时在预定开裂方向形成了两条长裂纹,将临空面一侧和隔振护壁面一侧明显地分开。对比护壁面一侧和临空面一侧,临空面一侧裂纹数量较多,长度较长,而隔振护壁面一侧几乎不形成裂纹或裂纹较少,长度较短。但是二者交界处即预定开裂方向裂纹更

定向卸压隔振爆破

长,这说明预定开裂方向处存在应力集中,爆炸作用在该处得到了强化,从而产生了较长较明显的裂纹,从表13.7可以看出1、2号应变片的应力峰值比3、4号大,隔振护壁面比临空面方向平均应变降低45.3%,说明隔振护壁材料对炮孔保留一侧的岩石起到了明显的保护作用,而预定开裂方向的岩石则受到了冲击波的集中作用,从应力强度因子的绝对数值无疑证明,隔振护壁材料的作用和自由面应力集中。需保护的岩石得到保护,需破碎的岩石得到了加强破碎。

二、定向卸压隔振爆破效应的动焦散试验

1.基本原理

焦散线法。在20世纪80年代以来,我国试验力学工作者研制成焦散线测试系统与光弹性法及全息光弹性法相比,焦散线法测量数据少,对应力——应变奇异场力学特征。测量精度更高,1997年杨仁树等首次建立爆炸加载动态焦散线系统,研究岩石中爆生裂纹的扩展机理。

自焦散线法提出以来,广泛用于动、静态断裂力学研究领域。建立了性能稳定的爆炸加载的动焦散线测试系统。

应用动态焦散线测试系统,研究分析定向卸压隔振护壁爆破时卸压隔振护壁爆破中爆炸应力波的传播规律。裂纹应力强度因子及其与时间的关系。

2.模型与试件尺寸

定向卸压隔振爆破试验模型中,在炮孔需要保护的一侧设置隔振护壁材料。试件采用40mm×40mm×5mm的有机玻璃板。炮孔布置在试件中心,直径8mm,隔振护壁材料为U型隔振材料,装药不耦合系数为1.5。

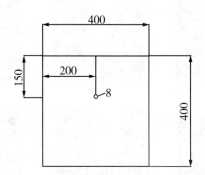

图13.21 试件尺寸及炮孔位置示意图

3.定向卸压隔振爆破隔振护壁面动焦散试验结果

采用爆炸加载焦散线试验系统拍摄爆炸应力场中不同时刻爆生裂纹尖端的焦散图像,通过测量焦散斑的大小来计算裂纹尖端在不同时刻动态应力强度因子的变化,从而分析爆炸应力波在试件中的传播规律。试验共进行了8组,图13.22为定向卸压隔振爆破隔振护壁面试验模型的系列照片。图13.23为隔振护壁面爆破后裂纹扩展情况图,图13.24为定向卸压隔振爆破隔振护壁面和临空面一侧应力强度因子随时间的变化曲线。

图13.22　模型1的焦散线系列照片

4.定向卸压护壁爆破动焦散试验结果分析

（1）模型爆破后裂纹扩展情况图，如图13.23所示，由图显示炮孔有隔振护壁材料一侧只有极少短裂纹，而无隔振护壁材料的临空面，即自由面一侧裂纹发展密集较多、较长。

（2）通过测量其裂纹尖端的动态应力强度因子来比较应力波传播的区域。图13.24为定向卸压隔振爆破护壁面和临空面一侧应力强度因子随时间的变化曲线。从图13.24可以明显看出，隔振护壁面方向应力强度因子绝对值大大小于临空面方向，说明隔振护壁材料起到了保护孔壁介质的作用。由于临空面方向冲击波直接作用在孔壁上，其在介质中运动的时间更长一些，因此临空面方向测出的应力强度因子要多于隔振护壁面方向，如图13.24。

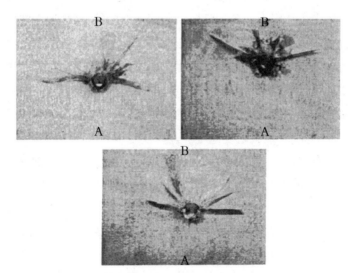

A—为隔振护壁面；B—为无隔振材料的自由面一侧

图13.23　模型1爆破后裂纹扩展情况图

定向卸压隔振爆破

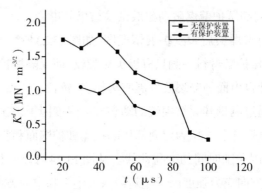

图13.24 应力强度因子—时间对比曲线

　　小结:炸药爆炸后产生的应力波以炮孔为中心沿有机玻璃板(模型)向外传播,在隔振护壁面方向几乎看不到裂纹,在临空面(自由面)方向可以清楚地看到3~4条较长的裂纹。因此说,爆炸应力场中爆炸应力波分为膨胀波和剪切波两种,爆炸冲击波以这两种形式向外传播,在这两种波的作用下,在介质内产生正应力和剪应力。然而从动焦散线图像可以看见,爆炸荷载在炮孔周围产生的裂纹在初期主要表现为Ⅰ形裂纹的特征。4mm厚的U型材料对隔振护壁面方向有明显的保护作用,可以有效地保护护壁面方向的介质,最大限度地维护其完整性。

　　在有机玻璃的动焦散和超动态应变实验表明,隔振护壁爆破时高速摄像结果表明,除在预定开裂方向形成裂纹外,在临空面方向也形成较长裂纹,而在隔振护壁面方向几乎不形成裂纹,因此说明隔振护壁爆破能达到预定方向开裂,保护保留岩体,有效破碎临空面方向岩体的目的。

三、定向卸压隔振爆破效应动态光弹性试验

1.光弹性试验原理

试验的主要记录仪器是多火花式GGDS-Ⅱ型动态光弹仪。动态光弹性法是利用了光弹性材料的暂时双折射现象,当光弹模型材料受力作用后,模型内产生双折射效应,在圆偏振光场中得到代表应力场的变化等差条纹图。对于明场,其黑条纹是半数级条纹,亮条纹是整数级条纹。根据动态条件下的应力——光学定律,模型中条纹级数N与主应力差($\sigma_1 - \sigma_2$)存在下式关系:

$$(\sigma_1 - \sigma_2) = Nf_d / h \tag{13.9}$$

式中:f_d为该材料的动态条纹值;h为模型的厚度。

因此,连续的动态等差条纹图实质上也反映了模型内应力波的传播过程。另一方面,由弹性力学知,弹性体内一点的主正应力和主剪应力τ_{max}之间有如下关系:

$$\tau_{max} = (\sigma_1 - \sigma_2)/2 \tag{13.10}$$

由此可得:

$$\tau_{max} = Nf_d / 2h \tag{13.11}$$

由岩石力学、爆炸力学和岩石动态损伤力学知,岩石等脆性材料在爆破时主要是剪切破坏,因此应了解模型内剪应力的变化过程。有式(13.11)可知,等差条纹的发展变化,正是反映了模型内剪应力的变化过程。

2.光弹性试验模型

光弹模型由整块边长500mm、厚度为6mm的聚碳酸酯板制作,在其中心钻ϕ9mm孔作为炮孔。聚碳酸酯板的动态力学参数为:动弹性模量E_d=360MPa,动态材料条纹值f_d=9 360(N/m·级),泊松比v=0.35,纵波波速C_p=1 590m/s。

3.试验使用的设备

试验的主要记录仪是多火花式GGDS—Ⅱ型动态光弹仪,光路图如图13.25所示。图中L_1、L_2分别为准直透镜和聚焦透镜,P、A分别为起偏振镜和检振镜。Q为1/4波片,M为模型。其工作原理是:点火控制系统把爆信号传给点火系统,使贮能电容器依次放电而产生序列火花。这些高光强火花照射在圆偏振光场中的受力模型上,就把爆炸扰动产生的不同时刻的等差条纹记录在相机方阵相应的底片上,从而得到多幅表示应力波传播过程与相互作用的序列照片。起爆用同步光电引爆装置控制,以保证爆炸与记录同步。

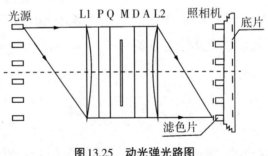

图13.25　动光弹光路图

隔振护壁材料采用C–I型隔振材料加工而成。护壁材料厚1mm,隔振护壁材料的安装见图13.26。用专用的小型雷管起爆。图13.26为试验装置和爆炸控制装置。为保障安全,模型放置在透明的爆炸箱内实施爆炸。

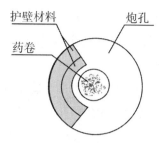

图13.26 护壁材料安装示意图

4.动光弹性试验结果

图13.27为定向卸压隔振爆破护壁面序列等差条纹图。图下时间为以起爆为零点该幅照片的曝光时刻。

5.试验结果分析

根据隔振护壁面爆破等差条纹图13.27,分析图中的照片,爆炸初始时,随着爆生气体量的增加,首先在临空面方向产生等差条纹,而且其条纹数量增长速度较快,并迅速向外扩展。在隔振护壁面方向,由于隔振护壁面材料对爆炸作用力的阻滞,条纹产生的时刻明显滞后,而且增长速度缓慢。因此在炮孔左右两侧产生右偏的不对称椭圆条纹,如图13.27的(a)~(d)幅照片所示。

显然,如果没有卸压隔振护壁材料,中心爆炸产生的等差条纹应是走向不同的同心圆,其共同圆心即为炮孔中心。临空面方向之所以首先产生等差条纹,且增长迅速,是由于没有隔振护壁材料,爆生气体首先对炮孔壁直接发生作用,在模型内激发出冲击应力波。卸压隔振护壁面方向由于卸压隔振护壁材料阻滞了爆生气体对模型的直接作用,所以条纹产生迟缓,级次增长缓慢。

由图13.27的(e)、(f)两幅照片可知,随着爆炸压力的增大,等差条纹数量增加,条纹级次也提高。而且在炮孔壁附近的条纹

定向卸压隔振爆破

密度很大,随着远离炮孔,条纹密度降低,这说明在炮孔壁附近的应力梯度很大,应力集中现象严重;随着应力波的向外扩散,应力趋于均匀,应力梯度减小。

图13.28为卸压隔振护壁面方向和临空面方向主剪应力与比例距离关系曲线(比例距离为条纹位置到孔心距离与炮孔半径的比)。由于卸压隔振材料的存在,在临空面方向产生的条纹级次最高位7级,隔振护壁面方向产生的条纹级次最高仅为2级,即临空面方向的最大剪应力是卸压隔振护壁面方向的3.5倍。这说明隔振护壁材料对爆炸作用力的影响是相当大的。而且在试验中,两层护壁的厚度总共才2mm,如果增加护壁材料的厚度,隔振护壁材料对爆炸作用力的阻滞作用将增强,临空面方向与护壁方向上最大剪应力的比值,也将增大。

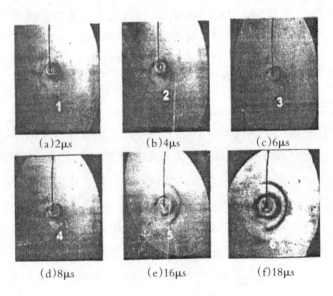

(a)2μs   (b)4μs   (c)6μs

(d)8μs   (e)16μs   (f)18μs

图13.27　护壁爆破的等差条纹图

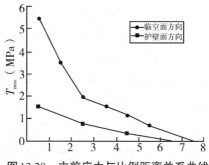

图13.28　主剪应力与比例距离关系曲线

　　小结:由图可知,由于有隔振护壁材料的存在,在临空面(自由面)和隔振护壁面方向之间产生了不对称的应力条纹图,在临空方向(炮孔右侧)条纹级次最高达到7级,而护壁面方向(炮孔左侧)条纹级次最高仅为2级,相差达到了5级,即临空面方向的最大剪应力是护壁面方向的3.5倍。存在条纹级次的差别也就意味着作用在炮孔壁上能量的不同,那么护壁面和临空面方向之间相差的大量能量到哪里去了呢? 应该有两种原因,第一,隔振护壁材料的变形和破坏,吸收了部分能量;第二,隔振护壁材料有聚集和反射能量的作用,导致部分作用到临空面方向了。这样一来,隔振护壁面方向的能量在减少,临空面方向能量在原来基础上增加,增加部分正好是护壁面减少的部分。

　　在试验中是2mm隔振护壁材料剪应力的比值,如果增加其厚度,隔振护壁材料对爆炸作用力的阻滞作用将增强,临空面方向与隔振护壁面方向上最大剪应力的比值也将增大。

　　从图中还可以看出,临空面和护壁面方向的条纹级次虽然都随着与炮孔距离的增加在减小,但是临空面方向由于本身条纹级次较高,条纹密度大,其衰减的速度慢许多,保持高等级条纹即保

定向卸压隔振爆破

持高剪应力状态的持续距离大许多。临空面方向条纹级次从孔口的7.0衰减到与隔振护壁面相等的2的过程中,其衰减时间要长。当临空面的条纹级次衰减到与隔振面的最高级次2以后,其条纹继续衰减的速度和程度要慢得多,而且这同样的条纹级次与孔心距离却相差很大。卸压隔振爆破的原理和动光弹试验都表明,隔振护壁面之间的确存在很大的应力差,这个应力差值在护壁面和临空面之间的开裂起到一个拉伸作用,因此在开裂方向首先形成较长较宽的裂纹,能够实现在开裂方向形成光滑开裂面的目的。

第四节　定向卸压隔振爆破隔振护壁效应的模型试验

通过在水泥砂浆模型上进行隔振护壁爆破试验,利用超动态应变测试和高速摄影研究隔振护壁层对岩石的保护作用。为定向卸压隔振爆破提供试验数据和应用依据。

一、模型和爆破参数

在水泥砂浆模型上进行双层隔振护壁材料的爆破试验。水泥砂浆模型如图13.29、13.30所示。装药结构如图13.31所示。

(1)水泥砂浆模型(见图13.29)参数如下:规格:450mm×450mm×500mm;材料比:水泥:砂:水=1:2:0.5;养护28天。

(2)该材料的物理力学参数为:

单轴抗压强度:17.8MPa;抗拉强度1.59MPa;弹性模量:1.61GPa。

泊松比:0.166;密度:$2.33×10^3kg/m^3$;纵波速度:3 275m/s。

（3）爆破参数如下：

孔径40mm，药包直径20mm，不耦合系数2，装药量5g，炮孔深度30mm，堵塞长度23mm，隔振护壁材料为U型隔振材料，分别在护壁方向和护壁相对方向的模型侧面贴电阻式应变片，如图13.29所示，双层隔振护壁爆破装药结构如图13.31(b)所示。

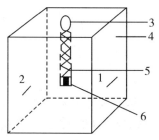

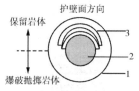

图13.29　隔振护壁爆破试验水泥砂浆模型　　图13.30　水泥砂浆模型

1,2—应变片　3—炮孔　4—水泥砂浆模型

5—堵塞物（黄泥）6—炸药和护壁外壳

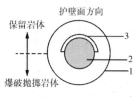

（a）单层隔振护壁材料　　　　　（b）双层隔振护壁材料

图13.31　单双层隔振护壁材料装药结构横剖面示意图

1—炮孔　2—药包　3—孔壁

定向卸压隔振爆破

二、实验方法及步骤

1.应变测试

采用BE120-10AA型电阻应变计作传感器（电阻为119.7欧姆）和动态应变仪测试岩石在爆破荷载下的应变变化情况。应变测试系统如图13.32所示。

图13.32　应变测试系统

动态应变测试系统由应变计、动态应变仪（12通道）、PCI4712S并行数据采集卡（40MHz，12bit，4CH）和微机组成，如图13.31和图13.32所示，用来测试模型由爆破加载引起的时间—应变历程。模型爆破后由于爆破冲击压力在模型中产生应变，通过应变计采集到应变信号经微电信号检测仪放大后由PCI4712S并行数据采集卡记录下来直接输入计算机进行数据处理。

图13.33　高速摄影机及处理系统

2.高速摄影

高速摄影系统如图 13.33 和 13.34 所示。利用高速摄影系统（见图 13.34）每秒数万幅（实际拍摄速度为 6 000f/s~3 000f/s，根据现场光线条件调节）的拍摄速度来对模型爆破过程进行拍摄，将模型爆破断裂过程记录下来回放分析。

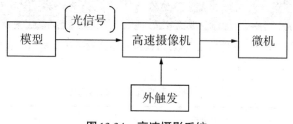

图13.34　高速摄影系统

3.应变值计算

应变测试采用单臂连接，其计算式为：

$$\frac{\Delta R}{R} = k\varepsilon \tag{13.12}$$

三、试验结果与分析

本次试验各次测试各个系统均尽量保持相同的状态来完成。

1.动态应变测试结果

单层隔振护壁爆破和双层隔振护壁爆破动态应变测试峰值见表 13.8。试件爆破后效果如图 13.35 所示。波形曲线如图 13.36 至图 13.41 所示。

定向卸压隔振爆破

图13.35　试件爆破后效果(模型左侧为安装护壁材料一侧)

表13.8　测试应变峰值及峰值降低率

试件编号	应变片编号	峰值电压(V)			护壁管		孔径(cm)	应变峰值(μs)	降低率(%)
		max	min	材料	层数	厚度(mm)			
4-2	1	0.295 84	-0.240 3	U型隔振材料	3	6	4	1 027.301	29.25
	2	0.300 35	-0.457 46					1 452.044	
4-4	1	0.113 22	-0.227 6		2	4	4	653.047	76.87
	2	0.590 39	-0.883 24					2 823.63	
4-7	1	0.265 56	-0.015 7	钢管	1	3	4	538.923 8	43.97
	2	0.471 25	-0.030 7					9 611.789	
4-3	1	1.061 3	-1.101 8	U型隔振材料	2	4	4	4 144.727	31.72
	2	1.613 9	-1.554 1					6 070.221	
4-5	1	0.042 725	-0.126 22		2	4	4	323.716 4	86.93
	2	0.471 174	-0.821 66					2 477.206	
4-6	1	0.902 1	-0.224 85		2	4	4	2 159.355	38.32
	2	0.387 33	-1.439 8					3 500.973	

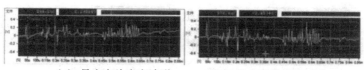

（a）1号应变片应变波形　　　　（b）2号应变片应变波形

图13.36　4-2号试件三层隔振护壁材料爆破试验应变波形

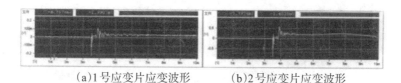

（a）1号应变片应变波形　　　　（b）2号应变片应变波形

图13.37　4-4号试件双层隔振护壁材料爆破试验应变波形

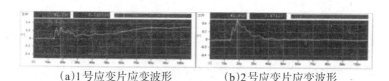

（a）1号应变片应变波形　　　　（b）2号应变片应变波形

图13.38　4-7号试件单层隔振护壁材料爆破试验应变波形

从表13.8可以看出,保护一侧(1号应变片)比未保护一侧(2号应变片)的应变值均小,其降低率最高达86.93%,最低也达到近30%。由此可见,使用U型隔振材料管做护壁材料的双层隔振护壁爆破对护壁而一侧有明显的保护作用,可以有效地保护护壁面一侧的介质,降低保护一侧应变峰值。

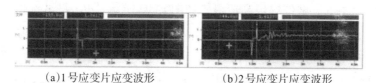

（a）1号应变片应变波形　　　　（b）2号应变片应变波形

图13.39　4-3号试件单侧双层护壁材料爆破试验应变波形

定向卸压隔振爆破

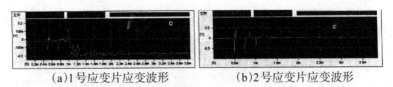

(a)1号应变片应变波形   (b)2号应变片应变波形

图13.40　4-5号试件单侧双层护壁材料爆破试验应变波形

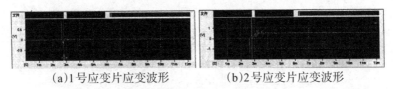

(a)1号应变片应变波形   (b)2号应变片应变波形

图13.41　4-6号试件双层隔振护壁材料爆破试验应变波形

2.高速摄影

在试件爆破时使用Photron Fastcam Ultima APX—RS(最大拍摄幅度250 000幅)型相机进行高速摄影观察破裂过程。

高速摄影是一种能直观反映高速变化过程的较为先进的技术手段,根据理论估算要得到较好的效果拍摄速度需达到20 000f/s以上的速度,但限于现场条件及高速摄影对亮度的特殊要求(拍摄速度愈高所需亮度愈强),因此能拍到此速度以上的机会不多。4-2号试件爆破高速摄影如图13.42所示。从图中可看出自上表面起裂开始至1.65ms后三条裂缝完全形成,到3ms后烟尘从三条裂缝中冲出。试件基本按照预定的破裂方向裂开,保护一侧基本完好。

4-6号试件爆破高速摄影如图13.43所示。4-6号试件拍摄的速度为30 000f/s,由于速度较高,虽然光线强度与拍4-2号试件时还要亮,但是仍显得较暗。其从起裂始到2.267ms后形成两条串通的裂纹将试件一分为二,至6.533ms时试件彻底爆裂为两个半块,显然隔振护壁爆破技术对岩石断裂方向起到显著的作用。

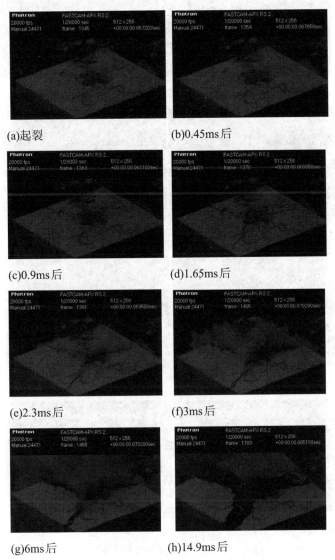

(a)起裂　　　　　　　　　(b)0.45ms后

(c)0.9ms后　　　　　　　(d)1.65ms后

(e)2.3ms后　　　　　　　(f)3ms后

(g)6ms后　　　　　　　　(h)14.9ms后

图13.42　4-2号试件爆破高速摄影

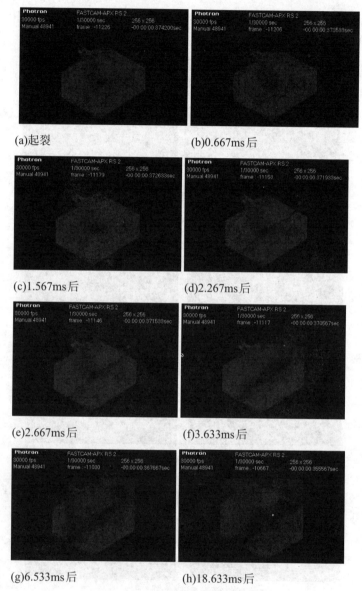

(a)起裂

(b)0.667ms后

(c)1.567ms后

(d)2.267ms后

(e)2.667ms后

(f)3.633ms后

(g)6.533ms后

(h)18.633ms后

图13.43　4-6号试件爆破高速摄影

四、水泥砂浆模型试验结论

爆破过程是爆炸冲击波和爆生气体共同作用的过程,爆炸冲击波先于爆生气体在介质中产生冲击应力形成应变,当应变量超过岩石极限时便在岩石中产生初始裂纹,随后爆生气体楔入裂隙中使裂隙扩展、延伸。然而,当加入隔振护壁层后,爆炸冲击波在护壁层中迅速衰减,使得在保护一侧孔壁介质的应变明显小于无隔振护壁一边;另外,护壁层在炸药爆炸后被推到孔壁上亦可以阻挡爆生气体的气楔作用。应变测试和高速摄影表明,双层隔振护壁爆破对护壁一侧有明显的保护作用,可以有效地保护壁面一侧的岩石,最大限度的维护其完整性。

第五节　定向卸压隔振爆破定向卸压效应的试验

一、炮孔底部(轴向)不耦合装药结构定向卸压效果实验

1.实验用水泥砂浆模型,材料比,水泥:砂:水=1:2:0.5,模型尺寸:450mm×450mm×480mm,孔深350mm,炮孔直径40mm,养护28天。

2.模型的物理力学参数:单轴抗压强度17.8MPa;抗拉强度1.59MPa;弹性模量1.61GPa;泊松比0.166;密度$2.33×10^3kg/m^3$;纵波速度3 275m/s。

3.实验方法及设备:实验采用DH-3842型动态应变仪和ML8020A型智能动态测试仪。药包直径46mm,药包长度20mm,孔装药量20g。对不同空气间隔长度和不同性质的间隔材料进行对比试验。

4.实验结果与分析:实验结果见表13.9、图13.45所示。

表13.9　炮孔底部不同空气间隔应变测试峰值

空气间隔长度（mm）	应变测试峰值（μɛ）						
	药包中心		空气间隔中心		模型底部		
	水平方向	垂直方向	水平方向	垂直方向	水平方向	垂直方向	降低率%
0		29 829			20 851		
30	15 786		18 790			17 783	
60	13 920		13 423		10 063		51.7
90	9 518		7 746		8 810		57.5

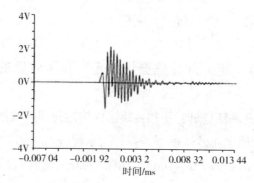

图13.45(a)　空气间隔0mm时模型底部应变波形

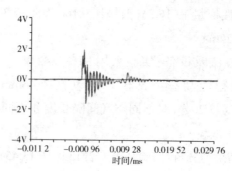

图13.45(b)　空气间隔30mm时模型底部应变波形

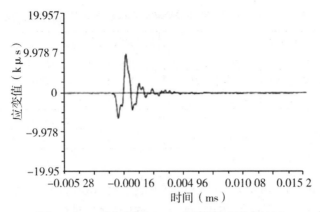

图13.45(c)　**空气间隔**60mm**时模型底部应变波形**

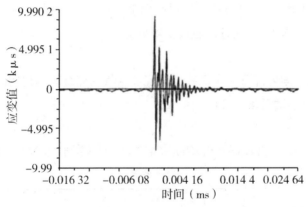

图13.45(d)　**空气间隔**90mm**时模型底部应变波形**

底部炮孔间隔装药时，轴向间隔 60mm 时，应变降低率 51.7%；90mm 时降低 57.5%。

二、炮孔底装有间隔器和底部未装间隔器的对比试验

炮孔底部有间隔器和无间隔空间的试验如表13.10。

定向卸压隔振爆破

表13.10　炮孔底部装有间隔器和底部未装入间隔器的对比试验

间隔系数(%)	爆破量(kg)	K_{50}(cm)	根底率(%)	间隔系数(%)	爆破量(kg)	K_{50}(cm)	根底率(%)
20	1.937	4.11	0	0	1.735	5.01	2.0
20	1.893	4.12	0	0	1.801	4.21	3.2
20	1.816	5.52	0	0	1.827	4.21	2.1
20	1.891	5.00	0				

由表13.10可知,采用较优的试验条件试验,爆破效果良好,无残留根底。而在相同条件,不装间隔器时,虽然爆破效果差别不大,但爆破量少,残留部分根底。由此可见,装入适宜长度的间隔器且置于合理位置时,能提高爆破能量的有效利率,加大破碎范围,消除根底,而且使底板变得平整。

三、国内部分矿山深孔爆破底部空气间隔装药结构间隔长度及爆破参数见表13.11

表13.11　国内部分矿山深孔爆破底部空气间隔装药结构间隔长度及爆破参数

矿山名	岩石名称	岩石性质f	孔径(mm)	台阶高度(m)	钻孔超深(m)	a(m)	$\omega(b)$(m)	底部空气间隔长度(m)	效果
涞钢[147]支家庄矿	铁矿石蛇纹岩白云岩矽卡岩	8~12 8~10	150 170	10	0	6	4	矿石1.0 岩石1.2	降低34%,每孔减少2m,大块降低34%,节约21万元,电镀提高15%

续表

矿山名	岩石名称	岩石性质 f	孔径(mm)	台阶高度(m)	钻孔超深(m)	a(m)	ω (b)(m)	底部空气间隔长度(m)	效果
酒钢[147]西沟石灰石矿	石灰石	6~8	150 200	12	0.5	6 7~8	4~5 4~6	中　硬1.2~1.5对铁爆1.0	单耗降低28%,年经济效益326.54万元,延米提高36%
朱家包包铁矿[140]			200 250	12 15	2 2	8~9 7~8	6~9 (4.5~5)	1.5 2.0	1995年3~12月节约64万元,大块降低20.3%,单耗降低13%,延米提高8.4%,没有后冲
云浮硫铁矿[158]	矿岩	10~17	250	10 12	1.5~2.0			1~1.5比值0.45~0.25	炸药单耗下降10%~15%。电铲提高20%
平庄西露天矿	页岩,砂岩,砂页岩	6~10	200 250 180	12	2	8.5	7	0.5~0.6	铵沥蜡炸药下降8.6%,不留根底,降低大块爆堆形状规整
金川集团[146]	一水硬铝矿石灰岩	6~8 8~10	150	8	1.0			0.8~1	大块降低30%,降震10%~15%
兰尖铁矿	含铁辉长岩流层状辉长岩中粗辉长岩		250	15	2.5~3	8.0(7~7.5)	5、6、7	1~1.5	炸药单耗降低8%~9%

定向卸压隔振爆破

续表

矿山名	岩石名称	岩石性质 f	孔径 (mm)	台阶高度 (m)	钻孔超深 (m)	a(m)	ω(b) (m)	底部空气间隔长度 (m)	效果
中铝贵州矿山[145]	铝土矿一水硬铝矿石灰岩	8~12	150	10	1~1.8	8.5~9	4 (3~3.5)	1~1.5	农厂乳化炸药和新2号岩石炸药单耗降低23.14%，块度均匀
歪头山铁矿	磁铁石英岩斜长角闪岩		250 310	12	3	10	5	1.4	乳化炸药，单耗降18.8%，前后冲分别减少21.8%和19.6%，单耗降低43.5%
齐大山铁矿[151]	赤铁石英岩混合岩绿泥片岩闪长岩	10~15 6~12	260	12 15	2.5	7~9 7	6~6.6 6	0.7 1.4~1.5	前冲12m,比连续装药减少1/3距离，无根底，大块下降40%~50%，单耗降低20%
大孤山铁矿[151]	磁铁矿花岗岩混合岩	14~16 14~16 >10	260	15	2~2.5	6.3~7.5 5~7.2 5~7.2	5.2~9 (5.7~6.8) 4.5~7 (5.2~7.2) 6.3~7.8 (5~7.4)	16%~20% 16%~20% 20%~25%	单耗分别降低10.4%,10.2%,11.8%；根底为零；大块分别降低24.5%,18.4%,46%；电铲提高1.44倍，爆破震动降低20%~25%
南芬露天铁矿[150]	混合花岗岩绿泥片岩		250 310	15	2	7.8	5.5	1,1.5 10%~20%	大块降低25~40%,药量减少10%~20%

续表

矿山名	岩石名称	岩石性质 f	孔径 (mm)	台阶高度 (m)	钻孔超深 (m)	a(m)	$\omega(b)$ (m)	底部空气间隔长度 (m)	效果
水厂铁矿			250 310	15 12	2 2.5	6~7	4~6 6	1.5	SEM乳化炸药，多孔粒状炸药，单耗下降7.5%，爆破成本降低8.9%

四、合理空气柱长度

表13.12　合理空气柱长度

岩石性质	空气柱长度与装药长度的比值
软　岩	0.35~0.4
中等坚固性多裂隙岩石(f=8~10)	0.3~0.32
中等坚固性块体岩石(f=8~10)	0.21~0.27
多裂隙的坚固岩石(f=8~10)	0.15~0.2
坚固、韧性且具有微继裂隙的岩石	0.15~0.2

　　若空气柱长度超过3.5~4米，应采用多段间隔装药。在井巷掘进中，一般可将装药分为两段，其中底部装药应为总药量的65%~70%。装药间用导爆索连续起爆。如果没有合适的起爆方法，也可以采用多段间隙装药，使装药间距离不超过殉爆距离，或采用连续装药，将空气柱留在装药与炮泥之间。

定向卸压隔振爆破

此外,在巷道光面爆破中,若没有专用的光爆炸药可供使用时,也可以采用空气柱间隔装药(增大空气柱长度),来控制炸药的爆破作用。

五、炮孔底部空气间隔长的选取

在空气间隔装药爆破过程中,应力卸载过程主要与炸药起爆后在炸药与空气的接触面产生的稀疏波及从孔底反射的稀疏波传播过程相关,同时也是剪应力和拉应力产生和增大的必需条件,是导致炮孔近区岩体拉伸或拉剪破坏的主要因素;所以发射压力波作用于空层所在炮孔有利于近区围岩的压剪破碎[29]。

要充分利用空气间隔爆破结构的优势,在空气间隔装药爆破设计中,关键的问题是如何合理确定合理的空气层比例。目前在炮孔底部空气间长度,大体上有两种方法确定空气间隔的产长度,一是长度比,或者长径比,但都在探索中。

1.间隔长度比

间隔长度比,即空气层在整个炮孔中所占的长度用分式表示。

$$R_a = L_a / L_0 + L_c \tag{13.9}$$

式中:L_a为空气层所占长度;L_0为装药长度;L_c为炸药层所占长度;R_a为空气间隔所占整个炮孔的比例。

2.炮孔底部空气间隔长度

定向卸压隔振爆破时采用轴向(孔底)不耦合和径向不耦合。炮孔沿孔底间隔空气的顶部开始装药。药柱长度由炮孔下部往上部,不耦合系数不同。一般是药柱下部K_d小,中部次之,上部最大。在推广应用中,$K_{d下} \geq 1.5$,$K_{d中}=1.8\sim2$;$K_{d上}=2.5\sim3.0$。因此,采用长度比在定向卸压隔振爆破不太合适。在工业试验和推广中,进行以下方法,但还没有肯定的结果,还将进行试验。

（1）合理的空气间隔比:即空气间隔距离/炮孔下部装药端长度。

（2）药径比:空气间隔距离/炮孔下部药柱底端直径。

3 实际应用中的长度

10~15m台阶深孔爆破。(1)超深长度:软岩 $0<h<0.5$m,中硬岩 $0.5<h<1$m,硬岩 $1<h\leqslant1.5$。(2)孔底空气间隔长度:软岩 $0.8<K_L\leqslant1.5$m,中硬岩 $0.5\leqslant K_L<1$m,硬岩 $0.5<K_L\leqslant0.8$m。

六、小结

（1）从模型试验和现场工业试验与多个矿山的实际应用都表明,空气间隔装药可以降低爆破压力峰值,延长爆破作用时间,通过调整空气间间隔长度,可以改善爆破效果,同时有效地控制爆破边界。

（2）空气间隔装药对爆破作用效果十分明显,而且具有一定的规律性,空气间隔装药可以改善爆破效果,当空气间隔长度增大时效果好,增大到一定值时效果差,如果减少到一定值后效果反而差,因此空气间间隔长度存在一个最佳范围。

（3）空气间隔长度与矿岩赋存条件有关,特别是层状岩体中应用推广尤为重要。与爆破参数有关,特别与底部抵抗线和排间距离大小有关。应用时进行现场试验后,再进行大范围应用。

空气间隔长度要与炮孔的超深相匹配,这样才能获得好的爆破效果。

第十四章　定向卸压隔振爆破数值模拟

　　长期以来,人们在对爆破技术进行积极而有益的探索中,提出了许多新的理论和方法,20世纪50年代初,光面爆破、预裂爆破问世以来得以广泛的应用和深入研究。20世纪80年代前后,国内外又出现定向断裂控制爆破技术。这类技术主要通过改变炮孔和药包形状或在药包外添加切缝套管的方式达到改变爆炸产物对孔壁的作用方向,最终通过在炮孔间形成的集中应力,达到在该处优先形成裂纹的目的,包括聚能药包爆破、切槽爆破和切缝药包爆破技术。然而聚能爆破药包加工复杂,切槽爆破的孔槽作业难度较大,成本高;切缝药包虽然取得了孔间裂隙发展较好的效果,但是对需要爆破破碎一侧的岩体效果较差。针对这一缺点,作者在不同时期、不同阶段,吸取光面预裂爆破和定向断裂控制爆破技术的优点,摒弃其不足的基础上,在不断认识实践中,对炮孔爆破,对保留部分的岩体或围岩采取卸压阻隔爆炸冲击波、应力波、定向消减爆炸压缩应力的控制爆破方法;先后提出和推广应用护壁控制爆破用药包结构、控制爆破用药包结构、定向卸压隔振爆破装药结构;先后进行一系列试验研究和一系列数值模拟计算,例如:定向卸压隔振爆破爆炸应力波作用的规律;定向卸压隔振爆破药包结构参数的爆破效应;定向卸压隔振材料规律与存在条件对爆破效果的影响。

第一节　数值模拟方法

数值模拟方法虽然有一定的局限性,但因其实用性强而得到了广泛的应用。LS-DYNA3D软件作为通用的结构分析非线性有限元软件,它以Lagrange算法为主,兼有ALE和Euler算法,以结构分析为主,兼有热分析、流固耦合分析。本文既是用流固耦合方法对定向卸压隔振爆破壁面的爆破进行数值模拟,对炮孔附近节点的速度、位移、加速度以及应力进行对比分析研究,获得一定的规律性认识,从而可以较好的指导工程实践工作[171]。

运用LS-DYNA进行爆炸数值模拟的方法有共节点法、接触耦合法以及流固耦合三种方法,其中对于共节点法接触耦合方法容易产生单元的负体积,导致计算终止,所以本次模型采用流固耦合的方法。将空气、炸药采用ALE网络,其他的固体材料采用Lagrange网格,此方法的优点是材料物质在网格中可以流动,不存在单元畸变的问题发生,从而确保了计算的顺利进行。在LS-PREPOST程序中,可以通过显示网格中各种物质占有的体积分数来得到不同物质之间的界面。

由于流固耦合方法的特点是流体网格需要包括住固体的网格,所以在建模进行网格划分时采用将流体物质与固体物质分离建模,划分网格,然后使用LS-DYNA中MOVE/MODIFY命令,将固体的网格移到相应的位置,使其与流体网格重叠的方法,从而可以在一定程度上提高建模的效率。

定向卸压隔振爆破

一、数值计算模型

通过 ANSYS/LS-DYNA 有限元软件对该试验进行三维数值计算;运用 ANSYS/LS-DYNA 建立有限元模型,所有模型均为 Z 轴为基准的轴对称的三维模型[171]、典型模型和有限元网格如图 14.1 所示,典型装药结构如图 14.2 所示[172]。

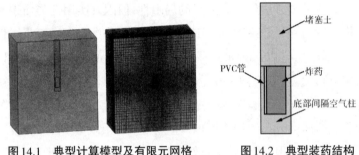

图 14.1　典型计算模型及有限元网格　　图 14.2　典型装药结构

二、材料模型

1.混凝土模型

混凝土材料选用 HJC 模型,是由 T.J.Holmquist、O.R.Johnson 和 W.H.cook 等[174](1993)在第 14 届国际导弹会议上,针对混凝土材料在大应变、高应变率以及高围压条件下提出的计算模拟。因其能够较好地考虑压缩强度的压力相关性、应变率效应以及压缩损伤累积效应,从而得到广泛的应用。在 LS-DYNA 中,H-J-C 模型通过 *MAT-JOHNSON-HOLMGUIST-CONCRETE 来定义(材料号 111)。在模型的状态方程对于加载和卸载情况分 3 个区域:线弹性区、塑性过渡区和完全密实材料区。

在 H-J-C 模型中材料的等效强度定义为[175]:

$$\sigma^* = [A(1-D)+Bp^{*n}](1+c\ln\dot\varepsilon^*) \tag{14.1}$$

其中，$\sigma^* = \sigma/f_c'$，为实际等效应力与静态屈服强度之比；$p^* = p/f_c'$，为无量纲压力，$D(0 \leqslant D \leqslant 1)$ 为损伤因子，由等效塑性应变和塑性体积应变累加得到，

$$D = \sum (\Delta \varepsilon_p + \Delta \mu_p)/(\varepsilon_p^f + \mu_p^f) \tag{14.2}$$

$f(P) = \varepsilon_p^f + \mu_p^f = D_1(P^* + T^*)^{D_2}$，$D_1$ 和 D_2 为破坏常数。

算法处理：由于爆破过程的压碎和断裂效应使得砼等介质产生不连续面，为了模拟此种效果，在 LS-DYNA 关键字中添加 *MAT-ADD-EROSION，通过控制砼等介质的失效压力和失效主应变的方法，将达到此变形阈值的单元从模型中删除，但被删除的单元其质量得以保留，将其加到节点上，作为保留初速度的自由质量。因为侵蚀算法对于混凝土裂纹的发展状况可以较直观的看到，但是其真实性需要一定的模拟试验进行验证，效果会更好。

2.炸药

炸药采用 TNT 炸药[173]，LS-DYNA 程序描述高能炸药爆轰产物压力—体积关系采用 JWL 状态方程。高能炸药爆轰产物的单元压力 P 由状态方程求得，JWL[175] 状态方程的 P-V 关系如下：

$$P = FP_1(V, E_0) \tag{14.3}$$

$$P = A(1 - \omega/R_1 V)e^{-R_1 V} + B(1 - \omega/R_2 V)e^{-R_2 V} + \omega E_0/V \tag{14.4}$$

其中，V 为相对体积，E_0 为初始内能密度，参数 A、B、R_1、R_2、ω 为试验确定的常数。

对于装药密度为 $1.2\text{g/cm}^{3[171]}$；文献[173] 1.6g/cm^3 的 TNT 药包，各相关参数分别取值如下：

$A = 741\text{GPa}$、$B = 18\text{GPa}$、$\omega = 0.35$、$R_1 = 5.56$、$R_2 = 1.65$、$E_0 = 3.6 \times 10^9 \text{J/m}^3$

其中,炸药的爆速D=5 500m/s,爆压P_{CJ}=1.0×10^{10}Pa。

3.隔振护壁材料模型

C-I型材料模型[171],U型材料[172][173],LS-DYNA中采用MAT-PLASTIC-KINEMATIC本构,具体参数参考文献[177],ρ为1.43 g/cm^3,拉伸屈服强度50~55MPa,E为3×10^{3}MPa。

4.空气物质

空气的状态方程采用MAT-NULL[176][177]的材料本构,主要参数为密度1.292 9×10^{-3}g/cm^3,状态方程采用*EOS-GRUNEISEN来表示,具体参数如表14.1所示:

表14.1　空气参数表

空气	C	S_1	S_2	S_3	GAMA0	A	E_0	V_0
	0	0.344	0	0	0	1.4	0	0

5.堵构材料模型

本模型中炮泥堵塞物所用材料模型为混凝土材料模型代替[171],材料模型编号为111,堵塞物采用MAT-SOIL-AND-FOAM材料本构模型来模拟。

第二节　定向卸压隔振爆破应力波作用规律

一、数值计算模型

所采用模型为轴对称模型,所以采用一半模型进行计算,尺寸为:45cm×45cm×22.5cm(z=0cm平面为对称平面),炸药柱及堵塞物、隔振护壁的厚度为0.5cm,为半圆环状结构,长度为7 cm。模型采用炸药底部起爆的方式进行,将z=0cm的平面设置成固定平面,Y=0 cm以及X=45 cm设置成无反射边界,用以模拟无限边界。其余面设置成自由面[171]。

二、模拟结果及分析

1.选取隔振面、无隔振材料面据炸药中心点处竖直向上2.5cm,水平距离为2.5cm各一个单元提取压力时间曲线图如图14.3、表14.2:

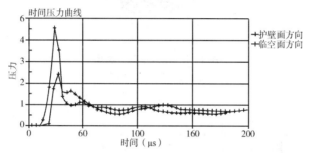

图14.3 水平方向单元的压力时间曲线

表14.2 水平方向单元的压力表

C—I型隔振材料厚度	单元号	单元位置	压力大小(MPa)
0.5cm	122120	无隔振护壁一侧	452
	122044	隔振护壁一侧	243

从图中可以看出,隔振护壁材料对爆炸冲击波起到了良好的阻滞作用,在初始阶段,阻滞了应力波到达节点峰值的时间,通过压力降低率为46.2%,与文献[173]6中压力降低率为46%吻合,峰值滞后为5~10微秒,也较为吻合,与中国矿业大学现代爆破研究所

定向卸压隔振爆破

采用超动态测试,压力降低率45.31%也相差不多。

2.选取炸药起爆点竖直方向两个单元(位置如图14.4),与起爆点间距均为4cm,提取压力时间曲线图如图14.5、表14.3:

图14.4　竖直单元布置图

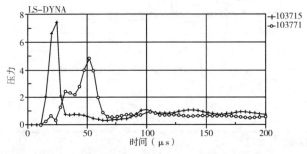

图14.5　竖直单元的压力时间曲线

表14.3　竖直方向单元的压力表

C—I型隔振 材料厚度	单元号	单元位置	压力大小(MPa)
0.5cm	103715	炸药上端	673
	103771	炸药下端	445

从数据图像可以看到，相距一样，103771单元与炸药中间有空气间隔，压力峰值以及到达峰值的时间滞后，从而验证了炸药在地下爆炸的威力比在空气中爆炸的威力大。

三、结论

通过ANSYS/LS-DYNA程序，运用流固耦合方法对卸压隔振爆破隔振材料爆炸进行三维数值模拟计算，通过本次模拟，得到如下结论：

1.C-I型隔振材料对爆破孔壁起到良好的保护作用。通过数据提取，可以看出，隔振面方向的压力较非隔振面的压力减少了48%左右。

2.隔振对其影响与材料的性质有一定的关系，由于炸药在地下爆炸的威力比在空气中爆炸的威力大，所以是否采用将隔振护壁材料与炸药之间留有一定的空隙，这样可以起到双重保护作用，有待进一步的探讨。

3.通过不同的数据模拟方法，得到采用流固耦合方法相比共节点与流固接触方法可以节约较大的时间，而且对网格的畸变可以进行有效的控制，使得模拟结果较为理想。

4.通过本次模拟，对不同类型工程控制爆破的模拟有了一定的认知，从而对实践工作起到一定的指导意义。

第三节　定向卸压隔振爆破装药结构参数的爆破效应

一、数值计算模拟

通过ANSYS/LS-DYNA有限元软件对该试验进行三维数值计算，建立三维模型，尺寸为40cm×40cm×45cm，预制炮孔直径

定向卸压隔振爆破

3cm、孔深25 cm、装药长度5 cm、堵塞长度20 cm、径向不耦合系数为1.5、C-I型隔振材料厚度为2 cm。本试验对三种参数：不耦合参数、C-I型隔振材料厚度、底部空气柱高度改变进行模拟计算。

为了研究不耦合系数、C-I型隔振材料厚度、底部空气柱高度三种参数变化时，炮孔侧壁压力与炮孔底部变化情况，将整个模拟试验分为A、B、C三种工况[172]，共计10种模型进行模拟试验，具体参数详见表14.4。

表14.4 不同工况模型装药结构参数

工况类型	模型大小（cm）	不耦合系数	C-I型材料厚度（mm）	底部空气柱高度（mm）
A	40×40×45	2	2	20
		2	4	20
		2	6	20
B	40×40×45	1.5	4	15
		2	4	15
		2.5	4	15
C	40×40×45	1.5	2	5
		1.5	2	10
		1.5	2	15
		1.5	2	20

二、试验结果与分析

1.A类工况模拟结果

取隔振护壁面与未隔振护壁孔壁面距离炮孔中心3cm、距孔底4.5cm处2单元，孔底中心下方距炸药底部3cm处1单元，试验结果见表14.5和图14.6。

表 14.5 C-I 型隔振材料管厚度不同时单元压力

C-I型材料厚度 （mm）	单元号	单元位置	压力大小 （MPa）	降低率 （%）
2	22295	未隔振护壁一侧	624	
	20536	隔振护壁一侧	445	31
	59572	底部	390	39
4	24795	未隔振护壁一侧	642	
	23036	隔振护壁一侧	372	42
	62072	底部	390	39
6	28195	未隔振护壁一侧	642	
	26436	隔振护壁一侧	295	54
	65472	底部	390	39

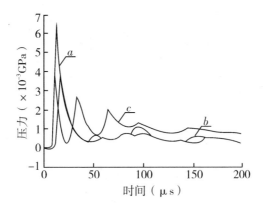

图 14.6 C-I 型材料厚度为 4mm 时压力时间曲线

$a—24795；b—23036；c—6272$

定向卸压隔振爆破

2.B类工况模拟结果

取隔振护壁面与未隔振护壁孔壁面距离炮孔中心3cm、距孔底4.5cm处2单元,孔底中心下方距炸药底部3cm处1单元,试验结果见表14.6和图14.6:

表14.6   不耦合系数不同时单元压力

不耦合系数	单元号	单元位置	压力大小(MPa)	降低率(%)
1.5	36094	未隔振护壁一侧	520	
	23972	隔振护壁一侧	320	38
	74401	底部	290	44
2.0	26403	未隔振护壁一侧	459	
	22839	隔振护壁一侧	305	38
	82816	底部	245	51
2.5	30245	未隔振护壁一侧	560	
	25691	隔振护壁一侧	300	46
	89318	底部	220	61

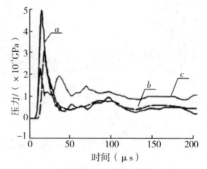

图14.7   不耦合系数2.0时压力时间曲线

$a-26403$；$b-22839$；$c-82816$

3.C类工况模拟结果

取隔振护壁面与未隔振护壁孔壁面距离炮孔中心3cm、距孔底4.5cm处2单元,孔底中心下方距炸药底部3cm处1单元,试验结果见表14.7和图14.7:

表14.7 底部空气柱高度不同时单元压力

底部空气柱高度	单元号	单元位置	压力大小（MPa）	降低率(%)
5	18457	未隔振护壁一侧	1.4	
	16728	隔振护壁一侧	0.7	50
	63046	底部	2.3	+64
10	19167	未隔振护壁一侧	1.3	
	17347	隔振护壁一侧	0.72	45
	66099	底部	1.3	100
15	20286	未隔振护壁一侧	1.18	
	18284	隔振护壁一侧	0.77	35
	71901	底部	0.77	35
20	21100	未隔振护壁一侧	1.4	
	18916	隔振护壁一侧	0.74	47
	78223	底部	0.58	59

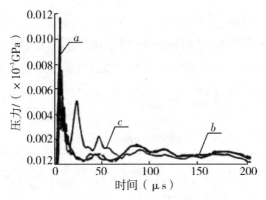

图14.8 底中空气柱为15mm时压力时间曲线

$a-19720; b-18092; c-71905$

三、结论

1.由定向卸压爆破的砂浆模型试验结果及数值计算得出,炮孔临空面一侧出现了明显的应力集中现象,距炸药中心相同距离护壁面比临空面的压力分别降低率达到了40.67%、42.3%和44.25%,说明定向卸压爆破技术对护壁面有很好的保护作用。

2.炮孔底部空气柱对炮孔压力影响明显,具有较强的卸压功能。在空气柱较小时,由于爆生气体的挤压作用,此时空气柱具有较强的增压功能,在空气柱为5mm时底中压力较临空面增加值约为64%,而随着底部空气柱高度的增加,其卸压功能逐渐凸显,在空气柱为20mm时,其压力降低率达59%。

3.不同耦合系数下由于空气间隔层厚度的影响,对岩体产生的压力不同。不耦合系数为2.5时,护壁面较临空面的应力有了明显下降,在模型试验中下降率达到了60%,在数值模拟中达到46%。

4.在数值计算中,表16.5结果明确反映了护壁材料越厚,护壁效果越明显。

5.无论是护壁材料还是底部空气柱都很好地对爆炸进行了卸压,大大降低了炮孔压力,对保留岩体起到了很好的保护作用。

6.通过ANSYS/LC-DYNA对不同装药结构的卸压爆破进行了数值计算,通过对炮孔近区压力时程曲线进行分析,从理论上解释其卸压作用,对生产试验有一定的指导作用。

第四节　定向卸压隔振爆破隔振材料在炮孔内赋存位置对爆破效果的影响

一、数值计算模型

计算模型取实际模型的一半,尺寸为:45cm×45cm×22.5cm,预制炮孔直径为4cm,堵塞长度7cm,不耦合系数2,U型隔振材料厚度0.5cm。模拟 $Y=0$ 和 $Y=-45$ 的面设为无反射界面,用来模拟无限域, $Z=0$ 为对称面,其余面为自由面,计算终止时间为200μs,采用底部起爆。

二、模拟结果与分析[173]

1.等效应力分布

通过隔振护壁爆破在 $Y=-25cm$ 剖面的典型等效应力云图(略)。可以看出同一时刻临空面方向的孔壁等效应力小于护壁面方向;临空面的等效应力分布区域范围明显大于隔振护壁面方向;相同时刻U型材料与炸药耦合较与孔壁耦合时临空面的应力分布区域更大;在25μs时U型材料与孔壁耦合方式在护壁面已经出现了小范围应力集中,而U型材料与炸药耦合未出现应力集中。

定向卸压隔振爆破

2.压力场分布

图14.9给出了距炮孔底部4.5cm处,临空面与护壁面两个特征单元的压力时间曲线,可以看出压力场的产生、发展和分布与等效应力基本相似。

(1)U型材料与孔壁耦合

临空面方向单元压力峰值出现在爆破后14μs其峰值为770MPa,压力上升沿时间为5μs;护壁面方向单元压力峰值出现于爆破后18μs,压力上升沿时间为5μs其值为540MPa,压力降低率为30%,峰值滞后约4μs。

(2)U型材料与炸药耦合

临空面方向单元压力峰值出现在爆破后13μs其值为760MPa,压力上升沿时间为5μs;护壁面方向单元压力峰值出现于爆破后18μs,压力上升沿时间为8μs其值为410MPa,压力降低率为46%,峰值滞后约5μs。

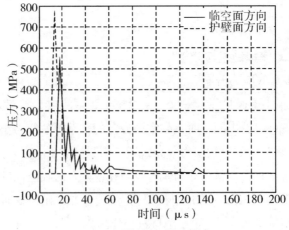

a—U型材料与孔壁耦合

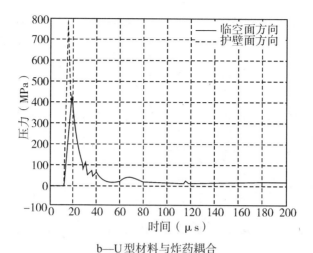

b—U型材料与炸药耦合

图14.9 卸压隔振爆破护壁面爆破压力时间曲线

三、结论

利用LS-DYNA对单孔隔振护壁爆破进行了三维模拟计算，其方便性、灵活性以及低成本是其他方法无法比拟的。通过数值模拟得出以下结论：

(1)爆炸产生的应力波首先作用在半圆形U型材料上，材料自身的变形与位移对其起到了一定的缓冲作用，为应力波的衰减提供了时间，孔壁应力波峰值降低率达30%~46%。

(2)若爆炸产生的爆生气体直接作用到孔壁，高温高压的爆轰气体很容易"渗透"和"揳入"与孔壁连通对原生裂隙或应力波作用下产生的微裂纹增加了爆破损伤，U型材料阻挡了爆生气体直接作用于孔壁，起到了阻隔作用。

(3)隔振护壁材料在炮孔内赋存位置效果比较。隔振护壁面材料在炮孔内赋存位置的效果比较见表14.8：

定向卸压隔振爆破

表14.8 卸压隔振护壁面材料在炮孔赋存位置的爆破效果模拟结果比较表

隔振护壁材料在炮孔内赋存位置	临空间方向单元压力峰值			卸压隔振护壁方向单元压力峰值			卸压隔振护壁面压力降低
	爆后出现时间(μs)	峰值压力(MPa)	压力上升时间(μs)	爆后出现时间(μs)	压力上升沿时间(μs)	峰值压力(MPa)	(%)
U型材料与炮孔壁耦合	14	770	5	18	5	540	30
U型材料与炸药耦合	13	760	8	18	8	410	40

第十五章 定向卸压隔振爆破不耦合间隔装药间隔材料的技术原理与效果

炮孔爆破实行间隔装药结构有几十年的历史,国内在20世纪50年代中后期地下矿和小型露天矿浅孔爆破,采用竹筒作间隔器,被称为"竹筒爆破法"、"空心爆破法"等,1957年底开始,新疆可可托海矿务局一矿露天采矿场深孔爆矿采用木制间隔器的空气间隔装药,实行分段间隔装药结构的排间微差爆破的多次试验与应用取得较好的效果,1975年海州露天矿开始试用深孔爆破。

在过去的露天采矿深孔分段间隔装药结构的爆破中,根据矿岩层的环境地质条件,分炮孔中部、上部和底部,以中部分段最为常用方法,装药段的上部和底部较少。间隔材料以空气为主。也有以岩粉、粒状矿渣作为分段材料。近20年来以炮孔底部间隔装药结构最为普遍,间隔材料以空气为主,水介质和柔性材料次之。但是水介质有它优于空气和柔性材料的许多特点:

(1)水具有不可压缩性,在高压作用下,自身的变形很小。能有效地传递炸药爆炸能和提高炸药的能量利用率,使炸药单耗下降。

(2)作为液体,水具有均匀地传递压力的作用,使破碎均匀,同时可抑制飞石。

(3)水具有一定的堵塞作用,在10m的台阶炮孔中注水,孔底就有一个大气压的压力。有利于孔底部位的岩石破碎,减少根底,提高铲装效率。

它的原理:一方面,利用水作为传递炸药爆炸作用的媒介(水的可压缩性小);另一方面,水也可以作为爆炸峰值压力的缓冲剂,减少炸药爆炸时的压力,避免过分地破碎孔壁周围的介质而消耗能量,成为类似准静态的作用过程[159]。

第一节　水介质在不耦合装药结构的爆破特点

水下爆破人们很早就开始研究,试验炸药在水下爆炸,在19世纪后半叶,首先是用于海军的水下武器,如水雷、鱼雷、深水炸弹等。从他们之中抽样测定其威力范围和效果,为水下兵器设计进行了水下爆破现象研究[152]。自20世纪70年代初期,丹麦、日本等国提出水压爆破技术以来,它在各种容器结构的拆除工作中得到了广泛的应用[153]。

而水介质不耦合装药的发展晚,一般始于20世纪70年代中、后期,开始用于生产实践。金星男同志早在1982年就发表了《用水耦合装药爆破模型试验研究》的论文,(日)草野文彦先生也于1984年发表了《用水作堵塞物进行爆破试验结果》的报告。结合生产进行试验研究的有:山东莱芜铁矿为解决露天二次爆破的安全技术问题于1983年进行了《水介质不耦合装药结构控制爆破技术应用于露天二次爆破抵御抑制飞石的研究》[154]。1985年下半年四川建材学院非金属矿系爆破试验组在四川江油水泥厂张坝沟石灰石矿进行大块岩石的水介质耦合试验。据悉甲州碎石公司初狩矿业所试验研究的《水压二次爆破》也获得了很好的爆破效果。另外还有桥本博和高木薰二位先生研制的 AB 管装药结构和 ABS 管定向装药结构在隧道掘进中获得专利。因此，水介质耦合装药爆破技术引起了岩石破碎学术界的很大关注。我国许多院校和科研单位正在开始对其破碎机理及其应用方面的研究。许多矿山也根据生产的需要。在实践的基础上不断提高对水介质控制爆破认识的深化程度。使其应用范围不断扩大，更好地为四化建设服务。

水介质不耦合装药结构是在不耦合装药和水压爆破的基础上发展起来的一项新型装药结构的爆破技术。它是在不耦合装药结构的炮孔中注水，用水作为药卷和孔壁间耦合介质来传递爆破瞬间的爆炸冲击波、气体压力和能量，从而破碎矿岩的又一种工程控制爆破不耦合间隔材料。

水介质不耦合装药结构爆破技术具有破碎块度均匀，粉矿少，炸药单耗低、抑制飞石、噪音和振动低等特点，可应用于二次破碎、台阶爆破、预裂爆破和构筑物拆除等。

水在水介质爆破中的作用可归纳有以下几点：

1.水（液体）介质的体积具有不可压缩性。与空气介质比较爆破能量大。水中冲击波的压力高（约为空气中的 200 倍）但波速却比空气中小（为 65%~66%），提高了能量利用率。

2.水介质使冲击波压力瞬间在全部水介质中均匀地垂直孔壁传播并起作用。波形为圆柱形波，水平振动显著，受爆体沿径向破裂。

3.水的密度比气体的密度大，传递能量的效率高。

4.爆破无飞石（个别片石飞散，飞散距离很小）；烟尘少爆声小；空气冲击及爆破地震效应明显降低，减少爆破公害。发送了安全作业条件,提高了工时作业率。

5.受爆体破碎块度均匀。并可以控制过粉碎。

6.降低了炸药消耗量。

7.水介质控制爆破当受爆体漏水时,需解决其漏水问题,这是它的缺点。

第二节　空气和水介质间隔装药结构爆破作用机理

一、空气间隔装药结构爆破机理

苏联 H.B.缅里尼柯夫教授曾于1940年提出了采用这种装药结构的建议,并开始这项技术的研究。他们的研究表明:空气层的存在导致爆炸作用过程中激发产生二次和后续系列加载的作用,并导致先前压力造成的裂隙岩体的进一步破坏。采用空气间隔装药技术,在爆破作用过程中一方面降低了爆压的峰值,从而降低或避免了对围岩的过度粉碎;另一方面由于延长了爆压作用时间,从而获得了更大的爆破冲量($I = \int_0^\infty P_m \cdot dt$,即爆压与爆压作用时间的乘积),最终提高了爆破的有效能量的利用。由于空气不具有水的不可压缩特性,其体积将会在准静态气体压力的作用下迅速减小,致使准静态气体压力峰值的下降更为显著,但同时其作用时间都会因空气体积的恢复而延长[156]。

二、水介质间隔装药爆破作业机理

水的密度为空气的800倍,且无明显的压缩性和稀疏性,因此水对爆轰冲击的传播规律与空气中的传播规律不同[157]。

底部水间隔装药,因水有各向均匀传压和压缩性小的特点,炸药爆炸时,充满水腔壁和装药墙壁受同样的动载作用,峰压下降缓慢,在高压下水的可压缩性大于岩石,水成为炸药爆炸与岩石的缓冲层。其次充水腔还受到高温高压气团膨胀而产生的水压作用,水中积蓄的能量将伴随释放[158]。

但比较起来,水介质不仅能起到一段"等效药"柱的作用,而且被冲击压缩的高压水挤入爆破裂隙中具有"水楔"尖劈的作用,更能加剧破碎岩体中裂隙的延伸和扩展使爆破能量的分配更趋合理,破碎块度更趋于均匀[140]。

第三节　水介质在工程控制爆破不耦合装药的爆破效应

"用水耦合装药爆破模型试验研究"方面金星男先生所作的试验研究有系统性、实用性和理论分析全面,本节采用金星男先生[159]的试验研究成果。

一、试验模型和方法

模型试验采用矿碴硅酸盐水泥和砂颗粒直径 $\phi<1.0$ mm 的材料搅拌而成,配比为:水泥:砂:水＝1:3:0.7,大多数模型尺寸为30cm×30cm×30cm,养护期一个月,浇灌模型时预留药孔,药孔直径分别为:D_b=1.0、1.5、2.0、2.5cm,孔深 h=15.5cm。

试验使用炸药为模压球形泰安,药量为 0.92g,密度为 1.69g/cm³,药包直径 d_e=1.0cm,直接用DR-9J型起爆破器起爆。

药包中心至模型自由面的距离等于30倍药包半径,即 R/r_e=30。爆破水泥块单耗为 q=0.034kg/m³。

为观察爆破后的破坏状况和水的作用深度,用红色水灌满药孔,爆后在破裂面和裂缝中留下红水浸入的痕迹,进行量测。

二、试验结果

金星男先生进行了35个模型爆破试验,为了说明水耦合装药和爆破效果,还用黏土作为堵塞材料,也做了同样模型的爆破试验比较。结果详见文献[159]。

通过试验,得到与K_b有关系的四条曲线,即K_b与浸水长度L、与压缩圈直径d、与中心抛距S_e、与模型破坏块数N等关系曲线[159],如曲线图15.1a、b、c、d。

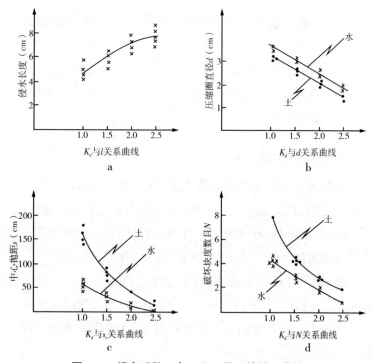

图15.1　耦合系数K_b与l、d、S_e及N的关系曲线

1.介质在不同 K_b 条件下爆破效应

四个关系曲线表明:在本试验的条件下,随着耦合系数 K_b 的增大,浸水长度 l 以非线性关系增加,当 $K_b = 2.0$ 时出现拐点; $K_b > 2.0$ 点 l 增加缓慢;爆破压缩圈直径 d 随 K_b 的增大以线性关系减少;中心抛距 S_c 随 K_b 的增大的指数函数形式减少;破坏块数 N 随 K_b 的增大,开始以指数形式减少,而后以线性关系减少。这些关系曲线中,除了浸水长度关系曲线外,其他三个关系曲线图中都与用土堵塞的试验结果作了比较。

2.水介质在不耦合装药条件下爆破破裂规律

(1)爆破后试验模型块完全断裂的和未完全断裂的裂缝走向几乎全部是竖向即径向裂缝(或裂纹)(参见图15.2)而很少有横向即垂直径向裂缝(或裂纹),只有两个模型,当 $K_b = 1.0$ 用土堵塞条件下,在药包中心同等面上出现横向断裂现象。

图15.2　模型裂缝及断裂块

(2)竖向裂缝中均有红水浸入而留下来的痕迹,即使没有断开的细小裂纹中(指从药孔壁开始伸长的裂纹)也留下一定长度的红水痕迹,但在横向裂纹中则没有任何红水痕迹,即使试块已分裂开的横向断面上也没有红水浸入的痕迹。

(3)爆破后在断裂开的或未断裂开的沿药孔壁留下来的大小裂缝,全部都是竖向而无横向。

(4)用红水堵塞的爆破断裂块上所留下来的红水痕迹,都是上部(自由表面处)宽,而下部(按近药包外)窄,爆破即漏斗状,并与压缩圈边缘联结着。浸入轮廓线呈抛物线状分布。从颜色的深浅程度上分析,最深的是压缩圈上,其次在孔壁上。

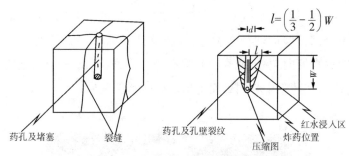

图15.3　模型破裂断面及浸水示意图

(5)在已断裂水泥块模型的六个自由面附近,没有出现任何垂直于径向的裂纹,即平行于自由面的裂纹;也没有出现任何拉断飞片或可能产生飞片留下来的裂纹痕迹。

三、对试验结果的分析[159]

1.不同堵塞物的作用机理与爆破效应

(1)水泥块模型的爆破破坏效果与药孔的堵塞材料、堵塞条件有密切关系。因为堵塞材料不同使炸药爆炸作用对孔壁面上的作用过程不同,因而在药孔壁周围介质中受力状态及受力过程不同,当然所产生的破坏及裂缝的效果就受到影响。从试验结果及所出现的现象中可以看到,用水和土堵塞的爆破效果是不同的。因为水和土的物理力学性能不一样,因而这两种介质在药孔中受到炸药爆炸作用力以后,接受、传递、消耗能量的程度和过程均不同。用水堵塞时水能很快地沿着孔壁传递力,传递能量;而用土堵塞时,由于土的压缩性大而消耗一部分能量,沿着药孔长度上传递的爆炸作用力衰减得比水快。

因此,用两种不同介质堵塞,使药包周围壁上及药包上部孔壁上所形成的应力分布状态的不同,造成了裂缝数目差异和爆后混凝土块获得速度大小的不同。

(2)土和水堵的压缩半径r_f都随着K_b的增加而减少。这是由于随K_b的增加,作用在药包周围孔壁上的压力被水或空隙所减弱的结果。当然K_b越大,这种减弱的程度也就越大。用土堵塞时的压缩圈比用水堵塞时的压缩圈小,这是因为土的可压缩性,使压力的减弱作用比水大的结果。

根据T.C.Atchison Ichiro Ito等人[160]的资料,分析比较K_b的影响,即K_b与r_f之间关系。

当炸药在药孔内爆炸时(球形药包在无限介质中的爆炸),根据理想气体的绝热膨胀规律,任意距离上的压力可写成:

$$P=P_0(r/r_c)^{-3\gamma} \tag{15.1}$$

式中:r——离药包中心任意的距离;

P_0——炸药爆轰压力;

γ——爆炸气体的定压比热与定容比热比;

r_c——药包半径。

当$r=r_b$,即孔壁面上时,孔壁上的压力P_b可以写成:

$$P_b = P_0(r/r_c)^{-3\gamma} = P_0 K_b \tag{15.2}$$

由于P_b的作用,在孔壁处介质内产生的初始应力为δ_b,则P_b与δ_b之间有比例关系,式中$K = \delta_b/P_b$,为比例系数:

$$P_b = \sigma_b/K \tag{15.3}$$

将(15.2)式入代(15.3)式得到:

$$\sigma_b = KP_0/K^{-3\gamma_b} \tag{15.4}$$

当耦合系数K_b增加到压缩圈外围半径r_f时可以用σ_f表示σ_b,用F_f表示K_b。

则 $\sigma_f = KP_0 F_f^{-3\gamma}$

则 $F_f = (KP_0/\sigma_f)^{1/3\gamma} \tag{15.5}$

显然,当$K_b > F_f$时,药包周围介质不产生压缩圈(或破碎圈),反之,$K_b < F_f$时,药包周围介质中就产生压缩圈(或压碎圈)。

在压缩圈内的介质中,离爆心任意距离r处的最大应力值可用下式表示:

$$\sigma = KP_0 K^{-3\gamma}{}_b (r/r_b)^{-m} \tag{15.6}$$

式中:m——压缩圈内的应力衰减指数。

所以,当$r = r_f$,即在压缩圈外边界,外边界上的最大应力值σ_f应是:

$$\sigma_f = KP_0 K^{-3\gamma}{}_b (r_f/r_b)^{-m} \tag{15.7}$$

因此,从(14.7)式可求出产生压缩圈半径r_f的大小为:

$$r_f = r_b (KP_0/\sigma_f)^{1/m} K^{-3\gamma/m}{}_b \tag{15.8}$$

式中符号同前。一般情况下,指数$3r > m$。

从15.8式可以看到,在同一种介质和同等量炸药情况下,r_b、K、P_0、m都是常数,又因$3r/m > 1$,所以r_f与K_b就成为$3r/m$次方的反比关系,这就是说,随着K_b的增加、r_f值减少,试验结果基本上符合此分析规律[159]。

（3）图15.1（c）曲线表明，水泥碎块的移动距离S_c与碎块所获得的速度大小有关。根据动量原理分析，即$P_t=Mv$（M为碎块质量），若M、P一定，v值就随t的增大而增大。当$K_b=1.0$时，无论用土堵塞或用水堵塞，药包周围孔壁受到的初始压力是相同的，但因堵塞材料的不同，使压力作用时间t不同，土堵塞时的t比水堵塞时要长一些，因此土堵塞时已裂块体所获得的v就大些。随着K_b值的增加，即$K_b>1.0$时，准静态压力P衰减很快，而t的变化却不大，因此v值就变得小些（M值不变）。因为碎块的移动距离S_c与v值成正比的关系，所以随着K_b的增加，抛距S_c减少，从曲线c中也可以看到，随着K_b的增加，无论用土堵塞或是用水堵塞时，碎块的S_c以不同的斜率减少，同时此两种介质堵塞后的S_c值的差距也在逐渐减少。

2.水介质的爆破效应

从破裂断面示意图15.3可以看到，水受到炸药爆炸作用力以后，同时或稍迟后浸入到裂缝中去，水浸入的长度，在自由表面附近，也只有裂缝全长度的1/3~1/2，即只到达药包半径的10~15倍位置上；其下与压缩圈边缘联结在一起，其外轮廓线呈抛物线状。按着这种分布形状浸入裂缝的水，可能在裂缝发生的初期起扩张裂缝的作用，而不是在裂缝发展的全过程中都在起作用。

从水浸入长度l随K_b的变化曲线看出，在$K_b=2.0$左右时出现拐点，在$K_b=2.0$以后l就有缓慢变化的趋势表明，水浸入的长度l随K_b的增加也是有限的。这是因为炮孔中的水，在爆炸压力作用下，一面浸入裂缝中去，另一面沿孔向外冲去，冲出去需要有个时间过程，这个时间过程与水浸入裂缝的长度l可能有一定的关系。至于浸水痕迹的外部轮廓线的斜率是表示裂缝的扩张速度，还是浸水作用压力的分布,一般说应是水压尖劈作用。

3.水泥砂浆模型爆破破坏效应

(1)从曲线 d 上看到,水泥块的破坏块数目 N 随 K_b 的增大而减少,这是因为 K_b 的增大,使孔壁上的初始压力 P_0 在减少,因此介质中的切向拉应力 σ_0 减少,而裂缝又取决于切向应力 σ_0 的大小,如果 σ_0 值超过介质的抗拉强度 K_b,那么介质就产生径向裂隙。国外实测的资料亦证明,随着 K_b 的增加,孔壁面上的 σ_0 值减少,因而碎块数目相应减少,这和本试验的结论是一致的[159]。

(2)试验的结果表明,在本试验尺寸条件下(即边界条件不变),不管堵什么样的材料,只要炸药品种和药量一定,则产生主要裂缝(只考虑贯通模型的大裂缝隙)的方向位置基本上是一致。这是因为改变 K_b 的大小或是改变堵塞材料,只影响孔壁上所受压力的大小及破裂块度的运动速度,而影响不了应力波的传播规律,所以,主要裂缝的方向位置与模型的边界条件有关。在"水泥模型中裂缝速度测量"[161]文中提出:在具有一定边界条件的模型中爆破时,主要裂缝首先是从孔壁向外发生,并经过很短的时间后,在离药包中心最近的边界开始,从外向里发生的裂缝相会而形成的。

(3)根据裂缝速度测量所得的结果[161],水泥模型中的裂缝的初期发展速度为 700~800 m/s,随距离的增加按指数形式衰减,而应力波在水泥块中的传播速度一般在 3 500~4 500 m/s,这两个速度相差5~6倍。从测量到的时间上看,自由面上产生裂缝的发生迟后于药孔壁上裂缝产生的时间,在已断裂的横向自由面上,没有现出应力波在自由面上反射而可能产生的任何飞片及横向裂缝(或裂缝),由此可以推断,应力波在自由面边界上反射而引起破坏的作用是很小的。

试验中出现的这种破坏现象与燃烧剂或火药类低爆速炸药爆炸作用的破裂相似。为此,我们可以设想,像水泥模型这类脆性材料的破坏过程,类似于准静态作用的破坏过程。

这种过程,在本试验[159]的结果c及d曲线上,随着耦合系数K_b的增加,当$K_b=2.5$时,表现得越明显。

四、小结

通过用水耦合装药的爆破模型试验,得到了随着耦合系数K_b的增加,浸水长度l增加,而水泥块的压缩圈直径d、断裂块中心抛距S_c和破坏块度数目N等都在减少。为了说明水耦合装药爆破效果,在相同模型和相同药量的条件下,用土堵塞药孔作了不同耦合系数K_b的试验,并与前者的结果作了比较。比较结果表明,在用水耦合装药爆破条件下的抛距和块度数目,都比用土耦合装药条件小,但压缩圈直径大。

用水耦合装药爆破时的安全性比用土耦合装药爆破的要好些。堵塞操作及实施方法等方面前者比后者简单易行。

试验结果及所出现的现象,说明了耦合系数越大,则水泥块的破坏过程越明显表现出准静态作用下破坏过程的特性。

第四节 炮孔不耦合间隔装药间隔材料的爆破效应及爆炸波传播规律

一、水介质和空气在工程控制爆破不耦合装药爆炸波与能量传播规律

1.试验方法与结果

在水泥砂浆试块上,对水介质爆破的机理进行了研究,包括

应力波、能量传递与不耦合系数 K_b 的关系,破碎过程和破碎块数等[155]。

试验中使用超动态应变仪—瞬间波形存贮器—微机应变测量系统。分别就空气和水两种耦合介质在不同的不耦合系数 K_b 的情况下。应力波进行了记录。试验结果见表15.1水介质不耦合装药爆破应变波形见图15.4所示[155]。

表15.1 应变波强度、变形势能与不耦合系数和耦合介质的关系

不耦合系数 K_b	耦合介质	平均最大应变值 $\overline{\varepsilon}_{max}$($\mu\varepsilon$)		平均最大拉应力 $\overline{S}_{max}$（MPa）	变形势能 E 换算值(J)
		计算值	实测值		
1.67	水	410	405	7.17	0.014 5
	空气	358	355	6.28	0.011 5
2.67	水	319	331	5.86	0.009 7
	空气	221	223	3.95	0.004 4
3.33	水	271	270	4.78	0.006 5
	空气	161	154	2.73	0.002 1
4.0	水	229	229	4.05	0.004 6
	空气	117	117	2.07	0.001 2

2.结果分析

从表15.1中可以看出[155]:

(1)两种耦合介质对应力波和应力波能量均有衰减作用。它的衰减方程为:

应变：
$$\varepsilon_{max水} = 622e^{-0.25k}$$
$$\varepsilon_{max空气} = 797e^{-0.48k}$$

能量：
$$E_{max水} = 0.0343e^{-0.496k}$$
$$E_{max空气} = 0.561e^{-0.967k}$$

两组方程中水介质爆破的衰减指数仅为空气的一半左右,说明水与空气相比,对爆炸冲击波和冲击波能量的传递衰减小,传

递效率高。

（2）随不耦合系数 k 值的增大，应力波波峰和能量均在衰减。其衰减幅度水比空气小，且不耦合系数越大两者差越大。

（3）对于空气介质，随着不耦合系数的增大，破碎效果变差，而水介质爆破，随 k 值的增大，破碎效果变好。试验中最大的不耦合系数为4，破碎效果最好。

（4）从图15.4中可以看出，随不耦合系数的增大，波峰下降，波峰向后推移，说明应力波对试块的加载过程变缓。如果当不耦合系数增大到不足以使孔壁产生破坏时，这时的破碎主要靠爆轰气体压力的作用。为获得最好的破碎效果要综合考虑爆炸冲击波能量和爆轰气体能量。

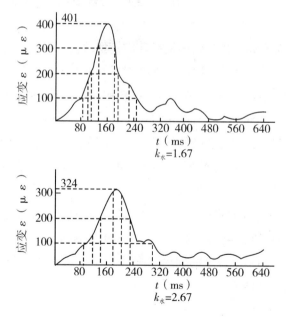

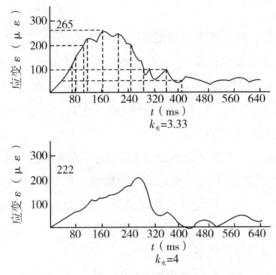

图15.4　水介质不耦合装药爆破应变波形

二、空气和柔性材料间隔装药的模型试验

1.炮孔间隔装药间隔层材料的应变峰值测试

试验用水泥砂浆模型,模型材料比,水泥:砂:水＝1:2:0.5;模型尺寸:450mm×450mm×480mm,孔深350mm。炮孔直径50mm,养护>28天,模型的物理参数:单轴抗压强度17.8MPa;弹性模量1.16MPa;泊松比0.166;密度2.23×10³/m³,纵波速度3 275m/s。

试验采用DH–3B42型动态应变仪和M18020A智能动态测试仪。药包直径48mm,装药20g,8号电雷起爆。对不同性质的间隔材料,和不同长度的间隔层进行了测试。测试结果见表15.2和图15.5~图15.15。

表15.2　炮孔底部间隔装药间隔层不同材料的应变峰值

间隔装药间隔长（mm）	应变峰值（μs）	
	空气间隔	柔性物质
0	20 851	20 851
30	17 783	15 318
60	10 063	10 883
90	8 810	10 125

2.炮孔底部锯末间隔层应变峰值测试

试验采用水泥砂浆模型与测试系统和方法与上同。测试结果见表15.3,图15.16~图15.18。

表15.3　底部不同锯末间隔应变测试峰值

锯末间隔长度（mm）	应变测试峰值（μs）					
	炸药中心		锯末间隔中心		模型底部	
	水平方向	垂直方向	水平方向	垂直方向	水平方向	垂直方向
30	15 767		16 675		11 266	15 318
60	15 312		13 525			10 883
90	15 445		15 846		10 077	10 125

模型底部典型应变波形图。

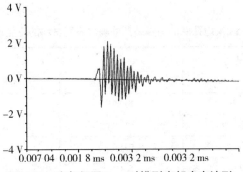

图 15.5　空气间隔 0mm 时模型底部应变波形

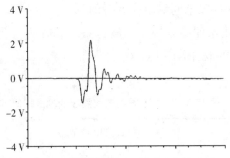

图 15.6　空气间隔 60mm 时模型底部应变波形

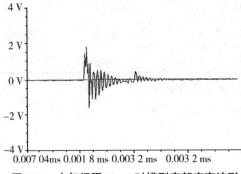

图 15.7　空气间隔 30mm 时模型底部应变波形

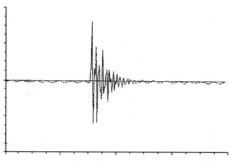

图 15.8　空气间隔 90mm 时模型底部应变波形

空气间隔中心典型波形图：

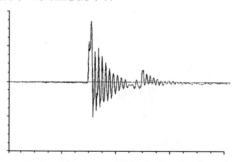

图 15.9　空气间隔 30mm 时模型空气间隔中心应变波形

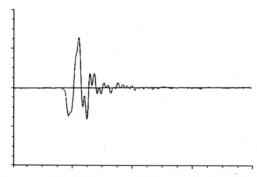

图 15.10　空气间隔 60mm 时模型空气间隔中心应变波形

定向卸压隔振爆破

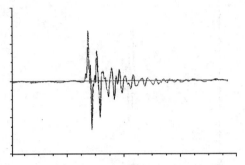

图15.11　空气间隔90mm时模型空气间隔中心应变波形

药包中心典型波形图

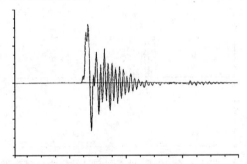

图15.12　空气间隔0mm时模型药包中心应变波形

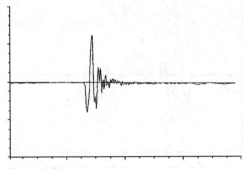

图15.13　空气间隔60mm时模型药包中心应变波形

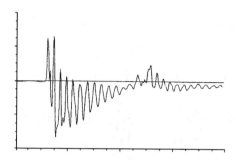

图15.14 空气间隔0mm时模型药包中心应变波形

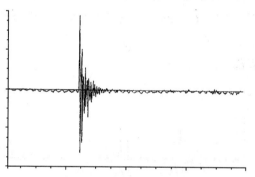

图15.15 空气间隔60mm时模型药包中心应变波形

炸药中心

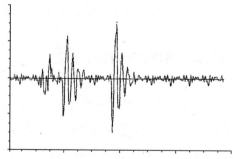

图15.16 锯末间隔90mm时模型药包中心应变波形

定向卸压隔振爆破

锯末间隔中心

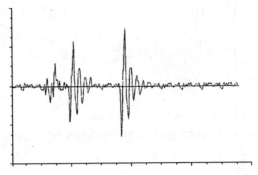

图 15.17　锯末间隔 90mm 时模型锯末中心应变波形

模型底部

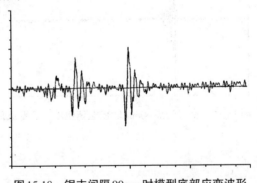

图 15.18　锯末间隔 90mm 时模型底部应变波形

三、空气间隔装药爆破效果的试验研究

已有文献研究表明[60]：

（1）长沙矿山研究院露天开采研究室所作试验表明，在湿砂中，空气层装药较集中装药所形成的爆破漏斗半径大 20%，可见深度增加 30%；在干砂中，粒砂抛掷量增加 40% 左右。该室与武钢矿山研究室合作，在致密黄土中作 50 次浅孔爆破试验得出结

论:当两端装药,上端装药量为总药量的30%~40%,空气间隙高度等于药柱高度的0.32~0.4倍时,与柱状连续装药相比较,爆破体积增加11.6%~22.2%;与充填分段装药相比较,爆破量增加21.5%~33.0%。爆破量相同时,单位炸药消耗量可相应减小6.5%~12%和14%~19%。

(2)中国科学院矿冶研究所在混凝土中实验得到:空气间隙装药时爆炸冲击波初压降低15%左右,气体相对作用时间延长64%;在钢柱试件中,最大初压力减22%,气体相对作用时间延长58%。由于初压减小,气体作用时间延长,且前者减小的幅度较后者延长的幅度小,因此,气体作用介质的单位冲量增大。

(3)矿业研究所对胶玻璃介质爆破作动态应力场的研究:当存在空气间隙时,因为十分复杂而强烈的干扰作用,应力场强度显著加强。

(4)为了查明空气层装药与集中装药爆破时介质破碎过程区别,苏联科学院矿业研究所利用感光频率为60~250万镜头的CφP型高速摄像机对镶有玻璃壁的砂箱内的砂介质爆破进行了摄影研究。结果发现,爆破发生0.4ms以后,空气层药包的爆破漏斗较集中药包的爆破漏斗半径小58%,在2.1ms时两者大致相等,往后,空气层药包的爆破漏斗半径迅速增大。可以肯定,空气层装药结构在爆破初期积蓄的能量在爆炸过程的后期得到的充分利用或释放。

(5)苏联爆破工业总局在哈萨克的松软砂质黏土中进行的空气间隙半工业性试验表明:当抛掷指数为1.16、药量为13~14kg时,空气层装药较集中装药时的可见爆破漏斗体积增大1~1.5倍,单位爆炸炸药消耗量降低55%~65%;抛掷指数为1.5,药量为20~200kg时,可见漏斗体积增加23%~46%,每米可见漏斗体积的

定向卸压隔振爆破

炸药消耗量减少23%~35%。

（6）台阶形状的混凝土试验，试验借助高速摄影设备，对其爆炸作用下裂隙形成于破碎过程进行研究的结果，如图15.19所示，图中可以看出，不同装药结构在各个爆炸瞬间的台阶的破碎程度。当柱状连续装药与充填分段装药于爆破最后瞬间，介质的破碎程度为70%时，相同条件下，空气间隙装药时介质的破碎程度达到93%。显然，空气间隙装药爆破时，台阶破碎程度较高。

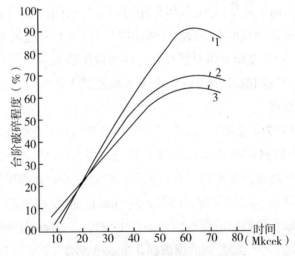

图15.19　装药结构与台阶破碎程度的关系

1—空气间隙装药；2—充填分段装药；3—柱状连续装药

第五节 水介质与空气间隔装药爆破应力波衰减的规律

一、水介质与空气应力波衰减规律

水对应力波的衰减比空气慢,在衰减指数上水仅为空气的一半左右,而且不耦合系数愈大其差别愈明显[162]。不耦合系数 K 从1.1(计算值)增大到4,水对应变波最大应变衰减了51.5%,而空气衰减了75.1%。其最大应变势能水衰减了77.4%,而空气衰减了94.5%;但不耦合系数增大到6时(计算值),水使最大应变衰减了75%,而空气却衰减了90.5%。而它们绝对值之比,水是空气的3.1倍,因此只有当不耦合系数较大时,水能更有效地传递爆破应力波的压力和能量优点才能充分体现出来[162]。

当不耦合系数减小到1.1时,根据回归方程可知炮孔中为水和空气介质时,其峰值应变误差为0.4%,应变势能的相对误差为2.5%,这表明炮孔中耦合介质的影响很小,这时不管炮孔中充填介质如何,其爆炸冲击波几乎直接作用于孔壁,因此传递到介质内部的应力波强度基本相同。所以当不耦合系数较小时,炮孔中充水与否其破碎效果应该相差不多。

炮孔充水时随不耦合系数的增大,高频幅度减小,能量向低频方向集中,这说明在不耦合系数较大时,介质受到的应力波冲击的加载过程趋于平缓均匀,高频应力的作用减少。这样有利于抑制飞石和减少噪音。

当炮孔中为空气时,随不耦合系数的增大,高频部分波形的含量减小到一定程度之后,又有所增加,从试验破坏结果来看,当 $K=3.3$ 和 $K=4$ 时,试块基本上没有破坏,因此应力波可在介质内部反射叠加几次这样使高频应力有所增加。

根据应力波的分析结果可知,水对爆轰冲击波的衰减作用是明显的,但比空气传到介质内部的应力波的强度很弱,以至于不能够使介质产生破坏,这是主要靠爆轰压力的作用,此时属于水压爆破的范畴。水压爆破与水介质爆破的区别在于水压爆破主要是靠水均匀的爆轰压力破坏介质,而水介质爆破时以应力波和水压联合作用于介质的。

二、水介质与空气的效果比较

空气或水作间隔介质,均能收到良好的效果,但与底部间隔装药[140]比较起来采用空气间隔时,大块率降低50%,炸药单耗下降21%;采用水间隔时,大块率降低67%,炸药单耗降低23%,产生这种差异的主要原因:爆破作用机理不同造成的。

空气间隔装药已有几十年的历史,国内应用早年多用于炮孔中部间隔装药,近二十年来用得最多的是炮孔底部间隔装药。而间隔材料以空气为主,其次是水介质,少数矿山还采用柔性材料,个别矿山采用岩粉对炮孔分段装药。

水的密度为空气的800倍,且无明显的压缩性和稀疏性,因此水对爆轰冲击的传播规律与空气中的传播规律不同。

水与空气作用机理的差异

(1)空气不具有水的不可压缩特性,其体积将会在准静态气体压力的作用下迅速减小,致使准静态气体压力峰值的下降更为显著,但同时作用时间都会随着空气体积的恢复延长。

(2)水介质不仅能起到一段"等效"药柱的作用,而且被冲击压缩的高压水挤入爆破裂隙中具有"水楔"尖劈的作用,更能加剧破碎岩体中裂隙的延伸和扩展,使破碎块度更趋于均匀[140]。

水介质和空气对爆破应力波的衰减规律,见表15.4所示:

表15.4　水和空气对爆破应力波的衰减规律

介质名称	衰减指数	不耦合系数1.1~4		不耦合系数6时应变衰减(%)	绝对值之比
		应变波衰减(%)	应变势能衰减(%)		
空气	100	75.1	94.5	90.5	1
水	50	51.5	77.4	75	3.1

由表15.4说明:相比之下,水更能有效地传递爆破的压力和能量。

1.间隔材料中炮孔传递给岩石的初始超压值,分别是柔性材料、水介质和空气的3.45倍、2.54倍、5.432倍。所有,空气间隔降压更为明显。

2.空气和水介质的爆破效果也不一样[140]:采用空气间隔时大块率降低率50%,炸药单耗降低21%;采用水介质大块率降低67%,炸药单耗降低23%,产生这种差异的主要原因,爆破作用机理不同造成的。

第六节　炮孔间隔装药间隔层材料作用效果的理论计算

炮孔间隔装药,主要包括孔底间隔和中间间隔装药,其一般应用的材料主要是空气,其次是水、岩粉和柔性材料等材料为间隔层材料,但主要的是采用空气间隔。在孔底也可采用水介质和柔性材料,个别矿山分段间隔采用岩粉。

定向卸压隔振爆破

一、炸药包接触岩土上的初始超压值

研究表明[193]，与炸药包接触的岩土上的初始超压ΔP_H可由以下式(15.9)~(15.11)近似计算：

$$\Delta P_H = K \Delta P_D \qquad (15.9)$$

$$K = 2/(1 + \rho_0 D/\rho_m V'_P) = 2/(1 + \rho_0 D/\rho_m V'_P) \qquad (15.10)$$

$$\Delta P_D = \rho_0 D^2/(1+k) \qquad (15.11)$$

式中K—通用系数 ρ—装药密度 ρ_m—岩土密度 V'_P—岩土中纵波波速；

（在与药包相接触处$V'_P = 2V_P$；离药包(2-3)R_m距离处$V'_P \approx 1.25 V_P$，R_m为药包横截面半径；大于$10R_m$距离处$V'_P = V_P$）；ΔP_D—爆轰波压力；V_P—爆轰压力波波速；k为常数（$\rho < 1.2\text{g/cm}^3$，$k=3$；对$\rho_m > 1.3\text{g/cm}^3$，$k=2.1$）。

二、炮孔间隔层不同材料的初始超压值

从式(15.10)中可见，当选用的炸药品种一定时其波阻抗（即炸药密度与轰波波速的乘积）值一定，当岩土的波阻抗（即岩土的密度与纵波波速的乘积）改变时，K值随之改变，岩土波阻抗降低，K值变小ΔP_H降低。

1.炮孔间隔装药间隔层常用材料的密度和纵波速度

炮孔间隔装药间隔层常用材料的密度和纵波速度见表15.5所示。

表15.5 常用材料的密度和纵波速度

材料名称	岩石	岩粉	柔性材料	水	空气	2号岩石硝铵炸药
材料密度（g/cm³）	2.7		1.5	1	0.001 293	1
纵波速度（g/s）	4 500		500	1 490	通用340；计算用400[157]试验351~407.85	3 600

2. 2#岩石硝铵炸药在炮孔内爆炸传递给炮孔底部岩石壁的超压值

由表2知炸药$\rho = 1g/cm^3$，$D = 3\ 600m/s$，当其爆炸时，在炮孔底部传递给$\rho_0 = 2.7g/cm^3$，$D'_P = 4\ 500m/s$的岩体超压值。

由式（15.10）

$K = 2/[1 + \rho_0 D/(\rho_m V'_P)] = 2/[1 + 1 \times 3600/(2.7 \times 4500)] = 2/(1 + 3600/12150)$

$= 2/(1 + 0.296) = 2/1.296 = 1.543$

由式（15.11）

$\Delta P_D = 1 \times (3600)^2/(1 + 3) = 12960000/4 = 3240000$

由式（15.10）$\Delta P_H = 1.543 \times 3240000 = 4999320$

3. 2#岩石硝铵炸药在炮孔内爆炸传递给炮孔底部间隔层材料的超压值

(1)炮孔内炸药爆炸传递底部间隔层柔性材料的超压值

柔性材料$P_0 = 1.5g/cm^3$，$V'_P = 500m/s$，$k = 2.1$

由式（15.10）

$K = 2/(1 + \rho_0 D/\rho_m V'_P) = 2/(1 + 1 \times 3600/1.5 \times 500) = 2/(1 + 3600/750)$

=2/(1+4.8)/25.8=0.345

由式(15.11)

$\Delta P_D = 1 \times (3600)^2/(1+2.1) = 12960000/3.1 = 4180645$

由式(15~9) $\Delta P_H = 0.345 \times 4180645 = 1442323$

由式(15.9)~(15.11)计算得:炮孔炸药爆炸传递给孔底岩石的超压值是底部间隔层柔性材料的(4 999 320÷1 442 323=)3.45倍。这说明,在炮孔底部设置密度和纵波波速都较小的柔性材料作间隔层,可以显著地降低 ΔP_H 值。可见炮孔底部设置柔性间隔层,由于降低了爆破压力,降低爆破震动,保护岩体破碎深度。且因爆轰波传递速度慢而增加了作用时间,可较为均匀破碎炮孔底部以上的岩石。

(2)炮孔的炸药传递给底部空气间隔层的超压值

由公式(15.9)~(15.11)计算得:炮孔炸药爆炸传递给,空气底部空气间隔层的超压为920.2,与相同条件炸药传给炮孔底部岩石的超压相比,传给底部岩石的超压是传给空气间隔层的5 432倍。表明采用空气间隔层显著的降低初始超压值。

(3)炮孔内炸药爆炸传递给底部采用水为间隔层材料的超压值

由公式(15.9)~(15.11)计算得:炮孔炸药爆炸传递给水为间隔层材料的超压值为1 895 400,与相同条件炸药爆炸传递给孔底岩石的超压值是间隔层为水材料的2.54倍,这说明,在炮孔底部设置以水为材料的间隔层能减低初始超压值。

三、小结

(1)间隔层不同材料超压值不同,见表15.6:

表15.6 炮孔底部相同爆破条件设置不同介质的间隔层炸药爆炸传递给底部间隔层的初始超压值

材料名称	岩石	柔性材料	空气	水
同等条件初始超压值	4 999 320	1 442 323	920.2	1 895 400
是岩石的倍数		3.45	5432	2.54

(2)计算说明,在炮孔底部或中间设置密度和纵波波速都较小的材料作间隔层可以显著地降低爆轰初始超压值。

第十六章 定向卸压隔振爆破隔振材料的作用机理与隔振效果

第一节 定向卸压隔振爆破隔振材料的作用机理

一、卸压隔振材料吸收爆轰波阵面上的横波

据郭长铭等的研究表明[139]，一定长度的吸收材料确能对爆轰波的传播起衰减作用。衰减的主要机理是爆轰波波阵面上横波被吸收。

卸压隔振护壁材料，从应用上它是工业用材料，它不是专门用于吸收能量的材料。但根据作者在中国人民解放军总参工程兵三所的试验研究，当用U型隔振材料为2mm时，透射应力峰值为入射应力峰的53.05％，即46.95％的能量被U型隔振材料吸收或者阻隔。

众所周知，爆破破裂岩体是爆轰波（和应力波）的体波，体波占爆炸总量能的33％，而表面波占总能量的67％，其中体波的纵波只占总能量的7％，而横波占总能量的26％，这显示了横波维持在爆轰波稳定自持传播过程重要的不可替代的作用。由此看

来,设法消除横波或破坏横波维持的不失为抑制、熄火爆轰波的另一条有效的途径[164]。值得深入研究这方面的途径。

二、卸压隔振材料有效阻挡部分爆轰波

1. 由于隔振材料的存在,使得炸药爆炸的爆轰波传播过程中,炮孔保留岩体一侧径向扩展受到限制,避免了径向稀疏波对反应区的干扰,有利于稳定爆轰并达到理想爆轰速度。

2. 隔振材料的特征阻抗大于炸药的特征阻抗即 $\rho_m D_m > \rho_0 D_0$ 时,爆轰波直接作用于材料壁时,除了产生透射波外,尚有向爆炸中心反射的压缩波,据王树仁[165]的研究采用硬质塑料型材料,反射波的能量约为总能量的 10% ~ 13%。因此,透射到隔振材料管壁的冲击波,再由环形空间衰减后,最后作用于孔壁难于形成新裂纹。

三、卸压隔振材料的存在有利于临空面岩石的破碎效果

1. 隔振材料壁面对随之而产生的爆生气体的径向膨胀也起着限制作用,使之延长了爆生气体在装药空间的滞留时间。实验表明[165]:装药空间滞留时间所得裂隙长度为不滞留时间 5 倍左右。

2. 当爆轰产物直接冲击其材料壁面时,由于材料的密度大于爆轰波阵面上产物的密度且材料的压缩性小于爆轰产物的压缩性,所以爆轰产物从该材料壁反射回来,并产生反射冲击波形成高速高压,增大了爆炸冲量密度。使临空面方向的能量大增,因冲量密度与滞留时间成正比,滞留时间越长,冲量越大,有利临空面岩体的破碎效果。

第二节 定向卸压隔振爆破隔振材料的霍普金森
装置效果试验

SHPB(Split Hopkinson Pressure Bar)法是目前测量岩石中,高应变率($10^1 \sim 10^3$/s)的理想设备。它不仅可以测量岩石试件的应力、应变、应变率的关系,而且可以研究在不同加载条件下岩石的破坏效果并可以解决以下试验内容:①冲击载荷作用下固体材料裂纹的起裂;②岩石拉伸破坏及损伤特征;③岩石临界破坏强度;④岩石线弹性断裂控制的动态分析及其他。

SHPB压杆除了可进行常规的压缩试验外,还可以进行层裂、冲击拉伸、劈裂拉伸、动态曲面等多种试验。进而可以研究各种材料的动态压缩力学性能、应变率硬化和损伤软化效应;动态拉伸、动态扭转力学性能和动态劈裂;动态损伤、动态断裂和裂纹扩展速度等。随着对其研究的不断深入和对试验装置的改进,SHPB压杆技术在岩石领域也得到了越来越广泛的应用。

一、实验原理和相关测试参数

本次实验利用总参工程兵科研三所的ϕ100 mm的Hopkinson杆,该设备为国内最大直径的SHPB设备,压杆为弹簧钢材料,支座为可以精确调解的滚动轴承支座,发射装置采用精确气压控制,可满足实验要求。

实验中通过控制发射装置的发射压力来控制撞击杆的速度,为避免岩石碎裂,加载速度不大于8m/s。为减小应力波在Hopkinson杆中传播时的几何弥散效应。采用变截面梭形子弹,同时也采用了硬纸板波形整形器,通过实验调试选择合适的纸板类型和厚度,获得弥散很小的应力波如图16.1所示(撞击速度为7.7m/s)。

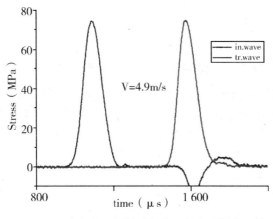

图16.1　空打(无试件)时杆上入射和透射波形

SHPB实验装置一般用来研究材料在高应变率下的动态结构关系,其装置图和实验原理如图16.2。当子弹(撞击杆)以某一速度撞击输入杆时,在输入杆中产生一个入射脉冲 ε_i,该入射脉冲沿输入杆传播到输入杆与试件接触面,应力波透入试件中并使试件在该应力脉冲作用下发生高速变形,与此同时,由于试件波阻抗和压杆不同,在压杆中产生往回的反射脉冲 ε_r 和向前的透射脉冲 ε_t。根据压杆的入射波、反射波和透射波就可以获得材料在高速变形下的力学响应。SHPB技术是建立在两个基本假定基础上的,一个是一维假定(又称平面假定),另一个就是均匀假定。根据一维假定,我们可以直接利用一维应力波理论确定试件应变 $\varepsilon(t)$ 和应力 $\delta(t)$。

$$\dot{\varepsilon}(t) = \frac{C}{l_0}(\varepsilon_i - \varepsilon_r - \varepsilon_t)$$

$$\varepsilon(t) = \int_0 (\varepsilon_i - \varepsilon_r - \varepsilon_t)\,\mathrm{d}t \qquad (16.1)$$

$$\sigma(t) = \frac{A}{2A_0}E \cdot (\varepsilon_i + \varepsilon_r + \varepsilon_t)$$

根据(16.1)式,利用压杆上应变片所测量的入射、反射和透射应变波形即可以获得材料的应力、应变和应变率之间的关系。再根据均匀性假定: $\varepsilon_i + \varepsilon_r = \varepsilon_t$,(16.1)式可以简化为更简单的形式:

$$\dot{\varepsilon}(t) = \frac{2C}{l_0}\varepsilon_r$$

$$\varepsilon(t) = \frac{2C}{l_0}\int_0 \varepsilon_r\,\mathrm{d}t \qquad (16.2)$$

$$\sigma(t) = \frac{A}{A_0}E \cdot \varepsilon_t$$

习惯上,利用(16.1)式确定材料应力—应变关系的方法称为"三波法",而利用(16.2)式的方法则称为"二波法"。

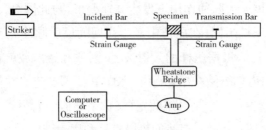

图16.2 SHPB实验装置简图

实验中在入射杆上距离试件2m的位置和透射杆上距离试件0.8m位置对称粘贴2个应变片,全桥接入动态应变仪,所采用的应变型号BF120-5AA,灵敏系数2.00,电阻120欧。应变仪的桥电压4V。静态标定结果为:通道1(入射杆)500微应变输出电压1.94V;通道2(透射杆)500微应变输出电压2.00V。因此实验所测杆中应变仪输出电压和应变的转换系数为:

入射波应变＝入射杆输出电压/1.94×500(微应变)

透射波应变＝透射杆输出电压/2.0×500(微应变)

考虑Hopkinson杆材料的模量为200GPa,将上式中微应变乘上0.2,即为杆中应力波形(MPa)。

实验中所有波形测量皆为采样率10M,记录长度20K,延迟-5K,通道1单通道内触发,触发电平均为0.5V。

二、岩石试件的物理参数如表16.1

表16.1　试件材料的物理参数

	岩石(大理石)	U型隔振材料
模量(GPa)	28	3
密度	2.79	1.4
波速	3 800	1 940
强度	112	66

实验中所采用的U型材料膜片和岩石试件的直径都为90mm,其他参数如表16.2所示。

定向卸压隔振爆破

表16.2　实验记录

试件编号	直径(mm)	厚度(mm)	冲击速度(m/s)	保护层厚度(mm)	保护层波速(m/s)	备注
7	90	45.35	7.8	0	1 939	
8	90	44.10	7.7	0	1 939	
11	90	44.68	8	0	1 939	
10	90	45.28	7.7	2.01	1 939	
1	90	45.73	7.9	2.04	1 939	
16	90	45.10	7.7	2.4	1 939	
15	90	45.39	7.7	3.12	1 939	
9	90	45.84	7.8	4.32	1 939	
14	90	45.81	7.8	4.32	1 939	
3	90	45.57	7.8	6.24	1 939	
13	90	45.58	7.8	6.24	1 939	

三、实验结果

所有实验结果都以试件编号为文件名保存为.opg文件,其数据表格形式为:第一列为时间(单位μs);第二列为输出电压(单位v);第三列为应变(单位με);第四列为应力(单位MPa)。各参数间转换关系在第一部分已经给出说明,另外在.opg文件中给出主要实验参数(撞击速度、C-I型隔振材料厚度和岩石试件厚度等)。

为便于表示不同的C-I型隔振材料厚度,将实验数据分成三个类别:C-I型隔振材料厚度为0(对应于试件编号11、7和8);厚度为2(对应于试件编号1、10和16);厚度为4(实验厚度4.32×2,对应于试件编号9和14);厚度为6(实际厚度为6.24×2,对应于试件编号3和13)。

1.杆上应力波形

透射杆上应力波形体现试件的承载情况,由

$$\sigma\,(t)=\frac{A}{A_0}E\varepsilon_t$$

可以从透射杆上的应力波形推算出试件的应力状态,其中最简单的是利用透射杆上的应力波形峰值得到试件在实验中所承受的最大应力。下面给出杆上应力波形,所有图像均为.origin格式,可以双击打开对应的数据和图像进行进一步的分析。

2.原始应变波形

共进行了11次SHPB冲击试验,其中8次采集到了有效数据。形波形都比较平滑,详见参考文献[166]图11-21所示,入射波、透射波参数如表16.3所示。

表16.3　入射波、透射波应变曲线参数

试件编号	保护层厚度	入射波		透射波		透射系数(%)	备注
		上升前沿时间(μs)	应变峰值(με)	上升前沿时间(μs)	应变峰值(με)		
8	0	94.3	559.1	90.3	287.16	51.36	
10	2.01	106	571.2	104	277.3	48.54	
1	2.04	108	540.3	96.1	277.53	51.36	
16	3.12	99	527.7	93.6	250.56	48.48	
15	4.32	125	437.8	88.9	204.06	46.61	
14	4.32	104	547.8	90.3	220.98	40.34	
3	6.24	107	601.4	105	238.28	39.62	
13	6.24	102	567.8	97	211.52	37.25	

按照一维弹性波理论,应力波在试件中的各个断面发生反射和透射,当入射杆和透射杆的材料相同时,有 $\varepsilon_t=\varepsilon_i+\varepsilon_r$,式中 ε_t、ε_i、ε_r 分别为入射波、反射波、透射波在杆中传播引起的微应变。在测得的8个试件波形中,基本上能够满足 $\varepsilon_t=\varepsilon_i+\varepsilon_r$,说明

定向卸压隔振爆破

8个波形信号是可信的。但其中10号试件、15号试件、13号试件稍有偏差,这主要是由波形分离时的误差和试件中能量损耗引起的。

3.应力—应变曲线

这里需要说明的是这里的应力—应变曲线只能是广义的,因为其所反应的是岩石和C-I型隔振材料膜片在冲击载荷下的结构响应,而并非材料的本构响应。处理程度采用自编程序,方法为利用入射波和透射波的"两波法",对同一C-I型隔振材料厚度的有效数据进行平均,得到该C-I型隔振材料对应的应力—应变曲线,将各个厚度对应的"应力—应变曲线"汇总于图16.3中。

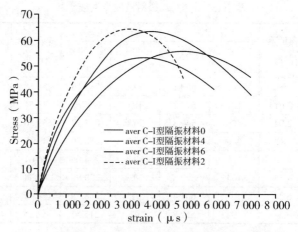

图16.3 不同C—I型隔振材料厚度的应力—应变曲线

四、试验结果分析

1.岩石试件宏观破坏分析

有、无隔振护壁层的岩石试件在加载气压为0.43MPa的冲击作用下都发生了不同程度的破坏,有的破碎成多块、有的沿直径破碎成两块、有的没有发生宏观的破坏,只有微裂纹产生。保护层(U型隔振材料板)冲击后基本保护完整,表16.4所示。冲击后的宏观裂缝图象见图16.4所示。

表16.4 冲击后岩石试件宏观破坏描述

试样编号	保护层厚度(mm)	冲击后试件描述
11	0	破碎成11块
7	0	破碎成8块
8	0	破碎成6块
10	2.02	沿直径方向破碎成2块,其中一块又破碎成3块。
1	2.02	试件基本完整,冲击面边缘有2条长为20mm的裂纹,冲击背面有2条相交的裂纹,长度为70mm和55mm。
16	2.4	破碎成2块,破碎断面长75mm,在比较大的一块中,冲击面上未出现裂纹,在冲击背面出现了3条头部相交的裂纹,长度分别为50mm、32mm、25mm。
15	3.12	沿直径方向破碎成两块,冲击面上未出现裂纹,其中一块的背面出现了2条相交的裂纹,长度分别为45mm、43mm。
14	4.32	基本保持完整,出现了3条平行的主裂纹,最长一条沿直径方向,贯穿整个试件,裂纹长90mm,其余两条裂纹未贯穿,长为65mm和35mm。
3	6.24	沿直径方向破碎成2块,冲击正面上有2条交错的裂纹,在试件背面也有3条交错的裂纹,裂纹长度比冲击正面上的长、大。
13	6.24	沿直径方向破碎成2块,冲击正面上未出现裂纹,在冲击背面为出现裂纹,其中一块裂纹的长度为41mm,另一块则有两条平行,长为35mm和30mm的裂纹。

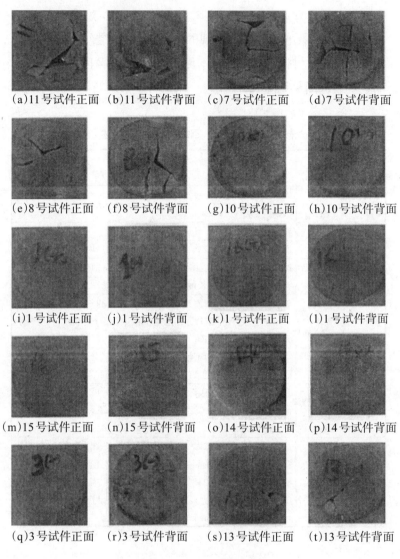

(a)11号试件正面　(b)11号试件背面　(c)7号试件正面　(d)7号试件背面

(e)8号试件正面　(f)8号试件背面　(g)10号试件正面　(h)10号试件背面

(i)1号试件正面　(j)1号试件背面　(k)1号试件正面　(l)1号试件背面

(m)15号试件正面　(n)15号试件背面　(o)14号试件正面　(p)14号试件背面

(q)3号试件正面　(r)3号试件背面　(s)13号试件正面　(t)13号试件背面

图16.4　试件宏观破坏图

2.应力波形分析

根据表16.3对隔层护层厚度和透射波峰值与入射波峰值的比值进行回归分析回归曲线图如图16.5所示。

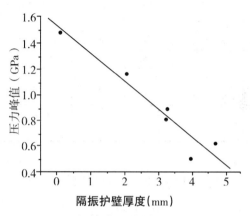

图16.5　隔振护壁层厚度与比值关系曲线

由图16.5可知,随着护壁层厚度增加,比值在不断的减小,且保护层厚度与比值具有一定的线性关系,其相关系数为0.91,关系式为:

$$y=-2.31x+53.476 \tag{16.3}$$

3.试件平均应力分析

SHPB压杆试验装置是通过贴在入射杆和透射杆上应变片来测量杆在受到子弹撞击后产生的微应变,最后通过一维弹性波理论计算岩石试件中的应力、应变等。现根据试验中测得的入射波、反射波、透射波和前面介绍的三波公式计算岩石在有、无保护层情况的应力,其计算结果如表16.5[167]。

表16.5　岩石应力参数表

试件编号	护壁材料厚度(mm)	应力上升沿时间(μs)	岩石应力(MPa)	入射波应力(MPa)	应力降低率 η_1 (%)	岩石应力与入射波应力比值 η_2 (%)
8	0	78.2	68.30	111.82	0	61.08
10	2.02	78.5	60.60	114.24	11.27	53.05
1	2.02	93.0	56.82	108.06	16.81	52.58
16	2.4	96.0	55.88	105.54	18.18	52.95
15	3.12	95.0	41.60	87.56	–	47.51
14	4.32	90.0	51.32	109.56	24.86	46.84
3	6.24	115	48.10	120.28	29.57	39.99
13	6.24	113	51.40	113.56	24.74	45.26

现将8号、10号、14号和3号等试件的应力波形放在同一坐标系中,如图16.6所示。从图16.6中可以看出其应力峰值的变化特点:8号试件的应力峰值最大,其次是10号试件,14号试件,最小的是3号试件,可见随着隔振护壁层厚度的增加,岩石的应力峰值成下降的趋势。

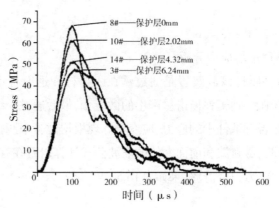

图16.6　不同厚度卸压隔振保护层岩石的应力方程曲线

上面从定性的角度分析了不同厚度的保护层下岩石的应力波特性,现从保护层厚度与岩石平均应力的关系,有保护层岩石的应力相对于无保护层岩石的应力的降低率 η_1、岩石应力与入射波应力比值 η_2 及岩石应力上升沿时间等几个方面定量的分析不同保护层厚度下岩石的应力波特性,进而揭示在岩石冲击荷载作用下保护层对岩石动态损伤的防护作用。

4.隔振护壁层与岩石平均应力关系分析

图16.6表明,加不同厚度隔振护壁层的岩石的应力峰值是不一样,总的趋势是随着保护层厚度的不断增加,岩石应力的峰值呈下降的趋势。从表16.5也可以看出,当护壁层厚度为0mm时,岩石应力峰值为68.3MPa,在所有试件中最大;当护壁层厚度增加到2mm左右时,应力峰值为58MPa左右,下降了约10MPa;当护壁层厚度继续增加到6mm左右时,应力峰值最小,为50MPa左右,下降了约18MPa。隔振护壁层厚度与岩石应力峰值的关系,如图16.7。

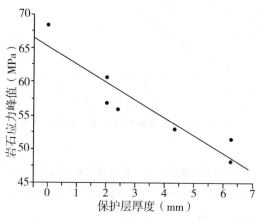

图16.7 隔振护壁层厚度与应力峰值关系曲线

定向卸压隔振爆破

总的来看,随着保护层厚度的增加,岩石的应力峰值在逐渐的减小。通过回归分析发现曲线具有很好的线性关系,其相关系数为-0.92,函数关系为:

$$y=-2.67x+64.93 \tag{16.4}$$

5.隔振护壁层厚度与应力波降低率的关系

从表16.5中可以看出除了15号试件外,其余试件的入射波应力相差很小,所以在分析时就不考虑15号试件。从表16.5中可知,当保护层厚度从0mm增加到2mm时,岩石应力降低系数为12%左右,到6.24mm时,岩石应力降低系数为25%左右,应力降低系数最大的为29.57%。隔振护壁层厚度与应力降低系数,如图16.8所示。

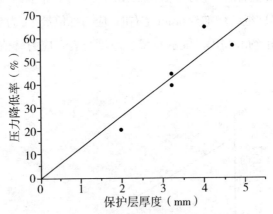

图16.8 保护层厚度与应力降低率关系曲线

通过回归分析发现保护层厚度和应力降低系数有很好的线性关系,其相关系数为-0.92。应力降低率回归函数为:

$$y=-3.91x+4.937 \tag{16.5}$$

C-I 型隔振材料对应力波的衰减情况,一般是 C-I 型隔振材料越软,韧性越大,厚度越大,其对应力波的衰减效应越明显,对应相同加载条件时,透射杆的应力也就越小。关于此问题的详细分析可以参阅《应力波基础》(王礼立著)中相关章节。

6.隔振护壁厚度与入射应力透射到试件中的透射系数关系分析

在 SHPB 试验中,子弹撞击入射杆,在入射杆中将产生一个应力脉冲,这个应力脉冲沿着入射杆向前传播,由于试件和入射杆、透射杆的波阻抗不同,应力脉冲将在这两个接触面上发生反射和透射,如果压杆和岩石的波阻抗一定,在不考虑能量损失的情况下,应力脉冲的透射率应该相同。而在试验中,在岩石与入射杆的接触面之间加有一定厚度、波阻抗小于岩石和压杆的 U 型隔振材料板作为保护层,这样就必然会导致透射到岩石中的应力脉冲的透射系数会发生变化,所以在相同的应力脉冲作用下,岩石中受到的应力就会有所不同。从表 16.5 中可以看出,当保护层的厚度为 0mm 时,透射系数为 61.08%;随着保护层厚度的不断增加,透射系数在逐渐的减小;当保护层厚度为 3.12mm 时,透射系数已经减小到 50% 以下;当保护层厚度达到的最大 6.24mm 时,透射系数最小,在 42% 左右。这相对于保护层厚度为 0mm 时的透射系数下降了近 20%。换句话说,就是在相同的应力脉冲作用,岩石中受到的应力减小了 20%。由此可见,隔振护壁层能够减小岩石中受到的应力,从而对岩石起到很好的隔振护壁作用。通过回归分析也发现,随着保护层厚度的不断增加,应力波透射系数呈直线下降趋势,如图 16.9。从图中可见保护层的厚度和应力波的透射系数呈很好的线性关系,其相关系数为 -0.94,线性方程为:

$$y = -2.77x + 59.05 \qquad (16.6)$$

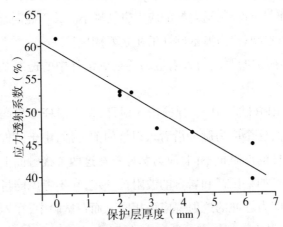

图 16.9　隔振护壁层厚度与应力透射系数关系曲线

7.隔振护壁层厚度与岩石应力上升沿时间关系分析

胡金生在进行提高大直径SHPB装置试验精度的研究时,发现在入射杆的打击端贴附一层柔性介质将会消除部分高频谐波,从而能够减少弥散效应。经试验采用1-3层胶布能够达到试验效果,其加载波形对比图如图16.10所示。

从图16.10可以看出,由于滤去了入射波中的部分高频谐波,贴胶布后的加载波形明显得到改善,波头的弥散振荡显著减小,波形相对平滑。同时,傅里叶谐波分析表明,高频成分越多则脉冲上升沿越陡峭[168],反之则越平缓。

本试验中,在岩石的表面加上一定厚度的隔振护壁层,其基本原理和在入射杆打击端加1-3层纱布原理相同及隔振护壁层滤去了入射波中的高频部分,有研究还表明,应力波中的高频部分是引起岩石破碎的一个很重要的原因。

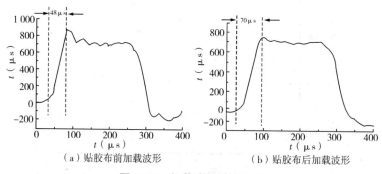

（a）贴胶布前加载波形　　　　（b）贴胶布后加载波形

图16.10　加载波形对比图[189]

从图16-8中也可以直观地看出,加有保护层后的应力波的上升沿时间有所增加,压应力峰值有所减小。从表16.5中可以看出,当保护层厚度为0mm时,岩石应力波的上升沿的时间为78.2μs,随着保护层厚度的不断增加,岩石上升沿的时间也不断的增加;当保护层为6.24mm时,岩石应力波上升沿的时间为115μs,相对于保护层为0mm的岩石试件的上升沿时间延长了37μs。通过回归分析发现,保护层厚度和岩石应力波的上升沿时间有很好的线性关系,如图16.11所示,其相关系数为-0.88,回归函数为:

$$y=5.55x+76.38 \tag{16.7}$$

定向卸压隔振爆破

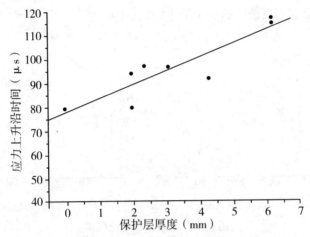

图16.11　隔振护壁层厚度与应力上升沿时间关系曲线

第三节　定向卸压隔振爆破隔振材料的一级轻气炮效果试验

本试验采用西南交通大学高压高温研究所的炮管直径为57mm的一级轻气炮试验装置。

一、材料参数

本次试验选用砂岩、花岗岩、大理岩三种岩石作为研究对象，研究三种岩样在有、无隔振护壁层情况下的损伤破坏情况和护壁层对岩石动态损伤的防护机理。表16.6给出了三种岩石的参数。为了得到不同岩石试件的损伤程度，试验均采用非对称碰撞，即采用已知动力学性能的金属材料作为飞片，装在弹托上去撞击待测岩石试件。飞片由直径为40mm，厚度为4mm的铝（硬铝LY12）制作而成，其材料参数如表16.7所示。

表16.6 被测岩样的性能参数

材料名称	密度 (10^3kg/m³)	单轴抗压强度(MPa)	抗拉强度(MPa)	纵波速度(m/s)	泊松比
砂岩	2.62	92.0	4	2 980	0.30
花岗岩	2.72	143.7	12.4	5 740	0.27
大理岩	2.75	112	17.5	5 160	0.25

表16.7 铝弹丸的性能参数

材料	密度 (g/cm³)	声速 (m/s)	抗拉强度 (MPa)	弹模 (GPa)	泊松比
硬铝LY12	2.8	5 330	392	70	0.33

二、试件设计

试验中采用两种尺寸的岩石试样,试样一是由3块厚为20mm、直径为60mm的岩石试块通过环氧树脂黏结而成,试样二是由4块厚度为15mm,直径为60mm的岩石试块通过环氧树脂粘结而成。两种试样的锰铜压力传感器都分别安放在三块小试样之间和岩石冲击面上,如图16.12。

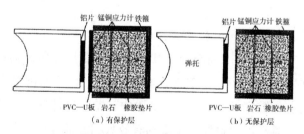

图16.12 试样—冲击示意图

三、试验内容

试验采用相同规格的飞片和弹片,共进行12炮试验,冲击参数见表16.8。

表16.8 冲击试验参数

试验编号	岩石类型	试样类型	保护层厚度(mm)	飞片材料	飞片重量(g)	气压(MPa)	是否回收
1	砂岩	试样一	0	铝	160	0.88	是
2	砂岩	试样一	4	铝	160	0.87	是
3	花岗岩	试样一	0	铝	160	0.50	是
4	花岗岩	试样二	3.7	铝	160	0.51	否
5	花岗岩	试样二	4	铝	160	0.37	否
6	花岗岩	试样一	4	铝	160	0.51	是
7	大理岩	试样一	0	铝	160	0.82	否
8	大理岩	试样二	2	铝	160	0.73	否
9	大理岩	试样二	3.2	铝	160	0.73	否
10	大理岩	试样二	3.2	铝	160	0.73	否
11	大理岩	试样一	4	铝	160	0.82	是
12	大理岩	试样一	4.7	铝	160	0.4	是

四、试验结果及分析

在12炮试验中,部分试验中的三个锰铜压力传感器都正常触发并采集到有效数据,其余试验有一个或两个锰铜压力传感器采集到有效数据,其中有11炮试验中粘贴在试件冲击面的锰铜压力传感器都正常触发并采集到有效数据。部分传感器测得的电压信号如图16.13所示,在电压信号的基础上,再通过锰铜压力传感器的标定函数可得到压力信号图。本文压力测试的目的是研究保护层对飞片碰撞试件后所产生的应力波衰减程度,故只给出了岩石表面压力传感器所测到的压力曲线。冲击后试验数据见表16.9。

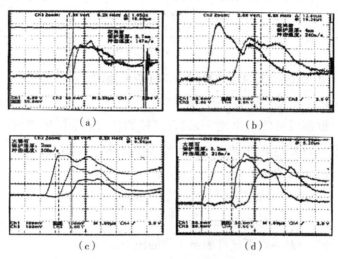

（a）　　　　　　　　　（b）

（c）　　　　　　　　　（d）

图16.13　典型输出电压信号波形

表16.9　试验数据和计算结果

试验编号	岩石类型	保护层厚(mm)	飞片速度(m/s)	岩石冲击面压力(GPa)	换算压力(GPa)	压力降低率(%)
1	砂岩	0	176	1.58	1.58	–
2	砂岩	4	178	0.51	0.51	67.7
3	花岗岩	0	139	1.38	1.38	–
4	花岗岩	3.7	147	1.02	0.96	30.4
5	花岗岩	4	240	1.51	0.87	37.0
6	花岗岩	4	128	–	–	–
7	大理石	0	165	1.49	1.49	–
8	大理石	2	308	2.21	1.18	20.8

续表

试验编号	岩石类型	保护层厚 (mm)	飞片速度 (m/s)	岩石冲击面压力(GPa)	换算压力 (GPa)	压力降低率(%)
9	大理石	3.2	216	1.18	0.90	39.6
10	大理石	3.2	230	1.16	0.83	44.2
11	大理石	4	166	0.529	0.53	64.5
12	大理石	4.7	180	0.71	0.65	56.4

五、阻抗匹配原理计算岩石试件表面压力[169]

1.岩石试件表面压力计算式

根据阻抗匹配原理[169],岩石试件的冲击表面的压力可以通过岩石的密度、粒子速度和冲击波速度计算得到,计算式为:

$$P_S = \rho_{0S} D_S u_S$$
$$= \rho_{0S} (C_{0S} + \lambda u_S) u_S \tag{16.8}$$
$$= \rho_{0S} C_{0S} u_S + \rho_{0S} \lambda u_S u_S$$

式中:P_S—岩石试件表面受到的压力,$P_S > 0$

P_{0S}—岩石的初始密度,$P_{0S} > 0$

C_{0S}、λ —岩石试件的冲击压缩参数,$C_{0S} > 0$,$\lambda > 0$;

u_S—岩石试件中粒子速度,u_S。

由(16.8)式可知,试件所受的压力与粒子速度呈二次抛物线函数关系,该函数曲线经过原点,函数的对称轴 $x = -C_{0S}/2\lambda < 0$,所以对称轴在 X 轴的负半轴上;又因为 $u_S > 0$,所以试验中所有的点都是处于该函数曲线的单调上升区间,则函数曲线可由图 16.17 表示。在[0,300]区间内,将曲线段 OA 简化为直线段 OA,则粒子速度和试件所受到的压力就近似简化为线性关系,关系式为:

$$P = k \mu s, k > 0 \tag{16.9}$$

但是简化值比实际值要大,例如在 X 轴上取一点 B,按曲线计算时压力值为点C,按简化后的直线计算时压力值为D,从图上可知道C大于D。

2.飞片速度与冲击后岩石的粒子速度的关系

杨军在利用37mm一级轻气炮研究岩石的动态损伤时,得到了飞片的速度和冲击后岩石的粒子速度的关系[170],如图16.14所示。

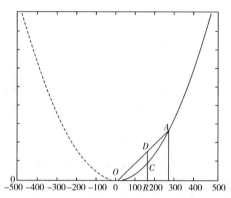

图16.14　粒子速度与压力关系曲线

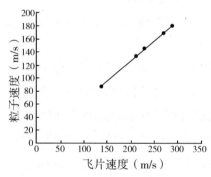

图16.15　飞片速度和粒子速度关系曲线

由图16.15可知,飞片的速度在130~300m/s之间,弹丸速度

定向卸压隔振爆破

与粒子的速度呈线性关系,相关系数为-0.99,其关系式为:

$$y=0.6067x+2.08 \qquad (16.10)$$

故假设本次试验中飞片的速度与粒子的速度关系为:

$$u_s=av+b \qquad a>0 \qquad (16.11)$$

又因为当飞片速度为零时,粒子的速度也为零,故(16.10)式可近似简化为:

$$u_s=av \qquad (16.12)$$

将式(16.12)代入式(16.9)得:

$$P=akv \qquad (16.13)$$

通过上面分析可知,粒子速度和压力成正比例关系,粒子速度和片飞速度也成正比例关系,故可以假设飞片的速度和试件受到的压力也成正比例关系。

3.有隔振护壁层与无隔振护壁层压力比较

根据上述原则,为了比较在相同冲击速度下不同厚度的保护层对压力的降低程度,现根据上面的假设,将加有保护层的岩石试件的冲击速度换算成无保护层的岩石试件的冲击速度,相应的压力也发生了变化,其结果见表16.9,保护层厚度与压力大小关系如图16.16所示。

从表16.9中和图16.16可知,加有保护层的砂岩、花岗岩、大理石的压力相比于无保护层时的压力都有不同程度的降低。

(1)在砂岩试件试验中,隔振护壁层厚度与压力大小关系图如图16.16(a)所示。由表16.9可知,在176m/s的冲击速度下,无保护层时的压力峰值为1.58GPa,而加了4mm的护壁层后压力峰值降低到0.51GPa,相对于无护壁层时降低率为67.7%,由此可知,隔振护壁层能够大大降低冲击载荷下试件冲击面上的压力,减小对岩石的损伤破坏作用,从而对岩石试件起到很好的保护作用。

（2）在花岗岩试件实验中,隔振护壁层厚度与压力大小关系图如图16.16(b)所示。由表16.9可知,在139m/s的冲击速度下,无护壁层时的压力峰值为1.38GPa,加有保护层的压力峰值明显降低,当隔振护壁层厚为3.7mm时,压力峰值为0.096GPa,当护壁层为4mm时,压力峰值为0.87GPa,相对无护壁层时压力峰值分别降低了30.4%和37.0%。由此可见,在花岗岩试件的试验中,隔振护壁层明显地降低了试件冲击面上的压力。这也说明,隔振护壁层能够对岩石的动态损伤起到了很好的防护作用。

（3）在大理石试件试验中,隔振护壁层厚度与压力大小关系图如图16.16(c)所示。由表16.9可知,在166m/s的冲击速度下,隔振护壁层的岩石试件的压力峰值为1.48GPa,加不同厚度的保护层以后,岩石试件到的压力峰值都有不同程度的减小,当保护层为2mm时,压力峰值为1.18GPa;当隔振护壁层为3.2mm时,压力峰值分别为0.90GPa和0.83GPa;随着隔振护壁层厚度增加,压力值逐渐减小,当隔振护壁层增加到4mm时,压力峰值最小,其值为0.53GPa。现对加有不同厚度的保护层的试件的压力峰值进行回归分析,回归分析发现两者呈很好的线性关系,其相关系数为-0.96,函数关系式为:$y=0.21x+1.51$。

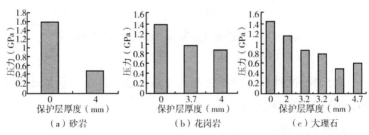

图16.16 保护层厚度与压力大小关系图

定向卸压隔振爆破

图16.16表明,随着隔振护壁层厚度的不断增加,岩石试件所受的压力峰值呈直线下降趋势。这是从应力值大小上来反映保护层的作用,但不能反映出压力降低的程度,现利用试件有护壁层时的压力相对与无护壁层时的降低率来分析不同厚度护壁层的作用。压力降低率见表16.9。当隔振护壁层为2mm时,压力降低率为20.8%;当隔振护壁层为3.2mm时,压力降低率分别为39.6%和44.2%;在隔振护壁层为4mm时,压力降低率最大为64.5%。对不同厚度的隔振护壁层对应的压力降低率进行回归分析,回归分析如图16.17所示,从图中可知,两者之间呈线性关系,相关系数为-0.91,函数关系式为:

$$y = 15.07x - 6.45 \tag{16.14}$$

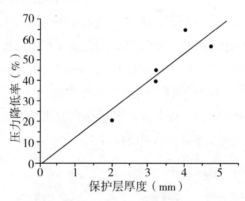

图16.17　保护层厚度与压力降低率关系曲线

六、岩石试件有隔振护壁与无隔振护壁层冲击试验的损伤度(D)和声波降低率(η)

1.冲击后的声波速度

岩石试件冲击试验后的声波测试波形如图16.18所示。

2.岩石试件声波测试结果及分析

岩石试件声波测试结果及分析如表16.10所示。

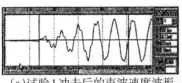

（a)试验1冲击后的声波速度波形

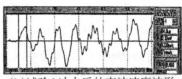

（b)试验2冲击后的声波速度波形

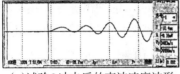

（c)试验3冲击后的声波速度波形

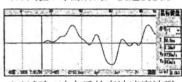

（d)试验6冲击后的声波速度波形

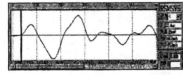

（e)试验7冲击后的声波速度波形

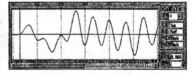

（f)试验11冲击后的声波速度波形

图16.18　冲击后声波测试波形图

表16.10　超声波测试结果及分析

试验编号	岩石种类	保护层厚度(mm)	冲击速度(m/s)	碰前声速(m/s)	碰后声速(m/s)	声速降低率(%)	损伤度 D	损伤率降低率(%)
1	砂岩	0	176	2 998	431	85.62	0.98	14.8
2	砂岩	4	178	2 998	1 220	59.30	0.93	
3	花岗岩	0	139	5 714	3 483	39.04	0.63	47.2
6	花岗岩	4	128	5 769	4 739	17.85	0.33	
7	大理石	0	165	5 167	1 667	62.51	0.86	21.1
11	大理石	4	166	5 167	2 899	43.25	0.68	

定向卸压隔振爆破

从表16.10可以看出,在冲击荷载作用下,砂岩、花岗岩、大理石三种试件中在加有隔振护壁层后的声波速度比没有加隔振护壁层的声波速度大、声速降低率小、损伤度也小。

无隔振护壁层的砂岩试件在176m/s的冲击速度作用下的声波降低率为85.62%,而加有4mm的隔振护壁层后,声速降低率就减小到59.30%,声速降低率减小了26.32%,同时损伤度也从0.98下降到0.83,损伤度的降低率为14.8%。

无隔振护壁层的大理石试件在166m/s的冲击速度作用下的声速降低率为62.51%,而加有4mm的隔振护壁层后,声速降低率就减小到43.25%,声速降低率减小了19.26%,同时损伤度也从0.86下降到0.68,损伤度的降低率为21.1%。

从以上分析可以看出,加有隔振护壁层后三种岩石试件的损伤度分别下降了14.8%、48.2%和21.1%,由此可以得出在冲击荷载作用下,隔振护壁层能够降低岩石的损伤程度,从而起到对岩石的动态损伤起到很好的防护作用。

从表16.10可看出砂岩的声波速度最小,其次是大理石,最大的是花岗岩石。在相近的冲击速度下,在无隔振护壁层时,三种岩石中砂岩的损伤度最大,其次是大理石,最小的是花岗岩,在有隔振护壁层时也有同样的规律。由此可见,岩石的冲击前的声波速度和冲击后的损伤程度有一定的联系。在相近的冲击速度下,冲击前的声波速度越小,则冲击后的损伤度越大。其主要原因是,声波速度小的岩石密度较小,内部初始微孔隙和微裂纹相比之下比较多,初始损伤也就比较大,在冲击作用下更容易导致岩石内部初始裂纹的成核、扩展,同时产生新的微裂纹,这就直接导致岩石损伤的增加。

小结

1.试验采用U型隔振材料塑料块与$\phi 90 \times B45mm$的大理石试件,其结果卸压隔振材料不同厚度的透射应力变峰值见表16.11。

表16.11 隔振护壁面材料的不同厚度透射应力变峰值

试件编号	护壁材料厚度（mm）	入射波		透射波		投射系数%	投射应力峰值与入射应力峰值的比值(%)
		应力（MPa）	应变（10^{-6}）	应力（MPa）	应变（10^{-6}）		
8	0	111.82	559.1	68.3	287.16	51.30	61.08
10	2.01	114.24	571.2	60.6	277.30	48.50	53.05
15	3.62	87.56	527.7	41.6	250.56	47.48	47.51
14	4.32	109.56	547.8	51.3	220.98	40.43	46.84
3	6.24	120.28	567.8	48.1	211.52	37.25	40.00

2.一级经气炮加载试验,采用不同卸压隔振护壁面材料厚度在均匀岩质中的降压效果试验。见表16.12:

表16.12 不同卸压隔振材料厚度在均匀岩质中降压效果

岩石名称 岩石试件厚度（mm）	岩石试件厚度（mm）	隔振护壁材料厚度与压力(GPa)相对于无隔振护壁材料的降低率								
		0	2mm		3.2mm		3.7mm		4mm	
		压力(GPa)	压力(GPa)	降低率(%)	压力(GPa)	降低率(%)	压力(GPa)	降低率(%)	压力(GPa)	降低率(%)
砂岩	67.7	1.58							0.51	67
花岗岩	67.0	1.38					0.96	30	0.87	37

续表

岩石名称 岩石试件厚度 (mm)	岩石试件厚度 (mm)	隔振护壁材料厚度与压力(GPa)相对于无隔振护壁材料的降低率								
		0	2mm		3.2mm		3.7mm		4mm	
		压力 (GPa)	压力 (GPa)	降低率 (%)	压力 (GPa)	降低率 (%)	压力 (GPa)	降低率 (%)	压力 (GPa)	降低率(%)
大理岩	64.2	1.48	1.18	20	0.90	39			0.53	64

第四节　定向卸压隔振爆破药包加装隔振材料的效果试验

一、定向卸压隔振爆破的动焦散实验

动焦散实验的卸压隔振爆破效果见第十三章图13.22所示。

从图13.22可看出,无隔振的一侧产生多余3~4条较长,较宽的裂纹,而在隔振护壁面的一侧,只产生非常细微小的裂纹。

二、超动态应变测试结果详见第十四章第三节,卸压隔振爆破隔振方向比无隔振材料方向应变峰值降低率见表16.13

表16.13　卸压隔振护壁爆破超动态变峰值

卸压隔振爆破类型	隔振方向比无隔振材料方向应变峰值降低率(%)
单层隔振材料	45.31

实验说明卸压隔振材料对受保护区起到了明显的保护作用,而卸压隔振材料的对面方向即无隔振材料的自由面方向受到了爆轰波的集中作用,将获得好的爆破效果。

三、动光弹实验

卸压隔振护壁爆破效果的动光弹实验详见第十四章第三节，实验结果见表16.14和图16.19所示。

表16.14　卸压隔振爆破动光弹试验效果

类型	临空面方向(即无隔振材料)的条纹级次是隔振方向的倍数	微观现象
卸压隔振爆破	3.5	炮孔隔振壁面与临空面存在应力差。该方向孔壁介质形成拉伸作用。

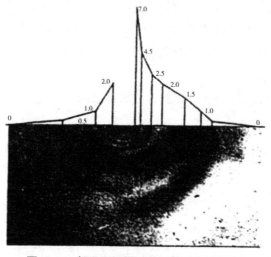

图16.19　卸压隔振爆破的局部差条纹级次

第五节　定向卸压隔振爆破隔振材料的选择试验

试验用隔振护壁的原材料广泛应用于多个行业,主要是成本

定向卸压隔振爆破

低,不同性质的原材料适应不同的工业要求,作为用于隔振护壁爆破的材料要求具有一定的强度、韧性、硬性、无毒无污染、价格低、保存时间长等。

一、隔振护壁材料的造型试验的性能

试验采用C-I型隔振材料、U型隔振材料、R型隔振材料进行试验。

二、定向卸压隔振爆破隔振材料隔振效果的试验

选用的隔振材料成本低、可塑性好,这些材料大都具有一定的强度、韧性、硬性、无毒无污染、价格低、保存时间长等优点。

本次研究通过ϕ100mm分离式霍普金森压杆试验以及混凝土模型爆破地震测试和超动态应变测试来研究隔振材料的性能和规格选择。

1.ϕ100mm分离式霍普金森压杆试验

(1)试验参数

有1m子弹进行了3次动态标定,取其平均值得到动态标定结果:

通道1:电压—应变转换系数为:490$\mu\varepsilon$/V:电压—应力转换系数为:98MPa/V;

通道2:电压—应变转换系数为:500$\mu\varepsilon$/V:电压—应力转换系数为:100MPa/V;

(2)试验所用材料

本次试验选用C-I型、C-II型、U型、R型等四种不同性质的隔振材料分别和ϕ55mm×55mm的大理石试件进行ϕ100mm分离式霍普金森压杆试验,比较了四种材料在不同厚度下的入射应

力波和透射应力波情况。

(3)试验结果与分析

试验结果见表16.15和图16.20,同性质材料不同厚度之比,图16.21不同材料性同厚度之比。

根据试验结果的记录,整理后列于表16.16,表16.17。

表16.15　试验记录

文件编号	试件编号	速度	入射波	透射波	衰减系数	垫层	备注
01	无	4.85	74.25	74.25	1	无	无试件,调试波形
02	0	4.9	74.43	38.2	0.51	无	
03	1	4.85	92.7	11.7	0.13	一层R型	未加整形器
04	2	4.9	74	7.51	0.1	两层R型	
05	0	4.88	72.3	14	0.19	一层R型	0号试件重复加载,试件破坏
06	3	4.88	73.6	4.67	0.06	三层R型	
07	4	4.88	74.9	26.3	0.35	一层C—II型	
08	5	4.76	70.7	12.3	0.17	两层C—II型	
09	6	4.9	74.5	3.66	0.05	三层C—II型	
10	7	4.95	71	6.78	0.12	两层C—I型	不平整

续表

文件编号	试件编号	速度	入射波	透射波	衰减系数	垫层	备注
11	8	4.98	61.2	22.5	0.37	一层C—I型	不平整
12	01	4.9	71.8	24.5	0.34	一层U型	2mm
13	02	5	76.9	18.3	0.24	两层U型	4mm
14	03	5.03	77.5	11.85	0.15	三层U型	6mm
15	04	4.9	73.5	25	0.34	一层U型	2mm
16	05	5.13	78.7	15.9	0.2	两层U型	4mm

表16.16 不同类型隔振材料试验效果

隔振材料	无	R型			U型			C—II型			C—I型	
材料壁厚(mm)	0	2	4	6	2	4	6	2	4	6	2	4
入射波	74.42	72.3	74	73.6	71.8	76.9	77.5	74.9	70.7	74.5	61.2	71
透射波	28.2	14	7.51	4.67	24.5	18.3	11.85	26.3	12.3	3.66	22.5	6.78
衰减系数	0.51	0.19	0.1	0.06	0.34	0.24	0.15	0.35	0.17	0.05	0.37	0.1
透射波与入射波的比值下降率(%)	62	81	90	94	66	76	85	65	83	95	63	90

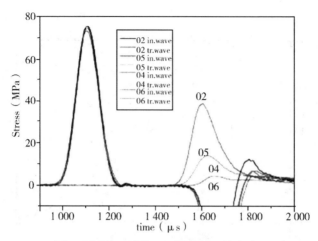

（a）不同厚度R型垫层入射波和透射波对比

C—I型不同厚度试验结果：

C—II型垫层厚度为2mm，分别在试件两端各垫一层、两层和三层R型时其入射杆和透射杆应力波形与未加垫层的对比如图(c)。

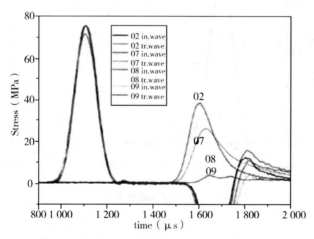

（b）不同厚度C—II型垫层入射波与透射波对比

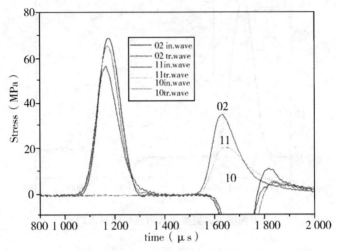

(c)不同厚度C—Ⅰ型垫层入射波与透射波对比

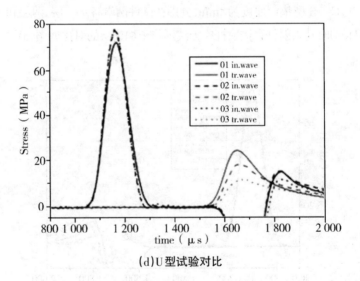

(d)U型试验对比

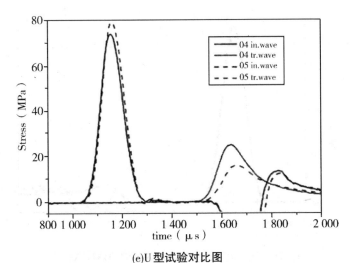

(e)U 型试验对比图

图 16.20　同性质材料不同厚度之比

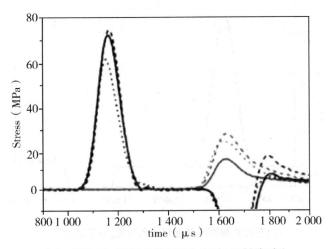

（a)一层垫层时不同垫层材料入射波、透射波对比

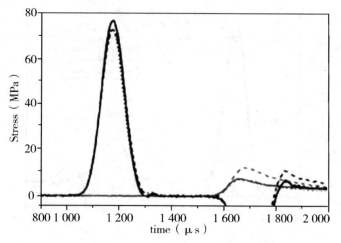

（b）两层垫层时不同垫层材料入射波、透射波对比

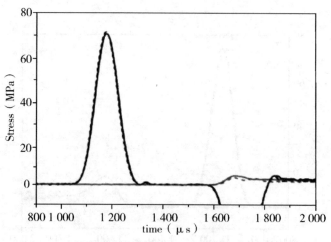

（c）三层垫层时没垫层材料入射波、透射波对比

图16.21　不同性质材料同厚度之比

表16.17 不同性质的材料同规格的衰减系数

隔振护壁材料名称(或型号)	隔振护壁材料厚度(mm)	衰减系数
R型	2	0.19
C—Ⅱ型	2	0.35
C—Ⅰ型	2	0.37
U型	2	0.34
U型	2	0.34
R型	4	0.1
C—Ⅱ型	4	0.17
C—Ⅰ型	4	0.1(垫层不平)
U—Ⅰ型	4	0.24
U型	4	0.2
U型	6	0.06
R型	6	0.05
U型	6	0.15

由上表可见,使用隔振材料确实能对爆轰波的传播起衰减作用,并且隔振材料壁越厚,隔振效果越好。一般在露天矿边坡工程中选用2~4mm的隔振材料,可使入射波的衰减系数提高40%以上,可满足技术、经济和安全的要求。

小结:小结:通过试验在动态荷载作用下,隔振护壁材料对岩石的损伤破坏起到了防护作用。

①宏观破坏在相同冲击速度下,无隔振护壁材料的试件破坏最为严重,都破坏成了很多小块,而有隔振护壁层的试件,仅少许裂纹,明显低于无护壁层的试件,并且冲击面的破坏程度小于冲击背面。

②透射波峰值与入射波峰值的比值,有护壁层的岩石试件,

定向卸压隔振爆破

测得压杆中的应变比值随着隔振护壁层的厚度增加而减小。

③岩石的应力变化:在相同的冲击速度下,岩石的应力峰值受到保护层的影响而发生变化,随着保护层厚度的不断增加,岩石的应力峰值在不断的减小,C-II型材料6mm厚时,最大减小了20MPa。

④岩石应力降低率,以无隔振护壁层岩石试件为基础,通试验分析,隔振护壁层6.24mm,应力降低30%。

⑤入射应力透射到岩石试件中的透射系数,反应作用在岩石中有效应力的大小程度。相同的入射应力下透射系数越大,则在岩石中的应力也就越大。

三、混凝土模型爆破地震测试和超动态应变测试

混凝土模型爆破地震和超动态应变测试主要测试了相同条件下,采用R型、U型、C-I型三种不同性质的材料作为隔振材料,隔振护壁面的最大震动速度和应变值。试验用2号岩石炸药,10g,电雷管起爆,爆破结果见表16.18。

表16.18　混凝土模型爆破地震测试和超动态应变测试结果

测试时间	顺序	隔振材料	测点距爆源距离 (mm)	径向不耦合系数	底部空气间隔高度 (mm)	隔振护壁面	
						最大振速(cm/s)	应变值(με)
2011.1.1	1	R型	0.20	1.5	10	9.11	------
2011.1.2	2	U型	0.20	1.5	10	9.243	------
2011.1.2	3	C—I型	0.20	1.5	10	16.6	------
2010.11.12	1	R型	125	1.5	60	------	7764

该实验结果表明:在同等条件下,R型、U型、C-I型三种材料的抗冲击性能和强度依次降低,且R型和U型材料的隔振护壁效果明显优于C-I型材料。

从价格、经济、技术角度U型隔振材料较为适合。

结论:

定向卸压隔振爆破炮孔保留岩体一侧的隔振护壁材料的作用可概况为6点。

1.卸压隔振材料的吸能作用机理:

据研究[139]爆轰波传播引起衰减作用的主要技能是爆轰波体阵面上横波被吸收。

2.卸压隔振硬质C-I材料的吸能效应

采用的隔振护壁材料不是专用吸能材料,据试验U型隔振材料2mm厚的透射应力峰值为53.05%,即46.95%的能量被吸收或阻隔,U型材料与炸药耦合数模型计算[171],压力降低46%和超动态应力试验应力峰值降低45.31%基本相同。

3.卸压隔振材料一侧的爆轰波受到阻隔约束或限制

炮孔保留岩体一侧由于隔振材料的存在爆生气体的径向膨胀起到限制作用,使之延长了爆生气体在装药空间的滞留时间,由于滞留时间与冲量成正比。试验表明[165]:装药空间滞留时间所得裂隙长度为不滞留时间5倍左右。动光弹试验临空面方向(即药包无隔振材料一侧)的条级次是隔振方向的3.5倍,有利于临空面爆破效果的提高。

4.爆轰波作用于隔振材料壁面产生反射波,在自由面产生反射拉伸应力场

据研究[165]采用硬质C-I型材料反射波的能量约为总能量的10%~13%,在自由面产生反射拉伸应力场,显然有利于增强自

定向卸压隔振爆破

由面(无隔振材料一侧)的爆破效果。

5.爆轰波冲击隔振材料壁面产生高速高压的冲击波,增大了爆炸冲量密度

由于隔振材料的密度大于爆轰波阵面上产物的密度,且隔振材料的压缩性大于爆轰产物的压缩性。爆轰波从材料壁反射回来形成高压反射波,增大了爆炸冲量密度,使临空面方向的能量增大,有利于爆破效果。

6.定向卸压隔振爆破,炸药爆炸产物及冲击波隔振材料凹面内产生沟槽效应,爆炸波偏向自由面一侧复合成聚能效应,有利自由面一侧的岩体破碎作用。

第十七章 定向卸压隔振爆破爆炸波分布规律的高速摄影

衡量爆破效果的最主要指标是矿岩的破碎程度。如何迅速而准确地测量矿岩的爆破破碎程度,一直是各国研究者所研究的问题。将传统的摄影法与先进的图像计算机分析技术结合起来用于测定爆破后矿岩的块度分布是国际上20世纪90年代出现的一种新动向。瑞典和美国已开始作了一些研究工作。由于摄影法理论本身的不完善及爆堆岩块照片的图象分析技术具有较大难度,各国均处于实验研究阶段。20世纪90年代末,根据中国和瑞典两国政府间的协议,已将此项目列入中瑞第三期冶金科研合作项目之一[185]。

第一节 定向卸压隔振爆破有机玻璃高速摄影试验

定向卸压隔振爆破由中国工程物理研究院化工材料研究所和西南科技大学环境与资源学院中心实验室分别完成。

定向卸压隔振爆破

一、实验目的

1.使用高速摄影法,获得药包在有机玻璃孔内爆炸时裂纹的扩展过程;

2.通过分析和对比隔振护壁面和临空面方向的裂纹发展,确定卸压隔振对爆破效应的作用及其爆炸应力波分布规律。

二、试验模型及爆破有关参数

试件由三层有机玻璃板(总尺寸:250mm×250mm×120mm)相互紧贴结成,装药炮孔(尺寸:$\phi 16\,mm×160mm$)位于夹心层侧面的中心,耦合装药结构如图17.1所示:孔左侧为临空面,右侧使用壁厚约为2mm的C-I型材料作为护壁材料(对应摄影视场的左右关系),孔底保留约10mm的空气间隙,用橡皮泥密封孔口:试验时,选择8#雷管起爆孔内装炸药3g的二号岩石炸药。

三、高速摄影试验(一)

高速摄影试验(一)由西南科技大学环境与资源学院中心实验室完成。

共进行了5次高速摄影实验,分别在白天3次与晚上2次。整个爆破试验,是在特制的钢板箱中进行,为了较好的保护高速录像机通过自制小型潜望镜对整个爆破过程进行观察。镜头距试件垂直距离约50cm。若光线不够时,通过碘钨灯与频闪光源进行补光。

1.高速摄影系统

该系统由UltimaAPX-RS型数字式高速彩色相机、装有专业控制软件的笔记本电脑、被测试件模型、起爆器以及DCI-1000无频闪光源组成,如图17.1所示。

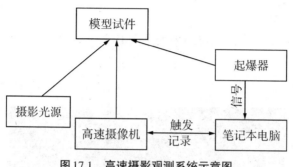

图17.1　高速摄影观测系统示意图

(1)拍摄频率的设置

拍摄频率的设置是高速摄影能否成功拍摄的目标物体的运动关键,若频率设置过低,不能完整地拍摄到整个运动过程;若频率设置过高,这样相机的曝光时间就会过短会导致拍摄图片过暗而无法辨别运动过程。在能清晰记录下整个层间充填物运动范围的前提下,尽量提高拍摄频率,视光线的强弱拍摄频率取5 000~20 000幅/秒。

(2)触发及起爆方式

由于整个爆破过程很快,摄影机采用负延时预触发方式触发,以保证能够完整地拍摄下整个爆破过程,在用电起爆器起爆电雷管的同时也给出一个TT电压脉冲信号通过笔记本电脑来触发高速摄像机。

(3)数据采集

Ultima APX-RS型高速摄像机拍摄图片开始是直接储存于高速相机的内存中,拍摄结束后运用笔记本电脑上的配套软件通

定向卸压隔振爆破

过1394数据线将其从高速相机的内存中下载到笔记本电脑中进行处理,支持AVI、JPEG、TIFF、BMP等多种存储影像格式。

2.拍摄结果

现将第一次的拍摄结果列于图17.2,第二次的拍摄结果列于图17.3。

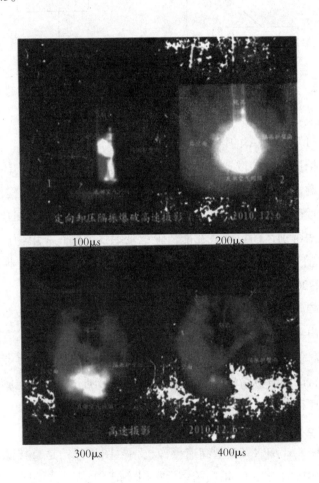

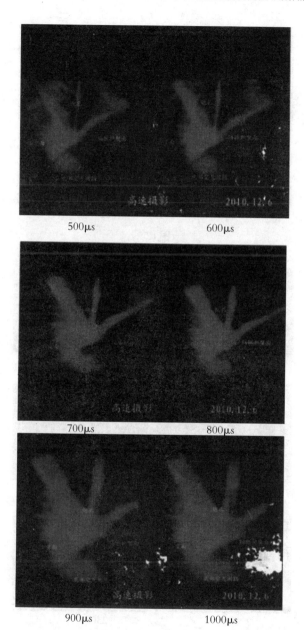

500μs　　　　　　　　　600μs

700μs　　　　　　　　　800μs

900μs　　　　　　　　　1000μs

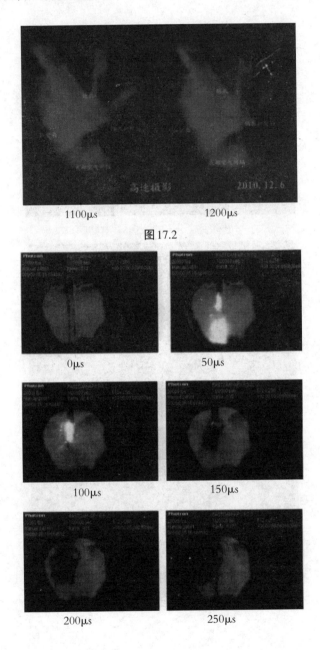

1100μs   1200μs

图17.2

0μs   50μs

100μs   150μs

200μs   250μs

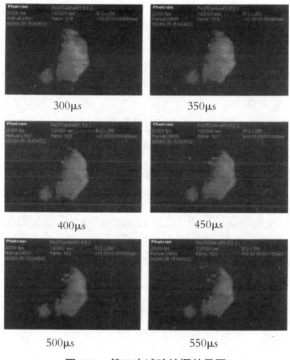

300μs　　　　　　　　　350μs

400μs　　　　　　　　　450μs

500μs　　　　　　　　　550μs

图17.3　第二次试验拍摄效果图

3.试验结果分析

(1)100μs以内电雷管未起到爆炸波的扩散作用；

(2)200μs主摄影终止，爆炸波使有机玻璃模型起裂、扩展；

(3)自200μs开始，在柱状药包的临空面(自由面)方向、隔振护壁面方向和炮孔底部的起裂、扩展和止裂，就显露出裂纹的数量和范围的差别，即临空区(自由面)方向裂纹数据多、范围大，隔振面和炮孔底部裂纹数量少、范围小。不难看出，在临空面(自由面)方向起到了爆炸能量的集中效应，其余方向显示出定向卸压隔振的作用。

四、高速摄影试验(二)

高速摄影试验(二)由中国工程物理研究院化工材料研究所含能材料测试评价中心完成。

1.试验方法

试验装置示意图如图17.4炮孔装药结构如17.5所示:在高速摄影仪与有机玻璃之间,对称放置两只信号光源,使其强光斜射入有机玻璃板的前表面。炸药起爆前,大部分光线能穿过透明的有机玻璃板,只有孔轮廓可见;起爆后,有机玻璃中裂缝的形成导致该处的透光率显著降低,其反射光也能同步反映裂缝的发展情况。

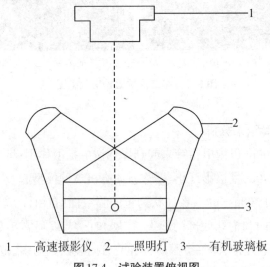

1——高速摄影仪　2——照明灯　3——有机玻璃板

图17.4　试验装置俯视图

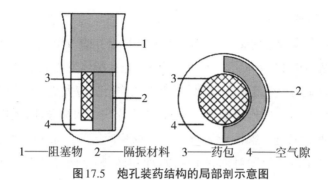

1——阻塞物　2——隔振材料　3——药包　4——空气隙

图17.5　炮孔装药结构的局部剖示意图

2.拍摄结果

试验如图17.6。

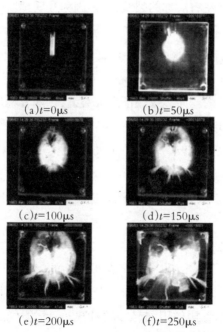

(a)$t=0\mu s$　　　　(b)$t=50\mu s$

(c)$t=100\mu s$　　　　(d)$t=150\mu s$

(e)$t=200\mu s$　　　　(f)$t=250\mu s$

图17.6　裂纹扩展过程图(隔振护壁位于右侧)

3.结果分析

以起爆前一时刻作为时间零点,我们获得裂纹形成和扩展的全过程,如图17.6所示。$T=50\mu s$时刻,炮孔整体发光表示炸药已完全被起爆。$T=100\mu s$时刻,剩余末端炸药反应发光;炮孔四周受到极高压力的作用被强烈压缩,透明介质结构被破坏,无规则性纹理表明这片椭圆形区域属于近场粉碎区[186],同时在炮孔底端分叉出两条位置对称的主裂纹,而左侧(临空面)的比右侧(护壁壁面)略长;$t=150\mu s$和$t=200\mu s$时刻,椭圆形的不透明面积越来越大,这是因为压缩应力波的作用,介质质点获得一定速度的径向位移,导致该区域外层产生环形的拉伸裂纹;而主裂纹继续向对角线方向延伸,并衍生出次级裂纹;与此同时,从炮孔底端又分叉出另外两条左右对称的裂纹,这是因为孔底预留的空气间隙降低了爆炸作用的初始压力,使炸药向下的破坏效应出现轻微滞后;从图中看出,左侧的所有裂纹依然比右侧略长,而且略粗。$T=350\mu s$时刻,由于拉伸应力超过有机玻璃的动态抗拉强度,从爆心向外辐射的径向裂纹逐渐形成裂缝,伴随着爆炸气体产物的膨胀,将有机玻璃分裂为左、右、下三大块,此时左侧裂缝更粗,爆炸也驱动左侧有机玻璃块产生更大的位移。

对比每个阶段中的区别,可以发现隔振护壁材料的右侧有机玻璃,其裂纹扩展速度和裂块运动速度,都比左侧的临空面较低。

4.结论

通过高速摄影仪,我们观察到了有机玻璃中裂纹形成和扩展的全过程,结果显示:炮孔中隔振护壁面的一侧比无护壁面的一侧,裂纹的尺寸更小,扩展速度更低,这表明C-I型材料能有效地阻隔冲击波的直接作用,起到隔振护壁的目的;同时又能在预定方位形成较好的破裂效果。

五、总结

1.炸药在孔内爆炸作用的4个阶段

从拍摄的照片,炸药爆炸起爆到爆破终止,可分为4个阶段,即介质的破碎和位移出现在封闭的装药全部爆炸期间和以后的一段时间内,照片分别为:

①起爆;②冲击波、应力波的传播;③气体压力的膨胀;④介质运动。

这4个阶段符合普通岩石爆破机理。将试验的高速摄影照片大致划为4个阶段,如图17.7最为明显。

2.炸药起爆和完成爆轰

在概念上可以从照片大致分开来讨论,在炮孔爆破中,在特定的时间间隔内一种现象的出现通常同时与另一种现象相对应。起爆是破碎过程的最初阶段。当炸药爆炸时直接转化为高温、高压气体。对工业炸药,在爆轰波阵面后面的压力数量级为 2.0×10^7 巴(20千巴)和 27.5×10^9 巴(275千巴)。这个压力称为爆炸压力。它主要取决于炸药的密度和爆速。完成爆炸的时间,较小球形装药为几个微秒,长圆柱装药为几个毫秒;影响爆炸时间的其他因素有装药的几何形状,直径和爆速以及堵塞情况。例如,西南科技大学试验采用的堵塞物是粘性黄土,而中国工程物理研究院化工材料研究所采用的堵塞是橡皮泥。西南科技大学试验炸药反应完成时间大致在 $50\sim200\mu s$,而中物院 $50\mu s$。

3.炸药爆炸后的第二种状态——冲击波、应力波

随着爆炸后的第一种状态是冲击波和压力波传播到周围岩石介质。这种在岩石中传播的扰动或压力波来源于一部分迅速膨胀碰撞孔壁的高压气体和一部分爆炸压力。扩散的几何状态

定向卸压隔振爆破

取决于许多因素,例如:起爆点的位置,爆速和岩石中的冲击波速度。一般来说,压缩、剪应变和拉应力出现在使装药附近的介质变成粉末的区域,因为在那里波的能量以它最大值出现。压力波前沿向外运动,在波阵面的前沿介质受到压缩,在与压缩波阵面垂直的方向上,有一称为法向应力或环向应力分量。若法向应力足够大,就可能在波的垂直方向上出现拉伸断裂。在岩石中预料最大拉伸断裂出现在炮孔和断层附近[189],或出现在阻抗呈现严重不匹配的区域。压缩、拉伸、剪切和所有应力波的复合分量总是随离装药的距离增加而衰减。

从试验后的玻璃脆性材料来看,U型材料、C-I型材料,耦合装药对强冲击波仍然有微裂纹的产生,如西南科技大学环资学院第二次试验和中国工程物理研究院的试验,而西南科技大学第一次试验炸药爆炸反映完后,第三个图片沿隔振护壁材料竖向长长的炮烟分布,似乎可以说明U型材料2m加C-I型材料起到隔振护壁爆破的作用拾到了U型材料的被爆物。如图17.7所示。

当采用水泥砂浆模型10克2号岩石炸药爆破后,U型材料2mm仍然存在而紧粘炸药的C-I型材料爆破成长条丝状。爆破后隔振护壁一侧不见宏观裂纹,而自由面一侧有数不清裂纹,如图17.8所示。

4.爆炸气体揳入径向或任何裂缝

在压力波传播期间或传播过后,高温、高压气体在炮孔周围形成应力场,它可以扩大初始炮孔,延伸径向裂缝。并楔入任何缝源。气体在岩石内其精确的传播路径不清楚,尽管它们与气体消耗在最小阻力路线一致。这意味着气体首先进入原先存在的裂缝、结点、断层和间断面。除裂缝外,介质在交界面上也呈现出低的内聚力和连接力。假若炮孔到自由面之间有间断或裂缝,则爆炸之后产生的高压气体将立即排泄到大气中,这将快速地减小总压力并不可避免地导致减少破碎和喷射的介质。处在岩石介质中的气体其封闭时间主要取决于填塞和荷载的形式和数量。三次试验图片裂缝的发展与炮烟存留时间就在于填塞和装填药包的问题。

5.介质破碎移动

介质破碎移动过程是爆炸过程的最终阶段。靠压缩拉伸和剪切及高压气体大多数碎块的运动已经完成。

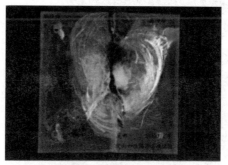

A.有机玻璃高速摄影爆破后的情况

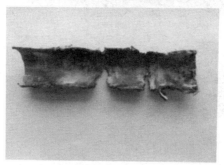

B.爆破后PVC外层破裂情况(放大后)

炸药3g

图17.7　有机玻璃高速摄影爆破图片　2011年12月

定向卸压隔振爆破

A 爆后有机玻璃模型无隔振护壁材料一侧裂隙发育面积大

B 爆破后留下的 C-I 型隔振护壁材料,与岩石粉状炸药 3g,8 号电雷管起

A
水泥消浆模型,爆炸后保留的壁面无宏观裂纹

B

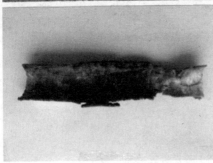

C
两层 C-I 型(2mm),一层炸碎一层还存在

图 17.8　定向卸压隔振爆破水泥砂浆模型炸药 10g

2010 年 11 月至 12 月

A 水泥砂浆模型，10g2号岩石粉状炸药爆破、隔振护壁面无宏观裂纹

B U型隔振护壁材料10号炸药8号电雷管爆破后的护壁材料未炸碎

C C-I型隔振护壁材料10号炸药8号雷管起爆，第二层隔振材料未炸坏的情况

第五编

定向卸压隔振爆破在现场试验与生产应用

第十八章 定向卸压隔振爆破
生产现场试验

为了对比定向卸压隔振爆破的生产效果,选择定向断裂控制爆破类型中有代表性、实用性的光面爆破和切缝药包爆破。首先在大块体岩石和浅孔爆破中进行。每种爆破方法的爆破参数岩石性质及装药量、起爆破方法都基本相同。装药结构,按爆破方法的特点不完全相同,但径向不耦合系数相同。

大块体试验选择四川双马水泥股份有限公司张坝沟以石矿为主,四川江油市四川石油局天井1号钻前工程中的白石崖公路拓宽路段以小台阶浅孔爆破试验为主,大块岩体试验次之。效果比较以声波测试或半边孔痕率来评定。

第一节 定向卸压隔振爆破与定向断裂控制爆破
效果对比

一、张坝沟石灰石矿大块体岩石中不同爆破方法试验

1.切缝药包爆破与定向卸压隔振护壁爆破的试验

试验岩石为石灰岩,块状岩体尺寸为:长4.35m,宽3.2m,高

定向卸压隔振爆破

1.2~2.0m。每种方法打3个装药孔,2个声波测试孔,炮孔参数见表18.1,炸药量个孔150g,炮孔布置见图18.1。

2.定向卸压隔振爆破与光面爆破,切缝药包爆破的效果试验

试验为大块体石灰岩,岩体规格为:长5.5m,宽4.3m,高1.8~2.84m,每种方法打炮孔3个和2个声波测试孔,爆破参数见表18.1,个孔装药量平均150g,炮孔布置见图18.1。

3.普通光面爆破:石灰岩岩体长3.10m,宽2.00m,高1.85m,3个装药炮孔2个声波测试炮孔,每个孔平均装药量150g,爆破参数见表18.1。

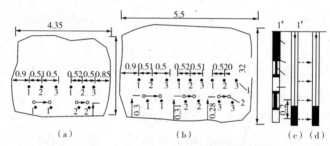

图18.1　爆破试验的炮孔及声波测孔布置(单位:m)

表18.1　各次试验的爆破方法及爆破参数

试验序号	爆破方法	孔数(个)	孔距(m)	孔深(m)	抵抗线(m)	堵塞长度(m)
1	切缝药包	3	0.50~0.51	1.20~1.30	0.64~0.75	0.54~0.10
	隔振护壁	3	0.52~0.55	0.70~1.30	0.60~0.75	0.24~0.79
2	普通光爆	3	0.51	0.91~0.94	0.90~1.00	0.42~0.48
	切缝药包	3	0.50	1.25~1.27	0.75~0.77	0.50~0.61
	隔振护壁	3	0.51~0.52	1.17~1.28	0.65~0.80	0.42~0.63
3	普通光爆	3	0.50	1.28	0.65~0.72	0.53~0.63

4.试验结果

（1）试验结果见图18.2

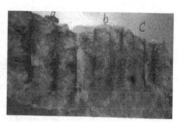

图18.2　爆破后保留岩体的壁面情况

（2）声波测试及结果

①测试系统

测试系统由SK型双孔声波换能器、RSM-SY5型智能声波检测仪和笔记本电脑组成。

采用一发一收的双孔测试法（图18.1d），分别测试爆前和爆后的声波传播速度。爆破后，保留岩体如果受到内伤，将会影响声波传播速度。因此，可以根据爆破前后波速变化情况，分析爆破损伤程度；还可以通过比较不同爆破方法的相同测点爆后波速相对于爆破波速的降低率，分析不同爆破方法的隔振护壁效果，评价爆破方法的优劣。

②测孔布置

测孔布置如图18.1d所示。从测孔底部开始，向上每隔20cm测一次声波速度，每孔测4~5次。

为提高测试精度，要求保证钻孔质量，每对测试孔严格平行，孔深1.4m，每对测孔间距0.4~0.55m，孔内充水耦合。

③测试结果

部分实测波形如图18.3所示。声波测试数据见表18.2所示。

(1)实验1的1号测孔2号测点爆前波形　(2)实验1的1号测孔2号测点爆后波形

(3)实验1的2号测孔2号测点爆前波形　(4)实验1的2号测孔2号测点爆后波形

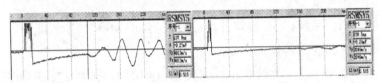

(5)实验2的1号测孔4号测点爆前波形　(6)实验2的1号测孔4号测点爆后波形

图18.3　部分实测波形

5.试验结果

表18.2　各次试验的声波测试数据

试验序号	爆破方法	测孔距离(m)	测孔及测点编号	爆前声速(cm/s)	爆后声速(cm/s)	声速降低率(%)
(1)	切缝药包爆破	0.495	1#－－1	5 939	5 947	−0.13*
			1#－－2	6 125	6 034	1.49
			1#－－3	6 125	5 947	2.91
			1#－－4	6 049	6 005	0.48

续表

试验序号	爆破方法	测孔距离(m)	测孔及测点编号	爆前声速(cm/s)	爆后声速(cm/s)	声速降低率(%)
			1#-—5	6 087	6 034	0.87
	隔振护壁爆破	0.510(护壁侧)	2#—1	6 258	6 036	2.55
			2#—2	6 182	6 108	1.20
			2#—3	6 335	6 155	2.84
			2#—4	6 220	6 200	0.32
			2#—5	—	—	—
（2）	普通光面爆破	0.515	1#-—1	5 538	5 365	3.12
			1#-—2	4 928	4 836	1.87
			1#-—3	5 049	4 747	5.98
			1#-—4	4 813	3 249	32.64
			1#-—5	4 498	3 540	21.30
	切缝药包爆破	0.450	1#-—1	—	—	—
			1#-—2	5 383	5 290	1.72
			1#-—3	5 409	5 314	1.76
			1#-—4	5 483	5 461	0.40
			1#-—5	5 984	5 927	0.95
	隔振护壁爆破	0.490	2#—1	—	—	—
			2#—2	5 581	5 479	1.83
			2#—3	5 310	5 256	1.02
			2#—4	5 405	5 350	1.02
			2#—5	5 742	5 630	1.95
（3）	普通光面爆破	0.500	3#—1	6 188	6 135	0.86
			3#—2	6 039	6 030	0.15
			3#—3	5 144	4 525	12.03
			3#—4	5 274	5 012	4.97
			3#—5	5 841	5 325	8.83

注：表中标有"*"的值为负，是由于读数误差造成的。

定向卸压隔振爆破

二、石元乡、白石崖公路拓宽大块体岩石不同爆破方法的试验

1.大块本的爆破爆破参数及效果见表18.3。

2.爆破方法的保留岩体的爆破效果见图18.4。

表18.3　不同爆破方法的试验结果

日期	被爆岩块条件	爆破方法	炮孔数(个)	孔深(m)	抵抗线(m)	孔间距(m)	个孔装药量(kg)	堵塞长度(m)	炮孔被保留岩体一侧效果
04.11.15	大块体岩石	光面爆破	3	1.82~1.85	0.75~0.80	0.48~0.51	0.20	0.8	宏观裂纹3条
		定向卸压隔振护壁	3	1.85~1.75	0.75~0.82	0.45~0.48	0.20	0.8	无裂纹与切缝药包爆破无差别
		切缝药包	3	1.83~1.90	0.75~0.80	0.47~0.52	0.20	0.8	无裂纹
05.01.10下午	大块体岩石	切缝药包	5	1.50	0.6~0.8	0.45	0.150	0.65	无爆破裂隙，爆裂面不平整，稍大

光面爆破后保留岩体壁面的壁面情况

2004.11.15

定向御压隔振护壁爆破,爆破后保留岩体的壁面情况

2004.11.15

图18.4　不同爆破方法的效果比较

三、浅孔台阶爆破试验

浅孔台阶试验用同等爆破参数,相同炸药性质和起爆破方法。

浅孔试验采用空气间隔不耦合装药,空气间隔:当孔底间隙一般为0.15~0.2m,其他间隔0.20~0.30m。径向不耦合装药$K_i \leqslant$1.5,采用导爆索起爆。当采用电雷管或塑料导爆管雷管起爆,空气间隔长度缩短。以约束条件下,轴向空气间隔长度,以殉爆长度为标准,或采2个或2个以上的起爆药包。

浅孔台阶爆破试验在四川江油市石元乡,四川石油局天井1

定向卸压隔振爆破

号钻前工程中白石崖公路拓宽路段,在f=8~11的白云质石灰岩中,试验多次后用于生产。试验钻孔孔径38~40mm,药包直径25~26mm。

生产现场不同爆破方法的效果比较试验列于表18.4,效果见图18.5。

表18.4　生产现场试验不同爆破方法的效果比较

日期(年月日)	被爆岩体条件	爆破方法	炮孔数(个)	孔深(m)	抵抗线(m)	孔间距(m)	个孔装药量(kg)	堵塞长度(m)	爆破效果
2004.11.13	边坡小台阶H=2.3m	普通光面爆破	4	1.9~2	0.6~0.8	0.56~0.58	0.6	0.7	无裂纹,半边孔≤90%
		隔振护壁	4	1.88~2	0.6~0.8	0.56~0.58	0.6	0.7	无裂纹,半边孔≤95%
2004.12.18	小台阶H=2.1m	切缝药包	3	1.85~1.87	0.70	0.45	0.55	0.7	无裂纹,半边孔≤100%
		定向卸压隔振护壁	3	1.75~1.88	0.70	0.45	0.55	0.7	无裂纹,半边孔100%,切割面比切缝药包好一些
2004.12.19	小台阶H=1.4m	定向卸压隔振护壁	3	1.23~1.27	0.65	0.35~0.40	0.20	0.6	无裂纹,半边孔痕率100%
		切缝药包	4	1.23~1.25	0.65	0.38~0.40	0.20	0.6	无裂纹,半边孔痕率≤100%

续表

日期 (年月 日)	被爆岩 体条件	爆破 方法	炮孔 数 (个)	孔深 (m)	抵抗 线 (m)	孔间距 (m)	个孔 装药 量(kg)	堵塞 长度 (m)	爆破效果
2005.01. 10上午	小台阶 $H=2$m	卸压 隔振 护壁	4	1.85	0.65	0.5	0.50	0.65	无裂纹爆破裂面光滑半边孔痕率≤100%
		切缝 药包	3	1.85	0.65	0.5	0.50	0.65	无裂纹半边孔痕率100%破裂面不如4~17号孔

定向卸压隔振护壁爆破,爆破后保留岩体壁面情况

2005.1.10

(a)

切缝药包爆破,爆破后保留岩体壁面的情况

2005.1.10

(b)

图18.5 浅孔台阶爆破不同爆破法的比较

第二节 定向卸压隔振爆破与定向断裂控制爆破 深孔台阶爆破

石油局天井1号钻前工程江油市石元乡白石崖哑口工段石灰岩f=8~10,岩石表层风化,2005年1月6日开始深孔台阶爆破,并与常规爆破同时进行。

一、爆破参数

1.常规爆破参数及炮孔布置

炮孔直径100mm,孔距4m,排距3m,孔深6.5~7m,抵抗线3.5~4m,炮孔布置实行正方形排列,对角式毫秒塑料导爆管顺序排间起爆,最后起爆边坡轮廓线上的炮孔,边坡炮孔实行多孔同段毫秒塑料导爆管雷管起爆。炮孔参数及装药量见表18.5。

2.边坡轮廓线上的炮孔参数

炮孔直径100mm,孔间距2.5m,孔深6.5~7m,抵抗线3m,径

向不耦合第数 K_b=2，孔底空气间隔 0.5~0.8m，个孔装药量 8~10kg，堵塞长度 2.5~3m。起爆采用导爆索加塑料导爆管毫秒同段雷管。炮孔参数见表18.5所示。

二、爆破结果与分析

爆破结果表18.5和图18.6所示。

表18.5　深孔爆破

次数	编号	炮孔深度(m)	孔间距(m)	排间距(m)	炮孔个数(个)	个孔装药量(kg/个)	堵塞长度(m)	爆破方法及效果
1		7	4	3	56	35	3	常规连续装药爆破
		7	2.5~3	3	12	10	3	切缝药包，大块体约20%左右。
2		6.5	4	3	15	30	2.5~3	常规连续装药爆破
		6.5	2.5	3	8	8~10	2.5~3	隔振护壁，块度适合 1m³ 装载机

定向卸压隔振爆破

图18.6　切缝药包爆破(2005.01.6)

1.两种控制爆破对边坡保留岩体都能起到隔振护壁的作用，在完整岩体半壁孔痕率都能达到90%~95%，在同等条件下隔振护壁爆破孔痕率高出5%~10%，原因是隔振护壁的沟槽效应使爆炸能集中于自由面方向。在松软、破碎的岩体，孔痕率较低但能起到减轻地震振动和减轻破损作用的深度。

2.爆破效果：①切缝药包爆破对炮孔孔间成缝和保护成缝两侧岩石不受破损是最大的优点，非常适合石材开采，但对既要使保留岩体免受爆破损坏，又要使自由面一侧的岩体破碎达到适合装运设备的需要，对切缝药包爆破在正常条件是达不到的，在深孔比较试验中，对1m³铲装机，有20%左右的大块岩石。原因：在炮孔保留用岩一侧和爆破自面一侧都具有隔振材料不利于爆炸能的发挥。②而定向卸压隔振护壁爆破既能保护保留岩体免受爆破破损还能使爆破能量集中于自由面一侧达到好的爆破效果。与切缝药包在同等条件基本适应1m³铲装机铲装。

三、结论

1.普通光面爆破由于爆破冲击波和爆轰气体直接作用于孔壁,容易对需要保护的孔壁岩体产生损伤作用,隔振护壁爆破的爆破冲击波和爆轰气体首先作用于隔振材料,使应力波衰减后再作用于孔壁岩体,使爆炸气体准静压降低并阻止高压气体挤入原生或次生孔壁裂纹而产生气楔作用,从而起到良好的护壁效果。在预定的爆裂面方向,由于没有隔振护壁材料,爆炸能量集中于此,产生剪应力作用和拉应力集中,有利于裂隙的形成和发展,爆破效果好。

2.在石灰岩块体内的三次试验表明,切缝药包效果最好,隔振护壁效果与切缝药包接近,光面爆破效果较差。爆后与爆前相比,切缝药包、隔振护壁、光面爆破的波速最大降低率分别为1.76%~2.91%、1.95%~2.85%、12.03%和32.64%。

3.切缝药包的爆破对石材开采,孔间成缝。略优于隔振护壁爆破,但是,隔振护壁爆破节省材料、施工方便。隔振护壁爆破技术可用于只一侧岩体需要保护另一侧岩体需要开挖爆破,如隧道掘进或边坡爆破;切缝药包爆破技术适用于两侧岩体均需要保护,如石材开采,也可用于隧道或边坡使孔间成缝较好,但是对自由方向岩石能量降低40%左右不利于爆炸能的利用,破碎效果就很差,成本高。

第十九章　定向卸压隔振爆破在
露天边坡工程中的应用

第一节　张坝沟矿边坡工程定向卸压隔振护壁
爆破生产试用

四川双马水泥股份有限公司主要原料生产单位是张坝沟石灰石矿,该矿目前已由山坡露天矿开采方式形成了755~710m的永久边坡,随着生产的发展,710~695m也形成,开始凹陷露天开采,因此,边坡管理工作已经或正在成为矿山管理工作的重要组成部分。纵观现有研究成果,影响边坡稳定的因素很多,相互关系也很复杂,除矿床的赋存条件、围岩的物理力学性质、工程地质和水文地质等自然因素外,在开采程序、采掘工艺和生产爆破等人为因素中,爆破作业对边坡稳定性的影响是非常重要的。

为保护边坡,张坝沟石灰石矿从20世纪80年代初开始就在靠边帮爆区采用YQ—150A型潜孔钻机钻凿72°~75°倾角的光面爆破,至今已有30年历史。所谓边帮爆区光面爆破是指在靠近边坡的部位,采用密集炮孔、小药量、不耦合装药结构,以便达到减小爆破地震波及爆破后冲作用对固定边坡的危害,从而增加了边坡的稳定性。但由于长期采用非对心不耦合装药,对残留半边孔痕沿装药长度产生破裂,对破碎及软岩爆破时往往要预留保护层,还产生超挖,在部分地段爆破后再用手持式风动凿岩机进行人工修整或砌挡土墙和采用水泥毛石浆砌固结爆破后不稳定的永久性坡面。

1994年初至1994年6月底民工采用手风钻清理仅755mm水平5.58万立方米,处理塌方量1.8万立方米,740mm水平5.61万立方米,支付民费12.57万元。在正常情况下1m长度的边坡(即15m²面积)需要修理边坡费1 000元。

调查研究表明,原有实施的边坡爆破存在问题。因此,在绵阳市科技局和双马水泥股份公司积极支持下立项进行研究试验。在矿山车间主动协作配合下,2007年3月西南科技大学环境与资源学院与双马水泥股份有限公司矿山车间,完成了"边坡岩体爆破损伤机理与控制爆破试验研究"总结,力推"卸压隔振护壁爆破试验时称单侧护壁爆破"淘汰光面爆破和切缝药包爆破为今后矿山边坡爆破唯一的方式,并建议采用钻孔直径为100mm左右的钻机。

一、地质概况

矿区位于雁门倒转背斜之南翼,马角坝至罗家坝断裂带之西端,南邻区域性马角坝逆断层,北靠区域性岳村逆断层。

由于燕山运动本区受到强烈的挤压作用,故使本矿层夹于两大逆断层之间,于是矿体中产生了不少大小之断层达20条之多。但本矿体受力不均匀,主要受力部分为矿体之西南,较大断层多近于东南向,其推力方向为北翼向东推,南翼往西错,但作为

定向卸压隔振爆破

多数较小的断层,却是北西、南东向的,推力方向也与之相反,多为北东翼向北西错,南西翼往东南错,而使地层愈来愈往南移,愈南出露愈高。虽然矿体中断层较多,但矿体的主要部分在1km之内矿层的连续性良好,成位是稳定的,确保了本矿山的主要储量。

矿体成倾斜之单斜层产出,其延长方向和山向略成斜交,以N50°E走向延长,矿层倾向N40°W,倾角40° ~ 60°。矿区地层及围岩稳定性较差。

二、矿岩及围岩力学性质

矿岩及围岩力学性质,根据1957年和1970年地质勘探报告的实验成果,列于表19.1,岩石的硬度系数列于表19.2。

表19.1 矿石、围岩力学性质

岩石名称	勘探线编号	抗压强度(MPa) 平均值		抗剪强度(MPa)						比重	备注
				垂直			平行				
		垂直	平行	最大	最小	平均	最大	最小	平均		
白云岩 (D_2g)	III	181.0	141.0								矿体底板岩石
	IV	93.8	73.3	12.24	81.18	9.73	7.05	3.3	5.29	2.84	
纯灰岩 (C_1y)	III	131.9	114.4								①矿体
	IV	87.5	85.6	8.55	8.0	8.18	8.51	2.39	5.14	2.71	
纯灰岩 (C_2+3)	III	131.5	138.0								②矿体
	IV	114.8	83.0	10.22	7.61	8.76	6.4	5.3	5.87	2.71	
白云质灰岩	III	157.5	134.8								②矿体
	IV	71.9	84.3	7.08	4.34	5.97	12.67	4.91	7.57	2.72	
块状灰岩	III										矿体顶板
	IV	109.7	143.7	7.29	6.25	6.77	8.03	5.42	6.8	2.75	

表19.2 岩石硬度系数表

岩石名称及层位	勘探线编号	岩石硬度	岩石级别	极限抗压强度(MPa)	普氏坚固性系数f	备注
白云岩(D_2g)	Ⅲ	很硬	Ⅱ	181.8	16	$f=\dfrac{1}{100}R$
	Ⅳ	坚硬	Ⅲa	83.5	8	R——极限抗压强度;表中所列极限抗压强度为两个方向的平均值
纯灰岩(C_1y)	Ⅲ	硬岩石	Ⅲ	123.2	12	
	Ⅳ	较坚硬	Ⅳ	77.0	7	
纯灰岩(C_2+3)	Ⅲ	硬岩石	Ⅲ	134.2	13	
	Ⅳ	坚硬	Ⅲ	98.8	10	
白云质灰岩(C_2+3)	Ⅲ	很坚硬	Ⅱ	146.1	14	
	Ⅳ	坚硬	Ⅲa	78.1	8	
块状灰岩(P_1g)	Ⅲ					
	Ⅳ	硬岩石	Ⅲ	126.7	12	

石灰石矿边坡卸压隔振护壁爆破与切缝药包爆破生产试用结合生产工作进行,一般是与边坡轮廓线炮孔爆破同时爆破1~2排生产炮孔,多数采用排间顺序,毫秒微差爆破。

三、参数选取

卸压隔振护壁和切缝药包爆破参数及炮孔排列,根据本矿多年来的经验选取见表19.3和图19.1所示,一般说来,切缝药包爆在相邻孔间成缝的机理,切缝药包之间距应大于卸压隔振护壁爆破,为比较效果均取一致。

定向卸压隔振爆破

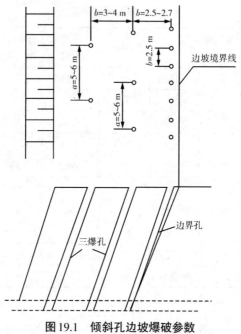

图 19.1　倾斜孔边坡爆破参数

1.孔间距与排间距

孔间距 a 与排间距 b。

由于爆破是在双自由面情况下进行的,所受夹制性不大,孔间距取值 $a=2.5$,靠边坡炮孔的最后一排主爆孔之间的层间厚度(即排间距)取值 $b=2.5\sim2.7$m。

2.爆破装药量 Q_g

爆破的线装药量应按体积公式计算,即

$$Q_g=q_v\cdot a\cdot b$$

式中: q_v——单位体积耗药量(kg/m³)。

为克服底部较大的夹制性作用,其装药量下部不耦合系数取小值从孔底往上,一般分三个分段取不耦合系数,从下往上依次小到大的不耦合系数,也要相应增加底部药量,一般为平均线装药密度的2~3倍左右。因此,爆破底装药量可按下式计算:

$$Q_d = KQ_kL_k$$

式中:L_k——孔底装药长度(m);

Q_d——炮孔底部装药量(kg);

Q_k——钻孔平均单位长度的装药量(kg/m);

K——孔底装药系数,$K = 2\sim3$。

3.卸压隔振护壁爆破装药结构

卸压隔振护壁爆破不宜采用传统的连续杆状装药结构(而主爆孔例外),否则将导致起爆时的能量主要集中在炮孔底部,不利于破碎台阶上部的岩体,容易造成边坡额头这类质量问题和安全隐患。为保护炸药沿炮孔长度均匀分布,一般采用径向不耦合线装药结构,底部集中装药(或空气间隔装药),在实际操作中,底部加强段4.25kg/m;减弱段1.5kg/m;正常段0.75kg/m。

表19.3　卸压隔振护壁爆破与切缝药包爆破记录(台阶高15m,爆破参数见图19.1均为2号岩石炸药)

试验顺序或次数	主要矿岩	爆破孔类型	倾斜孔深度(m)	爆破孔数(个)	个孔装药量(kg)	炸药单耗(kg/m³)	线装药密度(kg/m)	爆后宏观效果
1	白云质灰岩灰岩	隔振护壁	16.4	13	21.3	0.243	1.3	适合铲装
		切缝药包	16.4	13	21.3	0.243	1.3	大块较多
		次主孔	17.2	18	100	0.43		
		主爆孔	17.2	17	110~120	0.49		

定向卸压隔振爆破

续表

试验顺序或次数	主要矿岩	爆破孔类型	倾斜孔深度(m)	爆破孔数(个)	个孔装药量(kg)	炸药单耗(kg/m³)	线装药密度(kg/m)	爆后宏观效果
2	白云质灰岩 白云岩	隔振护壁	16.4	13	25	0.25	1.52	比前次稍好
		切缝药包	16.4	13	24.88	0.249	1.51	比前次稍好
		次主孔	17.2	15	120~140	0.39		
		主爆孔	17.2	18	120~160	0.41		
3	白云质灰岩	隔振护壁	16.4	15	27	0.23	1.66	与前同
		切缝药包	16.4	15	27	0.23	1.66	与前同
		次主孔	17.2	16	100	0.38		
		主爆孔	17.2	22	180	0.44		
4	白云质灰岩 白云岩	隔振护壁	16.4	10	22	0.302	1.34	良好
		切缝药包	16.4	10	22	0.300	1.33	一般
		次主孔	17.2	14	120~140	0.38		
		主爆孔	17.2	19	120~160	0.43		
5	白云岩	隔振护壁	16.6	16	22.8		1.37	好
		切缝药包	16.4	17	22.8		1.37	较好
		主爆孔	17.4	23	60~80	0.52		
6	白云质灰岩 灰岩	隔振护壁	16.4	6	21.6	0.23	1.32	同上
		切缝药包	16.4	6	21.0	0.227	1.30	同上
		主爆孔	17.2	6	120	0.39		
7	白云岩	隔振护壁	16.3	10	21.9	0.186	1.34	较好
		切缝药包	16.3	9	21	0.18	1.32	一般
		主爆孔	17.2	16	120	0.4		

试验顺序或次数	主要矿岩	爆破孔类型	倾斜孔深度(m)	爆破孔数(个)	个孔装药量(kg)	炸药单耗(kg/m³)	线装药密度(kg/m)	爆后宏观效果
8	白云岩	隔振护壁	16.4	12	19.2	0.23	1.17	同上
		切缝药包	16.3	9	18.7	0.20	1.16	同上
		主爆孔	17.1	15	100	0.39		
9	白云岩	隔振护壁	16.3	18	18.3	0.163	1.12	好
		切缝药包	16.3	14	18	0.161	1.11	较好
		主爆孔	17.2	15	120	0.42		
10	白云质灰岩白云岩	隔振护壁	16.3	16	21.5	0.20	1.31	一般
		切缝药包	16.5	12	21.3	0.20	1.30	大块多
		主爆孔	17.3	15	120	0.41		
备注	隔振护壁与切缝药包为同一排炮孔同一毫秒段别的同时起爆							

四、爆破结果与分析

（1）爆破结果与岩体结构，构造有很大关系，在同等情况，岩体完整愈好，半边孔痕率越高，反之愈低。

（2）爆破效果与不同爆破方法，对爆炸能量（爆炸应力波）的控制或分配有一定的关系。

（3）爆破效果见表19.4，图19.2所示。

（4）切缝药包与卸压隔振护壁爆破施工中对炮孔深度很大时难度较大，特别是切缝方向不易掌握。

定向卸压隔振爆破

表19.4   不同爆破方法爆破效果(铲装效果)

爆破次数	爆破宏观效果									
	1	2	3	4	5	6	7	8	9	10
卸压隔振护壁	适合铲装	比前次好	与前同	良好	好	同前	较好	同前	好	一般
切缝药包爆破	大块较多	比前次稍好	与前同	一般	较好	同前	一般	同前	较好	大块多

1.从岩体破碎效果

(1)卸压隔振护壁爆破,好的占50%,较好的占30%,一般占20%。

(2)切缝药包爆破效果好的30%,较好的30%,一般的20%,大块多铲装困难的20%。

2.从挖掘后边坡壁面的平整度,切缝药包爆破效果比卸压隔振护壁爆破要好,铲装效率隔振护壁爆破比切缝药包爆破好些,但与岩体结构、构造、穿孔质量、装药结构、爆破参数有关。

图19.2   隔振护壁爆破在复杂爆破区段的效果

第二节　公路扩建边坡工程采用定向卸压隔振护壁爆破

一、爆区概况

爆区位于四川省江油市石元乡铁木村与樟木村之间,海拔1 300m,爆破岩石为石灰岩,普氏硬度系数f=6~10。该公路为原机耕路,四川蜀渝石油建筑安装工程有限责任公司川西北公司,为石油天井1号油气井运送钻井重型设备,要拓宽原机耕公路。公路从山坡和山脊通过表层岩石风化严重,土石并存,溶洞多、节理裂隙发达,整体性较差,有若干小型构造溶洞。公路成型后,仍然要对边坡适当加固。

为了在现有条件下最大限度地保护公路固定边坡的稳定性,提出在路堑开挖两侧边坡和山坡内侧边坡线上布置加密炮孔实施卸压隔振护壁爆破和切缝药包间隔装药方案。即在临近设计固定边坡轮廓线一排孔距加密的炮孔,炮孔深度与正常超深孔相同布置或单独布置施爆。

二、爆破参数

1.炮孔间距(a)

(1)按炸药性质计算炮孔间距,一般说来,影响加密炮孔孔间距因素主要考虑药柱产生的应力波到达相邻炮孔的时间与裂缝产生的时间之间的时间差,爆轰或爆炸产物产生的应力波随着传播时间的延长岩体的波阻抗特性和爆炸气体的逸散而迅速衰减,因此孔间距太大就不会使两孔之间的连心线的裂缝贯通,而孔间

定向卸压隔振爆破

距离太小又会增加穿孔工作量。试验表明,应力波到达相邻炮孔的时间,硬岩一般不超过1ms,软岩不超过1.5ms。生产使用2号岩石粉状铵梯油炸药,出厂爆速3 200m/s,由于又采用不耦合装药。爆速将降低1倍左右,因此,100mm钻孔的深孔爆破炮孔间距不超过2m,浅孔不超过0.5m。

(2)按单孔爆炸岩石裂纹长度计算孔间距。试验[165]研究证实,不耦合装药保留气体时所得到的裂缝最终长度为不保留气体的5倍左右,各参数确定合适时,所得裂缝长度为炮孔直径的15~20倍,切缝药包最大的定向裂纹扩展长度等于炮孔直径的32.5倍[188]生产应用初步确定深孔切缝药包爆破为1.5m,不超过2.0m,浅孔爆破为0.40~.45m,不超过0.5m。

2.抵抗线

最小抵抗线是定向卸压隔振护壁爆破和定向断裂控制爆破效果好坏的主要因素,工程控制爆破除了受孔间距离和装药结构参数的影响外,更主要是受最小抵抗线的影响,抵抗线不仅影响孔间距贯穿裂纹的形成,而且还影响抵抗线部分破碎和开挖后围岩的稳定性。一般a与w的关系为$a=(06~08)w$。

3.装药结构与起爆破方法

(1)装药结构及药量分配:装药结构分为连续装药和空气间隔装药两种,生产中以空气间隔为辅径向不耦合为主。试验研究认为,空气间隔长度占孔深的10%左右;软岩也不超过10%,卸压隔振以不同径向耦合系数计算;切缝药包的单孔装药长度为炮孔长度的60%,药量分配上,下段占50%,中段30%,上段20%堵塞长度不小于钻孔长度的30%或大于抵抗线的长度。

(2)起爆方法

生产中主要用导爆索火雷管或电雷管起爆,也可以用非导爆管系统,可以实现露天深孔多种起爆方案。但是边坡轮廓线上的炮孔,只能是同段雷管或导爆索一次起爆。

4.单孔装药量的计算

单孔装药量计算应根据炮孔在壁上的导向裂纹起裂时炮孔内的准静态压力。在不耦合装药条件下炮孔内准静态压力的计算参见文献[189],根据计算[189]深孔每米装药量1 880g/m;浅孔每米装药量91g/m。

三、采用卸压隔振护壁爆破与切缝药包的效果与经济效益

1.减少开挖工程量,增强安全性,原设计旧公路路面下降17m,开挖量约20万 m³,如果按照70°坡面设计,在风化岩层节理裂隙发达的地表,公路上50~80m长的70°坡面角是不稳定的,如将坡面角下降至60°,开挖量将增加一半以上,作者在技术服务时提出采用提高路段设计高标,延伸路段长度。在路面内侧采用隔振护壁爆破和切缝药包爆破的方案,改道延伸开挖量及时间与原设计方案公路扩建开挖量减少一半以上,时间提前一个月以上,这样不破坏白石崖旧公路路面以上悬岩的稳定,用这种工程控制爆破方法公路内侧岩石,爆破能量集中在公路走向方向和自由面方向,既保证岩石的破碎又增加了边坡的安全性。

2.经济效益显著

四川蜀渝石油建筑安装有限责任公司川西北公司,2006年6月在应用总结公路扩建方面写到:

(1)节约开挖量共30万 m³,节约费用420万元;

(2)减少50m长10余米高的挡土墙工作量4 669.93m³,节约54.17万元;

(3)料石开采节约费用12万元;

（4）减少国有林地占用节约100万元；

（5）由于有效地避免了安全事故的发生，使井场施工周期提前20天，即后续的钻井安装，施钻相应提前，节约钻机台班费680.9万元，提前出气量50万 m³/d，创效益2 000万元，以上合计创效益3 271万元；

（6）采用隔振护壁爆破技术，技术先进、安全可靠，经济合理，值得大力推广应用。

第三节　隔振护壁爆破在建材矿山生产试用

21世纪以来在学校和建材企业等有关领导的支持、帮助下，作者在四川双马水泥股份有限公司张坝沟石灰石矿、广西鱼峰水泥股份有限公司水牯山石灰石矿、秦岭水泥股份公司矿山公司、洛阳黄河水泥有限责任公司矿山、内蒙古乌兰水泥矿山、河南南阳中联水泥有限公司、台泥（贵港）黄练石灰石矿山、哈尔滨水泥有限公司矿山分公司、天津矿山工程公司富阳华顿矿业有限公司等十余矿山企业，探索爆破对保留岩体或围岩免受爆破损伤，在认识、实践、再认识再实践，先后提出试验，控制爆破用药包结构、护壁爆破用药包结构、定向卸压隔振爆破装药结构，并进行推广。现将有代表性的推广应用或试用进行总结。

一、哈尔滨水泥有限公司矿山分公司

哈尔滨水泥有限公司矿山分公司地处黑龙江省阿城市松峰山镇亚泰集团哈尔滨水泥有限公司主要的原料生产矿山年产矿石125万~175万t。目前为山坡露天开采边坡沿矿体定向长1 400m/1万t矿石摊边坡长度3.1m。每年平均边坡爆破长度

404m。

1.穿爆工作概况

矿山生产采用KQG-165型潜孔钻机,钻头直径152mm。自制直径为90mm钻头潜孔钻机作为辅助钻机,台阶高度14m,倾斜孔75°,穿孔深度15~16m。炮孔一般为6.5m×3.5m或6m×4m,底盘抵抗线控制在4~4.5m。乳化炸药 $\phi=125$ mm, $L=400\sim450$mm, $Q=5$kg;乳化炸药 $\phi=70$ mm, $L=450$mm, $Q=2$kg。2号炸药 $\phi=32$ mm, $L=180$mm, $Q=150$kg。生产中常规爆破,台阶高15m,倾斜炮孔孔径160mm,孔深16~16.5m,个孔装药量200kg。

2.爆破参数

(1)试验自2006年10月11日至10月19日,分别 $\phi=90$ mm 和 $\phi=150$ mm 进行2次和3次,每次试验8个钻孔在同台阶同一爆压内。已初显成果。现将2种孔径的爆破参数列于表19.5所示。

表19.5 不同钻孔直径的爆破试验参数

岩石同名称	钻孔直径(mm)	台阶高度(m)	台阶坡面角(°)	孔间距离(m)	抵抗线	钻孔倾斜度(°)	炮孔深度(m)	岩体完整程度
白云岩	80	8	≥80	2.2	3.0	垂直钻孔	8.6	完成性好
灰岩	152	15	65~70	3.2	4.0	75°	16.0	较破碎

(2)装药结构

装药结构见表19.6、表19.7所示。

表19.6　炮孔直径150mm装药结构

分节长度(m)	0.5	1.5	3	4	4	3
分节装药量(g)	底部间隔	20	14	6.0	3.0	堵塞
K_b		1.28	2.3	2.75	5.0	
个孔长度（m）	16					

表19.7　炮孔直径80mm装药结构

分段长度(m)	1.5	3	1.0	1.0	2.1
分段装药量(kg)	10	6.75	1.5	0.75	堵塞
K_b	1.143	1.40	1.8	2.5	
个孔长度(m)	8				

3.结果分析

根据亚泰集团哈尔滨水泥有限公司矿山分公司总结称,该项目2006年10月在我矿成功的进行推广试用,对我矿最终边坡开挖,采用隔振护壁爆破,可以大大减弱边坡产生的负作用,边坡规整完好,围岩破坏程度减少,可避免边坡岩体发生崩塌或滑坡现象,保持了边坡上部林地免受破坏,减少水土流失现象的发生。

采用隔振护壁爆破,在保护边坡稳定的同时,由于采用不耦合装药大大降低了爆破产生的震动,空气冲击波,飞石等危害社会效益,环境效益显著;规整、完好边坡及围岩不仅美化了矿区环境,还确保了整个山体的稳固,降低了矿山安全隐患,为今后深度开采提供了安全保障。

同时,我矿现开采平台是334m,最终开采高度为180m,还需向下开采154m,矿山即将进入凹陷开采,334m至180m采场平均周边 2 300m。设计台阶坡面角为 65°,采用隔振护壁爆破后,边帮角有可能增到加 70°,这样,我矿可新增石灰石 7 541 148 吨,每吨石灰石按 5 元计算,可创效益 37 705 740 元,我矿服务年限约 40 年。另外,采用该爆破方法后,每年可节约边坡加固维护费约 20 万元。

二、富阳华顿矿业有限公司

富阳华顿矿业有限公司石灰石矿,位于浙江省富阳市渌渚镇大同村,属山坡露天开采,年产石灰石 70 万 m³,边坡总长 1km,2006 年 12 月 6 日~18 日,采用隔振护壁开挖试验。

1.穿爆工作概况

华顿矿业公司采用瑞典 Atlas 钻机,钻头直径 140mm,炮孔直径 152mm,筒状乳化炸药和散袋多孔粒状铵油炸药,起爆材料为澳瑞凯(威海)工业雷管,单位炸药耗量 0.17kg/t。矿岩很破碎,但岩性很硬,一般 f=8 ~ 10,常规爆破,台阶高 15m,孔间距 6m,抵抗线 5m。

2.爆破参数与装药结构

(1)爆破参数

隔振护壁爆破主要参数:a=2.5~3m,W=4~4.5m,孔深 16.5m。

(2)装药结构

隔振护壁材料采用 U 型材料,装药结构如表 19.8、19.9 所示。

定向卸压隔振爆破

表19.8　隔振护壁爆破试验一、二

试验	分段长度(m)	2m	4m	4m	3m	3.5m
一、二	装药量(kg)	30	10.8	7.2	2.7	堵塞
	K_b	1	2	3	4.7	
炮孔长度(m)				16.5		

表19.9　隔振护壁爆破试验三、四

试验	分段长度(m)	0.8m	4.0m	4.0m	2.0m	2.0m	3.7
三、四	装药量(kg)		18	10.8	3.6	1.8	堵塞
	K_b	空气	1.5	2	3	4.7	
炮孔长度(m)					16.5		

3.结果与分析

根据2007年4月,富阳华顿矿业有限公司的应用总结指出: 我公司从2006年12月以来,采用隔振护壁爆破技术,大大减弱了爆破对边坡产生的损伤作用,边坡规整完好,边坡岩体破坏程度轻微,可避免边坡岩体发生崩塌或滑坡现象。特别是采用隔振护壁爆破的不耦合装药,大大降低了爆破产生的震动等有害效应,社会效益和环境效益显著。边坡爆破后规整,完好的边坡不仅使整个山体稳定增加,降低了矿山的安全隐患,降低了今后边坡的维护费用,取得了良好的社会效益和经济效益。

第四节　定向卸压隔振爆破在水牯山石灰石矿的应用

水牯山石灰石矿是广西鱼峰水泥股份有限公司主要原料生产矿山,年产矿石400万吨,经过近50年的开采,190台段以上已逐渐形成最终边坡,其服务年限将达20年以上,最终边坡开采高度为80~120m,最高落差达148m,228m水平以上已全部回采。从130m水平以下至80m水平均为凹陷开采。采区东、南、西部仅在凹陷开采部分会形成最终边坡,北部自228m水平以下均留下最终边坡。而随着开采逐步向下推进,在以后的凹陷开采过程中,边坡的不稳定性因素将逐步增加。在今后的爆破中,岩石累积损伤和地震效应将对其边坡稳定性和附近建筑物带来长期影响。水牯山石灰石矿东西走向(L)约1 200m,南北走向(B)约600m,矿石容重(r)为2.7t/m³,原设计的最终边坡角为56°,安全平台3m,清扫平台5m,台阶坡面角为65°。

一、矿山地质概况

石灰石矿为古生代上泥盆幻融县灰岩,为浅海相化学沉积矿床,经多次造山于堆积而成。矿体为单斜层,厚层状构造,硬度系数6~11,节理裂隙发育。矿层走向N40°~E50°,倾角18°~21°。由于地表水及地下水溶蚀作用剧烈,形成了较发育的喀斯特裂隙,岩溶率达11.05%,岩溶沿垂直方向延伸,局部地段层间破碎,易引起卡钻及遇溶洞发生漏钻等现象。

二、布孔形式及穿爆参数

试验采用QZ100K型潜孔钻机穿孔,钻头直径90mm。试验

定向卸压隔振爆破

采用单排瞬时清渣爆破,其爆破参数及钻孔布置如表19.10、图19.3所示。

表19.10 爆破参数及钻孔布置

爆破方法	岩石名称	普氏硬度系数f	台阶高度(m)	台阶倾角(度)	钻孔倾斜角(度)	最小抵抗线(m)	钻孔间距(m)	钻孔深度(m)	钻孔超深(m)	钻孔直径(mm)
常规爆破		8~10	10	70~80	75	3.5	4	11.5	1	90
光面爆破		8~10	10	70~80	75	3.5	2.5	11.5	1	90
定向卸压隔振爆破		8~10	10	70~80	75	3.5	2.5	11.5	1	90

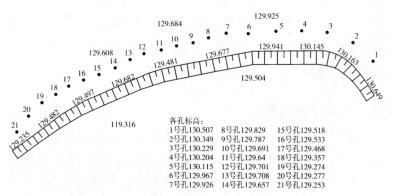

各孔标高:
1号孔130.507 8号孔129.829 15号孔129.518
2号孔130.349 9号孔129.787 16号孔129.533
3号孔130.229 10号孔129.691 17号孔129.468
4号孔130.204 11号孔129.64 18号孔129.357
5号孔130.115 12号孔129.701 19号孔129.274
6号孔129.967 13号孔129.708 20号孔129.277
7号孔129.926 14号孔129.657 21号孔129.253

图19.3 炮孔布置图

三、深孔光面爆破与定向卸压隔振爆破装药结构

在试验期间对装药结构进行了试验研究,常规爆破均为耦合装药,光面爆破为底部耦合装药、其余为不耦合装药,定向卸压隔振爆破为底部空气间隔、其余为不耦合装药。第三次试验效果最

好,其装药结构如表19.11、图19.4所示。

表19.11　定向卸压隔振爆破与光面爆破的装药结构

爆破时间	爆破方法	孔数(个)	底部空气间隔长度(m)	个孔装药结构与分段长度的药量(kg/m)								个孔装药量(kg)
				底部		中部		中上		上部		
				kg/m	不耦合系数	kg/m	不耦合系数	kg/m	不耦合系数	kg/m	不耦合系数	
2011-1-4	常规爆破	12	0									46.7
2011-1-4	光面爆破	5	0	16.7	耦合装药	7.8/3	1.8	3.2/2	2.3	2.0/2	2.8	29.7
2011-1-4	定向卸压隔振爆破	6	1.2	13.5/3	1.3	5.2/2	1.8	2.0/1	2	2.0/2	2.8	22.7

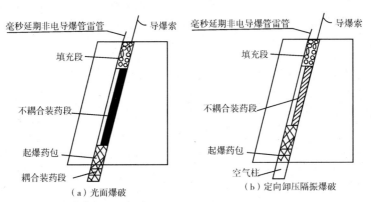

（a）光面爆破　　　　（b）定向卸压隔振爆破

图19.4　两种爆破方式装药结构

定向卸压隔振爆破

四、爆破结果

此次试验,常规单排微差爆破后护壁面达不到边坡治理目的。定向卸压隔振爆破后护壁面的石灰石岩岩体完整,作为最终边坡的情况下无需再进行整治,同时临空面方向的岩体得到加强破碎,爆破效果优于光面爆破,爆破结果见表19.12、图19.5所示。

表19.12 不同爆破方法的爆破结果

爆破日期	爆破方法	炮孔底部间距(m)	炮孔个数	装药量(kg)		爆破体积(m³)		炸药单耗(kg/m³)	m³消耗比	m³增加药量(kg)	爆破后的效果和边坡治费
				个孔装药量	总装药量	个孔爆破体积	总体积				
2011-12-28	常规爆破	0	6	52.07	312.4	140	840	0.372			爆后后冲现象,距边缘1m左右有宏观裂纹,宽5~8mm
2011-12-31		0	4	52.88	211.5	132	528	0.401			
2011-1-4		0	12	46.2	563	122.5	1470	0.335			
合计			22	49.41	1 086.9		2 830	0.384	143.8	0.117	
2010-12-28	光面爆破	0	5	35.5	177.5	87.5	437.5				2011年1月4日爆破,装药段半边孔痕81%,后冲有细裂
2010-12-31		0	4	30.725	122.9	82.5	330				
2011-1-4		0	5	29.7	148.5	87.5	437.5				
合计					448.9		1 205	0.373	139.7	0.105	

续表

| 爆破日期 | 爆破方法 | 炮孔底部间距(m) | 炮孔个数 | 装药量(kg) | | 爆破体积(m³) | | 炸药单耗(kg/m³) | m³消耗比 | m³增加药量(kg) | 爆破后的效果和边坡治费 |
				个孔装药量	总装药量	个孔爆破体积	总体积				
2010-12-28	定向卸压隔振爆破	0.5	5	23.4	117	87.5	437.5				2011年1月4日爆破,装药段半边孔痕92%,无后冲裂纹
2010-12-31		0.8	5	25.3	126.5	82.5	412.5				
2011-1-4		1.2	6	22.7	136.2	87.5	525				
2011-4-3		1.5	6	21.2	127.2	87.5	525				
合计					506.9		1 900	0.267	100		

图19.5　爆破结果

根据相同条件对比试验:①光面爆破半边孔痕率81%,定向

定向卸压隔振爆破

卸压隔振爆破装药段半边孔痕率92%;②光面爆破台段后冲有显现,定向卸压隔振爆破无明显后冲痕迹;③光面爆破炸药单耗平均0.373kg/m³,定向卸压隔振爆破单耗平均0.267 kg/m³,比光面爆破炸药降低28.15%。而且爆破后岩体完整,宏观无爆破裂隙,边坡无须再修整,而临空面方向的岩体得到加强破碎,爆后效果优于光面爆破。

五、爆破结果分析

1. 技术安全效果

(1)定向卸压隔振爆破能克服光面爆破、预裂爆破、定向断裂控制爆破等控制爆破方法的不足之处,即定向卸压隔振爆破对轮廓线钻孔保留岩体一侧,免受爆炸冲击波的直接作用,减少爆炸静态膨胀的尖劈作用和扩裂作用。减少对岩体的损伤,有利于保留岩体的完整性,和边坡、围岩的稳定性,更有利于矿山长期安全生产。避免由于爆破累积损伤造成的边坡崩塌恶性事故。

(2)定向卸压隔振爆破

定向卸压隔振爆破孔底间隔降低冲击波、应力波压缩相传给岩石的冲量,减轻冲击波对岩石的直接作用的能量,缩减爆破裂纹区的范围,延长了应力波在岩体中作用2~5倍。

改善了底部的破碎质量,达到定向卸压和降低爆破震动的目的。

由于采用定向卸压隔振爆破,对炮孔底部保留岩体起到了很好的保护作用,为下部平台穿孔提供了良好的条件,减少了后期的平场工作,也提高了穿孔效率和成孔率。

(3)隔振护壁面方向的材料凹面有反射和聚能的作用,两端还能产生端部效应,据王树仁先生的研究采用硬质塑料管,反射波的能量约为总能量的 10%~13%,这就有利于临空面岩石的破碎。

2.经济效益和社会效益

广西鱼峰水泥有限公司水牯山石灰石矿年产 400 万吨,经过 50 年开采,190 台段以上已逐渐形成最终边坡,其服务年限 20 年以上。最终边坡开采高度为 80~260m,最高落差达 148m。从 130 水平以下至 80m 水平为凹陷开采。在今后的爆破中,岩石累积损伤和地震效应将对其边坡稳定性和附近建筑带来长期的影响。

(1)采用定向卸压隔振爆破可以加大台阶坡面角。

水牯山石灰石矿为古生代上泥盆纪融县灰岩,为浅海相化学沉积矿床,经过多次造山运动。矿体为单斜层,厚层状构造,硬度系数 f=6~11,节理发育,矿层走向 N40°~E 50°,倾角 18°~21°。由于地表水及地下溶蚀作用剧烈形成较发育的喀斯特裂隙,岩溶率达 11.05%,局部地段破碎容易发生卡钻或炸药装漏影响穿爆工作。

由于上述地质结构、构造条件,原设计台阶坡面角 65°,最终边坡角 56°,根据采用定向卸压隔振爆破降低岩体的损伤和爆破振动,因此台阶坡面角 65°可以增加至 70°。

(2)台阶坡面角的增加,最终边坡角也可以提高。

台阶坡面角的增加,相应的最终边坡角可以提高。根据张四维先生介绍[6]据测算一座中等规模的露天矿山,若采场总体边坡角提升 1°,即可减少剥离量约为 $1 \times 10^7 m^3$,节约成本近亿元。水牯山石灰石矿,根据矿岩赋存条件,台阶坡面角增加,边坡角可以提高,增加可采矿量,增加效益。

(3)穿爆成本节约。

广西鱼峰水泥有限公司水牯山石灰石矿山服务年限 27 年,

定向卸压隔振爆破

年平均永久边坡出现300m

左右,平均高度15m。我们根据表3的实验对比数据,光面爆破与定向卸压隔振爆破布孔参数基本一致,结合矿山实际情况,年穿孔(孔径为90mm)个数为120孔。根据试验两种爆破方法在露天矿边坡爆破中技术经济效益的预算见表19.13。

表19.13 不同爆破方式的边坡爆破及维护整治费

爆破方法		直接成本			工艺内容增加2人全年工资(元)	维护整治费(元/m)	个孔平均装药量(kg)	年边坡费用(元)
		炸药单耗(kg/m³)	木工台锯摊销(元/年)	隔振材料费(元/孔)				
光面爆破	2010年以前	西部 0.405	300	10	10 000	1 200	48.6	421 072
		东部 0.376	300	10			45.3	417 706
光面爆破	2010年试验	0.373	400	15	10 000	600	44.8	237 896
定向卸压隔振爆破		0.267	800	45	16 000	300	33	145 860

由表19.13可知,采用定向卸压隔振爆破与光面爆破相比,每年可节约边坡整治维护费用92 036元,在矿山服务年限内,可节约边坡维护费成本2 484 972元。

第二十章 定向卸压隔振护壁爆破在井巷工程中的应用

第一节 定向卸压隔振护壁爆破在龙岗16号油气井坑滑桩坑井开挖中的应用

四川蜀渝石油建筑安装工程有限责任公司川西北分公司龙16号油气井2005年4月在钻前场地施工中发现场地有滑移现象,经设计、施工、勘查等单位共同研究,确定以抗滑桩的方式阻挡场地滑移现象。设计抗滑桩12个,平均深度17m,完整性岩体7m,桩坑2×1.5m²。根据冶金建设集团成都勘察研究院提供的补堪技术报告的剖面图及桩坑的设计图,除地表的厚度不等的岩质疏松(农田、耕地)除外,上部岩层至桩坑7m范围内是沙岩与泥岩,交替赋存7次,7m以内,砂岩的厚度0.3~2.6m,泥岩0.1~1.2m,岩层近似水平(5°的倾斜)沙岩岩体较完整,是场地主要岩种,厚度大,力学强度高,质量等级为Ⅲ类,而泥岩强度低,易风化,易软化,多为强风化。泥岩比沙岩强度低4~6倍,质量等级属Ⅱ类。设计规定为保护岩层的强度,不宜用爆破的方法。根据岩

定向卸压隔振爆破

体滑移现象观察必须快速施工,采用风镐凿穿砂岩和深部泥岩达不到快速施工的目的。因此,只能采用打眼爆破的方式开挖滑体桩坑井。

采用C-I型材料在管钢内爆破进行模拟试验,获得隔振护壁效果得到设计单位、监控单位等人的赞许和同意后采取隔振护壁爆破,并提前达到施工要求。与其他施工方法相比,加快了施工进度,提前投入钻井,节约资金1 400万元[190]。

一、装药量的计算

正确计算装药量是钻研爆破中重要工作之一。装药量直接影响到爆破工作的质量;装药量不够,则岩石爆不下来或者块度很大,装岩工作非常困难;若装药太多,不但浪费炸药,而且岩井壁受到破损,岩石抛离太远,损坏支架和其他设备。采用下述公式计算[192]:

$$q = q_1 f_0 v e \qquad (20.1)$$

式中:q 为单位体积的原岩所需的装药量(kg/m^3);q_1 为标准条件下单位体积原岩所需的装药量(kg/m^3)取 $0.45kg/m^3$;f_0 为岩石构造系数,强度不一致的岩石,炮眼方向垂直于岩石层理,f_0 取 1.3;v 为岩石的夹制系数,只有一个自由面 v 按下式计算:

$$v = 6.5 / (\sqrt{s}) = 3.75 \qquad (20.2)$$

式中,s 为井坑的断面积(m^2);

e 为炸药的爆力系数,用下列公式计算:

$$e = V_s / V \qquad (20.3)$$

V 为所用炸药的爆力(cm^3);V_s 为标准炸药的爆力。

我国统一确定 2 号岩石铵梯炸药为标准炸药爆力为 320 cm^3,因此 $e = 1$

将以上数据带入公式（20.1）可得：

$q=0.45×1.3×3.75=2.194kg/m^3$

二、坑井开挖炮眼数目

正确地决定工作面上的炮眼数目是钻眼爆破的重要工作之一。炮眼数目过多或过少都会降低爆破工作的效果，若炮眼数目过多，则增加了钻眼的工作量。若炮眼过少，则爆下岩石的块度既不均匀且有块度有很大，并且炮眼利用率将很低。采用下列公式计算炮眼数目[191]：

$$N=qS / \gamma \tag{20.4}$$

式中：s 为井坑的断面积 m^2；q 为单位体积的原岩所需装药量（kg/m^3）；r 为单位长度炮眼的装药量（kg/m^3）按下式计算：

$$\gamma = (1/40)\pi d^2 \delta_\alpha \text{（kg/m）} \tag{20.5}$$

式中：d 为药包的直径（cm）；δ 为药包的密度（g/cm^3）；α 为炮眼的装药系数：α 值的确定没有严格规定，但可以根据药包直径来确定，本次坑井爆破使用的药包直径为 32mm，采用经验数据，当药包直径为 32mm 时，$\alpha=0.5\sim0.6$。沙岩 α 取 0.5；泥岩 α 取 0.6。

$\gamma = (1/40)x3.14×3.2^2×1×0.5=0.400$

$\gamma = (1/40)x3.14×3.2^2×1×0.6=0.48$

砂岩的炮眼数：

$N=(q·s)\gamma =(3.192×3)/0.4=16.4 \sim 17$

泥岩的炮眼数：

$N=(q·s)\gamma =(3.192×3)/0.48=13.7 \sim 14$

三、炮眼深度

炮眼深度是掘进施工的重要因素之一。它不仅在技术上，而

定向卸压隔振爆破

且在劳动组方面都很重要,因为决定着所有掘进工作的劳动量。选择炮眼深度时,必须考虑以下因素:①穿过岩层的性质;②井巷;③打眼机械的类型与能力;④总的工作组织。随着炮眼深度的加工,核算到坑井每米上的辅助工序所需时间将缩短,如装药、爆破、升降水泵、坑井检查。但是随着炮眼深度的加大,纯打眼单位时间内的打眼速度将降低,增大岩石破碎的不均性,加深清理爆破层底部的困难,为了使施工单位便于决策提出三种方式计算的方法。

1.根据普罗托基亚柯诺夫和顿巴斯多年的井巷掘进资料提出的经验计算公式:

$$l = \frac{0.085}{\sqrt{f}} d \tag{20.6}$$

式中:d——为炮眼直径;f——为岩石坚固性系数。

根据式(20.6)计算结果列于表20.1。

表20.1 炮眼深度

岩石名称	岩石坚固系数f	炮眼直径(mm)	炮眼深度(m)
砂岩	8	40	1.2
		45	1.35
	10	40	1.07
		45	1.2
泥岩	6	40	1.38
		45	1.56

2.按装岩时间确定炮眼深度[191]

$$l = \frac{\varphi_1 t_2 P K_m}{\eta \cdot s} \tag{20.7}$$

式中：l——根据装岩时间确定炮眼深度（m）；φ——人工装岩的利用系数；t_2——装岩所需时间（小时）；P——每小时装岩能力（实体岩石）（m³/h）；K_m——坑井内同时工作的吊桶数；η——炮眼利用率；s——坑井断面（m²）。

根据式（20.7）计算结果，炮眼深度1.2m，1.35m，1.4m。

3.根据一个循环内的各种掘进过程的劳动量，适当选择各工序的完成时间，采用以下条件求算炮眼的深度[192]。

$$l = f(\text{一个循环的时间} T) \tag{20.8}$$

$$或 l = f(t_1 + t_2 + t_3 + t_4 + t_5) \tag{20.9}$$

式中：t_1——在工作面钻完全部炮眼的总时间；t_2——装药的总时间；t_3——放炮、通风的时间；t_4—装岩的总时间；t_5——从一个掘进过程转换到另一个掘进工工艺过程的时间损伤。

循环的总时间：

$$T = \frac{N l_1}{kv} + Nt + \frac{\eta s t_1 \cos \alpha}{P} + t_3 + t_5 \tag{20.10}$$

式中：N——工作面上的炮眼数目；v——钻眼总时间每小时进展；l_1——炮眼的平均长度；K——同时在工作面上钻眼的钻机台数；t_1——每炮眼的装药时间；η——炮眼的利用系数；P——按原岩设计的装岩生产率（m³/h）；α——炮眼的倾角度。

根据式（20.10）和写时一个循环的总时间的8~10小时岩石坚硬取大值泥岩取小值，炮眼长度：

定向卸压隔振爆破

$$l_1 = \frac{T - \left(\dfrac{q_1 st'}{r} + t_3 + t_5\right)}{S\left(\dfrac{q}{krv} + \dfrac{\eta \cos \alpha}{P}\right)} \tag{20.11}$$

根据式（20.11）和现场写时,炮眼长度1.3~1.5m。

炮眼深度$l = l_1 \cos \alpha = (1.3 \sim 1.5) \times 0.997 = 1.296 \sim 1.496$m

综合上述三种计算的炮眼深度列于表20.2。

表20.2 三种计算的炮眼深度

岩石名称	岩石硬度系数f	炮孔直径（mm）	炮眼深度（m）			建议的炮眼长度
			顿巴斯经验公式	按装岩时间	一个循环内的劳动量	
砂岩	8	40	1.2	1.3	1.3	1.2
		45	1.35			
	10	40	1.07	1.2	1.2	1.1
		45	1.2			
泥岩	6	40	1.38	1.4	1.5	1.3
		45	1.56			

四、爆破参数及炮眼布置

爆破参数如表20.3和炮眼布置如图20.1、20.2、20.3所示。

表20.3　抗滑桩坑爆破参数

岩石名称	一个循环炮孔数	孔深(m)	排距(mm)	眼距(mm)	自由面的爆破参数				保护层壁面宽度(m)		备注
					大孔为空孔		小孔为空孔		2m边长	1.5短边	
					空孔数	装药孔数	空孔数	装药孔数			
砂岩	17	1.1	400~500	426	4	3	4	3	0.09	0.10	一个循环的炮眼数不包括空孔14~17
砂岩泥岩	17	1.2	400~500	426	4	3	4	3	0.09	0.10	
泥岩	14	1.3~1.35	550	426	4	3	4	3	0.09	150~200	

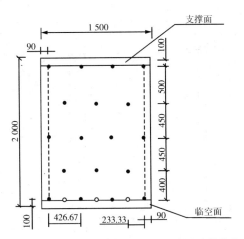

图例：○—电钻钻孔为空孔　·—电钻钻孔为装药孔

图20.1　电钻钻孔为空孔的炮孔排列

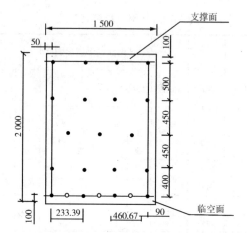

图例:o—潜孔钻钻孔为空孔　·—电钻钻孔为装药孔

图20.2　潜孔钻为空孔的炮孔排列

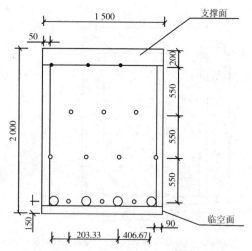

图例:o—潜孔钻钻孔为空孔　·—电钻钻孔为装药孔

图20.3　由潜孔钻占孔为空孔,岩层为页岩的炮孔排列

五、施工中的技术与安全措施

（1）临空面为自由面，由0秒电雷管起爆。

（2）临空面后一排为1段毫秒导爆管，其余依次为3、5、7段毫秒导爆管起爆。

（3）临空面的0秒电雷管与起爆导爆管0秒电雷管串联起爆。

（4）预留保护层砂岩9~10cm；泥岩层15.20cm，爆破用风镐清理帮壁保护层。

（5）采用U型材料，厚度≥1.5mm或C-I型材料两层时预留保护砂岩减少到5mm以下，泥岩层可减至10mm以内。

六、结论

（1）隔振护壁爆破技术用于需要保护一侧岩体、另一侧需要破碎岩体的开挖爆破，如井巷掘进和边坡爆破等，能够达到保护和破碎的双重目的。

（2）根据2005年6月11~15日的观察测试，爆破对基坑帮壁基本没有损伤帮壁无宏观裂纹，没有因坑井爆破引起异常滑移的现象。

（3）由于采用隔振护壁爆破技术加快了坑井开挖速度，与同类抗滑桩施工相比提前35天完成，为钻机提前安装，油气资源的提前开采提供条件，创经济效益1 400万元，且该技术在坑道及边坡施工中运用前景广阔，其社会效益巨大。

（4）四川蜀渝石油建筑安装有限责任公司以川西北分公司2006年6月在总结龙岗16号油气井抗滑桩施工时写到：龙16号共设置2×1.5m²抗滑桩12根，平均深17m，平均2个桩坑同时凿岩，共60天完成了该项目施工。相比同期施工的油气井抗滑桩

定向卸压隔振爆破

工程，共设有 2.5×1.5m² 抗滑桩 16 根，平均深度 16.5m，采用 16 个桩坑同时平行施工的方法，人工用风镐凿岩，共用 95 天完成，所以相比较节约工期 35 天，提前具备钻机搬迁安装条件。且采用隔振护壁技术，对基岩损伤小，坑壁无宏观裂缝，抗滑桩嵌岩效果好，具深远的技术应用前景，创造了较大的社会效益和经济效益。

第二节　定向卸压隔振护壁爆破在龙岗 10 号井钻前井场挡土墙桩基基坑爆破的应用

龙岗 10 井工程位于四川省仪陇县立山镇黄包寨村四社，场地处在四川盆地东北部低山与川中丘陵过渡地带，总体上南高北低，南面靠山，北、东北面距拟建井场 15～30m 为岩质陡崖，落差约 20m，表层土较厚，地表多为耕作土覆盖。

一、地质构造及岩石性质

该区在大地构造上为新华夏系川东褶皱带，由中、上侏罗纪陆相沉积地层组成，构造断裂特别是断层不发育，场地范围内未见滑坡、油穴、断裂等。

上覆土层大部分粉质黏土，钻孔后含少量砂质黏土、砂质土，层厚 4.2～7.6m，岩土界面南北走向多数呈平直线状或折线状，倾角<5°；东西走向局部地段呈"V"字型，倾角变化大。

砂岩强风化、中风化，强风化岩质较软、较破碎，质量等级为Ⅴ等，中风化砂岩较硬、较完整，岩石质量等级为Ⅳ级。

二、岩石工程勘察报告的建议

综合上述，根据龙岗 10 井钻前工程岩土工程勘察报告的建议,井架基础可以用粉质黏土层为基础持力层,采用条石基础,也可以用强、中风化基础为基础持力层,采用桩基础。

三、桩基基坑爆破试验及定向卸压隔振护壁爆破方案

2006年12月,四川科宏石油天然气工程有限公司,重庆市博达勘察设计所提供的"龙岗10井钻前工程土建工程设计施工图"。确定为尽早完成土建工程量,确定对桩基基坑,对人工和简易机械开挖不到的地段,可采用不损伤基坑帮壁的爆破方法。经2007年1月10日至12日九次爆破方法比较性试验见表20.4,经设计、施工单位和四川省城市建设监理公司张辉玉工程师确定采用卸压隔振护壁爆破,其施工方案设计如图20.4。

表20.4　爆破生产试验结果

爆破方法	基坑号	孔数(个)	孔深(m)	内倾角度(度)	孔口距帮壁距离(m)	孔间距(m)	个孔装药量(g)	爆破效果及结论
常规爆破	2	6	0.95	75~80	0.30	a=0.65 b=0.90~1.00	225	1.坑边350mm以外有35mm长的裂缝;2.南边坑帮破碎;3.570mm内裂缝3条,缝宽5~13mm;4.这种方法不宜采用。
	4	4	0.80	80	0.50	a=0.6~0.65 b=0.65~0.75	150	1.对570mm宽的坑井梗有明显裂缝3条;2.周边留下300~500mm的松动圈。3.这种方法不宜采用。

定向卸压隔振爆破

续表

爆破方法	基坑号	孔数(个)	孔深(m)	内倾角度(度)	孔口距帮壁距离(m)	孔间距(m)	个孔装药量(g)	爆破效果及结论
光面爆破	6	3	0.80	80	0.50	$a=0.700$ $b=0.700$	150	1.对550mm的坑井硬梁有影响； 2.靠里边坑井帮壁小部分垮掉； 3.坑井靠里边的上边200mm处有裂缝； 4.这种方法不宜采用。
隔振护壁爆破	8	4	0.80	80	0.50	$a=0.650$ $b=0.90$	150	1.坑井2 200mm的梗表面无影响； 2.坑井帮壁未见有影响； 3.护壁爆破效果佳。

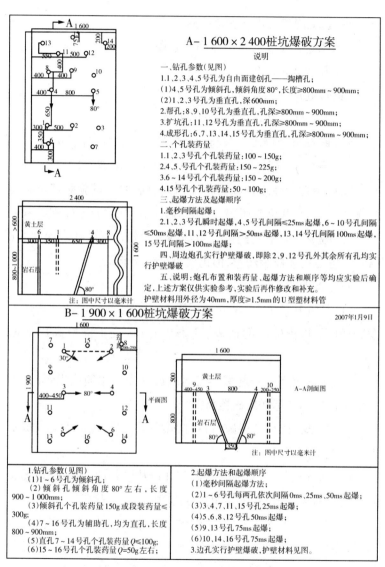

A-1 600×2 400桩坑爆破方案

说明

一、钻孔参数(见图)

1.1、2、3、4、5号孔为自由面建创孔——掏槽孔；

(1)4、5号孔为倾斜孔，倾斜角度80°，长度≥800mm～900mm；

(2)1、2、3号孔为垂直孔，深600mm；

2.帮孔：8、9、10号孔为垂直孔，孔深≥800mm～900mm；

3.扩坑孔：11、12号孔为垂直孔，孔深≥800mm～900mm；

4.成形孔：6、7、13、14、15号孔为垂直孔，孔深≥800mm～900mm；

二、个孔装药量

1.1、2、3号孔个孔装药量：100～150g；

2.4、5号孔个孔装药量：150～225g；

3.6～14号孔个孔装药量：150～200g；

4.15号孔个孔装药量：50～100g；

三、起爆方法及起爆顺序

1.毫秒间隔起爆；

2.1、2、3号孔瞬时起爆，4、5号孔间隔≤25ms起爆，6～10号孔间隔≤50ms起爆，11、12号孔间隔>50ms起爆，13、14号孔间隔100ms起爆，15号孔间隔>100ms起爆；

四、周边炮孔实行护壁爆破，即除2、9、12号孔外其余所有孔均实行护壁爆破

五、说明：炮孔布置和装药量、起爆方法和顺序等均应实验后确定，上述方案仅供实验参考，实验后再作修改和补充。

护壁材料用外径为40mm，厚度≥1.5mm的U型塑材料管

B-1 900×1 600桩坑爆破方案

2007年1月9日

注：图中尺寸以毫米计

1.钻孔参数(见图)

(1)1～6号孔为倾斜孔；

(2)倾斜孔倾斜角度80°左右，长度900～1 000mm；

(3)倾斜孔个孔装药量150g或段装药量≤300g；

(4)7～16号孔为辅助孔，均为直孔，长度800～900mm；

(5)直孔7～14号孔个孔装药量$Q \leqslant 100g$；

(6)15～16号孔个孔装药量$Q=50g$左右；

2.起爆方法和起爆顺序

(1)毫秒间隔起爆方法；

(2)1～6号孔每两孔依次间隔0ms、25ms、50ms起爆；

(3)3、4、7、11、15号孔25ms起爆；

(4)5、6、8、12号孔50ms起爆；

(5)9、13号孔75ms起爆；

(6)10、14、16号孔75ms起爆；

3.边孔实行护壁爆破，护壁材料见图。

A-1 600×2 400桩抗爆破方案　　B-1 900×1 600桩坑爆破方案

图20.4　桩坑爆破设计施工图

定向卸压隔振爆破

四、基坑施工技术与安全措施

1.采用毫秒雷管实行微差间隔起爆。

2.个孔装药量150g。

3.同段起爆炸药量300g。

4.沿基坑走向依次起爆,见图20.4。

5.孔眼布置及爆破参数与护壁爆破护壁材料见图20.4A。

6.如遇其他情况(如岩石变硬)需要调整爆破参数及装药量,要经项目经理及住工地项目部监理同意后并经试验对基坑确无损伤方可实行,并可参照图三、图四做实验;如岩石变软则参考图一、图二减少孔眼数装药量。当基坑深度超过爆破孔眼深度的6倍时可考虑增加段装药量,但仍要进行试验验证。

7.安全措施

(1)基坑开挖前,应将井口周围1m以内的碎石、杂物清理干净,在土质和较破碎的地表,应支护井口,支护圈应高出地面0.2m。

(2)往基抗下运送起爆器材时应放在专用木箱或提包内,不应使用铁制吊桶运送爆破器材。

(3)往基抗内运送爆破材料时,除爆破人员,任何无关人员不得在基坑内。

(4)基坑装药时,不应在井底和井口从事其他工作,井口无关人员也应撤离井口,并竖立明显标志,应有专人看管。

(5)基坑深度大于3m应采用电力起爆,电爆线路不得用裸露导线,应采用绝缘的柔性电线作爆破导线,电爆网络的所有接头都应用绝缘胶布严密包裹并不应与水接触。线路敷设应由有经验的爆破员实施,并实行双人作业制,线路连接好后,用专用导通器或专用电桥导通。

（6）实行电爆破时，起爆器钥匙应由井下装药工保管。

（7）同一起爆网络，应使用同厂、同批、同型号的电雷管，电阻值不得大于说明书的规定，不得使用过期的爆炸器材。直流器起爆电流不得小于2A。

（8）雷雨天不应采用电爆网络，在黄昏和夜间能见度低的时间不宜进行露天爆破作业，装药时，禁止用明火照明。

（9）起爆材的加工，应遵守爆破安全规程GB6722-2003第4、9、3条规定。

（10）基坑深度小于5m时，以上遵守爆破时间即工人下班后爆破，若因特殊情况，需要在露天作业时间内爆破，需经项目经理部负责人同意，并将危险区内所有作业人员撤离到安全地点，方可起爆。

（11）爆破前要声响信号或爆破安全规程规定的标志，通告露天所有作业人员并能清楚地听到或看到。

（12）爆破后及时通风，超过7m应采用机械通风，经通风吹散炮烟，经检查确认，井内空气合格（浓度标准见安全爆破规程第6、8、1、3规定的允许值），方准作业人员清捣井壁周边浮石，爆破员检查有无盲炮，发现盲炮及其他险情，应及时上报和处理，处理时，无关人员不得接近并撤离到安全区。

（13）基坑深度大于5m时，工作人员不准许使用绳梯上下。

（14）在有水基坑爆破时，起爆药包及粉装炸药应有防水措施或采用乳胶炸药前应有防水和排水的措施。

（15）出渣时，坑井口应设置安全防护木板，宽大于0.6m，厚度大于5cm，以备井口提渣时防止岩块掉落打击井下出渣人员。

（16）本说明未尽事宜，应遵照爆破技术安全规程有关规定执行。

定向卸压隔振爆破

第三节　定向卸压隔振护壁爆破在山东潍坊五井煤矿岩石巷道应用

一、五井煤矿概况

五井煤矿于1966年10月正式投产,设计生产能力15万吨/年,斜井多水平分区式开采,开采深度+40m至−170m。开采范围东西走向长3 200m,南北倾斜3 250m。

该矿采用中央边介式立井开拓方式,后退式短壁和残采采煤方法,中央边介抽出式通风;一级排水,井下照明36V。

二、地质条件与岩石性质

岩石巷道穿凿的岩石为黏土质粉砂岩,上含黏土质下含砂质。粉砂岩根化石丰富,含FeS_2凌铁矿,动物化石海砣基等,粉砂质黏土,混浊构造根化石多,硅质粉砂岩,灰色坚硬含FeS_2,粉细砂岩含根化石。中砂岩灰录色,铁质胶结。

可采煤为腐植煤类,主要为亮煤与夹于其中的统煤,单煤和丝炭等,比重1.25~1.4之间,7 000卡/g。主要为气煤或气肥煤,气煤也是炼油煤。气化原料和民用,动力燃料。

井田上覆盖第四纪的新黄土层和老黄土层,侏罗纪的坚固软质砾岩和坚固硬质红砂岩上石炭纪煤系地层共赋存可采煤6层,即六行。六行煤顶板为粉砂岩,细砂岩互层,厚度5.86m,八行煤顶板为石灰岩,厚度为2.29m,底板为粉砂岩厚度为2.29m,垂直深360m,地温21℃,垂直深520m,地温24.8℃。

三、爆破参数

试用时间从2006年11月16日至22日每日3个班,连续在相同巷道3个班试验,其爆破参数及炮眼布置除周边炮眼的参数和装药量有改变外,其余均按矿山原有的光面爆破参数和布眼方法。即掏槽眼、辅助眼、底板眼参数不变;拱顶周边眼、边墙眼参数及装药量有所调整。平均炮眼深度1 500mm,掏眼深度1 700mm。其爆破参数见表20.5。

表20.5　定向卸压隔振护壁爆破在山东潍坊五井煤矿岩石巷道应用

爆破方法		常见爆破	光面爆破	隔振护壁爆破
岩石名称及性质		砂岩f=3~5	砂岩f=3~5	砂岩f=3~4
巷道规格(m)$B \times H$		2.3×2.4	2.3×2.4	2.3×2.4
炮眼参数	掏槽炮眼	5	5	5
	辅助炮眼	4~6	4~6	4~6
	拱顶炮眼	5	7	7
	边墙炮眼	6	6	6
	底板炮眼	4	4	4
	炮眼数(个)	26	28	28
炮眼平均深度(m)		1.50	1.50	1.50

四、爆破结果

五井煤矿推广应用是在水平巷道对原有爆破方法与隔振护壁爆破方法,在相同条件下进行了技术效果和经济效益的比较。隔振护壁材料采用U型材料。试验结果见表20.6,图20.5。

定向卸压隔振爆破

表20.6　爆破结果

爆破结果		山东潍坊五井煤矿		
		常规爆破	光面爆破	隔振护壁
巷道规格(m²)		2.3×2.4	2.3×2.4	2.3×2.4
平均台班进尺(m/班)		1.35	1.4	1.4
单位进尺的材料消耗	炸药(kg/m)	9	8	8
	雷管(个/m)	25	24	24
	喷浆量(m³/m)	0.4	0.36	0.31
单位进尺出渣量(m³/N)		7.89	7.3	6.07
周眼边眼眼痕率(%)		0~10	30左右	55
炮眼利用率(%)		85	≥85	≥87~90

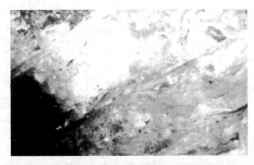

图20.5　卸压隔振护壁爆破巷道周边眼爆破效果

沙质页岩 f = 3~4,2006年11月16日~2006年11月22日

五、结果分析

1.应用结果分析

隔振护壁效果见表20.7所示。

表20.7　常规爆破或光面爆破与护壁爆破效果比较

矿山名称	岩石名称及性质	日期（年·月）	常规爆破		光面爆破		护壁爆破	
			平均单位进尺出渣量（m³）	按设计断面单位进尺超挖量（m³）	平均单位进尺出渣量（m³）	按设计断面单位超挖量（m³）	平均单位进尺出渣量（m³）	按设计断面单位超挖量（m³）
潍坊五井煤矿	细沙岩 f=5 粉岩沙 f=4	2006.11	7.20	1.68	6.624	1.104	6.072	0.552
备注	五井煤矿为7天21个班记录的护壁爆破资料,其常规爆破、光面爆破为相同岩石,该次实验前的矿井统计资料。							

2.不同爆破方法的效果比较

不同爆破方法的效果比较见表20.8。

表20.8　潍坊五井煤矿光面爆破与卸压隔振护壁爆破效果

矿山名称	潍坊五井煤矿		
爆破方法	光面爆破	护壁爆破	隔振护壁爆破与光面爆破相比每米节约成本（元/m）
平均台班尺(m/班)	1.45	1.5	
单位进尺炸药耗量(kg/m)	9	7.2	13.25
单位进尺雷管耗量(个/m)	26	28	1.81
混凝土(m³/m)			
平均单位进尺出渣量(m³/m)	7.3	6.07	38.8
每米进尺节约成本(元)			53.86

定向卸压隔振爆破

根据表20.6、20.7、20.8定向卸压隔振护壁爆破有以下效果。

1.潍坊五井煤矿2.3×2.4的巷道成本1 300元/m。

2.孔痕率f=4～6沙岩中,卸压隔振护壁爆破比普通光面爆破眼痕率提高约一倍以上。

3.超挖量f=4～5时,卸压隔振爆破超挖量<10%,相同条件光面爆破超挖量均在20%～30%。

4.巷道壁上的裂痕减少,眼痕壁无宏观裂纹,表明卸压隔振护壁爆破对隔振护壁面一侧有明显的保护作用,最大限度的维护、保留岩体的完整性。

5.2007年4月潍坊市五井煤矿有限公司在总结应用情况中:该技术从2006年11月以来,在我矿得到了成功应用,大大减弱了爆破对巷道围岩的损伤作用,减少围岩松动圈,爆炸面整齐完好,减少了危矸活动,特别是软岩f=3～5掘进的技术难题,提高了巷道围岩的稳定性,有效地降低了冒顶片帮的安全隐患。在此基础上再进行锚喷支护,由原来的被支护变为主动支护,减少了巷道的维修量,更有利于减少通风阻力,降低了安全隐患,取得较好的经济、安全效益。

第四节　定向卸压隔振爆破在甘肃华亭东峡煤矿应用

东峡煤矿是甘肃华亭煤电公司生产矿山之一。生产中的岩石巷道主要是砂岩,一般岩石坚固性系f≥4~6,在岩巷掘进中过去一直采用的是光面爆破法,在实际施工中存在对岩体破坏性大,爆破矸石多,材料消耗大等问题。

2007年5月26日~6月20日开始在原有巷是方案中调整周边眼的数量和周边眼装药结构方面按卸压隔振爆破的方法进行

试验和推广应用,试验在平巷中进行,推广应用在暗副斜井总工程量471m,坡度为−25°。

一、定向卸压隔振爆破推广应用爆破参数与炮孔布置选择的试验

1.试验爆破器材及隔振护壁材料

筒状2号煤矿岩石炸药,炸药直径32~35mm,长度180~200mm,药卷重150~200g。护壁爆破周边炮眼用改装后的22~25mm,药包长度230~260mm左右,药卷重150~200g,起爆器材用非电导爆管雷管。隔振护壁材料采用U型材料。

2.爆破参数及炮孔布置方案的试验

试验爆破参数及炮孔布置如图20.6所示。3个方案中只改为周边眼个数时行3个方案同一种爆破方法试验3~4次,取其平均数的效果进行比较。然后在3种方案中选择一个方案再作3种爆破方法的比较,3种爆破方法,即常规爆破、光面爆破、定向卸压隔振护壁爆破。试验结果如表20.9所示。

表20.9 爆破参数与炮孔布置方案试验结果表

方案	出矸车数	超挖量（m³）	炮眼利用率（%）				备注
			周边眼	掏槽眼	辅助眼	底眼	
方案(一)	30	1.3	92	73	92	0	砂岩$f=4\sim6$
方案(二)	27	0.5	93	73	93	0	孔深平均1.2m
方案(三)	28	1.0	93	73	93	0	断面$=3.4m\times3.3m$

注:根据东峡煤矿巷道掘进原始记录

根据爆破参数及炮眼布置方案试验结果,在后来的光面爆破

定向卸压隔振爆破

和定向卸压隔振爆破比较试验和推广应用定向卸压隔振爆破选用方案(二)的爆破参数及炮孔布置图,常规爆破采用方案(三)的爆破参数与炮孔布置图。

炮眼布置图及爆破说明书(一)

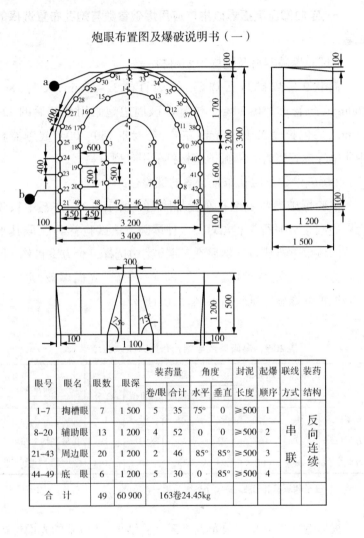

眼号	眼名	眼数	眼深	装药量		角度		封泥	起爆	联线	装药
				卷/眼	合计	水平	垂直	长度	顺序	方式	结构
1~7	掏槽眼	7	1 500	5	35	75°	0	≥500	1	串联	反向连续
8~20	辅助眼	13	1 200	4	52	0	0	≥500	2		
21~43	周边眼	20	1 200	2	46	85°	85°	≥500	3		
44~49	底 眼	6	1 200	5	30	0	85°	≥500	4		
合 计		49	60 900	163卷24.45kg							

炮眼布置图及爆破说明书（二）

眼号	眼名	眼数	眼深	装药量		角度		封泥	起爆	联线	装药
				卷/眼	合计	水平	垂直	长度	顺序	方式	结构
1–7	掏槽眼	7	1 500	5	35	75°	0	≥500	1	串联	反向连续
8–20	辅助眼	13	1 200	4	52	0	0	≥500	2		
21–40	周边眼	20	1 200	2	40	85°	85°	≥500	3		
41–46	底　眼	6	1 200	5	30	0	85°	≥500	4		
合　计		46	57 300	157卷23.55kg							

定向卸压隔振爆破

炮眼布置图及爆破说明书（三）

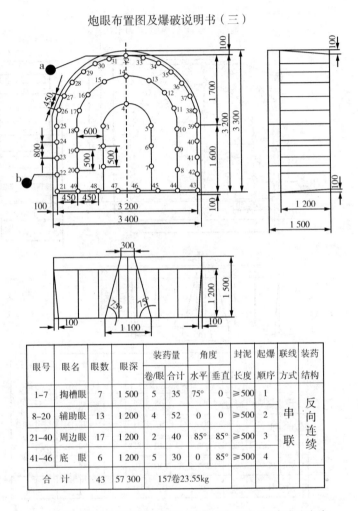

眼号	眼名	眼数	眼深	装药量		角度		封泥长度	起爆顺序	联线方式	装药结构
				卷/眼	合计	水平	垂直				
1～7	掏槽眼	7	1 500	5	35	75°	0	≥500	1	串联	反向连续
8～20	辅助眼	13	1 200	4	52	0	0	≥500	2		
21～40	周边眼	17	1 200	2	40	85°	85°	≥500	3		
41～46	底 眼	6	1 200	5	30	0	85°	≥500	4		
合 计		43	57 300	157卷23.55kg							

图20.6 甘肃华亭峡煤矿采用定向卸压隔振爆破, 爆破试验方案

2007.5

a-拱顶周边眼装药方法

b-帮壁周边眼装药方法

3.东峡煤矿推广应用定向卸压隔振爆破与其他爆破方法试验参数

东峡煤矿推广应用定向卸压隔振护壁爆破与常规爆破、光面爆破同条件的爆破参数见图20.6、表20.10所示。

表20.10 甘肃华亭东峡煤矿试验炮眼参数

爆破方法		常规爆破	光面爆破	护壁爆破
岩石名称及性质		砂岩f=4~6	砂岩f=4~6	砂岩f=4~6
巷道规格(m²)$B×H$		3.4×3.3	3.4×3.3	3.4×3.3
炮眼 参数 (个)	掏槽炮眼	7	7	7
	辅助炮眼	13	13	13
	拱顶炮眼	11	12	12
	边墙炮眼	6	8	8
	底板炮眼	6	6	6
	炮眼数(个)	43	46	46
炮眼平均深度(m)		1.20	1.20	1.20

二、不同爆破方法试验结果

1.在相同条件下分别采用表20.10的参数和图20.6中(二)、(三)方案布置图,爆破结果见表20.11。

表20.11 甘肃东峡煤矿推广应用定向卸压隔振护壁爆破试验结果

爆破方法	常规爆破	光面爆破	隔振护壁
巷道规格(m²)	3.4×3.3	3.4×3.3	3.4×3.3
平均台班进尺(m/班)	1.02	1.05	1.124

续表

单位进尺的材料消耗	炸药(kg/m)	23.3	21.22	20.4
	雷管(k/m)	43.75~49	41.44	38.73
	喷浆量(m³/m)	1.58	1.5	1.46
单位进尺出入渣量(m³/m)		12.71	11.12	10.47
用眼边眼痕率(%)		0~15	20~30	60.5
炮眼利用率(%)		85左右	≤90	92.32
按设计断面单位进尺超挖量(m³)		2.11	0.52	0.03

2.定向卸压隔振爆破与光面爆破的比较

隔振护壁与光面采用同一样的爆破条件和爆破参数试验后的平均效果见表20.12,隔振护壁效果如图20.7。

表20.12　甘肃华亭东峡煤矿光面爆破与卸压隔振护壁爆破的效果

爆破方法	光面爆破	隔振护壁爆破	隔振护壁爆破与光面爆破相比每米节约成本(元/m)
平均台班尺(m/班)	1.05	1.124	370
单位进尺炸药耗量(kg/m)	23.3	20.4	15.39
单位进尺雷管耗量(个/m)	49	43	6.00
混凝土(m³/m)	1.58	1.46	29.52
平均单位进尺出渣量(m³/m)	11.12	10.47	65
班平均工人工作时间(分/班)	394.9	376.2	485.91

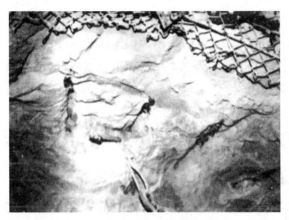

图20.7　定向卸压隔振爆破东峡煤矿推广应用

三、结果分析

1.炸药:未使用定向卸压隔振护壁爆破前每米巷道消耗炸药23.3kg。采用隔振护壁爆破平均每米巷道消耗炸药20.4kg,按每天进尺3.33m,炸药每千克5.3元计算,则(23.3−20.4)×8.6×3.33＝83.05元,即每天节约炸药的费83.05元,每天节约材料费83.05×28天＝2 325.4元/月。

2.雷管:未使用定向卸压隔振护壁爆破前每米巷道消耗雷管49个,而使用该技术后,每米进尺耗雷43发。

3.喷射混凝土:未使用定向卸压隔振爆破前使用混凝土1.58m³,而采用该技术每米巷道使用混凝土1.46m³,混凝土单价为246元/m³;(1.58m³−1.46m³)×246×28×3.33＝2 752.5元/月。

4.巷道超挖量大大减小,工人劳动强度明显下降,未采用定向卸压隔振护壁爆破前平均为11.2(m²/m),而采用该技术后断面平均每米进尺为1.47m²(每月巷道施工28天,每日进尺3.33,矸石松散系数为2)减少出矸量相当于(11.12−10.47)×28×3.33×2＝

定向卸压隔振爆破

121.2m³)减少出矸量相当于掘进121.2÷10.47=11.6m。

5.工人工作时间减少,未采用定向卸压隔振护壁爆破时,每班工人平均工作时间为394.9分,而采用该技术后每班工人平均工作时间为376.2分。每月每个工人减少工作时间为(394.9-376.2)×28=523.6分=8.73时/月。

6.采用隔振护壁爆破每米进尺比光面爆破节约55.5元/m。

四、结论

矿山总结:通过大量的现场试验资料表明,定向卸压隔振爆破隔振护壁面一侧有明显的保护作用,可以有效地保护保留岩帮一侧的围岩,最大限度地维护其完整性。

炸药爆炸后产生的应力波以炮孔为中心向外传播,在隔振护壁面由于有隔振护壁材料的隔振护壁作用,部分应力波通过隔振护壁材料的反射与向巷道中心的应力波叠加,大大加强对爆破岩石的破碎作用,部分应力波通过隔振护壁材料后大大衰减,使得应力波在隔振护壁面一侧的破坏作用明显减小,对围岩的损伤减小。

隔振护壁爆破后,炮孔临空面方向应力集中现象严重。试验中得到的临空面方向与隔振护壁方向最大剪应力的比值达到3.5。从现场来看,巷道壁上的裂纹很少,几乎看不清楚,周边眼眼痕率平均在60.5%以上,而爆破下的矸石均匀,易于拉运。

甘肃华亭煤电公司对东峡煤矿进行了奖励和表场。

第五节 定向卸压隔振护壁在磷矿巷道掘进中的试用

2007年10月至11月在四川清平磷矿28号穿脉和开拓巷道,

对常规爆破测试21个循环(含光面爆破)隔振护壁爆破6个循环。磷矿块f=8~10,花斑状白云岩f=4~6,巷道涉及净断面3.0m×2.8m,直墙半圆拱高0.9m,净断面积11.52m²。长期以来,该矿都采用传统光面爆破进行巷道掘进施工。由于岩石比较破碎,巷道超挖现象较严重,且成型不规整,亟待改进现有的爆破方法。

一、定向卸压隔振护壁材料及炸药

试验采用U型隔振材料,厚度为3mm。

炸药为4#粉状铵油炸药。其中周边隔振护壁爆破药卷为人工改装,直径为25mm。掏槽孔、崩落孔和底孔药卷均为原状,直径为35mm。

二、炮孔参数及炮孔布置

1.掏槽形式和掏槽爆破参数

炮孔平均深度1.5m。采用4对斜孔垂直楔形掏槽,掏槽孔深1.8m,掏槽孔倾斜60°~70°,孔口间距950mm,孔底间距300mm,上下排距700mm。掏槽孔每孔装5条药卷。掏槽孔布置在中央偏下部位,最上一对掏槽孔布置在拱顶轮廓线以外光爆层厚外侧基线以下150mm处。

2.周边隔振护壁爆破

周边孔布置在掘进轮廓线内40~70mm,根据现场条件,巷道两壁的炮孔间距600~700mm,拱部的炮孔间距500~600mm;光爆层厚度390mm,采用径向不耦合装药,先将带有雷管的药卷送至于底孔,孔口采用炮泥填实,堵塞长度为200mm,径向不耦合系数K_d=炮孔直径/卷药直径=41/25=1.64。帮孔及顶孔共13个,每孔1条原药卷的装药量。

定向卸压隔振爆破

3.其他炮孔爆破参数

崩落孔均匀布置在掏槽孔与周边孔之间,共7个孔布成一圈。崩落孔与掏槽孔间距500~600mm,与周边眼孔间距300~400mm,药量适当加大,每孔三条药卷,以便辅助掏槽。底孔布置在巷道底板50~100mm以上处。底孔炮孔间距700~750mm,共5个为了避免产生根底,每孔装5条药卷。平均炸药单耗1.667kg/m³。巷道断面及炮孔布置图如图20.8,爆破参数见表20.13。

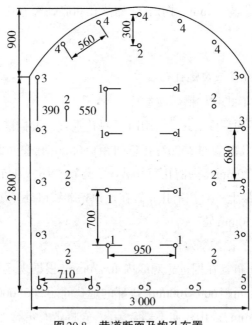

图20.8 巷道断面及炮孔布置

表20.13　爆破参数及爆破效果

		常规光面爆破法						隔振护壁爆破					
		掏槽孔	辅助孔	拱顶周边孔	边墙孔	底板孔	合计	掏槽孔	辅助孔	拱顶周边孔	边墙孔	底板孔	合计
磷块矿 f=8~10（28#穿脉）	炮孔数（个）	8	6	3	6	5	28	8	7	7	6	4	32
	孔间距（mm）	460	650	900	650	700		460	650	600	650	700	
	平均装药量—一个循环(kg)	8.0	3.6	1.8	3.6	5.0	22	7.6	4.2	2.1	3.0	3.6	20.5
	4个循环平均的进尺(m)						1.15						1.2
	4个循环平均的超挖量(m³)						2.26						-0.03
花斑状白云岩 f=4~6(开拓巷)	炮孔数（个）	8	6	3	6	5	28	8	6	5	8	5	32
	孔间距（mm）	460	650	900	650	700		460	650	600	650	700	
	1个循环平均的装药量(kg)	8	3.6	1.8	3.6	5	22	8	3.6	1.0	2	5	19.6
	2个循环平均的进尺(m)						1.2						1.38
	2个循环平均的超挖量(m³)						2.4						0.625

定向卸压隔振爆破

三、起爆方法和起爆顺序

用火雷管引爆导爆管,由导爆管引爆毫秒雷管来实现微差爆破。采用全断面一次爆破,起爆顺序为:掏槽孔—崩落孔—帮孔—底孔和拱孔。相对应的高精度毫秒雷管段分别为6、7、8、9段,标准延迟时间为150、175、200和225ms,误差±3ms。

四、施工工艺要求

1. 隔振护壁爆破药包加工。将自制药卷装入U型材料,装入规定药量,并保证药包与U型隔振材料相互接触良好,剩余部分用炮泥填满。

2. 严格按爆破设计布置周边孔,要求周边孔深度、角度、光爆层厚度符合设计要求,保持眼底落在同一平面上。崩落孔要有足够的深度,以免造成周边孔利用率降低。

3. 将聚能药包放入周边孔,用专用炮棍的顶部楔形放在药卷底部槽内轻轻将药卷推入周边孔内。

4. 炮孔装药前,必须用亚风吹净炮眼中的岩粉。如炮孔有积水,在药包周围涂抹一层黄油,以免影响爆破效果。

5. 保证炮孔堵塞质量。

五、应用效果及经济效益

推广应用前期对原有光面爆破方法与隔振护壁爆破方法,在相同条件下进行了技术效果和经济效益的比较。推广应用选择在28号穿脉巷道和开拓巷道,其规格均为3m×2.75m即8.25m²。

1.应用效果

推广应用效果试验在28号穿脉常规光面爆破和护壁爆破各4次,开拓巷道各两次。并对28号巷道成巷的20m,开拓巷道成巷的45m,每隔5m,对原有巷道超、欠挖进行了调查与推广应用的隔振护壁爆破巷道超欠挖也作了对比,现分别列入表20.14、表20.15。

表20.14　护壁爆破推广应用时的试验效果

爆破方法			常规光面爆破						隔振护壁爆破					
			1	2	3	4	合计	孔痕率(%)	1	2	3	4	合计	孔痕率(%)
磷块矿(28#穿脉)f=8~10	拱顶	孔数	0	0	0	0	0		5	5	5	5	20	71
		米数	0	0	0	0	0		4.9	6.4	2.5	4.6	18.4	47
	边墙	孔数	2	2	2	3	9	45	6	6	6	6	24	100
		米数	1.6	1.9	1.1	1.5	6.1	21.8	3.43	5.1	5.9	4.8	19.23	57.2
花斑状白云岩(开拓巷道f=4~6)	拱顶	孔数	0	0					2	3			5	35.7
		米数	0	0					1.65	2.8			4.4	22.45
	边墙	孔数	2	2			4	40	6	6			12	25.7
		米数	0.90	1.65			2.55	18.2	5.85	10.84			16.69	85.2

定向卸压隔振爆破

表20.15 常规光面爆破与护壁爆破效果比较

岩石名称	地点	常规光面爆破				隔振护壁爆破			
		测试方法	测试数	平均单位进尺出渣量（m³）	按设计断面单位进尺超挖量（m³）	测试方法	测试数	平均单位进尺出渣量（m³）	按设计断面单位进尺超挖量（m³）
磷块矿 $f=8\sim10$	28# 穿脉	20m内每5米测一个点（常规）	5	10.42	2.17				
		4.6m每一循环测一个点	4	10.51	2.26	4.8m循环测1次	4	8.28	0.03
花斑状白云岩 $f=4\sim6$	开拓巷道	40m每5m测一个点（常规）	10	10.65	2.4				
		2.4m每1个循环测1点	2	10.50	2.25	2.76m每1个循环测1一次	2	8.364	0.114

根据推广应用的试验：由表20.14、表20.15可以得到以下结果：

（1）孔痕率：在28号穿脉的磷块矿体中$f=8\sim10$节理，裂隙较发育隔振护壁爆破比光面爆破孔痕率提高35.4%；在开拓巷花斑状白云岩体中隔振护壁比常规光面爆破孔痕率提高67%。

（2）超挖量：在28号穿脉的磷块矿岩体中，常规光面爆破每米进尺超挖量2.26m³，护壁爆破每米进尺超挖量0.03m³，基本达到3m×2.75m设计断面，而常规光面爆破按设计断面超挖27.29%。

在开拓巷道的花斑状白云岩体中，常规光面爆破每米进尺超挖量平均2.25m³,是设计断面的27.27%;而隔振护壁爆破每米超挖量0.114m³,是设计的1.38%,基本不超挖。

　　2.经济效益

　　(1)直接经济效益如表20.16为1m巷道的凿岩爆破部分成本,主要包括炸药、雷管和凿岩用风量等三个方面的成本,不包括人工费用。

表20.16　凿岩爆破部分成本

岩石名称	地点	爆破方法	平均一个循环的爆破参数				每米进尺的爆破参数及材料耗量				每米巷道的部分成本(元/m)
			炮孔个数(个)	炮孔平均深(m)	装药量(kg)	进尺(m)	炮孔数	炮孔米数(m)	炸药量	雷管数	
磷块矿 f=8~10	28#穿脉	常规光面爆破	28	1.5	22	1.15	24.35	36.522	19.13	24.35	258.321
		护壁爆破	32	1.5	20.5	1.2	26.667	40	17.083	26.67	254.591
花斑状白云岩 f=4~6	开拓巷道	常规光面爆破	28	1.5	22	1.2	23.333	35	18.333	23.333	247.528
		护壁爆破	32	1.5	19.6	1.38	23.188	34.783	14.203	23.188	216.615

　　(2)直接的综合成本

　　直接的综合成本,主要包括爆破材料消耗,凿岩压气耗量和超挖量的运输成本在内。以在相同条件下比较不同爆破方法的经济分号表20.17。

定向卸压隔振爆破

表20.17　单位进尺的爆炸器材、耗风量及超挖量的综合成本

岩石名称	地点	爆破方法	1m进尺的爆破器及压风耗量费用（元）	1m进尺的超挖量及费用		单位进尺直接成本
				挖超量(m³)	费用(元)	（元/m）
磷块矿 f=8~10	28#穿脉	常规光面爆破	258.221	2.26	28.25	286.471
		隔振护壁爆破	254.591	0.03	0.375	254.966
花斑状白云岩 f=4~6	开拓巷道	常规光面爆破	247.528	2.25	28.125	275.653
		隔振护壁爆破	216.615	0.114	1.425	218.04

3.小结

2007年12月在总结中提到,在28号穿脉和开拓巷掘进中隔振护壁爆破技术后,在相同条件下比常规光面爆破:炮孔壁产生裂隙明显减少,超挖量大幅度降低,保证了巷道轮廓的光滑完整,提高了周边孔痕率由50%~60%提高到88%左右,如图20.9减少了对周边围岩的破坏,增加了围岩的稳定性;并使1m进尺的炸药耗量降低10.68%~22.53%,即每米尺节约炸药2.043~4.13kg。根据试验每米巷道比光面爆破节省费用:穿脉巷道31.5元/m;开拓巷道57.6元/m,平均44.5元/m。

由于循环进尺提高4.35%~15%,即0.05~0.18m,而成本降低11%~21%;由于巷道成型相对较好,大大降低了巷道的维护费用。更重要的是减少了安全隐患,减少了事故发生,真正达到了

"以技术保安全、促生产、增效益的目的"。

图20.9　护壁爆破效果

第二十一章 定向卸压隔振爆破 的减振效果

为检验定向卸压隔振爆破减振效果,进行数值模型试验和生产现场爆破测试。目的:测试与炮孔中心同等距离的自由面和后冲的地震效应;同等条件下不同爆破方法与卸压隔振爆破的地震效应对比试验。

第一节 试验原理

一、爆破地震波的形成及特征

炸药在岩(土)体中爆炸时,一部分能量对炸药周围的介质引起扰动,并以波动形式向外传播。通常认为:在爆炸近区(药包半径的10~15倍),是冲击波。在中区(药包半径的14~400倍)为应力波。因应力波到达界面产生反射和折射叠加结果便形成地震波。地震波是一种弹性波,它包含在介质内部传播的体波和沿地面传播的面波[194][195]。

体波可分为纵波和横波。纵波是由震源向外传播的压缩波,在传播过程中能引起介质产生压缩和拉伸变形,其特点是周期短、振幅小和传播速度快。横波是由震源向外传播的剪切波,在传播过程中引起介质点产生剪切变形。它的特点是周期长、振幅较纵波大,传播速度次于纵波。通常也把纵波叫 P 波(即初至波),把横波叫 S 波(即次波)。

面波仅限沿地表面传播,它是体波在自由面多次反射叠加而成,主要包含瑞利波和勒夫波,其特点是周期长振幅大,传播速度较体波慢,衰减也较慢,但携带的能量较大。

爆破过程中造成岩石破裂的主要原因是体波的作用,而造成爆破地震破坏的主要原因是面波的作用。

二、爆破地震波的基本参数

描述爆破地震波的特征一般用振幅 A 、频率 f 、持续时间 T 3 个基本参数表示。

1.振幅

地震波的振幅在一个完整的波形图中是不相同的,它随着时间而变化。由于主震相的振幅大,作用时间长。因此,主震相中的最大振幅有表征地震波的重要参数,它是振动强度的标志。

2.一般用最大振幅 A 所对应的一个波的周期 T 作为地震波的参数,频率为其倒数。由于地震波具有明显的瞬态振动特征,为一频域较宽的随机信号,用频谱分析方法得出的频谱可描述其频率特征。

3.持续时间

爆破地震波的持续时间是指测点振动从开始到全部停止的时间。它可反映振动衰减的快慢。由于记录到的测点振动的持续时间和测试仪器的灵敏度有关,对于同一测点,若使用的仪器灵敏度高,则测得的振动持续时间就长,反之,测得的持续时间就短。因此,关于爆破振动持续时间的定义还不统一,确定的方法也各不相同。

三、爆破地震及爆破地震效应

爆破地震动,有时称为爆破地面运动。是由爆源释放出来的地震波引起的地表岩土层的振动。在工程爆破中,人们利用炸药达到各种工程目的,如矿山开采,土石方爆破开挖、定向爆破筑坝,修筑铁路路基以及进行建筑物或构筑物的爆破拆除爆破等。但是,在爆破区一定范围内,当爆破引起的地震动达到足够的强度时,就会造成各种破坏现象,如滑坡、建筑物或构筑物的破坏等,这种爆破地震波引起的现象及后果称为爆破地震效应[196-200]。

四、爆破振动测试系统

爆破振动测试系统主要由接收爆破振动信号的传感器和用于存储和放大信号的记录仪器两部分组成,操作该系统时需要把爆破振动记录直接与传感器相连,记录仪会自行将模拟电压量转换为数字量进行采集和存储,最后通过RS232接口将记录下来的结果直接输入电脑进行数据处理,由电脑对采集信号进行波形及各种特征参数显示、频谱图显示、测试结果显示,测试系统如图21.1。测振传感器的各类较多,在爆破振动测试中使用最为广泛的是磁电式速度传感器和压电式加速度计,它们都属于惯性测振仪,用来测量地面或振动体与大地之间的绝对振动。目前记录仪器已由传统的光线示波器和磁带记录仪系统发展到电子测试与计算机综合分析系统,如TOP系列测震仪、EXP系列振动自记仪和IDTS系列记录仪等,由于这些仪器系统操作简单,在测试中得到广泛应用。

图21.1 爆破振动测试系统

如图21.1所示,爆破振动测试系统由接收爆破振动信号的 PS/PSH-4.5B型磁电式速度传感器(见图21.2),放大、采集和存储信号的IDTS3850型爆破振动记录仪,处理和显示信号的电脑组成。记录仪对传感器拾取的爆破振动信号通过采集由模拟电压量转换为数字信号并存储下来,最后通过RS232串行口将输入电脑进行数据处理、波形回放及各种特征参数显示。

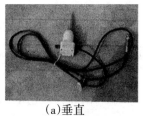 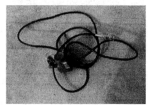

(a)垂直 (b)水平

图21.2 PS/PSH-4.5B磁电式速度传感器

IDTS3850爆破振动记录仪如图21.3所示,由成都中科动态仪器有限公司生产,该测振仪体积小,方便适用;直接与传感器相连,现场无需布线,即装即用;分辨率高,读数精度达到0.5%;每台仪器并行3个通道,实现了多通道数据采集、存储和分析;每通道分为8段,可自动记录八次爆破波形,单段模式共为128ksa/段,分段模式的每通道采样长度为16ksa/段;量程分为:±0.4v、±0.2v、±0.2v三档可调;采样率在1ksps到200ksps之间可调,共分9档,以提高采集波形的精确度。

定向卸压隔振爆破

（a）正面　　　　　　　　　（b）背面

图21.3　IDTS3850爆破振动记录仪

第二节　定向卸压隔振爆破隔震效果的模型试验

水泥砂浆模型的制作、材料配比、模型的物理力学参数和爆破试验参数，见本书第十一章第一节。

一、爆破振动测点布置

在爆破振动测试中，测点的布置对测试结果有着重要的影响，应在对爆区周围环境及有关情况调查分析基础上，根据测试目的确定测点布置方位和测点数量。

为了爆破装药结构对爆破振动的影响规律，每次爆破的测点布置方式相同；自爆源开始沿直线共布置8个测点（一般隔振护壁一侧5~6个测点，自由面一侧1~2个测点），每个测点处安置水平和垂直两个传感器，如图21.4所示。

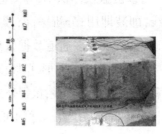

图21.4　典型爆破振动测点布置图

二、爆破振动测试结果

对不同规格的露天台阶试验模型爆破进行振动强度测试,共进行了 21 次试验,每次试验测得的测点竖向和水平振动速度数据 24 个,共得到 304 个振动波形,通过振动波形读取各测点的振动速度峰值、主振频率等。

1.爆破振动测试典型波形图

如图 21.5 所示为本次测试中典型的垂直振动实测波形,如图 21.6 为典型质点水平振动波形图。

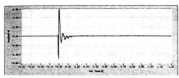

(a)11 号试件第 1 排炮孔爆破 1 号测点

(b)11 号试件第 1 排炮孔爆破 4 号测点

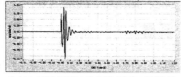

(c)11 号试件第 1 排炮孔爆破 1 号测点

(d)12 号试件第 2 排炮孔爆破 4 号测点

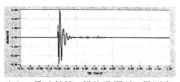

(e)11 号试件第 3 排炮孔爆破 4 号测点

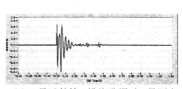

(f)12 号试件第 3 排炮孔爆破 5 号测点

定向卸压隔振爆破

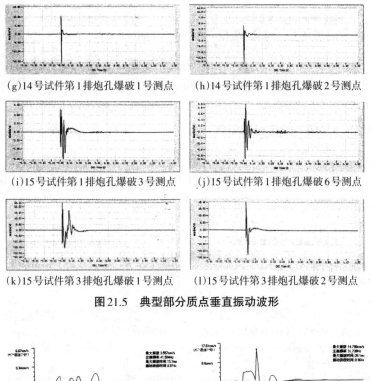

(g)14号试件第1排炮孔爆破1号测点　　(h)14号试件第1排炮孔爆破2号测点

(i)15号试件第1排炮孔爆破3号测点　　(j)15号试件第1排炮孔爆破6号测点

(k)15号试件第3排炮孔爆破1号测点　　(l)15号试件第3排炮孔爆破2号测点

图21.5　典型部分质点垂直振动波形

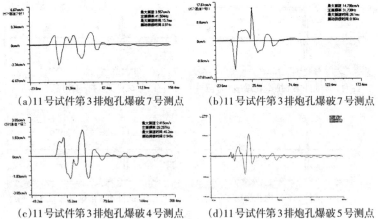

（a）11号试件第3排炮孔爆破7号测点　　（b）11号试件第3排炮孔爆破7号测点

（c）11号试件第3排炮孔爆破4号测点　　（d）11号试件第3排炮孔爆破5号测点

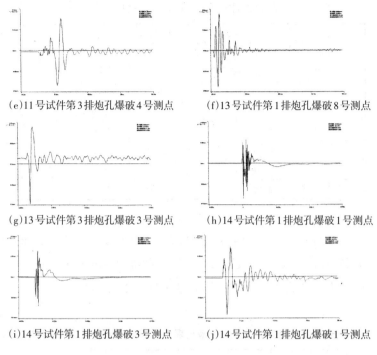

(e)11号试件第3排炮孔爆破4号测点　　　(f)13号试件第1排炮孔爆破8号测点

(g)13号试件第3排炮孔爆破3号测点　　　(h)14号试件第1排炮孔爆破1号测点

(i)14号试件第1排炮孔爆破3号测点　　　(j)14号试件第1排炮孔爆破1号测点

图21.6　典型部分质点水平振动波形

2.根据振动波形图选择有代表性的爆破模型和爆破次数、典型波形、整理数据如表21.1、表21.2、表21.3所示

（1）1号模型、12号模型为条件相同的进行对比试验,11号模型为定向卸压隔振爆破取径向不耦合系数1.5,底部空间间隔10mm,炮孔直径30mm,药包直径20mm,炸药10g。12号模型耦合装药,炮孔直径20mm,药包直径20mm,炸药10g。试验结果见表21.1。

定向卸压隔振爆破

表21.1　定向卸压隔振爆破与耦合装药结构地震效应试验(一)

测点编号	爆心距 R(m)	爆破方法及峰值振速 V(cm/s)				备注
		11号定向卸压隔振爆破		12号耦合装药		
		水平	垂直	水平	垂直	
1	0.2	31.27	31.18		54.59	卸压隔振 K_b=1.5 底部间隔10mm Q=10g U型材料
2	0.4	24.11	22.33	35.52	33.3	
3	0.6	13.44	11.61	26.08	18.8	
4	0.8	8.3	8.75	16.25	16.1	
5	1.0	6.28	6.1	11.41	9.4	

(2)13号模型和14号为条件相同,14号模型为定向卸压隔振爆破,径向不耦合系数1.5,底部空气间隔20mm,炸药10g。13号模型为耦合装药炸药10g,试验结果见表21.2。

表21.2　定向卸压隔振爆破与耦合装药结构地震效应试验(二)

测点编号	爆心距 R(m)	爆破方法及峰值振速 V(cm/s)				备注
		14号定向卸压隔振爆破		13号耦合装药		
		水平	垂直	水平	垂直	
1	0.2	17.3	23.36	31.32	34.7	卸压隔振 K_b=1.5 底部间隔20mm Q=10g U型材料
2	0.4	16.4	20.47	24.4	29.88	
3	0.6	11.18	15.15	17.61	23.0	
4	0.8	10.0	11.17	13.89	16.06	
5	1.0	7.30	7.58	12.56	11.22	
6	1.2	6.90	6.67	9.4	9.72	

(3)15号模型为定向卸压隔振爆破径向不耦合系数1.5,底部

空气间隔30mm,炸药10g。如表21.3所示。

表21.3 定向卸压隔振爆破地震效应试验(三)

测点编号		1	2	3	4	5	6	备注
爆心距R(m)		0.2	0.4	0.6	0.8	1.0	1.2	Q=10g
峰值振速V (cm/s)	水平	15.74	13.68	12.48	8.84	6.8	5.72	K_8=1.5 底部间隔30mm
	垂直	16.93	14.89	12.81	9.95	6.95	6.11	U型材料

三、结果分析

在装药量,抵抗线以及试件尺寸等外部结构相同条件下:

1.无论质点的垂直速度峰值或者是质点的水平速度随着测点距炮孔中心距离的增加均有着较为一致的衰减趋势。

2.台阶两侧爆破地震效应规律不尽相同,距离炮孔中心相同距离时,质点的水平速度具有明显的前冲效应,即台阶前侧水平速度明显大于后侧速度。这种现象在具有隔振护壁爆破的试件更为明显,如表21.4。

表21.4为西南科技大学环境与资源学院中心实验室爆破实验室2010年11月3日为广西鱼峰水泥股份有限公司提供的爆破地震测试报告,其中水平径向振动测试及分析数据如表21.4。

定向卸压隔振爆破

表21.4　模型试验中自由面方向的峰值振速明显大于后冲方向

底部空气间隔	K_b	药量 $Q(g)$	爆心距 $R(m)$	峰值振速 定向卸压隔振爆破	后冲比自由面降低(%) +0.83	+2.03	备注
10	1.5	10	−2	5.62	66.9	40	
			−0.8	28.07			
			+0.83	9.28			
			+2.03	3.37			
20	1.5	10	−2	3.56	64.3	32	负号表示测点位于台阶前侧 正号表示为台阶后侧
			−0.80	14.8			
			+0.83	5.28			
			+2.03	2.42			
0	0	10	耦合装药		+0.6	+0.8	
			−0.8	29.5	9.9	9.45	
			−0.6	35.98			
			+0.6	32.4			
			+0.8	26.7			

　　3.随着底部空气间隔的增加爆破地震效应都是减小的趋势见表21.1、表21.2、表21.3

　　4.定向卸压隔振爆破的隔振效应

　　定向卸压隔振爆破的隔振效应,根据表21.1、表21.2整理如表21.5所示。

表21.5　定向卸压隔振爆破比常规爆破地震峰值降低试验结果

峰值振速 V(cm/s)降低率(%)				
	水平	垂直	水平	垂直
底部空气间隔(mm)	10		20	
K_b	1.5		1.5	
药量 Q(g)	10		10	
0.2	–	42.88	44.76	32.7
0.4	32.12	32.94	32.78	30.7
0.6	48.16	38.2	38.51	31
0.8	48.9	45.65	27.91	30.0
1.0	44.96	35.1	41.88	32.44
1.2			26.6	31.37

距爆源中心距离(mm)

第三节　定向卸压隔振爆破与其他爆破方法的振动应该的对比试验

试验采用混凝土模型其物理力学参数与常规楼房建筑的混凝土性能一样,其规格为1 200mm×800mm×500mm。

一、试验模型及参数

采用定向卸压隔振爆破、常规爆破、光面爆破3种爆破方法对台阶高度均为350mm的13个模型进行爆破地震效应试验,13个模型的爆破参数均为:孔深380mm,钻孔角度75°,最小抵抗线200mm,孔距150mm,药包长度40mm,药量10g。其装药结构及隔振材料如表21.6所示。

定向卸压隔振爆破

表21.6　装药结构与隔振材料

爆破方法	模型编号	隔振材料	装药结构	
			不耦合系数	底部空气间隔 mm
定向卸压隔振爆破	1	R型材料	1.5	20
	2	R型材料	1.5	15
	3	R型材料	1.5	10
	4	U型材料	1.5	5
	5	U型材料	1.5	10
	6	C–I型材料	1.5	10
	7	C–I型材料	1.5	5
常规爆破	8	–	1.0	0
	9	–	1.0	0
	10	–	1.0	0
光面爆破	11		1.5	0
	12		1.5	0
	13		1.5	0

二、爆破试验结果与分析

爆破振动测试结果如表21.7所示。

表21.7 爆破振动测试结果

爆破方法	模型编号	最大振速/ (cm·s⁻¹)	与常规爆破相比振速降低率/%	与光面爆破相比振速降低率/%
定向卸压隔振爆破	1	14.52	59.55	48.86
	2	14.79	58.80	47.90
	3	15.88	55.7	44.06
	4	15.23	57.57	46.35
	5	15.78	43.8	44.9
	6	17.88	50.19	37.02
	7	18.16	49.42	36.03
常规爆破	8	35.71	—	—
	9	35.71	—	—
	10	36.27	—	—
光面爆破	11	27.35	—	—
	12	27.68	—	—
	13	28.42	—	—

卸压隔振爆破与常规爆破、光面爆破相比时,光面爆破振速取平均值28.39cm/s,常规爆破振速取平均值35.90cm/s。

三、结果分析

由模型爆破振动测试结果可以看出:

1.定向卸压隔振爆破以同种材料为隔振护壁材料时,底部空气间隔越大,质点振动速度越小,隔振效果越好。

2.以不同材料为隔振护壁材料时,其质点振速也不同,隔振

定向卸压隔振爆破

护壁材料的强度和韧性越好,其隔振效果越好。与U型材料和C–I型材料相比,R型材料的强度和韧性较好,其隔振效果也好,C–I型材料的隔振效果最差。

3.与常规耦合装药及光面爆破相比,定向卸压隔振爆破的质点振速小,隔振效果好;质点振动速度比光面爆皮降低36.03%~48.86%,比常规耦合装药降低49.2%~59.55%。

由此可知,相对于光面爆破、常规耦合装药爆破,定向卸压隔振爆破岩石大块率及根底率较低,爆破效果较好。由于定向卸压隔振爆破留有一定的底部空气间隔,延长了爆破作用时间,从而使爆破岩体更破碎。同时,底部空气间隔也有一定的卸压作用,改变了局部爆轰波的分布情况及爆轰气体强度,对爆炸冲击波有一定的导向作用,使炮孔底部爆破更完全,根底残余量更少。

四、结论

1.定向卸压隔振爆破的爆破振动和它的隔振护壁材料有很大关系;隔振护壁材料的强度、韧性越好,其隔振效果也越好。与R型材料、U型材料和C–I型材料相比,R型材料的强度和韧性均具有优越性,其隔振效果也最好;相反,C–I型材料的隔振效果最差。

2.定向卸压隔振爆破的爆破振动和它的底部空气间隔有很大关系,底部空气间隔在一定范围内间隔长度越长,其降振效果越好。

3.模型试验、定向卸压隔振隔振效应在35%~60%。

第四节 露天深孔爆破定向卸压隔振爆破的减振效果

2010年至2011年3月广西鱼峰水泥股份有限公司将定向卸压隔振爆破作为在露天矿边坡工程的应用研究项目。结合生产在该公司主要原料生产的水牯山石灰石矿的130~120采区进行常规爆破、光面爆破和定向卸压隔振爆破。进行了同爆破区段相同条件3种方法同时爆破共5次。五次爆破的岩石性质均为镁白云岩杂灰岩f=8~10。

一、爆破参数

试验采用QZ100K型潜孔钻机穿孔,钻头直径90mm,试验采用单排瞬时爆破其爆破参数见表21.8。

表21.8

爆破方法	台阶高度(m)	台阶倾角(°)	钻孔倾角(°)	最小抵抗线(m)	孔间距(m)	钻孔深度(m)	钻孔超深(m)	钻孔直径(mm)
常规爆破	10	70~80	75	3.5	4.0	11.5	1	90
光面爆破	10	70~80	75	3.5	2.5	11.5	1	90
定向卸压隔振爆破	10	70~80	75	3.5	2.5	11.5	1	90

二、装药量及装药结构

装药量及装药结构如表21.9所示。

定向卸压隔振爆破

表21.9　爆破参数和装药量及装药结构

爆破方法	孔距(m)	炸药单耗/(kg·m⁻³)	每孔装药量(kg)	试验孔数/个	径向不耦合系数	孔底空气间隔(m)
常规爆破	4	0.384	46.7	22	1.0	0
光面爆破	2.5	0.376	32.1	14	2.0~2.8	3m耦合装药
定向卸压隔振爆破	2.5	0.276	23.8	16	1.3~2.8	0.5、0.8、1.0、1.2、1.5

三、地震测试结果

地震测试结果见表21.10所示。

表21.10　深孔爆破振动速度

距爆源距离(m)	常规爆破振速(cm·s⁻¹)		光面爆破振速(cm·s⁻¹)		定向卸压隔振爆破振速(cm·s⁻¹)	
	水平	垂直	水平	垂直	水平	垂直
8.7	–	–	24.69	25.96	11.67	13.52
12	34.88	35.71	32.15	34.13	10.82	11.21

四、结果分析

由表21.10可知,距爆源8.7m处,定向卸压隔振爆破的质点水平振动速度比光面爆破降低51.96%,距爆源12m处其质点水平振动速度比常规爆破时降低68.98%。距爆源8.7m处定向卸压隔振爆破的质点垂直振动速度比光面爆破降低49.85%,距爆源12m处其质点垂直振速比常规爆破降低68.61%。

第五节　定向卸压隔振爆破隔振护壁材料的隔振效果试验

定向卸压隔振爆破,其效果最主要的是隔振护壁材料的性质和钻孔底部空气间隔长度有关。

一、试验方法

采用混凝土模型,不同塑料管材不同孔底间隔长度,同等K_b=1.5同等10g 2号炸药,瞬发或毫秒雷管起爆。

二、试验结果

1.爆破隔振效果

定向卸压隔振爆破隔振效果见图21.7所示。

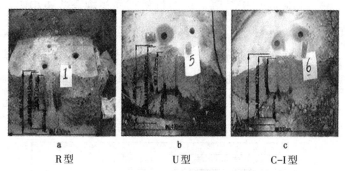

a	b	c
R 型	U 型	C-I 型

图21.7　定向卸压隔振爆破效果图

2.隔振护壁材料质点振速与孔底间隔试验结果

定向卸压隔振护壁材料质点振速与孔底间隔长度试验结果见表21.11所示。

定向卸压隔振爆破

表21.11　定向卸压隔振爆破的质点振速降低率

隔振护壁材料	R型			U型				C-I型		
编号	1	2	3	4	6	7	8	9	5	10
不耦合系数K_b	1.5	1.5	1.5	1.5	1.5	1.5	1.5	1.5	1.5	1.5
孔底空气间隔（mm）	20	15	10	5	5	10	15	15	10	5
质点振速（cm/s）	6.54	9.11	9.49	13.53	16.16	9.24	5.16	15.09	16.60	19.54
振速降低率(%)	72.89	62.23	60.66	43.91	33.00	61.69	78.61	37.44	31.18	18.99

三、试验结果

1.定向卸压隔振爆破不同的隔振护壁材料隔振效果不同。

定向卸压隔振爆破隔振护壁材料不同与耦合装药相比其隔振的效果：振速降低30%以上至78%左右。见表21.11，图21.8。

2.以不同材料为隔振护壁材料时，其质点振速也不同，隔振护壁材料的强度和韧性越好，其隔震效果越好。

3.定向卸压隔振爆破以同种隔振护壁材料时，底部空气间隔越大，在一定范围内质点振动速度越小，隔振效果越好。

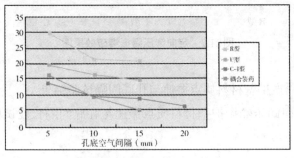

图21.8　定向卸压隔振爆破与耦合装药爆破质点振速对比图

四、结论

1.定向卸压隔振爆破中,几乎所有模型和生产现场试验的质点振速降低超过30%,甚至有高达78.6%的,总体上降低率处于40%~60%间,即相对于常规耦合装药爆破,定向卸压隔振爆破可降低震动40%~60%或30%以上至60%。

2.定向卸压隔振爆破的爆破震动和它的隔震护壁材料有很大关系;隔振护壁材料的强度、韧性越好,其隔震效果也越好。与U型和C-I型相比,R型材料的强度和韧性都具有优越性,其隔振效果也最好;相反,C-I型材料的隔振效果最差。从市场价格考虑采用U型材料较适合生产应用。

3.定向卸压隔振爆破的爆破震动和它的底部空气间隔有很大关系,底部空气间隔越大,其降震效果越好,如图21.9所示。但需视其岩体结构、构造而定,一般硬岩完整好取0.5~0.8m,中硬0.8~1.2m,较软岩1.2~1.5m。

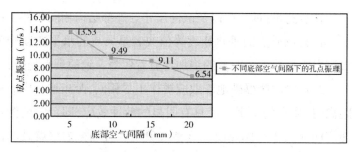

图21.9　定向卸压隔振爆破不同底部空气间隔时的质点振速

4.采用定向卸压隔振爆破需要注意的主要问题

(1)在施爆区域岩体构造及赋存条件要均匀一致,特别在台

定向卸压隔振爆破

阶下部炮孔从底盘往上穿过 1.0~2.5m 左右范围,有缓倾斜完整岩体与台阶上部岩体(或炮孔)节理裂隙和层理垂直或急倾相交时。这种条件不宜实行定向卸压隔振爆破,但可以实行隔振护壁爆破,即炮孔底部不留空气间隔。

(2)露天边坡深孔爆破以坚持单排多孔瞬时爆破为好。

(3)露天边坡爆破,底部抵抗不宜过大,实行清渣爆破为好,其爆破参数可按光爆参数进行试用后再确定有关参数;井巷掘进周边孔的爆破参数按常用光面爆破参数进行试验后确定为好。

第六节　模型试验中自由面方向的质点峰值振速明显大于后冲方向

模型试验中自由面方向的质点峰值振速明显大于后冲方向如表21.12所示:

结果分析

在装药量,抵抗线以及试件尺寸等外部结构相同条件下:

1. 无论质点的垂直速度峰值或者是质点的水平速度峰值随着测点距炮孔中心距离的增加均有着较为一致的衰减趋势;

2. 台阶两侧爆破地震效应规律不尽相同,距离炮孔中心相同距离时,质点的水平速度具有明显的前冲效应,即台阶前侧水平速度明显大于后侧速度。这种现象在具有隔振护壁爆破的试件更为明显,如表21.12。

3. 造成与光面、预裂爆破、断裂控制爆破常规爆破地震波不同规律的原因。

(1)隔振护壁材料的存在,炸药爆炸产生沟槽效应,使更多的能量在自由方向产生应力集中。

（2）隔振护壁材料的存在，炸药爆炸时产生反射约有10%~13%的能量，反射回柱状药包内。

（3）隔振护壁材料的侧边端部向预定方向产生边界效应，驱动爆炸波向自由面方向发展，促使轮廓线较早形成壁面裂纹，将保留岩体和破碎岩体分离。

表21.12 模型试验中自由面方面的峰值振速明显大于后冲方向

底部空气间隔	K_b	药量 Q(g)	爆心距 R(m)	峰值振速 定向卸压隔振破	后冲比自由面降低(%)		备注
					+0.83	+2.03	
10	1.5	10	−2	5.62	66.9	40	
			−0.8	28.07			
			+0.83	9.28			
			+2.03	3.37			
20	1.5	10	−2	3.56	64.3	32	负号表示测点位于台阶前侧，正号表示为台阶后侧
			+0.80	14.8			
			+0.83	5.28			
			+2.03	2.42			
0	0	10	耦合装药		+0.6	+0.8	
			−0.8	29.5	9.9	9.45	
			+0.6	35.98			
			+0.6	32.4			
			+0.8	26.7			

后　记

　　时光飞逝，不经意间，已虚度了83载。大学毕业后，从事了27年生产的科研工作；后在高校从事教学和科研31年；在本人最后愚作《定向卸压隔振爆破》即将完成之际，许多往事涌上心头……本人愚钝，从不敢懈怠探求科学之真理，以著书立说将毕生经历、经验和体会进行总结，供后来者以帮助，实乃本人之理想与追求。

　　本人一生中编著并已出版的8部愚作，均为本人亲手逐字完成，撰写过程中得到许多学者、朋友的指导和帮助，在此将一一表示感谢！

　　中国工程物理研究院化工材料研究所花平环、韩敦信、黄毅民、向永、曾照雄研究员和黄礼金主任，中国矿业大学王仁树、岳文中教授，方学儒主任以及现代爆破研究所肖同社、董聚才，解放军理工大学工程兵学院结构爆炸实验研究中心陆渝生、邱艳宇教授，总参谋部工程兵科研三所八室张磊博士，西南交通大学高温高压物理研究所刘福生教授、张明健副教授、薛学东高级技师，在你们的帮助支持下，我得到了大量科学试验的微观定量数据。

　　工作上得到王立、刘爽、李凡、刘浩、刘履中、汤云祥、李锦元、[苏]吉亚柯夫、刘春来、田世龙、万启鹏、李伯峰、万朴、田熙、邵振亮、肖光才、陈笃谦、王家碧等领导和同志们的支持帮助,使我能持续从事毕生热爱的爆破研究事业。

　　长期以来,于海蓬、唐复春、陈淳诗、王仁、张永庆、李前、向开伟、鲍罡武、温成润、何绍田、熊成华、冯德润、袁坤德、龚成、周州、杨开信、李朝鼎、沈稳良、张志旭、钱茂军、张铁柱、黄天华、方韩、普永发、杨柳、张顺朝、陈亮、杨琼冠、吴久荣等同志所在的矿山、企业给本人提供了大量实践和应用的机会。

　　在试验研究工作中,课题组成员王吉成、石美权、刘仁辅、周秀英、陈开姚、陈绍智、杨衍家、王宗泗、刘瑞云、于根德、沈忠祥、李志、朱兴来、张桂如、赵凤桐、肖正学、林秀英、王成端、郭学彬、张廷镇、胡健、陆文、吉连国、赵传军、张继春、李平、杨顺清、卢国盛、邓鸿杰、蒲传金、史瑾瑾、肖定军、廖爱华、丁银贵、吴晓梅、黄友望、韦家修、黄伟以及爆破组长李义松、潜孔钻司机张先玉、科研处长廖学军等同志,协作配合,共同努力,完成了多项(各类科研项目33项)科研工作。

　　同时,西南科技大学图书馆、环资学院、土木建筑学院图书资料室等提供了诸多协助,参阅了朱训、吴立、吕淑然、徐颖、宗琦、卢文波、朱振海、罗勇、陈富生、杨小林、杨军、戴俊、高文学、夏祥、张国华、李俊如、李术才、钱七虎、李玉民、倪芝芳、薛若恒、闫长斌、金星男、陈旭光、张文煊、朱卫东、王代华、刘刚、朱焕春、刘勇、刘年华、李通林等多位专家的学术论文,深受启迪,令文章内容更加充实、丰富。

　　在以往的学习和工作中,吴逊时、黄国赢、周昌达、周君才、唐蜀良、唐廷路、游定元、熊清太、查治楷、姜修善等多位老师,以及

定向卸压隔振爆破

邱明纲、何本正、谢致义、毛光富、龙友泸、龙友茂、熊清国、熊清大、熊清民、熊发杰、张安民、张安均、那发贵、郎玉昭、邓仲璜、陈杰民、林光清、钟子芳、鲁能治、于仲全、田钊、王刚、钟良俊、谢绍文、刘文炎、蒋绍周等给予了大量的关心和照顾。

在此,我要深切缅怀故去的父母(张凤德、邓兴善)、姨父周汉民、姨妈邓国英、四叔张凤桐、五叔张凤仓、幺叔张凤树、堂叔张凤尧、堂哥张上呈、堂姐张呈英,没有父母的养育之恩和在亲友们雪中送炭的无私援助,就不可能有我今天的小小成绩。同时还要感谢内弟余朝海、妹夫薛高成、妹妹张金呈、小妹张润呈、妹夫陈永章,你们多年以来为我的工作和生活提供了诸多便利,令我甚感温暖。

在此,我还要特别感谢老伴余朝华长期以来对我生活上无微不至的照顾,对我事业的支持和鼓励,以及大女儿张渝新、大女婿胡健、儿子张渝疆、媳妇唐小凤、小女儿张丽丽、小女婿李春晓对我工作、写作和生活上的关心、帮助和支持。

在此,特再次向所有关心支持帮助与鼓励我的人表示衷心的感谢。

参考文献

【1】吴国盛.科学的历程[M].湖南科学技术出版社,1995.

【2】苏庆谊.科学发展简史[M].研究出版社,2010.

【3】易风.中国历史年代简表[M].文物出版社,1973.

【4】朱训.实现六个转变走新型矿业经济发展之路[J].中国矿业[J],2005,8:1—4.

【5】李通林.露天边坡稳定.重庆大学采矿工程系,1986:1—3.

【6】张四维.我国露天矿边坡工程研究成果与进展[J].地质灾害与环境保护,2000,11(2):98—101.

【7】张国伟,韩勇,苟瑞君.爆炸作用原理[M].国防工业出版社,2006,7:166—168.

【8】吴立,闫天俊,周传波.凿岩爆破[M].武汉:中国地质大学出版社,2005,1:12—17.

【9】载俊.岩石动力学特征与爆破理论[M].北京:冶金工业出版社,2002,5:71—75.

【10】吕淑然.露天台阶爆破地震波效应[M].北京:首都经济贸易大学出版社,2006,12:27—41.

【11】武海军,杨军,黄凤雷,等.不同耦合装药条件下岩石的应力波传播

定向卸压隔振爆破

特征[J].矿业研究与开发,2002,1:44—46.

【12】陈静曦.应力波对岩石断裂的相关因素[J].岩石力学与工程学报,1997,2:148—154.

【13】贾光辉,王志军,王文龙,等.爆破过程中的应力波[J].爆破器材,2001,1:1—4.

【14】王文龙.钻眼爆破[M].煤炭工业出版社,1984,11:163—168。

【15】徐颖,吴得义.半无限岩体应变能随最小抵抗线变化规律的探讨[J].爆破器材,1997,1:1—3.

【16】张志呈,肖正学,郭学彬,等.裂隙岩体爆破技术[M].成都:四川科学技术出版社,1999,6:98—100.

【17】王进攻,陈宏兴.宽孔距小抵抗线微差挤压爆破设计[J].工程爆破,1996,4:20—23.

【18】徐颖,宗琦,孟若平.大断面耍赖室大孔距崩落爆破模型试验研究[J].煤炭学报,2001,6:596—600.

【19】李晓捷.微差爆破底盘合理抵抗线的确定[J].矿冶工程,2008,4:42—43.

【20】李彬峰.预裂爆破参数设计及其在边坡工程中的应用分析[J].有色金属(矿山部分),2002,1:27—28.

【21】孙再南.大冶铁矿危险边坡地区的爆破[J].矿冶工程,1985,4:3—8.

【22】张正宇,杨明渊.水利工程中的预裂爆破[J].科学成果选辑,长江科学院,1986,6:31—46.

【23】陈庆寿.预裂爆破炮孔间距与岩石强度的关系[J].爆破器材,1985,5:23—26.

【24】P.N.Worsey.岩石强度对预裂爆破的影响及岩石可爆性[J].岩石破碎学术讨论会论文,1986,9:1—14.

【25】柏建彪,王襄禹,贾明魁,等.深部软岩巷道支护原理及应用[J].岩土工程学报,2008,5:632—635.

【26】蔡美峰,王双红.地应力状态与围岩性质的关系研究[J].中国矿业,

1997,6:38—41.

【27】康红普,林健.我国巷道围岩地质力学测试技术新进展[J].煤炭科学技术,2001,7:27—30.

【28】N.G.W.cook.岩爆的震中.MECHANICS porceedings of the Fifth Symposium on Rock Mechanics heldat.

【29】体尼斯.南非金属矿岩爆控制方法的进展.SAIMM,1980(4).

【30】科捷利尼科夫.利用岩体应力状态崩落坚硬矿岩[J].国外金属采矿,1984,7.

【31】有初始应力介质中的应力波.昆明工学院学位论文.1987.

【32】朱振海等.爆破应力场的动力弹分析.第三届全国工程爆破会议论文.

【33】张志呈,向开伟,鲍罡武.露天深孔爆破地震效应与降震方法[M].成都:四川科学技术出版社,2003,3.

【34】严鹏,卢文波,周创兵.非均匀应力场中爆破开挖时地应力动态卸载所诱发的振动研究.岩石力学与工程学报,2008,4:773—781.

【35】张克利.岩体爆破工程地质力学问题初步探讨[J].有色矿山,1985,7.

【36】冯增朝,赵阳升.岩体裂隙尺度对其变形与破坏的控制作用[J].岩石力学与工程学报,2008,1:78—83.

【37】TANG CA.Numerical studies of the in fluence of microstructure on rock failure in uniaxial lompression, parti: effect of heferogeneity[J].Int.J.Rock mech.Min.Sci,2000,37(4):555—569.

【38】李宁,陈文玲,张平.动荷作用下裂隙岩体介质的变形性质[J].岩石力学与工程学报,2001,1:74—78.

【39】Jdffreys H.Damping in bodily seismic waves[J].Geophysical supplement to Monthly Notices of the Royal A stronomical society,1931,3:318—323.

【40】Crampin S.A review of wave motion in anisotropic and cracked elastic media[J]. Wave motion,1981,3:341—391.

【41】Hudson J.A wave speeds and ettenuation of elastic waves in material lontaining cracks[J].Cteophys J.R.astr.

【42】李业学,刘建峰,秦丽.应力波穿越岩石节理时能量耗散规律实验研究[J].实验力学,2011,1:85—89.

【43】Guruprasad S,Abhijit M.Layered Sacrificial Claddings under Blast Loading Part I-Analytical Studies[J].Int J Impact Eng,2000,24:957—973.

【44】Gupta Y M, Ding J L.Impact Load Spreading in Layered Materials and Structures:Concept and Quantitative Measure[J].Int J Impact Eng, 2002, 27:277—291.

【45】董永香,黄晨光,段祝平.多层介质对应力波传播特性影响分析[J].高压物理学报,2005,1:59—64.

【46】黄理兴.应力波对裂隙的作用[J].岩土力学,1985,2:89—97.

【47】Gdldsmith W.Wave transmission in Rocks, in Rock Mechanics symposium AMD-Vol,3,1970.

【48】Goldsmith W. et al.Stress wave in Igneous Rock[J].Geophys,1977.

【49】龙维祺.爆破工程[M].北京:冶金工业出版社,1992,3:274—278.

【50】于亚伦.工程爆破理论与技术[M].北京:北京冶金工业出版社, 2004,2:184—186.

【51】吴立,闫天俊,周传波.凿岩爆破工程[M].武汉中国地质大学社, 2005,1:148—150.

【52】崔新壮、陈士海、刘德成.在裂隙岩体中传播的应力波的衰减机理[J].工程爆破,1999,1:18—21.

【53】[苏]A.H.哈努卡耶夫.刘殿中,译.李国乔,校.矿岩爆破物理过程[M].北京:冶金工业出版社.

【54】朱振海.炮孔之间爆炸应变场的光力学分析[J].爆炸与冲击[J], 1989,4:309—316.

【55】朱振海,曲广建,杨永琦,等.起爆时差对孔间裂缝贯穿影响的动光弹研究[J].爆炸与冲击,1991,4:2912—2916.

【56】郭进平,聂兴信.新编爆破工程实用技术大全[M].光明日报出版社,

2002,11:18—50.

【57】陆遐龄.岩体中爆炸应力波的试验研究[J].岩石力学与工程学报，1992,4:364—372.

【58】胡刚,郝传波,景海河.爆炸作用下岩体介质应力波传播规律研究[J].煤炭学报,2001,3:270—273.

【59】李彰明,冯强.岩质边坡中应力波衰减规律探讨[J].岩石力学与工程学报,1996,增刊:460—463.

【60】陈富生.空气间隙装药结构的基本理论与实践[J].冶金技术,1963,11:5—11.

【61】倪芝芳,李玉民.不耦合装药管道效应的理论研究[J].山东矿业学院,1988,2:6—12.

【62】李玉民,倪芝芳.不耦合装药岩石冲击波参量的极曲线方法[J].岩石力学与工程学报,1998,1:76—80.

【63】罗勇,崔晓荣.工程爆破中装药不耦合系数的研究[J].有色金属（矿山部分）,2008,4:39—43.

【64】薛若恒.对径向间隙效应原理及不耦合装药的初探[J].露天采矿,1988,7—12.

【65】陈华腾.炮孔爆中间隙效应与不耦合装药的关系和应用[J].

【66】丁长兴.管道效应机理的探讨[J].岩石破碎学术讨论会论文集,1986,9:1—18.

【67】杨小林,员小有,梁为民.不耦合装药爆炸机理及试验研究[J].煤炭学报,1998,12:130—133.

【68】林大能,胡伟,彭刚.爆炸挤压成腔中的不耦合效应研究[J].煤炭学报,2002,2:144—147.

【69】李大培,刘为州,张酿.姑山采场东部强采区预裂爆破合理参数计算[J].金属矿山,2004,4:20—24.

【70】罗勇,崔晓荣,陆华.炮孔水介质不耦合装药爆破的研究[J].有色金属（矿山部分）,2009,1:46—49.

定向卸压隔振爆破

【71】宗琦,刘盛贤.立井深孔光爆水不耦合装药和水柱装药[J].煤炭科学技术,1996,7:23—25.

【72】付菊要,李瑞君.井巷光面爆破不耦合系数研究[J].东北煤炭技术,1997,3:26—29.

【73】武海军,杨军,黄风雷,等.不同耦合装药下岩石的应力波传播特性[J].矿业研究与开发,2002,1:44—49.

【74】王宗寿.露天矿深孔空气间隔爆破[J].矿冶工程,2003,2:38—39.

【75】空气间隔装药技术在爆破中的应用.D.J.Mead,N.T.Moxon,R.E.EDanel&5 B.Richardson.BHP Kesearch,newcashe laborafories, shortland N.S.W.Australia .

【76】李兆霞.损伤力学及其发展[M].北京:科学出版社,2002:1—6.

【77】刘红岩,王根旺,刘国振.以损变量为特征的岩石损伤理论研究进展[J].爆破器材,2004,6:25—29.

【78】张全胜,杨更社,任建喜.岩石损伤变量及结构方程的新探讨[J].岩石力学与工程学报,2003,1:30—34.

【79】Grady D E, KippMe. Continuum modeling of explosive fracture in oii shale[J]. International journal of Rock Mechanics and Mining Sciences and Geomechanics Abstracts,1980,17:147—157.

【80】Taylor LM, Cheng E P, Kuszmaul JS.Micro-crack induced damage accumaulation in brittie rock under dynamic loading[J]. Computer Methods in Applied Mechanics and Engineering,1986,55:301—320.

【81】王志亮,王建国,李永池.单临空面岩体中爆破诱发损伤的数值分析[J].岩土力学,2006,2:219—223.

【82】杨小林,王树仁.岩石爆破损伤模型及评述[J].工程爆破,1999,5[3]:71—75.

【83】刘红岩,胡刚.有关爆破损伤变量定义中存在的问题及探讨[J].爆破,2003,3:1—4.

【84】刘军,刘汉龙,陈亮.冲击载荷下脆性材料损伤模型的研究进展[J].

岩石力学与与工程学报,2005,增1:4811—4815.

【85】郭文章,王树仁,刘毅书,等.节理岩体损伤变化机理探讨[J].工程爆破,1998,2:7—10.

【86】高文学,刘运通.爆破载荷作用下岩石损伤机理及其力学特征研究[J].岩土力学,2003,(24)增刊.

【87】Talor L M, Chen E P, Kuszmaul J S.Micro-crack induced damage accumulation in brittle rock under dynamic loading[J]. Computer Mechods in Applied Machanics and Engineering,1985,55:13—20.

【88】杨小林,王树仁.岩石爆破损伤断裂的细观机理[J].爆炸与冲击,2000,3:247—252.

【89】陈星,唐文军,孙万林,等.裂隙岩体损伤断裂分形研究[J].现代矿业,2009,10:49—51.

【90】陈兴周,李建林,等.关于分形理论及其在岩石断裂中的应用[J].西北水电,2005,2:63—64.

【91】杨军,王树仁.岩石爆破分形损伤模型研究[J].爆炸与冲击,1996,1:46—50.

【92】马建军.岩石爆破的对损伤与损伤累积计算[J].岩土力学,2006:961—964.

【93】Lemaitre J. How to use damage mechanics[J]. Nuclear Enag & Desing,1984.

【94】水利部建设局.水工建筑物岩石基础开挖工程施工技术规范[S].1995.

【95】闫长斌,徐国元,杨飞.爆破动载荷作用下围岩累积损伤效应声波测试研究[J].岩土工程学报,2007,1:89—93.

【96】S P Singh.爆破破坏的预测定[J].第四届国际岩石爆破破碎学术会议论文集.冶金工业出版社,1995,12:185—193.

【97】能海华,卢文波,李小联.龙滩水电站右岸导流洞开挖中爆破损伤范围研究[J].岩石力学,2004,3:432—436.

定向卸压隔振爆破

【98】朱传云,喻胜春.爆破引起岩体损伤的判别方法研究[J].工程爆破,2001,7(1):12—16.

【99】吴德伦,黄质宏,赵明阶.岩石力学[M].乌鲁木齐:新疆大学出版社,2002.

【100】刘勇,张丹,贺晓亮.曾家垭隧道围岩松驰圈的判定研究[J].路基工程,2007,4:36—39.

【101】高文学,胡江碧,刘运通,等.岩石动态损伤特性的实验研究[J].北京工业大学学报,2001,1:107—110.

【102】张志呈.单级压缩轻气炮技术研究岩石损伤的实践[J].矿山机械,2005,8:9—11.

【103】张志呈.KQX120切削潜孔钻机进行边坡水平钻取岩芯的实践[J].矿山机械,2005,2:15—16.

【104】杨年华.预裂爆破对边坡岩体损伤的试验研究[J].铁道学报,2008,3:96—99.

【105】李前,张志呈.矿山工程地质学[M].成都:四川科学技术出版社,2008,10:233—247.

【106】杨军,高文学.岩石冲击损伤特性的声波测试研究[J].黑龙江矿业学院,2000,1:50—53.

【107】赫建明,柳崇伟,郭东明.爆破损伤岩石力学特性的试验研究[J].矿冶工程,2003,6:83—86.

【108】Liu chongli,Ahrens T J.Stress wave attcnuation in shock-damaged rock.J Gcophys Res,1997,102(B3):5243—5250.

【109】高文学,胡江碧,刘运通,等.岩石动态损伤特性的实验研究[J].北京理工大学学报,2001,1:108—111.

【110】王让甲.声波岩石分级和岩石动弹性力学参数的分析研究[M].北京:地质出版社,1997.34—76.

【111】李小林,员小有,吴忠.爆破损伤岩石力学特性的试验研究[J].岩石力学与工程学报,2001,4:436—439.

【112】Spsingh.爆破破坏的预测与测定[J].第四届国际岩石爆破破碎学术会议论文集,冶金工业出版社,1995,12:185—193.

【113】B.K.PyousB.A.E.A3apkobuu.多排炮孔爆破中岩体深处爆破作用的研究[J].

【114】D.S斯科维后,M.F.巴伯.在最终边坡爆破技术设计和实施中须考虑的因素[J].国外金属矿山,1999,5:45—50.

【115】朱卫东,王在泉.高边坡工程爆破震动监测与支护顺序[J].金属矿山,2002,2:23—25.

【116】王代华,刘军,柏德强,等.露天边坡在爆破作用下损伤特征的试验研究[J].煤炭学报,2004,5:532—535.

【117】李俊如,夏祥,李海波,等.核电站核电站基岩爆破研究开挖损伤区研究[J].岩石力学与工程学报,2005,增刊1:2674—2678.

【118】夏祥,李俊如,李海波,等.广东岭澳核电站爆破开挖岩体损伤特征研究[J].岩石力学与工程,2007,12:2510—2516.

【119】朱焕春.某高边坡岩体声波测试与分析[J].岩石力学与工程学报,1994,4:378—381.

【120】杨小林.开挖爆破对围岩损伤作用几个问题探讨[J].爆破,19—23.

【121】刘章华.应用定向断裂爆破技术提高光面爆破质量[J].煤炭科学技术,2002,5:26—27.

【122】李文进.定向断裂爆破技术在车集矿的推广应用[J].建井技术,1999,2:15—18.

【123】袁秋新,李海燕.弱面软岩控制爆破技术的试验[J].新汶煤矿科技,1996,1:22—23.

【124】阳友奎,张志呈.巷道掘进中的断裂控制爆破[J].岩土工程学报,1992,4:17—24.

【125】周黎明,肖国强,伊建民.巴昆水电站发电洞开挖松动区岩体弹性模量测试与研究[J].岩石力学与工程学报,2006,增刊:713—975.

【126】石林河,孙文怀,郝小红.岩土工程原位测试[J].郑州:郑州大学出

版社,2003:175—176.

【127】李月,刘立,梁伟,等.岩石松动层声波测试技术[J].西华大学学报:自然科学版,2006,2:95—96.

【128】张文煊,卢文波.龙滩水电站地下厂房开挖爆破损伤范围评价[J].工程爆破,2008,2:1—7.

【129】李述才,王汉鹏,钱士虎,等.深部巷道围岩分区破裂化现象现场监测研究[J].岩石力学与工程学报,2008,8:1545—1552.

【130】何满潮,谢和平,彭苏萍,等.深部开采岩体力学研究[J].岩石力学与工程学报,2005,16:2803—2813.

【131】钱七虎.非线性岩石力学的新进展——深部岩体力学的苦干问题[C].第八次全国岩石力学与工程学术大会论文集,北京:科学出版社,2004:10—17.

【132】陈旭光,张强勇,杨文东,等.深部巷道围岩分区破裂现象的试验研究与现场监测对比分析研究[J].岩土工程学报,2011,1:70—75.

【133】张志呈,黄有望,韦家修,丁银贵.定向卸压隔振爆破作用下的岩石累积损伤研究.煤矿爆破,2011,2:15—18.

【134】张国华.基于围岩累积损伤效应的大断面隧道施工参数优化研究[D].2010,6:60—91.

【135】钮强.岩石爆破裂隙的形成与发展[J].有色金属采矿动态,1979,2.

【136】宗琦.炮孔柱状装药爆破时岩石破碎和破裂的理论探讨[J].矿冶工程,2004,4:1—3.

【137】王延武,刘清泉,杨永琦,等.地面与地下工程控制爆破[M].北京:煤炭工业出版社,95—97.

【138】陶颂霖.爆破工程[M].冶金工业出版社,1979,12:136—140.

【139】郭长铭等.爆轰波在阻尼管道中声吸收的实验研究[J].爆炸与冲击,2004,4:289—295.

【140】鞠文,严碧.孔底间隔爆破技术及其应用[J].爆破,1998,1:55—59.

【141】罗耀杰,韩润泽,官信,等.水下爆破[M].北京:国防工业出版社,

1960,130—140.

【142】温嘉泉,李耀林,张建国.深孔底部间隔装药爆破无深爆破[J].爆破,1993,1:35—38.

【143】琥世杰,陈文平,肖峰华,等.台阶垂直中深孔间隔装药技术的理论分析与应用[J].工程爆破,1999,4:57—61.

【144】张志呈,熊文,齐曼卿.不同位置空气间隔装药的爆破试验及应用效果[J].化工矿物与加工,2011,6:27—30.

【145】陈世凯,代方军.空气底部间隔装药对爆破效果的影响[J].轻金属,2003,1:7—12.

【146】辜大志,谢圣权地,陈寿如.孔底空气间隔装药改善爆破震动和效果[J].采矿技术,2004,(4):64—66.

【147】张国建,周百川,刘大彬,等.露天矿倾斜深孔底部间隔装药爆破合理超深值试验研究[J].黄金,1996,5:23—27.

【148】张凤元.集中药包空气间隔的应用[J].铁道建筑技术,1997,2:1—2.

【149】D J Mead,N T Moxon,R E Danel.空气间隔装药技术在爆破技术中的应用[M].北京:冶金工业出版社,1995,12:445—450.

【150】刘振东,高毓山,谭永和.底部间隔装药结构在南芬露天矿的试验研究[J].矿业快报,2002,7:13—15.

【151】范户发.鞍钢矿山爆破工作的改进[J].鞍钢技术,1990,2:11—17.

【152】日本工业火药协会.新爆破手册[M].武汉:湖北科学技术出版社,1998,5:141—142.

【153】冯叔瑜,张志毅.延长药包水压爆破特性的试验研究[J].工程爆破文集(三).冶金工业出版社,1988,3:96—102.

【154】王绍鑫.对水介质不耦合装药爆破的实践与认识[J].岩石破碎学术会议论文集(三),1986,9:1—9.

【155】王绍鑫,张松林,李建梅.水介质控制爆破及降低粉碎率的研究[J].工程爆破文集(四).冶金工业出版社,1993,4:105—109.

【156】陈广平,李宝辉,等.台阶爆破垂直中深孔间隔装药技术理论分析

与应用[J].工程爆破,1999,4:57—61.

【157】宁心,李晓炎,杨志焕,等.水下冲击波和空气冲击波传播速度及物理参数的对比研究[J].解放军医学杂志,2004,2:97—99.

【158】张楚灵,姜建明,黄铁平.底部间隔装药技术在深孔爆破中的应用[J].化工矿物与加工,2001,7:30—32.

【159】金星男.用水耦合装药爆破模型试验[J].岩土爆破文集(二),冶金工业出版社,1985,7:1—73.

【160】伊藤一郎.工业火药.1968:29.

【161】金星男.水泥模型中裂缝速度测量[J].爆炸与冲击,1983,Vol3:No2.

【162】张松林,龙维琦.孔中介质耦合爆破破碎特征研究[J].第一届爆破会议论文集.

【163】屈成武.岩体保护层开挖技术的试验研究[J].矿冶工程,2003,4:10—13.

【164】张志呈,肖正学,郭学彬,等.裂隙岩体爆破技术[M].成都:四川科学技术出版社,1999,6:268—283.

【165】王树仁,魏有志.岩石爆破中断裂控制的研究[J].中国矿业学报,1985:3.

【166】李前,张志呈.矿山工程地质学[M].成都:四川科学技术出版社,200—225.

【167】代仁平.岩石动态损伤防护试验研究及数值模拟[D].西南科技大学环境与资源学院(学位论文),2008:6.

【168】王从约,夏源明.圆杆中弹性应力波的傅里叶弥散分析[J].爆炸与冲击,1998,12(1):1—7.

【169】经福谦.实验物态方程导引[M].北京:科学出版社,1999:201—208.

【170】杨军.岩石爆破理论模型及数值计算[M].北京:科学出版社,1999:83—87.

【171】牛良,张志呈,刘筱玲,等.定向卸压隔振材料隔振爆破的数值模

拟研究[J].

【172】周慧琦,肖定军,邵兴隆,等.定向卸压爆破试验研究与数值计算[J].金属矿山,2011,12:39—43.

【173】肖定军,郭学彬,蒲传金.单孔护壁爆破数值模拟[J].化工矿物与加工,2008,7:22—24.

【174】Holmguist TJ, JohnsonGR, Cook Wh. Acomputational constitutive model for concrete subjected to large strains, high strain rates and high pressures. 14rh int sym Ballistics, 1993:591—600.

【175】白金泽.LS-DYNA3D 理论基础与实例分析[M].北京:科学出版社,2005.

【176】时党勇,李裕春,张胜民.基于ansys/IS-Dyna 8.1进行显示动态分析[M].北京:清华大学出版社,2005.

【177】尚晓红,苏建宁.ANSYS/LS-DYNA 动力分析方法与工程实例[M].北京:中国水利水电出版社,2005.

【178】 А.Н.ХаНукаваеВ идр.ИССЛеДоВание продесоВ ъурения ивзрьlвания.1959,углЕТЯХНЗДАТ.

【179】А.М.бЛЮНИНА等.НССЛеДОВаНИе ТоГНОСТН ЗЛеЛЛеНТоВ ДИНаМКНоПре деляемч стереоорото грамметрнуеск ни метдом.известнл вьlсмихучебньlх заведен——ярньхжурнал,1971.No11.

【180】H M Kara ra等.在近景摄影测量中由坐标化坐标到物方空间坐标的直接线变换.1978.

【181】吴灵光,刘友光,张建华,等.岩体爆破过程的高速立体摄影测量[J].爆破测量技术,1981,12:55—65.

【182】富治荣,高晓初.露天深孔爆破的高速摄影观测[J].露天矿爆破技术论文选编,1983:126—130.

【183】陈玉田,费寿林.高速摄影模拟钻进试验装置的研制[J].第四届全国矿石破碎学术讨论会,1989,11:56—58.

【184】张志呈,肖正学,郭学彬,等.断裂控制爆破裂纹扩展的高速摄影

试验研究[J].西南工学院学报,2001,2:53—57.

【185】邹定祥,曾世奇,郭初吉.爆破块度分布的摄影——图象分析方法的研究.全国非金属矿学术会议,1988,9:57—62.

【186】王儒策,赵志国,杨绍卿.弹药工程[M].北京:北京理工大学出版社,2005.

【187】R Frank chiapetta,Mark E Mammele.运用分幅高速摄影技术来评价空气层填物和气封在预裂、土壤改良和质点运动中的作用[J].第二届爆破破岩国际会议论文集,1990,183—206.

【188】单仁亮等.切缝药包管定向断裂爆破软岩模型试验研究[J].辽宁工程技术大学学报,2001,(4):220—222.

【189】Fourney WL, Dally JW, Hollow our DC. Controlled blastasting with ligamented charge holders[J]. int J Rock Mech M in Sci, 1978, 15(3): 184—188.

【190】龚成,袁坤德.光面护壁爆破在龙岗16号井地坑抗滑柱开挖中的应用[J].地下空间与工程学报,2008,1:137—139.

【191】高玉贤.井巷工程[M].北京:中国工业出版社,1957:157—165.

【192】苏联恩姆.伯克罗夫斯基.北京矿业学院编译.井巷工程(上册)[M].北京:煤炭工业出版社,1955,11:22—46.

【193】刘清荣.平巷钻眼爆破参数的研究[M].北京:煤炭工业出版社,1959,12:188—190.

【194】张义平,李文兵,左宇军.爆破振动信号的HHT分析与应用[M].北京:冶金工业出版社,2008:167.

【195】马素贞.爆炸力学[M].北京:科学出版社,1992:618.

【196】伍振志,胡国祥,邓宗伟.爆破地震安全判据若干问题探讨[J].安全与环境工程,2003,10.

【197】李延春,沙小虎,邹强.爆破作用下高边坡的地震效应及控爆减振方法研究[J].爆破,2005,1:1—6.

【198】李宏男,王炳乾.爆破地震效应若干问题的探讨[J].爆炸与冲击,

1996,1:61—67.

【199】肖正学,张志呈,李朝鼎.爆破地震波动力学基础与地震效应[M].成都:电子科技大学出版社,2004:6.